ドリルと演習シリーズ

基礎物理学

東京理科大学

川村　康文　監修

電気書院

まえがき

本書を使って学習される方へ

　理科系学問すべてにおいて物理学は，最も基礎を支える重要な学問です。このため，物理学の理解なくして，理科系学問の修得は難しいといわざるを得ません。

本書は，そんなみなさんを応援するために著しました。きっと，みなさんの頼れる1冊となることでしょう。これまで，物理学をあまり勉強してこなかったとか，少し不安があるという方の強い味方となることでしょう。また，高校生や高等専門学校のみなさんで，もう少し発展的な内容や物理学の内容にもう少し深く触れたいという方にも，本書は，進むべき道を照らしだしてくれることでしょう。

　本書は，ドリル形式になっており，解答を書き込むスペースをとってあります。自分の答えを書き込むことができ，問題を解いたあとで解答を確認できるので，自学自習で，物理学の基礎的内容を習得することができます。

本書を使用される先生方へ

　大学などの授業や講義で本書を活用される場合は，このまま1冊の本として使用するほか，切り離して綴じることができるので，是非，学生に，裏側の問題を解いてもらって，提出してもらうようにして下さい。

　そして，採点を終えた後には，返却をしましょう。学生たちには，返却されたものを，ファイルにきちんと綴じておくようにしてもらうことにより，また，物理学の基礎的な内容すべてが，1冊の綴じられたファイルとして，学生の手元に残ることになります。

　このような，学生の努力を応援するシステムになっていますので，是非，最大限にご活用頂ければ幸いです。

東京理科大学理学部物理学科
教　授　　川村　康文

ギリシャ文字

文字		ラテン文字転写	ギリシャ名	通称*
A	α	alpha	アルファまたはアルパ	
B	β	bêta	ベータ	ビータ
Γ	γ	gamma	ガンマ	
Δ	δ	delta	デルタ	
E	ε	epsilon	エプシロン	イプシロン
Z	ζ	zêta	ゼータ	ジータ
H	η	êta	エータ	イータ
Θ	θ	thêta	ティータ	シータ
I	ι	iôta	イオータ	アイオータ
K	κ	kappa	カッパ	
Λ	λ	lambda	ラムブダ	ラムダ
M	μ	mu	ミュー	ムー
N	ν	nu	ニュー	ヌー
Ξ	ξ	keisei, ksi	クセイまたはクシー	クサイ、グサイ、ザイ
O	o	o mikron	オミクロン	
Π	π	pei, pi	ペイまたはピー	パイ
P	ρ	rô	ロー	
Σ	$\sigma\varsigma$	sigma	シグマ	
T	τ	tau	タウ	トー
Υ	υ	upsilon	ユプシロン	ウプシロン
Φ	$\phi\varphi$	phei, phi	フェイまたはフィー	ファイ
X	χ	khei, khi	ケイまたはキー	カイ、チャイ
Ψ	ψ	psei, psi	プセイまたはプシー	プサイ
Ω	ω	ô mega	オーメガ	オメガ

*通称というのは、主に英語風な読みかたのなまったものである。

ドリルと演習シリーズ

基礎物理学　目次

1. 力　　　学

1.1 運動学 …………………………………………………………………… 1
　(1) 変位・速度・加速度（直線運動）　/1
　(2) 変位・速度・加速度（平面運動）　/3
　(3) 相対速度　/5
　(4) 落下運動（直線運動）　/7
　(5) 放物運動（水平投射，斜方投射）　/9
1.2 運動の三法則 …………………………………………………………… 11
　(1) 慣性の法則　/11
　(2) 作用・反作用の法則　/13
　(3) 力のつりあい　/15
　　(a) 質点に働く力のつりあい　/15
　　(b) 剛体に働く力のつりあい　/17
　(4) 運動方程式　/19
　(5) 様々な力　/21
　　(a) 重力　/21
　　(b) 弾性力　/23
　　(c) 水圧・浮力　/25
　　(d) 摩擦力　/27
　　(e) 流体抵抗力　/29
　　(f) 慣性力　/31
1.3 力学的エネルギー ……………………………………………………… 33
　(1) 仕事と仕事率　/33
　(2) 運動エネルギー　/35
　(3) 重力による位置エネルギー　/37
　(4) 弾性エネルギー　/39
　(5) 力学的エネルギー保存則　/41
　　(a) 重力のみによる運動　/41
　　(b) 弾性力のみによる運動　/43
　　(c) 重力と弾性力による運動　/45
1.4 衝突 ……………………………………………………………………… 47
　(1) 運動量と力積　/47
　(2) 運動量保存の法則　/49
　　(a) 直線衝突　/49

　　　　(b) 平面衝突　/51
　　(3) はね返り係数　/53
1.5 等速円運動 ………………………………………………………………… 55
　　(1) 角速度, 加速度, 向心力, 周期, 回転数　/55
　　(2) 遠心力　/57
1.6 万有引力 …………………………………………………………………… 59
　　(1) ケプラーの法則　/59
　　(2) 万有引力の法則　/61
　　(3) 第一宇宙速度, 人工衛星　/63
　　(4) 第二宇宙速度　/65
1.7 単振動 ……………………………………………………………………… 67
　　(1) 単振動　/67
　　(2) ばね振り子　/69
　　(3) 単振り子　/71

2. 熱力学

2.1 熱量保存の法則 …………………………………………………………… 73
　　(1) 熱量保存の法則　/73
2.2 気体 ………………………………………………………………………… 75
　　(1) ボイル・シャルルの法則　/75
　　(2) 理想気体の状態方程式　/77
2.3 気体のする仕事 …………………………………………………………… 79
　　(1) 熱力学第1法則　/79
　　(2) 定積変化, 定圧変化, 等温変化, 断熱変化　/81
　　(3) 熱効率　/83
2.4 気体分子運動論 …………………………………………………………… 85
　　(1) 2乗平均速度　/85
　　(2) 気体の内部エネルギー　/87
　　　　(a) 単原子分子　/87
　　　　(b) 2原子分子, 多原子分子　/89
2.5 気体の状態変化 …………………………………………………………… 91
　　(1) モル比熱　/91

3. 波動

3.1 波 …………………………………………………………………………… 93
　　(1) 波長, 振動数, 周期, 速度　/93
　　(2) 正弦波　/95
　　(3) 横波と縦波　/97
　　(4) 重ね合わせ　/99

        (a) 定常波　　/99
        (b) 反　射　　/101
        (c) 干渉と回折　　/103
    (5) ホイヘンスの原理（反射，屈折）　　/105
3.2　音　　　　　　　　　　　　　　　　　　　　　　　　　　　　　　　107
    (1) 音　波　　/107
    (2) うなり　　/109
    (3) ドップラー（Doppler）効果　　/111
    (4) 弦の振動　　/113
    (5) 気柱の振動　　/115
3.3　光　　　　　　　　　　　　　　　　　　　　　　　　　　　　　　　117
    (1) 反射，屈折　　/117
    (2) 凸レンズと凹レンズ　　/119
    (3) レンズの公式　　/121
    (4) 凸面鏡と凹面鏡　　/123
    (5) 光の分散（スペクトル）　　/125
    (6) 回折と干渉　　/127
        (a) ヤングの実験　　/127
        (b) 回折格子　　/129
        (c) 薄膜干渉　　/131
        (d) ニュートンリング　　/133

4. 電 磁 気 学

4.1　電　場　　　　　　　　　　　　　　　　　　　　　　　　　　　　　135
    (1) クーロンの法則　　/135
    (2) 電　場　　/137
    (3) 電　位　　/139
4.2　コンデンサー　　　　　　　　　　　　　　　　　　　　　　　　　　　141
    (1) 電気容量　　/141
    (2) コンデンサーの接続　　/143
4.3　電　流　　　　　　　　　　　　　　　　　　　　　　　　　　　　　145
    (1) オームの法則　　/145
    (2) 電気抵抗　　/147
        (a) 抵抗率　　/147
        (b) 直列接続，並列接続　　/149
        (c) 電流計，電圧計　　/151
    (3) キルヒホッフの法則　　/153
    (4) ジュール熱　　/155
4.4　磁　場　　　　　　　　　　　　　　　　　　　　　　　　　　　　　157
    (1) 磁場におけるクーロン力　　/157
    (2) 磁力線，磁束密度　　/159

(3) 電流による磁場　　/161
　　(4) 電磁力　　/163
　　(5) ローレンツ力　　/165
4.5 電磁誘導 ··· 167
　　(1) 誘導起電力　　/167
　　(2) コイルの自己誘導，相互誘導（インダクタンス）　　/169
4.6 交　　　流 ··· 171
　　(1) 実効値　　/171
　　(2) リアクタンス　　/173
　　(3) RLC回路，インピーダンス　　/175
　　(4) 共　振　　/177
　　(5) 電磁波　　/179

5．原子物理学

5.1 半　導　体 ··· 181
　　(1) ダイオード　　/181
　　(2) トランジスタ　　/183
5.2 電　　　子 ··· 185
　　(1) 電気素量，ミリカンの実験　　/185
　　(2) 光電効果　　/187
　　(3) 粒子性と波動性　　/189
　　(4) ブラッグ反射　　/191
　　(5) コンプトン効果（コンプトン散乱）　　/193
5.3 原　　　子 ··· 195
　　(1) 原子の構造　　/195
　　(2) 水素原子のスペクトル　　/197
　　(3) ボーア理論　　/199
5.4 原　子　核 ··· 201
　　(1) 原子核の構造　　/201
　　(2) 質量欠損と結合エネルギー　　/203
　　(3) 放射線　　/205
　　(4) 核反応　　/207
5.5 素　粒　子 ··· 209
　　(1) 素粒子　　/209
　　(2) クォーク模型　　/211
　　(3) 自然の階層性　　/213

6．物理学基礎の発展的内容

6.1　微分と積分を用いた質点の力学 ··· 215

(1)　速度と加速度と変位の微分・積分　　/215
　(2)　運動方程式と微分方程式　　/217
　(3)　振動の微分方程式　　/219
　　(a)　単振動　　/219
　　(b)　単振り子　　/221
　　(c)　減衰振動　　/223
　　(d)　強制振動と共振　　/225
　(4)　エネルギーの積分表現　　/227

6.2　剛体の力学　……………………………………………………………………… 229
　(1)　力のモーメントとトルク　　/229
　(2)　質点系のつりあい　　/231
　(3)　角運動量保存の法則　　/233
　(4)　回転運動の運動方程式　　/235
　(5)　剛体の回転運動のエネルギー　　/237
　(6)　慣性モーメントの計算　　/239

7．物理学実験基礎論

7.1　物理学基礎論　……………………………………………………………………… 241
　(1)　有効数字　　/241
　(2)　誤　差　　/243
　(3)　単位と次元　　/245

解　答　編

1　章	……………………………………………………………………	247
2　章	……………………………………………………………………	256
3　章	……………………………………………………………………	259
4　章	……………………………………………………………………	267
5　章	……………………………………………………………………	274
6　章	……………………………………………………………………	280
7　章	……………………………………………………………………	285

1. 力学　1.1 運動学　（1）変位・速度・加速度（直線運動）

直線上の運動における変位, 速度, 加速度を理解しよう。$v-t$ グラフを描けるようになろう。

直線運動において変位を示すときには, 次のように考える。直線に沿って, x 軸をとり, 原点と正の向きを決定すると, 物体の位置は x 座標で表すことができ, 物体の変位は, 物体の位置の変化として表すことができる。

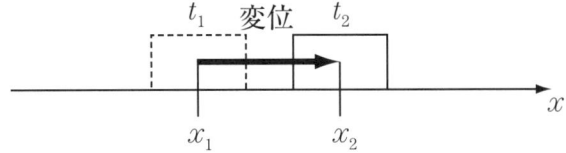

直線運動をしている物体の時刻 t_1 [s], t_2 [s] $(t_1 < t_2)$ における位置をそれぞれ x_1 [m], x_2 [m] とすると, t_1 [s] と t_2 [s] の間の物体の変位は $x_2 - x_1$ [m] となる。この間の単位時間当たりの変位を平均の速度 $\bar{v}$ [m/s] といい, 次の式で表される。

$$\bar{v} = \frac{x_2 - x_1}{t_2 - t_1}$$

ここで, t_2 [s] を限りなく t_1 [s] に近づけたときの平均の速度を, 時刻 t_1 [s] における瞬間の速度, または単に速度 (velocity) という。

次に時刻 t_1 [s], t_2 [s] における物体の速度をそれぞれ v_1 [m/s], v_2 [m/s] とすれば, 時刻 t_1 [s] から t_2 [s] までの速度変化は $v_2 - v_1$ [m/s] となる。この間の単位時間当たりの速度の変化を, 平均の加速度 $\bar{a}$ といい, 次の式で表される。

$$\bar{a} = \frac{v_2 - v_1}{t_2 - t_1}$$

加速度の単位には, メートル毎秒毎秒 (記号 m/s²) が用いられる。速度と同じく, 時刻 t_2 [s] を限りなく t_1 [s] に近づけたときの平均の加速度を, 時刻 t_1 [s] における物体の瞬間の加速度, または単に加速度 (acceleration) という。

[例題] 1　止まっていた台車を斜面で走らせたところ, 一定の割合で加速し, 5.0 秒後には 15 m/s の速度になった。この間の物体の加速度 a を求めよ。

[解答]

$$a = \frac{15 - 0}{5.0 - 0} = 3.0 \qquad a = 3.0 \text{ m/s}^2$$

ドリル No. 1　　Class　　No.　　Name

問題　1　図1のように，x軸上を運動する物体があり，時刻tでの速度vが図2のようなグラフで示された。時刻$t=0$での物体の位置を原点$x=0$として，以下の問いに答えよ。

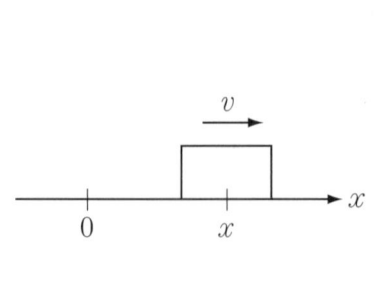

図1

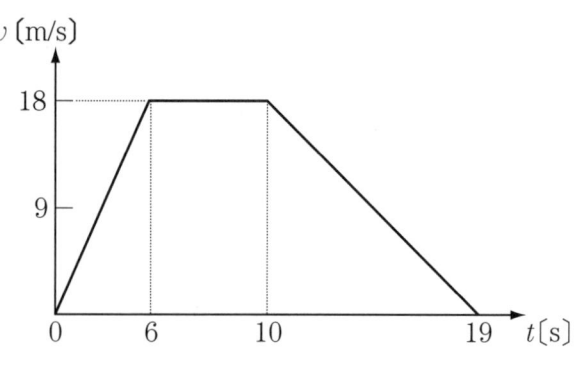

図2

(1)　時刻$t=3.0$ sにおける物体の加速度aを求めよ。

(2)　時刻$t=8.0$ sにおける物体の加速度aを求めよ。

(3)　時刻$t=12$ sにおける物体の加速度aを求めよ。

(4)　時刻$t=8.0$ sにおける物体の変位xを求めよ。

(5)　物体が最も原点から遠ざかる時刻tとそのときの変位xを求めよ。

チェック項目　　　　　　　　　　　　　　　　　　　月　日　　月　日

| 直線上の運動について，変位，速度，加速度を求めることができたか。v-tグラフが描けたか。 | | |

1. 力 学　1.1　運動学　（2）変位・速度・加速度（平面運動）

平面上の質点の運動について変位・速度・加速度について理解しよう。また速さと速度の違いを理解しよう。

ある時刻 t_i では，質点は点Pの位置にあり，その後，時刻 t_f で点Qの位置に移動した。

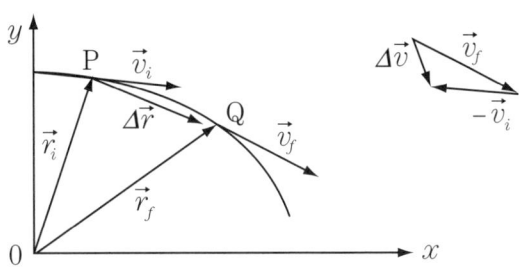

このとき，位置ベクトルは $\vec{r_i}$ から $\vec{r_f}$ に変化した。$\vec{r_f} = \vec{r_i} + \Delta\vec{r}$ なので，変位ベクトルは以下のようになる。

　　変位ベクトル：$\Delta\vec{r} = \vec{r_f} - \vec{r_i}$

平均の速度は，時間変化 Δt における変位なので，

　　平均の速度：$\vec{v} = \dfrac{\Delta\vec{r}}{\Delta t}$

と表すことができる。Δt を限りなく0に近づけたときを瞬間の速度という。加速度に関しても同様に考えることができる。平均の加速度は，時間変化 Δt に対する瞬間の速度ベクトルの割合として与えられ，

　　平均の加速度：$\vec{a} = \dfrac{\vec{v_f} - \vec{v_i}}{t_f - t_i} = \dfrac{\Delta\vec{v}}{\Delta t}$

と表すことができる。瞬間の速度と同じように，Δt を限りなく0に近づけたときの加速度を瞬間の加速度という。

例題 2　時刻 $t=0$ に原点にあった質点が運動を始める。この質点は x 方向にのみ加速され，加速度の大きさ a_x は，$a_x = 5.0 \text{ m/s}^2$ である。t 秒後の速度を求めよ。ただし，質点の初速度の x 成分は，$v_x = 25 \text{ m/s}$，y 成分は，$v_y = -18 \text{ m/s}$ とする。

解答　$v_{0x} = 25 \text{ m/s}$，$a_x = 5.0 \text{ m/s}^2$ なので，

　　$v_x = v_{0x} + a_x t$ を用いて，

　　$v_x = 25 + 5t \text{ [m/s]}$

また，$v_{0y} = -18 \text{ m/s}$，$a_y = 0 \text{ m/s}^2$ なので，

　　$v_y = v_{0y} = -18 \text{ m/s}$

ドリル No. 2　　Class　　　No.　　　Name

問題 2.1　前ページの例題2において，任意の速度ベクトルを求めよ。

問題 2.2　問題2.1において，$t=7.0\,\mathrm{s}$のとき，質点の速度および速さを求めよ。

問題 2.3　問題2.1において，任意の時刻における変位ベクトルを表せ。

チェック項目　　　　　　　　　　　　　　　　　　　　　月　日　　月　日

| 平面運動における変位，速度，加速度を求めることができたか。速さと速度の違いが理解できたか。 | | |

1. 力 学　1.1　運動学　（3）相対速度

> ある速度で動いている物体Aから見た，他の物体Bの速度のことを相対速度ということを理解しよう。

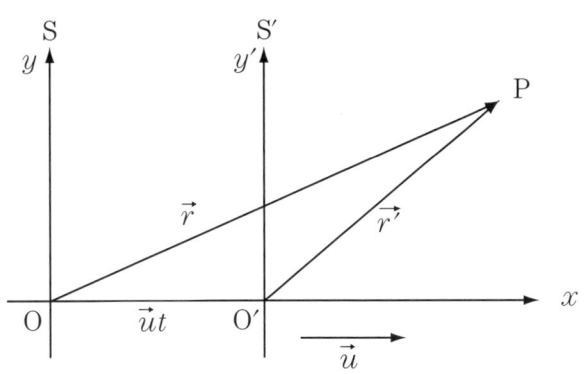

　異なる座標系から観測する物体の運動を相対運動という。例えば，固定した座標系Sにいる観測者と，座標系Sに対して一定の速度$\vec{u}$で移動している座標系S'にいる観測者から見た質点Pの運動を考える。座標系Sから見た質点Pの位置ベクトルを$\vec{r}$，座標系S'から見た質点Pの位置ベクトルを$\vec{r'}$とする。初期条件として，$t=0$のとき，2つの座標系の原点が一致していたと考えると，ベクトル$\vec{r}$とベクトル$\vec{r'}$の関係は，$\vec{r}=\vec{r'}+\vec{u}t$で表される。これより次の式を導くことができる。

$$\vec{r'}=\vec{r}-\vec{u}t$$

　この式は，時刻tに座標系S'から見た質点の位置ベクトル$\vec{r'}$が，座標系Sから見た位置ベクトル$\vec{r}$よりも$\vec{u}t$だけ変位していることを示している。次に単位時間当たりの変位が速度であること$\left(\dfrac{\Delta\vec{r}}{\Delta t}=\vec{v}\right)$を用いると，

$$\vec{v'}=\vec{v}-\vec{u}$$

の式が得られる。$\vec{v'}$は座標系S'で観測される速度であり，$\vec{v}$は座標系Sで観測される速度である。

　ここで得られた2つの式は，ガリレイ変換の式と呼ばれる。

例題 3　直線上を右向きに 8.4 m/s で移動している物体Pと，左向きに 5.6 m/s で移動している物体Qがある。物体Qに対する物体Pの相対速度を求めよ。

解答　右向きを正の向きとすると，Pの速度は 8.4 m/s，Qの速度は -5.6 m/s となる。
相対速度は $v'=v-u$ より，

$$v'=8.4-(-5.6)=14.0 \text{ m/s}$$

ドリル No. 3　　Class　　　No.　　　Name

問題 3　東から西へ直線上を列車が走っている。それに平行するように道路がある。
西に向かって速さ 60 m/s の列車 P と東に向って速さ 35 m/s の自動車 Q，西に向かって速さ 45 m/s の自動車 R が同時に走っている。このとき，以下の問いに答えよ。

(1) P から見た R の速度 v_{PR} を求めよ。

(2) R から見た Q の速度 v_{RQ} を求めよ。

(3) Q から見た P の速度 v_{QP} を求めよ。

チェック項目

相対速度が計算できたか。また，観測点による相互の関係が理解でき，ガリレイ変換の式を用いることができたか。	月　日	月　日

1．力 学　1.1　運動学　（4）落下運動（直線運動）

すべての物体はその支えがなくなると，地球の中心に向かって一定の加速度で落下する（ただし，空気抵抗や地球の自転の影響を無視できるとする）。ここでは，物体にはたらく力が重力だけで初速度0であるときの自由落下について理解しよう。

自由落下では，物体は一定の加速度で落下する。この加速度を重力加速度 g といい，鉛直下向きでその大きさは $9.8\,\text{m/s}^2$ である。重力加速度は物体の質量の大小によらず一定である。例えば，空気抵抗の無い真空中では，紙も鉄球も同じ加速度で落下する。物体に重力以外の力が作用しないで，初速度 $0\,\text{m/s}$ の運動を自由落下という。

時刻 $t\,[\text{s}]$ における速度を $v\,[\text{m/s}]$，変位を $y\,[\text{m}]$ とすると，以下の関係式になる。

$$\begin{cases} v = gt \\ y = \dfrac{1}{2}gt^2 \\ v^2 = 2gy \end{cases}$$

上記の第3式は，第1式と第2式から導かれる。

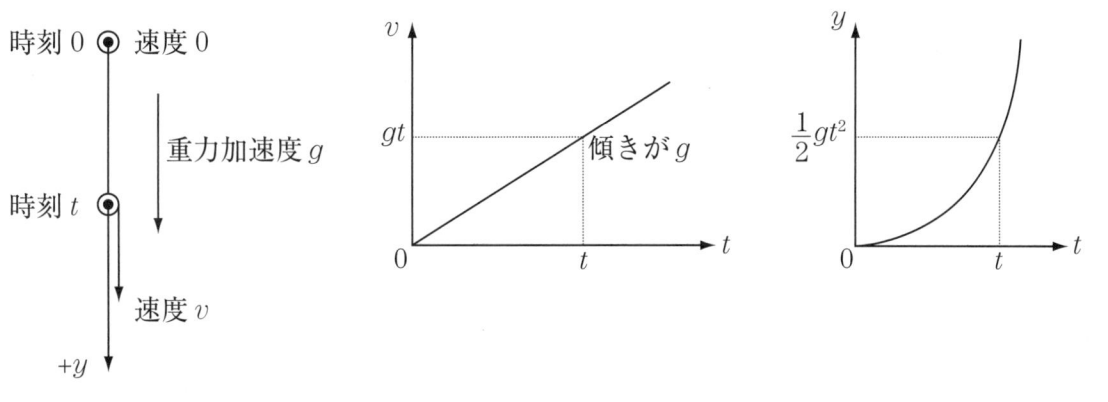

【例題】4.1　第1式と第2式から，第3式を求めよ。

【解答】第1式より，$t = \dfrac{v}{g}$ を求め，これを第2式に代入すると，$y = \dfrac{1}{2}gt^2 = \dfrac{1}{2}g\left(\dfrac{v}{g}\right)^2$
よって，$v^2 = 2gy$ を得る。

【例題】4.2　小球を自由落下させたときの3.0秒後の速度と5.0秒後の変位を求めよ。ただし，重力加速度は $9.8\,\text{m/s}^2$ とする。

【解答】
$v = gt = 9.8 \times 3.0 = 29.4 ≒ 29\,\text{m/s}$
$y = \dfrac{1}{2}gt^2 = \dfrac{1}{2} \times 9.8 \times (5.0)^2 = 122.5 ≒ 1.2 \times 10^2\,\text{m}$

ドリル No. 4   Class   No.   Name

問題 4.1 高さ 313.6 m の建物から小物体を静かに落とした。このとき重力加速度の大きさを 9.8 m/s² とする。ただし，空気抵抗は考えないものとする。このとき，以下の問いに答えよ。

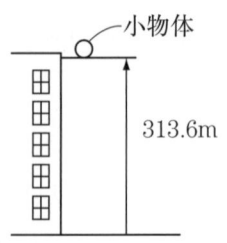

(1) 小物体が地面に到達するまでの時間 t 〔s〕を求めよ。

(2) 地面に到達するときの小物体の速度を求めよ。

問題4.2 ある井戸に小石を落としたところ，3.0 秒後に水面に落下した音が聞こえた。このとき，以下の問いに答えよ。

(1) この井戸の深さを重力加速度の大きさを 9.8 m/s² として求めよ。

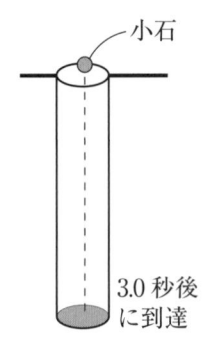

(2) 小石を落とした位置から 2.5 m 落下したときの速度を求めよ。

チェック項目 　　　　　　　　　　　　　　月　日　　月　日

自由落下の式を用いて，時間，速度，変位を求めることができたか。また，自由落下の条件や重力加速度について理解できたか。		

1. 力 学　1.1　運動学　（5）放物運動（水平投射，斜方投射）

> 物体が水平方向に投げ出される運動を水平投射と呼ぶ。これは鉛直方向の自由落下運動と，水平方向の等速直線運動を合成した運動である。その軌道は上に凸の放物線の一部になることを理解しよう。
>
> また，斜め上方への投げ上げ運動を斜方投射と呼ぶ。斜方投射は，鉛直方向の鉛直投げ上げ運動と，水平方向の等速直線運動を合成した運動である。その軌道は上に凸の放物線となることを理解しよう。

水平投射も斜方投射も，鉛直方向と水平方向に運動を分けて考えてみよう。

水平投射においては，鉛直方向には重力だけがはたらいているので，前述した自由落下の式がそのまま使える。

水平方向においては，速度が変わらないので初速度が一定のまま，等速直線運動を行う。

水平方向の位置を x〔m〕，水平方向の速度を v_x〔m/s〕，初速度を v_{0x}〔m/s〕，時間を t〔s〕とすると，水平方向においては，

$$\begin{cases} v_x = v_{0x} \\ x = v_x t \end{cases}$$ となる。

また，鉛直方向の下向きの変位を y〔m〕，鉛直方向の速度を v_y〔m/s〕，時間を t〔s〕，重力加速度を g〔m/s^2〕とすると，鉛直方向では，

$$\begin{cases} v_y = gt \\ y = \dfrac{1}{2}gt^2 \end{cases}$$ なので，$y = \dfrac{g}{2v_x^2}x^2$ となる。

斜方投射では，初速度 v_{0y}〔m/s〕として，y 座標を上向きにとると，鉛直方向の投げ上げ運動になるので，仰角を θ_0 とすると，$\begin{cases} v_x = (v_0 \cos\theta_0) \\ v_y = v_0 \sin\theta_0 - gt \end{cases}$ $\begin{cases} x = (v_0 \cos\theta_0)t \\ y = (v_0 \sin\theta_0)t - \dfrac{1}{2}gt^2 \end{cases}$

以上から $y = x\tan\theta_0 - \dfrac{g}{2v_0^2 \cos^2\theta_0}x^2$ となる。

最大水平到達距離について考えてみよう。$y=0$ より $(v_0\cos\theta_0)t - \dfrac{1}{2}gt^2 = 0$

$\therefore\ t = \dfrac{2v_0}{g}\cos\theta_0$　これを $x = (v_0\sin\theta_0)t$ に代入すると，$x = \dfrac{2v_0^2}{g}\sin\theta_0 \cdot \cos\theta_0 = \dfrac{v_0^2}{g}\sin 2\theta_0$

$\sin 2\theta_0 \leq 1$ より，$\theta_0 = 45°$ のとき最も遠くまで飛ぶ。

例題 5　ビルの屋上から，ボールを 30 m/s の速さで水平に投げ出したところボールは 4.0 秒後に地面に落ちた。
重力加速度の大きさを 9.8 m/s^2 として，このビルの高さを求めよ。
また，投げ出した点からボールの落下地点までの水平距離 x〔m〕を求めよ。

解答　$y = \dfrac{1}{2}gt^2 = \dfrac{1}{2} \times 9.8 \times 4^2 = 78.4 \fallingdotseq 78$ m

よって，ビルの高さは 78 m

水平方向の初速度は，$v_{0x} = 30$ m/s なので
　　$x = v_{0x}t = 30 \times 4.0 = 120 = 1.2 \times 10^2$ m

ドリル No. 5　　Class　　No.　　Name

問題 5.1 学校の屋上から水平方向にボールを投げ出した。ボールは2.0秒後に，校舎の真下から41.2 m離れた地面に落下した。重力加速度の大きさは9.8 m/s² として，校舎の高さを求めよ。また，投げ出したボールの初速度 v_{0x} を求め，ボールが地面に到達する直前の水平方向と鉛直方向の速さ v_x, v_y を求めよ。

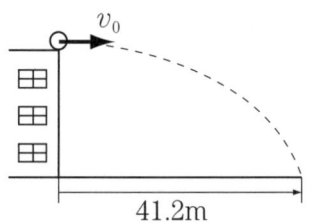

問題 5.2 発射台からボールが，水平面から14 m/s，角度30°で地面を飛び出した。ボールの水平到達距離を求めよ。ただし，重力加速度の大きさを 9.8 m/s² とする。

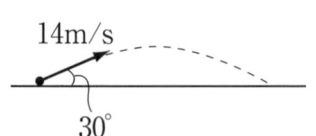

チェック項目　　　　　　　　　　　　　　　　　　　月　日　　月　日

| 水平投射，斜方投射において，水平方向と鉛直方向に分けて考えることができたか。また，水平投射，斜方投射の式を活用することができたか。 |

1. 力 学　　1.2 運動の三法則　　（1）慣性の法則

> 運動の第1法則（慣性の法則）について理解しよう。

　外部から物体に力が働かないとき，または働いていてもつり合っているとき，静止している物体は静止し続け，運動している物体は等速直線運動をし続ける。これを慣性の法則（運動の第1法則）という。

　物体の慣性は，だるま落としやテーブルクロス引きなどで確認することができる。

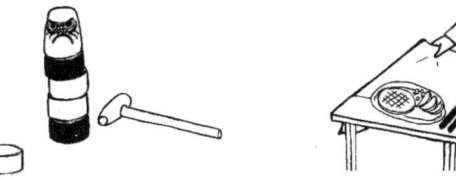

　また，慣性は，電車に乗っているときにも経験することができる。静止している電車が急に発進すると，乗客はその場に静止し続けようとするため，電車の進む向きとは逆に後ろに倒れそうになる。また，等速直線運動している電車が急ブレーキをかけると，乗客はそのまま運動を続けようとするため，電車の進行していた向きに倒れそうになる。

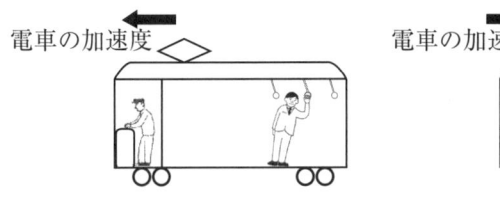

急発進したとき　　　　急ブレーキをかけたとき

例題6　次の(a)から(d)の現象のうち，慣性の法則によって説明できるものはどれか。
(a) 小さなボートに乗っていて荷物を後方に投げると，ボートは前方に動きだす。
(b) 机の上に紙を敷きその上に箱を置く。紙を急に水平に引くと箱はそのまま机の上に残って紙だけが引き抜かれる。
(c) エレベータが上の階に動き出すとき，床に押しつけられるように感じる。
(d) 電車の床に置いた荷物が，すべらずに床にのっている。

解答　(b), (c)
〈解説〉
(a) 作用・反作用の法則や運動量保存の法則で説明できる。
(b) 箱は，慣性によってその場所にとどまろうとするが，紙だけが引き抜かれるので，箱はその場に残る。
(c) エレベータ内部にいる人は，慣性によってその場にとどまろうとするが，エレベータの床が上向きに動き出すので，人は床に押しつけられるように感じる。
(d) 電車が加速するときや減速するときは，荷物と床の摩擦力によってすべらない。
　電車が等速で動いているときには，荷物も電車と同じ速さで動くので，床の上をすべることはない。

ドリル No. 6　　Class　　No.　　Name

問題 6.1　一定の速度で走っている電車の中で物体を静かに離し落下させると，電車の床のどの位置に落ちるか答えよ。

問題 6.2　等速度で水平飛行している飛行機があり，図は飛行機にはたらく力のようすを示している。この図の力の関係について正しく示すにはどこを直せばよいか。また，その理由を説明せよ。

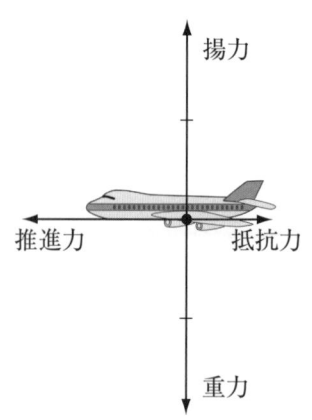

問題 6.3　図のように，かんなの上端をげんのう(＊)でたたくと，かんな身（刃）を抜くことができる。この理由を説明せよ。

＊大型の両端の尖っていない金槌。のみの頭をたたいたり，石を割ったりするのに用いる。

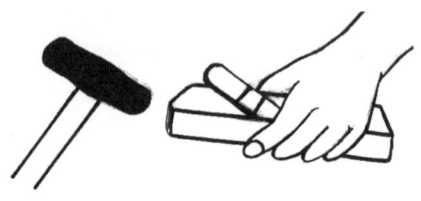

チェック項目	月　日	月　日
慣性の法則を理解し，慣性に関わりのある身近な事象を理解できたか。		

1. 力 学　1.2　運動の三法則　（2）作用・反作用の法則

運動の第3法則（作用・反作用の法則）を理解しよう。

物体Aが他の物体Bに力を及ぼしているとき，必ず物体Bは物体Aに，同一作用線上で大きさが等しく逆向きの力を及ぼす。このような関係を表した法則を，作用・反作用の法則という。

図のように，水平なスケートリンクの上でスケートをはいたAさんとBさんがいる場合について考えよう。

AさんがBさんに力（作用）を加えると，同時にAさんはBさんから反作用としての力を受ける。このため，AさんがBさんに作用させた力によって，Bさんが右向きに動き出すと同時に，AさんもBさんからの反作用の力を受け左向きに動きだす。この作用と反作用の関係は，2つの物体それぞれが受ける2つの力の関係を示すもので，物体のつり合いのような1つの物体にはたらく力の関係を示しているのではないことに注意すること。

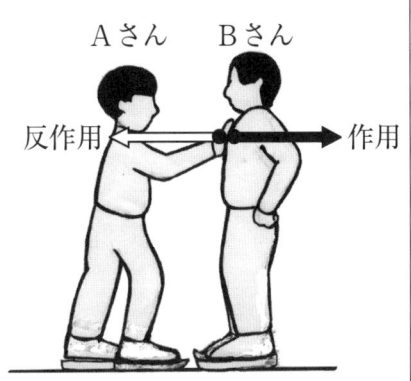

例題7　図のように水平な床の上に台を置き，その上にりんごを置いた。このとき，以下の次の問いに答えよ。

(1) りんごと台には，次の F_1 から F_6 の力がはたらいている。これらの力を図に矢印で記入せよ。

　　F_1：りんごにはたらく重力
　　F_2：台にはたらく重力
　　F_3：りんごが台を押す力
　　F_4：台がりんごを押す力
　　F_5：台が床を押す力
　　F_6：床が台を押す力

(2) F_1 から F_6 の力のうち，作用・反作用の関係にある力を挙げよ。

解答　(1)

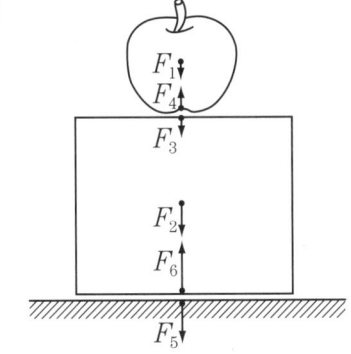

(2) F_3 と F_4，F_5 と F_6

〈解説〉
(1) 重力の作用点は，それぞれの物体の重心（中心）から描くこと。また，例えば「リンゴが台を押す力」は，台に作用点があるので，そこからリンゴと反対側に矢印を描くようにすること。
(2) 主語と目的語を入れ替えたものが，作用・反作用の関係にある。

— 13 —

ドリル No. 7   Class   No.   Name

問題 7.1 図のように，物体となめらかな床とそれに連続する壁があり，矢印で示すように外側から棒で物体に水平な力を加えた。このとき，棒や物体，壁にはたらく水平方向の力を矢印で記入せよ。また，それらの力のうち，作用・反作用の関係にある力はどれか。ただし，わかりやすくするために棒と物体は，離して描いてある。

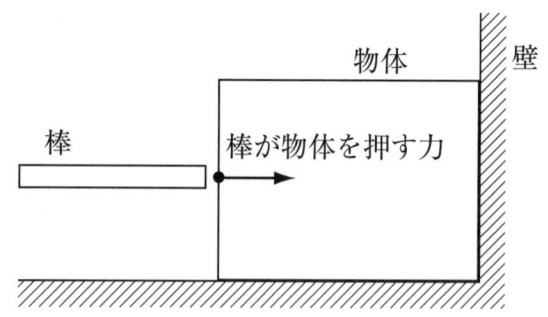

問題 7.2 質量の大きいAさんと質量の小さいBさんが無重量状態にある宇宙ステーション内で互いに押しあうと，どのような運動を始めるか。ただし，2人が押しあうとき，他の物体に接触することはないものとする。

問題 7.3 ロケットは，燃焼ガスを噴出し真空中でも推進力を得ることができる。このことを，作用・反作用の法則を使って説明せよ。

チェック項目	月 日	月 日
物体にはたらく力を理解し，作用・反作用の関係にある力を指摘できたか。		

1. 力学　1.2 運動の三法則　（3）力のつりあい
(a) 質点にはたらく力のつり合い

力のつり合いについて理解しよう。

質点[*]に，n 個の力 $\vec{F_1}, \vec{F_2}, \cdots\cdots, \vec{F_n}$ が同時にはたらいても，質点が移動せずに静止しているとき，質点はつりあいの状態にある，あるいは，質点にはたらく力がつりあっている，または単に，質点はつりあっているという。

質点がつりあうためには，質点にはたらいている力がないか，はたらいている力の作用が打ち消されていればよい。力の作用を打ち消すとは，質点にはたらく力の和がゼロであること（つまり，力がないこと）を表している。

質点に n 個の力 $\vec{F_1}, \vec{F_2}, \cdots\cdots, \vec{F_n}$ がはたらいている場合には，次の式で示すことができる。
$$\vec{F_1} + \vec{F_2} + \cdots\cdots + \vec{F_n} = \vec{0}$$

例えば，図1のように，3力 $\vec{F_1}, \vec{F_2}, \vec{F_3}$ が質点に作用する場合のつりあいを考える。このとき，質点がつりあっているので，
$$\vec{F_1} + \vec{F_2} + \vec{F_3} = \vec{0}$$
この式を変形すると，
$$\vec{F_1} = -(\vec{F_2} + \vec{F_3})$$
となり，$\vec{F_1}$ が，$\vec{F_2}$ と $\vec{F_3}$ の合力と同一作用線上にあって，大きさが等しく，向きが逆向きであることを示している（図2）。

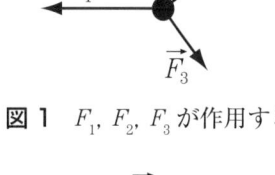

図1　F_1, F_2, F_3 が作用する

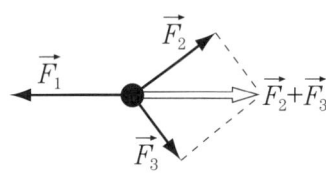

図2　F_1 と，F_2 と F_3 の合力が同じ大きさで逆向き

一般に，質点がつりあっている（質点にはたらく力がつりあっている）ことを表す式は，質点にはたらくすべての力の和が 0 であることを示すので，左辺に力をまとめて書き，右辺にその和が 0 であることを示す。

質点：質量はあるが，大きさや形を無視できる点を「質点」という。

剛体：質量があり，大きさや形は無視できないが，その変形を無視できるものを「剛体」という。

例題 8　図のように，質量 m の小球が2本のじょうぶで軽い糸で天井からつるされ，おもりにはたらく重力，糸1の張力，糸2の張力がつりあっており，鉛直方向と糸との角度がそれぞれ θ_1, θ_2 となっている。このとき，水平方向の成分と鉛直方向の成分それぞれについて，つりあいの式を立て，それぞれの糸の張力を求めよ。ただし，糸1の張力の大きさを T_1，糸2の張力の大きさを T_2 とする。なお，おもりにはたらく重力は重力加速度を g とすると，mg であらわせる（P.21 参照）。

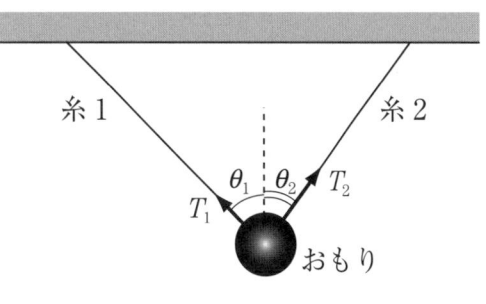

解答　水平方向について，　$T_2\sin\theta_2 - T_1\sin\theta_1 = 0$
　　　　鉛直方向について，　$T_1\cos\theta_1 + T_2\cos\theta_2 - mg = 0$
これを解くと，
$$T_1 = \frac{mg\sin\theta_2}{\sin(\theta_1+\theta_2)}, \quad T_2 = \frac{mg\sin\theta_1}{\sin(\theta_1+\theta_2)}$$

ドリル No. 8   Class   No.   Name

問題 8.1 図(1), (2)は，質量 1.0 kg のおもりを2本の糸でつるした状態を示している。おもりにはたらく力を作図し，それらの大きさを求めよ。

(1) (2)

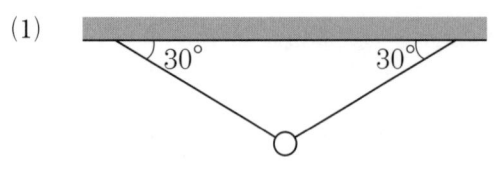

問題 8.2 図のように，水平面に対し θ の傾きのなめらかな斜面に質量 m の物体を置き，滑り落ちないよう物体に糸をつけ，くいに引っかけている。このときの糸の張力の大きさ，および物体が斜面から受ける垂直抗力の大きさを求めよ。

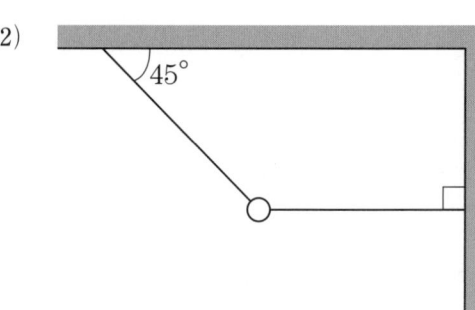

チェック項目	月 日	月 日
質点にはたらく力のつり合いについて，力の作図を行い，力の大きさを求めることができたか。		

— 16 —

1. 力 学　1.2　運動の三法則　(3) 力のつりあい
(b) 剛体にはたらく力のつり合い

剛体について理解し，剛体のつりあいについて理解しよう。

剛体に，n 個の力 $F_1, F_2, \cdots\cdots, F_n$ が同時にはたらいても，剛体が平行移動も回転もせずに静止しているとき，剛体はつりあいの状態にある，または単に，剛体はつりあっているという。

剛体がつりあうためには，次の2つの条件を満たす必要がある。

第一の条件は，剛体が平行移動しないことである。このとき，剛体にはたらくすべての力の和は0である。

$$\vec{F_1} + \vec{F_2} + \cdots\cdots + \vec{F_n} = \vec{0} \tag{1}$$

第二の条件は，剛体が回転し始めないことである。このとき，剛体の任意の軸のまわりの力のモーメントのすべての和は0である。

$$M_1 + M_2 + \cdots\cdots + M_n = 0 \tag{2}$$

第一の条件は，質点が静止しているときと同様の条件である。

第二の条件は，剛体にはたらく力の和が0であっても，剛体が回転する場合があることへの対応である（図1：剛体にはたらく2力の大きさが等しく反対向きだが，同一作用線上にない場合。このような2力を偶力という）。剛体の回転を表すために，力のモーメントを考える。図2のような場合，点Oを中心とした力のモーメント M は，剛体にはたらく力の大きさ F 〔N〕と点Oから力の作用線までの距離（これを腕の長さという）L〔m〕の積で定義される。

$$M = FL$$

このとき，反時計回りの力のモーメントを正とし，その単位はニュートン・メートル（記号 N・m）である。

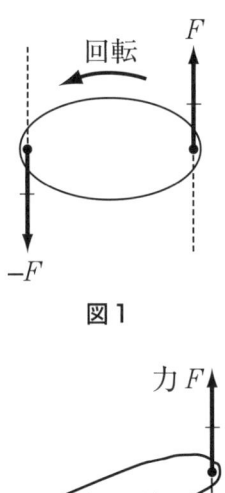

図1

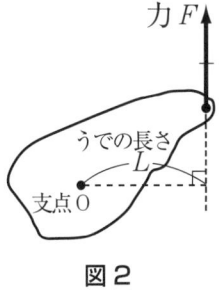

図2

例題 9　図のように，なめらかな床と壁があり，そこに長さ $2L$，質量 m のはしごを，床に対して θ の角度で立てかけた。しかし，このままでは，はしごがすべり落ちてしまうので，壁の一番下のQ点とはしごの下端R点を軽くてじょうぶなロープで結んだ。このときのロープの張力および床がはしごに及ぼす垂直抗力を求めよ。ただし，重力加速度の大きさを g，はしごの重心は中央（端から L のところ）にあるものとする。

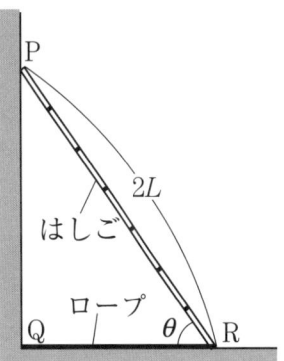

解答　右図のように，ロープの張力の大きさを T，床からの垂直抗力の大きさを N_1，壁からの垂直抗力の大きさを N_2 とする。はしごは，平行移動しないから力の和が0である。

$$N_2 - T = 0 \cdots\cdots ① \qquad N_1 - mg = 0 \cdots\cdots ②$$

が成り立つ。また，はしごは回転しないから，点Rのまわりの力のモーメントの和が0である。

$$mg(L\cos\theta) - N_2(2L\sin\theta) = 0 \cdots\cdots ③$$

これらの式より

$$T = \frac{mg}{2\tan\theta}, \qquad N_1 = mg$$

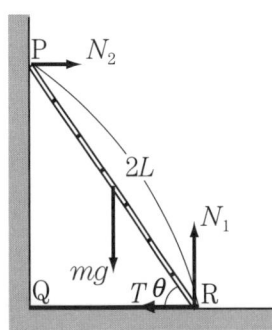

ドリル No. 9　　Class　　　No.　　　Name

問題　9.1　図のように，剛体の点Pに50 N，点Qに100 N，点Rに60 Nの力がはたらいている。点Oのまわりの力のモーメントの和を求めよ。

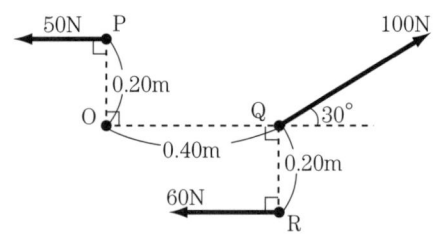

問題　9.2　質量M，長辺PQの長さがLの長方形の板がある。図のように，板の左端Pを鉛直な壁に固定したL字型の金具にのせ，右端Qに軽くてじょうぶな糸を付けて糸の他端を壁の点Rのフックに結び，板を水平に保った。このとき壁と糸との間の角度は60°であった。重力加速度の大きさをgとして，以下の問いに答えよ。

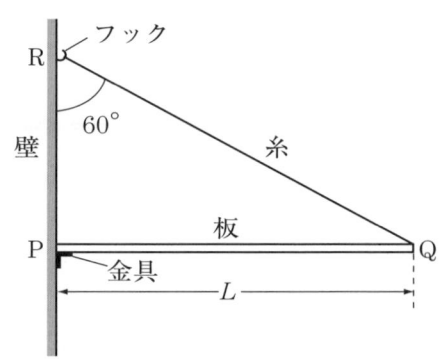

(1)　板の左端Pが金具から受ける鉛直上向きの力の大きさF，壁から受ける垂直抗力の大きさN，QRの糸の張力の大きさTを求めよ。

(2)　次に，質量mの物体を板の点Pに置き徐々に点Qに近づけていくと，途中で糸は切れてしまった。質量mの物体を板のどの位置に載せても糸が切れないようにするためには，どれだけの張力に耐えられる糸が必要か。

チェック項目　　　　　　　　　　　　　　　　月　日　　月　日

剛体にはたらく力のつりあいについて理解し，身近にある問題を考えることができたか。

1. 力 学　1.2 運動の三法則　（4）運動方程式

> 運動方程式が立てられ，解くことができるようになろう。

質量 m の物体に，力 $\vec{F}$ が作用した結果，物体が加速度 $\vec{a}$ で運動するとき，物体の運動は
$$m\vec{a} = \vec{F}$$
で表される。この物体の運動を表す基本的な式を**運動方程式**という。

力を受けている物体には，その力の合力の向きに加速度が生じる。その加速度 $\vec{a}$ は，力 $\vec{F}$ に比例し，物体の質量 m に反比例する。このことを**運動の法則（運動の第2法則）**という。
$$\vec{a} = k \frac{\vec{F}}{m}$$
ここで，質量 1kg の物体の加速度が $1\,\text{m/s}^2$ になるような力を 1 N（ニュートン）と決めれば，k の値は 1 となり，
$$m\vec{a} = \vec{F}$$
と表される。ここで加速度 $\vec{a}$ を，位置ベクトル $\vec{r}$，時間 t で表した場合，運動方程式は，
$$m\frac{d^2\vec{r}}{dt^2} = \vec{F}$$
という**微分方程式**で表される。

例題 10 次の問いに答えよ。ただし，重力加速度の大きさを $9.8\,\text{m/s}^2$ とする。

(1) 図1のように，水平でなめらかな机の上に質量 1.0 kg の物体を置き，物体に軽くてじょうぶな糸を付け水平に 9.8 N の大きさの力で引いた。このときの物体の加速度の大きさ a_1 を求めよ。

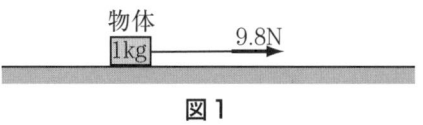

(2) 次に，この物体に2本の軽くてじょうぶな糸をつけ，図2のように一方の糸Pは壁に固定し，もう一方の糸Qは机の端に固定した軽い滑車を通して，ひもの端に質量 1.0 kg のおもりをぶら下げた。

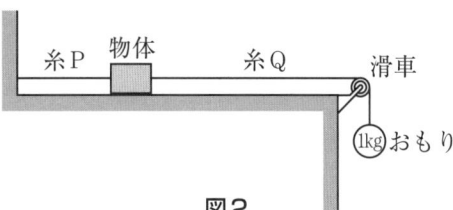

① このときの糸Qの張力の大きさを求めよ。
② 糸Pをはさみで切ったところ，物体は右に動き出した。このときの物体の加速度の大きさ a_2 および糸Qの張力の大きさを求めよ。

解答 (1) $1.0\,\text{kg} \times a_1 = 9.8\,\text{N}$　より，$a_1 = 9.8\,\text{m/s}^2$

(2) ① おもりは静止しており，おもりにはたらく重力と糸Qの張力がつりあっている。糸Qの張力の大きさを T_1 とすると，
$$1.0\,\text{kg} \times 9.8\,\text{m/s}_2 - T_1 = 0, \qquad \therefore\ T_1 = 9.8\,\text{N}$$

② 物体の運動方程式は，糸Qの張力の大きさを T_2 とすると，
$$1.0\,\text{kg} \times a_2 = T_2$$
また，おもりの運動方程式は，
$$1.0\,\text{kg} \times a_2 = 1.0\,\text{kg} \times 9.8\,\text{m/s}^2 - T_2 \qquad \therefore\ a_2 = 4.9\,\text{m/s}^2,\ T_2 = 4.9\,\text{N}$$

ドリル No.10　Class　　No.　　Name

問題 10.1　質量 2.0 kg の物体に軽くてじょうぶな糸をつけ，鉛直上向きに 22 N の力を加え引き上げた。このとき物体は何 m/s² の加速度で上昇するか。ただし，重力加速度の大きさを 9.8 m/s² とする。

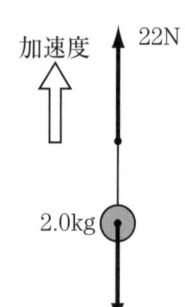

問題 10.2　質量が 1.5 kg の台車 A と 1.0 kg の台車 B を軽くてじょうぶな糸で結んで水平な床の上に置き，図のように台車 B を 7.5 N の力で水平に引いた。このときの台車の加速度の大きさと糸の張力の大きさを求めよ。

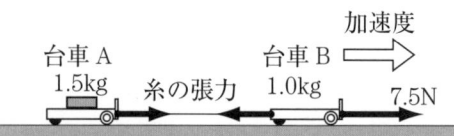

問題 10.3　滑らかに回転する軽い定滑車に軽くてじょうぶな糸をかけ，その一端には質量 M の物体 A，他端には質量 m の物体 B をつるした（$M > m$）。静かに手を離したところ，A は下向きに，B は上向きに同じ大きさの加速度で動き出した。このときの加速度の大きさ a と糸の張力の大きさ T を求めよ。ただし，重力加速度の大きさを g とする。

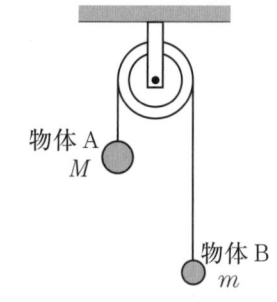

チェック項目	月　日	月　日
運動方程式を立て，物体の加速度や物体にはたらく力を求めることができたか。		

1. 力学　1.2　運動の三法則　(5) 様々な力　(a) 重　力

地上のすべての物体は重力を受けていることを理解しよう。

　地上のすべての物体は，地球から引かれている。この力を重力といい，物体はその質量に比例した力を受けている。

　地上の物体は質量に比例した重力を受け，その力の大きさを重さという。質量 m の物体の重さ w は，重力加速度を g とすると，

$$w = mg$$

である。重力加速度の大きさは約 9.8 m/s^2 であり，質量 1 kg の物体の重さは約 9.8 N である。重力の方向を鉛直方向といい，地球の自転や地形の影響がなければ，鉛直方向は，地球の中心方向と一致する。

　重力は，もとをたどれば質量を持つ物体同士の間にはたらく万有引力である。

　質量は，物体に固有の量であるが，重力は，地球が自転していることや，地形の影響（標高や地殻や山などの影響）を受けて場所によって異なる。実際，下表のように重力加速度は場所によって異なっており，緯度が高いほど，また，標高が低いほど，地球の自転の影響（遠心力）を受けにくいので大きな値になる。

日本の各地での重力加速度（国土地理院）

場　所	重力加速度	緯　度	経　度	標　高
稚　内	9.806426 m/s²	45° 24′ 57″	141° 40′ 47″	3 m
羽　田	9.797596 m/s²	35° 32′ 56″	139° 47′ 02″	-2 m
伊　丹	9.797035 m/s²	34° 47′ 31″	135° 26′ 23″	15.4 m
那　覇	9.790960 m/s²	26° 12′ 27″	127° 41′ 12″	21.1 m
西表島	9.790123 m/s²	24° 17′ 03″	123° 52′ 55″	20 m

例題 11.1　質量 50kg のAさんが，北海道の稚内から沖縄県の西表島（いりおもてじま）まで移動した。体重は，何％減少するか。

解答　稚内でのAさんの重さは，$50 \text{ kg} \times 9.806426 \text{ m/s}^2$

西表島でのAさんの重さは，$50 \text{ kg} \times 9.790123 \text{ m/s}^2$

これらの相対的な差を求めると，$\dfrac{50 \text{ kg} \times (9.806426 - 9.790123) \text{ m/s}^2}{50 \text{ kg} \times 9.806426 \text{ m/s}^2} \times 100\% = 0.17\%$

よって，0.17％減少する。

例題 11.2　月面上での重力加速度の大きさは，地球の約 $\dfrac{1}{6}$ である。質量 5.0 kg の物体の地球での重さと月での重さをN単位で求めよ。ただし，地球上の重力加速度の大きさを 9.8 m/s^2 とする。

解答　地球での物体の重さ……$5.0 \text{ kg} \times 9.8 \text{ m/s}^2 = 49 \text{ N}$

　　　　月での物体の重さ……$5.0 \text{ kg} \times \dfrac{9.8}{6} \text{ m/s}^2 = 8.2 \text{ N}$

ドリル No.11   Class   No.   Name

問題 11 地球上の重力加速度の大きさを 9.8 m/s^2 として，次の問いに答えよ。

(1) 右図は，0.10 kg のボールを空中に投げたときの運動の様子を示している。このボールにはたらく力を図中に矢印で記入し，その名称とはたらく力の大きさを答えよ。ただし，空気の抵抗は小さく無視できるものとする。

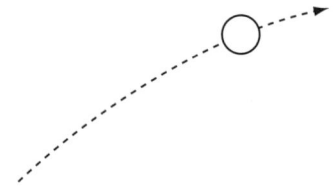

(2) 地上にあるなめらかな水平面上に 5.0 kg の物体を置き，水平に力を加え 3.0 m/s^2 で加速した。このとき物体にはたらく重力と水平に加えた力のそれぞれの大きさを求めよ。

(3) 月面上にあるなめらかな水平面上に 5.0 kg の物体を置き，水平に力を加え 3.0 m/s^2 で加速した。このとき物体にはたらく月の重力と水平に加えた力のそれぞれの大きさを求めよ。ただし，月面上での重力加速度の大きさは，地球の重力加速度の $\frac{1}{6}$ とする。

チェック項目	月 日	月 日
地上で物体にはたらく重力を理解できたか。		

1. 力 学　1.2　運動の三法則　（5）様々な力　(b) 弾性力

フックの法則が $F=kx$ となることを理解しよう。

ばねなどの弾性体に力を加え変形させると、元に戻ろうとする。この力を弾性力という。

ばねに力を加え変形させたあと、力を除くと変形が完全にもとに戻る場合、この変形を弾性変形という。弾性変形において、弾性体の変形量が小さい場合には、変形量と弾性力は比例する。ばねの伸びの長さを x [m]、弾性力の大きさを F [N] とすると、
$$F = kx$$
と表される。この比例定数 k をばね定数といい、単位はニュートン毎メートル（記号 N/m）である。

この関係は、17世紀にイギリスのロバート・フックという物理学者によって発見されたので、フックの法則と呼ばれる。

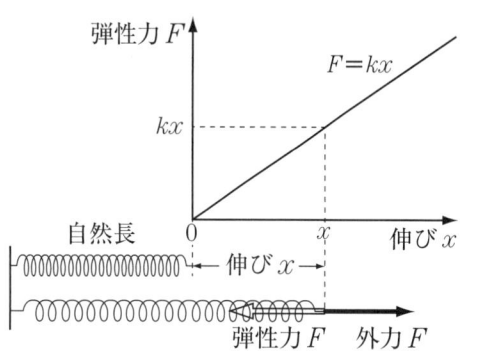

例題 12　ばねについて、次の問いに答えよ。

(1) つる巻きばねを 5.0 N の大きさの力で引いたところ、ばねは 0.20 m 伸びた。このばね定数は、何 N/m か。

(2) ばね定数 k [N/m] のばねを、次の①と②のように2本つなげた。2本のばねを合わせて1本のばねとみなしたときのばね定数を、それぞれ求めよ。

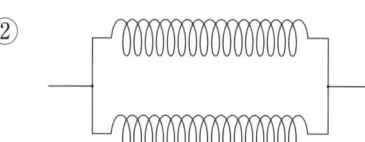

解答　(1) ばね定数を k とすると、フックの法則より、$5.0\,\text{N} = k \times 0.20\,\text{m}$

$$k = \frac{5.0\,\text{N}}{0.20\,\text{m}} = 25\,\text{N/m}$$

(2) 1本のばねについて、弾性力 F とばねの伸び x との関係は、$F = kx$ である。

① 2本のばねをつなげたときのばね定数を k_1 とする。このばねに力 F を加えると、2本のそれぞれのばねに、F の大きさの力が加わるため、ばね全体では $2x$ 伸びる。式で表すと、$F = k_1(2x)$ となる。よって、

$$k_1 = \frac{F}{2x} = \frac{k}{2} \quad \therefore \quad k_1 = \frac{k}{2}$$

② 2本のばねをつなげたときのばね定数を k_2 とする。このばねに力 F を加えると、2本のそれぞれのばねには $\frac{F}{2}$ の大きさの力が加わるため、ばねは $\frac{x}{2}$ 伸びる。式で表すと、$F = k_2\left(\frac{x}{2}\right)$ となる。よって、

$$k_2 = \frac{2F}{x} = 2k \quad \therefore \quad k_2 = 2k$$

ドリル No.12   Class   No.   Name

問題 12.1 あるばねの弾性力の大きさ F [N] と自然の長さからの伸び x [m] の関係を調べたところ，右のグラフが得られた。このばねのばね定数は何 N/m か。

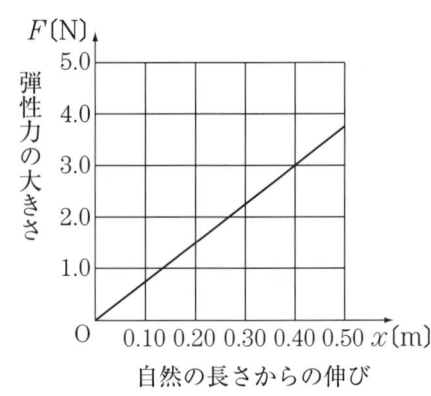

問題 12.2 質量 0.50 kg のおもりをつるすとばねの長さは 0.30 m になり，1.0 kg のおもりをつるすと 0.40 m になるばねがある。このばねの自然の長さは何 m か。また，ばね定数は何 N/m か求めよ。ただし，重力加速度の大きさを 9.8 m/s² とし，ばねの質量は無視できるものとする。

問題 12.3 ばね定数 10 N/m のばねがあり，おもり，糸，滑車を用いて，(1),(2)のようにつないだ。このとき，それぞれのばねの伸びを求めよ。

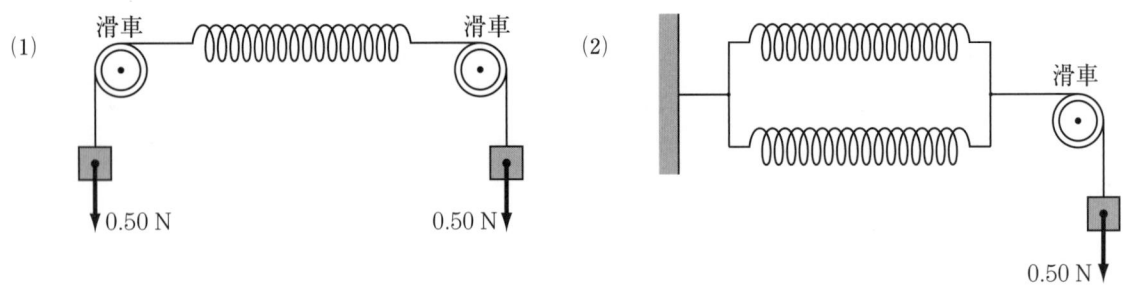

チェック項目	月 日	月 日
フックの法則を理解し，式を適用し計算できたか。		

1. 力学　1.2　運動の三法則　（5）様々な力　(c) 水圧・浮力

浮力を理解し，密度や体積から，その大きさを求められるようになろう。

物体を水などの流体中に入れると，物体は重力と逆向きの**浮力**を受ける。水の中に物体を沈めると周囲の水は物体の全ての表面を押す。この力の単位表面積当たりの力（圧力）を水圧と呼ぶ。水面からの深さ x での水圧を考えてみよう。鉛直上方からの水圧はその点から水面までの水の重さが原因である。鉛直下方からの水圧はそれを支える圧力である。また，周囲からの圧力もこの圧力と同じ大きさである。よって，この点での水圧は全ての方向について同じ大きさである。これを**パスカルの原理**という。

次に，図のような底面積 S [m²]，高さ h [m] の円柱状の物体にはたらく水圧を考える。水の密度を ρ [kg/m³]，重力加速度を g [m/s²] とすると，上面が受ける圧力は $p_1 = \rho h_1 g$，下面が受ける圧力は $p_2 = \rho h_2 g$，側面が受ける圧力は同じ深さなら同じ大きさである。

また物体の上面が受ける力 F_1 は $F_1 = p_1 S = \rho g S h_1$，下面が受ける力 F_2 は，$F_2 = \rho g S h_2$ なので，この差 $F_2 - F_1$ が**浮力**となる。浮力 F は，

$$F = \rho h_2 g S - \rho h_1 g S = \rho (h_2 - h_1) g S = \rho h g S = \rho V g$$
$$\therefore \quad F = \rho V g$$

となる。この浮力の大きさは，物体が排除する液体の体積にはたらく重力の大きさに等しく，これを**アルキメデスの原理**という。

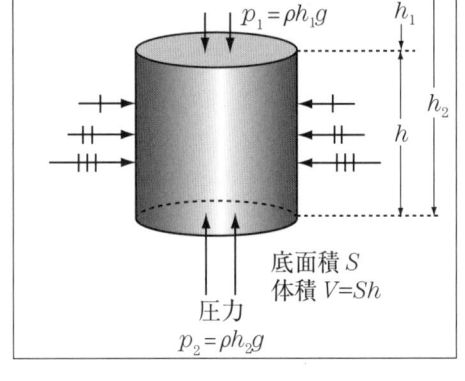

例題 13 次の問いに答えよ。
(1) 密度 ρ' の物体が，密度 ρ の液体中で浮く条件を求めよ。
(2) 一様な材質でできている密度 7.9×10^3 kg/m³，質量 1.8 kg の物体が水中で受ける浮力の大きさは何 N か。重力加速度の大きさを 9.8 m/s²，水の密度を 1.0×10^3 kg/m³ とする。

解答 (1) 物体の体積を V とし，重力加速度を g とすると，物体に鉛直下向きにはたらく重力の大きさは $\rho' V g$，物体を完全に液体中に沈めたときの浮力の大きさは $\rho V g$ である。物体が浮くためには，$\rho' V g < \rho V g$ である。

よって条件は $\rho' < \rho$ である。

(2) 物体の体積は，$\dfrac{1.8 \text{ kg}}{7.9 \times 10^3 \text{ kg/m}^3} = 2.28 \times 10^{-4} \text{ m}^3$ であり，

求める浮力は，
$$\rho V g = 1.0 \times 10^3 \text{ kg/m}^3 \times 2.28 \times 10^{-4} \text{ m}^3 \times 9.8 \text{ m/s}^2$$
$$= 2.23 \text{ kg} \cdot \text{m/s}^2 \fallingdotseq 2.2 \text{ N}$$

ドリル No.13　　Class　　No.　　Name

問題 13.1 体積 5.0×10^{-3} m^3 の物体が，密度 1.0×10^3 kg/m^3 の水中にある。この物体にはたらく浮力の大きさを求めよ。また，この物体が密度 1.1×10^3 kg/m^3 の食塩水中にあるとき，この物体にはたらく浮力の大きさを求めよ。ただし，重力加速度の大きさを 9.8 m/s^2 とする。

問題 13.2 氷を水に浮かべると，一部が水面より上に出ている。氷が水面より上に出ている部分の体積の割合を求めよ。ただし，氷の密度を 0.92×10^3 kg/m^3，水の密度を 1.0×10^3 kg/m^3 とする。

問題 13.3 質量 M [kg] で容積 V [m^3] の気球がある。気球内に密度 ρ [kg/m^3] の気体を入れて膨らませると，気球は浮き上がった。気球が浮くための条件を求めよ。ただし，気球のまわりの空気の密度を ρ_0 [kg/m^3]，重力加速度の大きさを g [m/s^2] とし，気球を構成する材料の体積は無視できるものとする。

チェック項目	月　日	月　日
浮力を理解し，密度や体積からその大きさを求めることができたか。		

1. 力学　　1.2　運動の三法則　　（5）様々な力　(d) 摩擦力

静止摩擦力，最大摩擦力，動摩擦力について理解しよう。

床に置いた物体に軽く横に力を加えても物体は動かない。これは，物体と床との間に**摩擦力**がはたらくからである。摩擦力には，静止している物体を動かそうとするときにはたらく**静止摩擦力**と，物体を動かしているときにはたらく**動摩擦力**がある。

図のように，床の上に置いた物体にひもをつけ，徐々に力を加えたときを考える。最初のうち物体が動かないのは，引く力と同じ大きさで反対向きの静止摩擦力がはたらきつりあっているからである。しかし，静止摩擦力にも限界があり，その限界を超える力を加えると物体は動き始める。この限界の摩擦力を**最大摩擦力**という。また，物体が動き出した後も，引く力に抗するように**動摩擦力**がはたらく。

この最大摩擦力 f_m 〔N〕は，物体が面から受ける垂直抗力 N〔N〕に比例し，

$$f_m = \mu N$$

と表され，この比例定数 μ を**静止摩擦係数**という。

また，動摩擦力 f'〔N〕も垂直抗力 N〔N〕に比例し，

$$f' = \mu' N$$

と表される。この比例定数 μ' を**動摩擦係数**という。

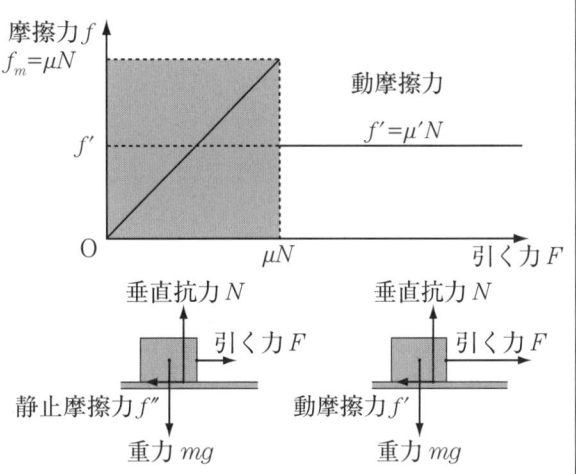

例題 14　質量 m の物体を板の上に乗せて板を徐々に傾けていくと，傾きが θ_0 になった直後に物体は静かにすべり始めた。板と物体との間の静止摩擦係数を求めよ。また，すべり出した後も板の傾きを θ_0 に保ったとき，物体の加速度の大きさを求めよ。ただし，動摩擦係数を μ' とする。

解答　すべり出す直前には最大摩擦力 f_m がはたらく。物体にはたらく重力を mg として，すべり出す直前における斜面に平行な方向の力のつりあいは，

$$mg \sin\theta_0 - f_m = 0 \cdots\cdots ①$$

また，斜面に垂直な方向の力のつりあいは，垂直抗力を N として，

$$mg \cos\theta_0 - N = 0 \cdots\cdots ②$$

式①，②および $f_m = \mu N$ より，

$$\mu = \frac{f_m}{N} = \frac{mg \sin\theta_0}{mg \cos\theta_0} = \tan\theta_0$$

なお，この θ_0 を，**摩擦角**という。

次に，物体がすべり出してからの動摩擦力の大きさ f' は，

$$f' = \mu' N = \mu' mg \cos\theta_0$$

であり，加速度の大きさを a，すべり降りる向きを正とすると，運動方程式は，

$$ma = mg \sin\theta_0 - \mu' mg \cos\theta_0$$
$$a = g \sin\theta_0 - \mu' g \cos\theta_0 = g(\sin\theta_0 - \mu' \cos\theta_0)$$

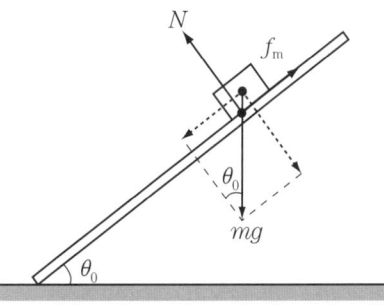

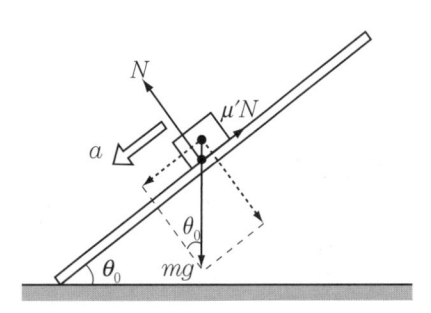

ドリル No.14　　Class　　　No.　　　Name

問題 14.1 図1，図2は，水平面上にある質量 10 kg の物体にばねばかりをつけ，引く角度を変えて実験したときの様子を示している。重力加速度の大きさを 9.8 m/s^2 として，以下の問いに答えよ。

(1) 図1のように物体を水平に静かに引き，はかりの目盛りが 49 N を示したときに物体はすべり始めた。物体と水平面との間の静止摩擦係数を求めよ。

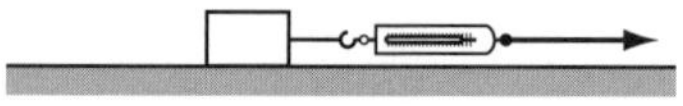

(2) 図2のように，水平面に対し 30° の向きに物体を静かに引いたとき，はかりの目盛りが何 N を示したときにすべり始めるか求めよ。

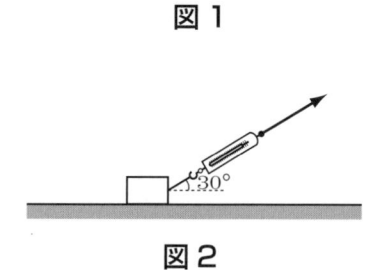

問題 14.2 なめらかな水平面上を 10 m/s の速さですべっていた物体が摩擦のある水平面に突入したところ，一定の加速度で減速し静止した。摩擦のある面と物体の間の動摩擦係数が 0.20 であるとき，物体の加速度の大きさを求めよ。ただし，重力加速度の大きさを 9.8 m/s^2 とする。

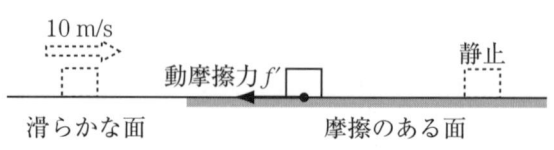

チェック項目

	月　日	月　日
最大摩擦力および動摩擦力を理解し，摩擦係数を求めたり，摩擦係数を使って考えたりすることができたか。		

1. 力 学　1.2　運動の三法則　（5）様々な力　(e) 流体抵抗力

> 空気や水などの流体中で運動する物体には，運動を妨げようとする抵抗力がはたらくことを理解しよう。

抵抗力は，物体の流体に対する速度が大きいほど大きく，また，物体の形や大きさ，流体の種類や圧力などの影響を受ける。例えば，雨つぶのような形の質量 m の物体が空気中を自由落下すると，物体には鉛直下向きに重力 mg，上向きに物体の速度 v に依存する空気の抵抗力 $f_1 = kv$ がはたらく。下向きの加速度を a とすると，運動方程式は，

$$ma = mg - kv$$

となる。抵抗力 kv は，速度が小さいときは小さく，速度が大きくなるにつれ大きくなる。そのため，速度が小さいときは自由落下運動となるが，速度が大きくなるとやがて抵抗力が重力と同じ大きさとなり，加速度 $a=0$，つまり，物体の速度は一定となる。この一定の速度 v_∞ を**終端速度**という。

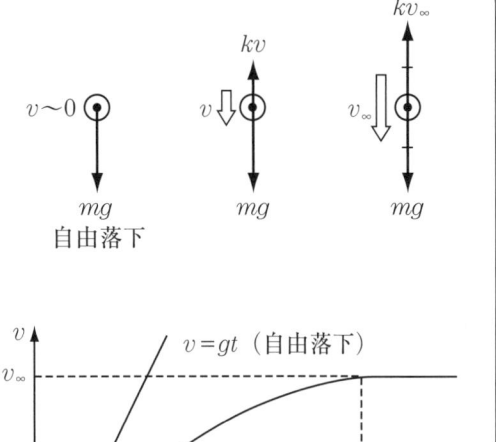

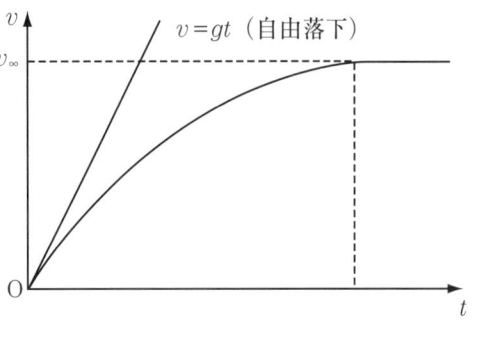

例題 15.1　質量 m の小さな水滴を静かに落下させると，最初は重力加速度 g で落下し始めるが，落下速度 v に比例した抵抗力 $f_1 = kv$（ここで k は比例定数）を受け，しばらくすると一定の速さ v_∞ で落下するようになった。この小球の加速度を a として，運動方程式を立てよ。また，終端速度 v_∞ を求めよ。

解答　鉛直下向きを正とすると，運動方程式は，
$$ma = mg - kv$$
一定の速度となったとき，加速度 a は 0 となるので，$v \to v_\infty$ となり，

$$0 = mg - kv_\infty \quad \text{よって，} \quad v_\infty = \frac{mg}{k}$$

例題 15.2　パラシュートで落下するような場合は，速度の2乗に比例する抵抗力 f_2 が生じる。質量 m の物体の終端速度 v_∞ を求めよ。

解答　$m \times 0 = mg - kv_\infty^2$

$$\therefore \quad v_\infty = \sqrt{\frac{mg}{k}}$$

ドリル No.15　Class　　No.　　Name

問題　15.1　空気抵抗が無ければ，高度 3,000 m から自由落下した場合，地上では約 240 m/s の速さとなる。しかし，スカイダイビングでは空気抵抗があるために，60 m/s 前後の速さで安定する。ダイバーの体重が 50 kg であるとすると，このとき，空気抵抗は約何 N になるか。ただし，地球上の重力加速度の大きさを 9.8 m/s² とする。

問題　15.2　速度 v に比例した抵抗力 kv を受けるとき，初速度 0 で落下させた物体の運動のようすを説明せよ。

問題　15.3　同じ鉄球を水の中と油の中で初速度 0 で自由落下させて終端速度を比較したら，油の方が小さかった。水と油の終端速度の比例定数 k の値を比較せよ。

チェック項目	月　日	月　日
抵抗力がはたらくときの運動の状態を，運動方程式と対応させて説明できたか。また，終端速度の意味を理解できたか。		

1. 力 学　　1.2　運動の三法則　　(5) 様々な力　(f) 慣性力

> 慣性系と非慣性系から見る現象の違いを理解し，それぞれの立場で運動を説明できるようにしよう。

運動をより深く理解し，説明できるために，観測している立場について考察してみよう。

慣 性 系：静止，または，等速で運動している観測者からの立場が，慣性系である。このとき，種々の物理現象は，すべて今までに学習してきた（通常の）物理法則に従う。例えば，等速で運動する電車内でボールを落下させても，そのボールは真下に落ちて観測者の足下に落下する。これは，観測者に対しては，ボールは自由落下をしただけで，観測者が静止している場合と同じ現象である。

非慣性系：加速度運動している観測者からの立場が，非慣性系である。このとき，種々の物理現象は，今までに学習した法則とは異なる。例えば，停止していた電車が徐々にスピードを上げていくと，乗客は電車の後方に押しつけられるような力を受ける。乗客には何も接していないのに，横方向の力が突然はたらいていることになる。また，エレベータが上昇し始めるときや，減速するときには，普段とは異なる力を感じる。このように，加速したり減速したりする場合には，系の中に特有の力が現れる。

　慣性系と，非慣性系で物理法則が変わらないようにするため，慣性力という仮想の力（みかけの力）を考えた。慣性力は，相手がないために反作用の力はない。先ほどの例では，電車内にいる人やエレベータ内にいる人にだけはたらいているとする力である。

　このとき慣性力は，系の加速度 a と逆向きに物体の質量と加速度の積の大きさの力，ma を受けるとする。

　※　身近に感じる慣性力として，遠心力がある。

例題 16　加速度 a で運動している電車内（非慣性系）で，慣性力 $-ma$ が観測される理由を示せ。

解答　右図のように，等加速度運動している電車で考える。慣性系（地上に静止している人）からおもりを見ると，おもりは糸の張力の水平成分 $T\sin\theta$ によって電車とともに右向きに加速度 a で運動（運動方程式 $ma=T\sin\theta$）している。非慣性系（電車とともに加速する人）からおもりを見ると，おもりは斜めになってつりあっているように見える。おもりに対して水平方向に慣性力 f がはたらいていると考えると，$T\sin\theta+f=0$ となる。非慣性系と慣性系で同じ物理法則が成り立つはずだから，慣性力は $f=-ma$ となる。

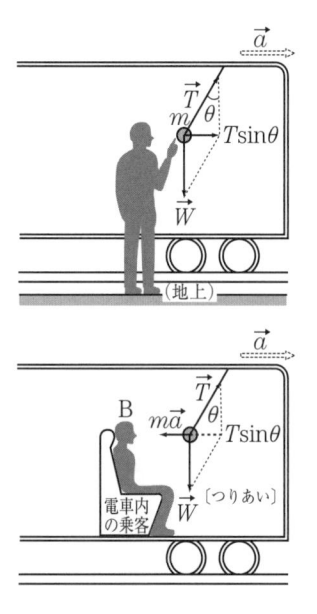

— 31 —

ドリル No.16　Class　　No.　　Name

問題 16.1 エレベータの天井にニュートンはかりを取り付け，質量5.0 kgの物体をつるした。このエレベータが図のv-tグラフのように運動しているとき，3.0秒後，7.0秒後，12秒後のはかりは，それぞれ何Nを示すか求めよ。

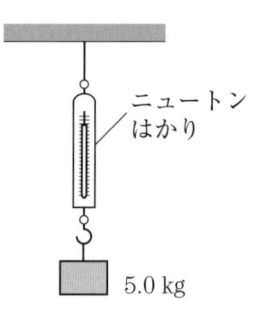

問題 16.2 水平でまっすぐなレールの上を，一定の加速度a ($a>0$)で加速している電車がある。この電車の天井からつるしたおもりの糸が鉛直線となす角をθとして，$\tan\theta$の値を求めよ。また，糸を切断すると，おもりは車内にいる人から見れば，どのように落下するか。ただし，重力加速度の大きさをgとする。

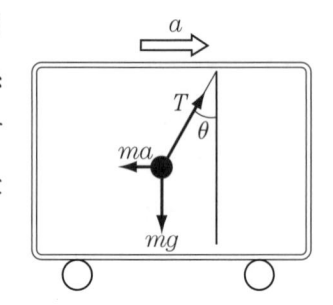

チェック項目	月　日	月　日
慣性力を理解し，その値を求めることができたか。		

1. 力 学　1.3　力学的エネルギー　（1）仕事と仕事率

仕事や仕事率の概念を習得し，定義を押さえた上で，仕事とエネルギーとの関係を理解しよう。

物体Aが力 F によって，力の向きに距離 s だけ変位したときに，「力 F は物体Aに仕事をした」という。その仕事の大きさ W は，力 F [N] をはたらかせてその向きに動いた距離 s [m] との積で表され，単位はジュール（記号 J）である。

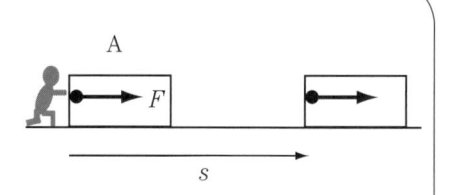

$$W = Fs \text{ [J]}$$

また，物体Aが力 F の方向と角 θ をなす方向に距離 s だけ変位した場合，力 F のした仕事 W は，

$$W = Fs\cos\theta$$

と表される。

よって，$\theta = 90°$ の場合は，仕事は $W = 0$ となる。

単位時間にする仕事を仕事率という。時間 t [s] の間に仕事 W [J] をすると，仕事率 P は，

$$P = \frac{W}{t} \text{ [W]}$$

で表され，単位はワット（記号 W）である。仕事は仕事率を用いて $W = Pt$ とも表現され，また，$W = Fs$ であり，速さ $v = \frac{s}{t}$ であるから，

$$P = \frac{W}{t} = \frac{Fs}{t} = Fv \text{ となる。}$$

例題 17.1　5.0 N の力が作用して，距離 10 m 動かす仕事はいくらになるか。

解答　$W = Fs = 5.0 \text{ N} \times 10 \text{ m} = 50 \text{ N·m} = 50 \text{ J}$

例題 17.2　5.0 kg の物体を，なめらかな斜面に沿って，高さ 10 m まで上げるのに要する仕事はいくらか。

解答　$W = mgh = 5.0 \text{ kg} \times 9.8 \text{ m/s}^2 \times 10 \text{ m} = 490 \text{ J} = 4.9 \times 10^2 \text{ J}$

例題 17.3　10 J の仕事を 5.0 秒間で行う機械の仕事率はいくらか。

解答　$P = \frac{W}{t} = \frac{10 \text{ J}}{5.0 \text{ s}} = 2.0 \text{ J/s} = 2.0 \text{ W}$

ドリル No.17　Class　　No.　　Name

問題　17.1　質量 500 g の物体について，以下の場合の仕事を求めよ。

(1) 1.0 m だけ自由落下したとき，重力が物体にした仕事

(2) 水平方向に 1.0 m だけ移動させたとき，重力が物体にした仕事

(3) 水平方向に対して 30° の角をなす斜面に沿って上方へ 1.0 m だけすべらせたとき，重力が物体にした仕事

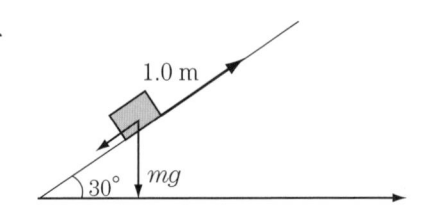

問題　17.2　s [m] ごとに 1 ℓ の割合で，ガソリンを消費しつつ，v [m/s] の一定の速さで走行する自動車がある。ガソリンの燃焼によって発生するエネルギーは，1 ℓ 当たり E [J] で，そのエネルギーの k [%] がエンジンによって走行のための仕事に変換される。このときのエンジンの仕事率はいくらか。

チェック項目

仕事の概念をつかみ，仕事と仕事率の関係を理解して，計算することができたか。

1. 力 学　1.3　力学的エネルギー　（2）運動エネルギー

運動エネルギー E_k が，$E_k = \frac{1}{2}mv^2$ であることを理解しよう。

静止している質量 m の物体Aに，左方向から速度 v で運動してきた質量 m の物体Bがぶつかり，物体Bは物体Aを s だけ押して止まったとする。物体Bが静止するまでにした仕事 W は，

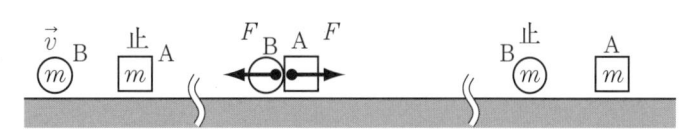

$$W = Fs \cdots\cdots ①$$

である。ところで，物体Bについて運動方程式を立てると，物体Bが受けた力を左向きを F とし，右向きを正，物体Bの加速度を a とすると，

$$ma = -F \cdots\cdots ②$$

ところで，物体Bは静止するまでの間，等加速度運動をするので，

$$0^2 - v^2 = 2as \cdots\cdots ③$$

①，②，③より，Bが静止するまでに行った仕事 W は，

$$W = Fs = (-ma) \times \left(-\frac{v^2}{2a}\right) = \frac{1}{2}mv^2$$

となるので，物体Bがもっていた運動エネルギー E_k は，

$$E_k = \frac{1}{2}mv^2$$

となる。

例題 18.1　1.0 kg の物体が 4.0 m/s の速さで運動しているときの運動エネルギーを求めよ。

解答　$E_k = \frac{1}{2}mv^2 = \frac{1}{2} \times 1.0 \times (4.0)^2 = 8.0$ J

例題 18.2　質量 4.0 kg の物体が，速さ 5.0 m/s の等速運動をしている。速さを2倍にするためには，仕事はいくら必要であるか。

解答　必要な仕事 $= \frac{1}{2}mv_2^2 - \frac{1}{2}mv_1^2 = \frac{1}{2}m(v_2^2 - v_1^2)$
$= \frac{1}{2} \times 4.0 \times (10^2 - 5.0^2)$
$= 1.5 \times 10^2$ J

ドリル No.18　　Class　　　No.　　　Name

問題　18.1　質量 4.0 kg の物体が速さ 10 m/s で壁に垂直に当たって，5.0 m/s の速さではね返った。その物体の衝突前後における運動エネルギーの変化量を求めよ。

問題　18.2　質量 40 g，速度 300 m/s の銃弾が，厚さ 10 cm の木板を貫いて，速度 200 m/s に減じたという。このとき，以下の問いに答えよ。

(1) 木板の抵抗に逆らってした仕事を求めよ。

(2) 木板の平均抵抗力を求めよ。

(3) この銃弾が通り抜けないためのこの板の厚さを求めよ。

チェック項目　　　　　　　　　　　　　　　　　　　　月　日　　月　日

| 運動エネルギー E_k が，$E_k = \frac{1}{2}mv^2$ であることが理解できたか。 | | |

1. 力 学　　1.3　力学的エネルギー　　(3)重力による位置エネルギー

> 重力による位置エネルギー E_p が $E_p = mgh$ となることを理解しよう。

　重力に逆らって物体を高さ h まで一定の速さで持ち上げる場合を考える。このとき，速さが一定であることから，物体を持ち上げるのに必要な力は mg であり，重力に逆らって物体に行う仕事 W は，$W = mgh$ となる。また，一般にどのような経路で持ち上げても，持ち上げる前後で速さが一定なので物体の運動エネルギーが変化しないことと，持ち上げる（鉛直上向きの）力は水平方向の移動に対して仕事をしないことから，常に物体を高さ h だけ持ち上げるのに必要な仕事 W は，mgh となることがわかる。

　一方，高さ h から物体を自由落下させたとき，床に衝突する直前の物体の速さを v とすれば，このときの物体の運動エネルギー E_k は，$E_k = \frac{1}{2}mv^2$ であり，これは，物体が高さ h を落下する間に重力がした仕事に等しく，上で求めた高さ h まで重力に逆らって物体を持ち上げるのに必要な仕事 mgh に等しい。

　これらのことより，重力に逆らって物体が高さ h に持ち上げられた結果，物体には mgh のエネルギーが蓄えられた，と考えることもできる。そこで，このようにして蓄えられたエネルギーを重力による位置エネルギーと呼ぶ。重力による位置エネルギーは，基準面からの高さ h に依存しており，質量 m の物体が持つ重力による位置エネルギーは，一般に $E_p = mgh$ と表される。

　なお，重力による位置エネルギーは，同一の高さに存在する物体であっても，基準面が異なれば，その大きさも異なる。基準面が物体よりも高い位置にあるときは，重力の位置エネルギーは負の値となる。

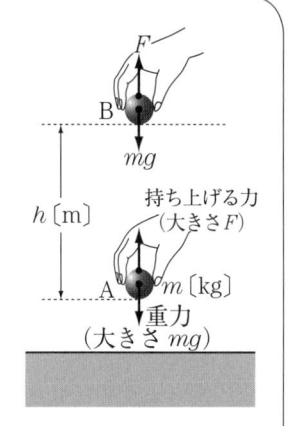

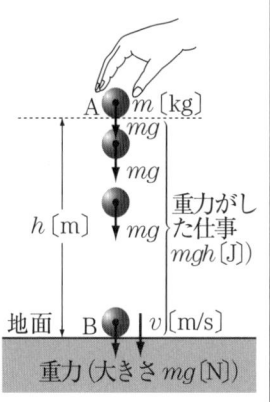

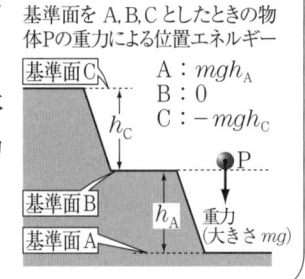

例題 19.1　基準面を床とするとき，床から高さ 5.0 m の位置にある，質量 2.0 kg の物体が持つ重力による位置エネルギーを求めよ。ただし，重力加速度を $g = 9.8$ m/s² とする。

解答　求める重力による位置エネルギーを E_p とすれば，
　　$E_p = 2.0 \times 9.8 \times 5.0 = 98$ J

例題 19.2　地面からの高さ h から自由落下させたときの地面に衝突する直前の運動エネルギー E_k が重力による位置エネルギー E_p に等しいことを示せ。

解答　自由落下する物体が地面に衝突する直前の速さは，$h = \frac{1}{2}gt^2$，$v = gt$ を連立させることで，$v = \sqrt{2gh}$ である。

　よって，$E_k = \frac{1}{2}mv^2 = \frac{1}{2}m(2gh) = mgh = E_p$

ドリル No.19　Class　　No.　　Name

問題 19　高さ50 mのビルの屋上から，質量0.10 kgのボールを自由落下させた。重力加速度を9.8 m/s^2として，以下の問いに答えよ。ただし，空気抵抗は無視できるものとする。

(1) 高さ50 mの位置にあったとき，このボールが持っていた重力による位置エネルギーを求めよ。ただし，基準面を地面とする。

(2) このボールが地面から30 mの高さを通過した。このとき，このボールが自由落下によって失った重力による位置エネルギーを求めよ。ただし，基準面を地面とする。

(3) このボールが地面と衝突する直前の速さを求めよ。

(4) 基準面を高さ20 mにしたとき，このボールが地面と衝突する直前に持つ重力による位置エネルギーを求めよ。

チェック項目	月 日	月 日
高さの基準面を意識して，重力による位置エネルギーE_pが$E_p=mgh$となることを理解できたか。		

1. 力 学　1.3 力学的エネルギー　（4）弾性エネルギー

> ばねを使った，弾性力による位置エネルギー E_p' が，$E_p' = \frac{1}{2}kx^2$ となることを理解しよう。

　ばねを引く力 F は，必ずばねの弾性力に等しいので，ばね定数 k を用いて，$F = kx$ と表される。ばねを自然長から x だけ伸ばすときの関係を横軸に x，縦軸に F をとって，グラフにすると，図2のような直線になる。

　図2において，x_1 から x_2 までの微小な伸び Δx の間は，力 kx_1 で変化がないものとすれば，$kx_1 \times \Delta x$ を示す矩形の面積は，x_1 の伸びからさらに Δx だけ伸ばすときの微小な仕事を表している。Δx は，いくらでも小さくとれるので，△OAB の面積は，これら微小な面積の総和として，ばねを自然長から $OB = x$ だけ伸ばすのに必要な仕事を示している。

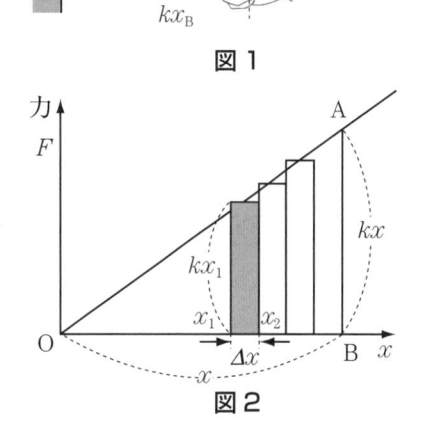

　図の AB は，力 kx であるので，

　　△OAB の面積 $= \frac{1}{2}(kx \times x) = \frac{1}{2}kx^2$

以上より，ばね定数 k のばねを自然の長さから x だけ伸ばすとき，外力がバネにする仕事 W は $W = \frac{1}{2}kx^2$ となる。これは積分を用いても，$W = \int_0^x F dx = \int_0^x kx \cdot dx = \frac{1}{2}kx^2$ と計算できる。

　ばねが外力によってなされた仕事は，弾性力による位置エネルギーとしてばねに蓄えられる。外力を取り去ると，ばねは元の長さに戻るので，その間に他の物体に対して同量の仕事をすることができる。よって，弾性力による位置エネルギーを E_p' とすると，

　　$E_p' = \frac{1}{2}kx^2$

となる。

例題 20　40 g の物体をつるすと，4.0 cm 伸びるばねがある。このばねが 10 cm 伸びているときの弾性力による位置エネルギーを求めよ。

解答　つりあいの式 $kx - mg = 0$ から，

$$k = \frac{mg}{x} = \frac{0.040 \times 9.8}{0.04} = 9.8 \text{ N/m}$$

弾性力による位置エネルギーは，

$$E_p' = \frac{1}{2}kx^2 = \frac{1}{2} \times (9.8 \text{ N/m}) \times (0.10 \text{ m})^2 = 4.9 \times 10^{-2} \text{ J}$$

ドリル No.20 Class   No.   Name

問題 20.1 なめらかな水平な面上に，ばね定数kのばねを置き，一端を固定して他端に質量mの物体を押しつけて，xだけ縮めて離した。物体がばねから離れるときの速さvを求めよ。

問題 20.2 水平に置かれたなめらかな細長い棒に沿って自由に動くことができる球A, Bがある。これに長さLの2本の細いひもで，図のように球Cを連結して棒にはめたばね定数kのばねを圧縮したところ，A, B間の間隔がLの位置で静止した。球A, B, Cの質量は，ともにmである。ばねに蓄えられる弾性力による位置エネルギーを求めよ。

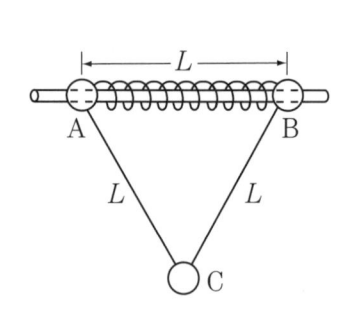

チェック項目 月 日 月 日

| 弾性力による位置エネルギーE_p'が，$E_p' = \frac{1}{2}kx^2$となることを理解できたか。 | | |

1. 力 学　1.3　力学的エネルギー
（5）力学的エネルギー保存則　(a) 重力のみによる運動

力学的エネルギーの総和は，物体の高さによらず，一定であることを理解しよう。

質量 m の物体が自由落下をし，高さが h_1 から h_2 になるときを考える（図1）。高さ h_1 での物体の運動エネルギーを E_{k1}，重力による位置エネルギーを E_{p1}，高さ h_2 での物体の運動エネルギーを E_{k2}，重力による位置エネルギーを E_{p2} とする。このとき，E_{p1} と E_{p2} は，重力加速度を g として，$E_{p1}=mgh_1$，$E_{p2}=mgh_2$ であらわされる。また，物体の運動エネルギーの変化は，物体にはたらく重力 mg によって仕事をされた分だけ変化するので，その変化量は，$E_{k2}-E_{k1}=mg(h_1-h_2)$ となる。よって，$E_{k2}=E_{k1}+mg(h_1-h_2)$ を得る。一方 E_{p2} は，E_{p1} から高さ h_1-h_2 の分だけ位置エネルギーを失ったのだから，$E_{p2}=E_{p1}-mg(h_1-h_2)$ となる。以上より，高さ h_1 および高さ h_2 における，それぞれの運動エネルギーと重力による位置エネルギーの和について，

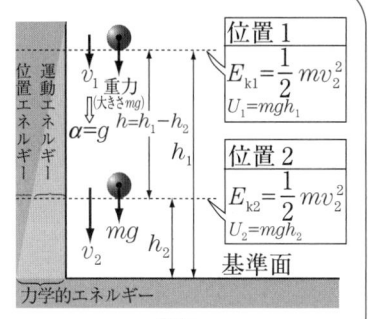

$$E_{k2}+E_{p2}=\{E_{k1}+mg(h_1-h_2)+E_{p1}-mg(h_1-h_2)\}=E_{k1}+E_{p1}$$

$$\therefore\ E_{k2}+E_{p2}=E_{k1}+E_{p1}$$

という関係が得られる。

ここに，h_1 と h_2 は任意であることから，重力のみによって運動する物体について，その運動エネルギーと，その重力による位置エネルギーの和は，高さによらず常に一定であることがわかる。この関係を**力学的エネルギー保存則**という。

図2のように物体を A 点から B 点まで動かすとき，重力のする仕事は経路に関係なく，2点の高さだけで決まる。このような力を保存力という。ばねによる弾性力なども保存力である。一般に，保存力だけが仕事をする物体の運動では，力学的エネルギー保存則が成立する。

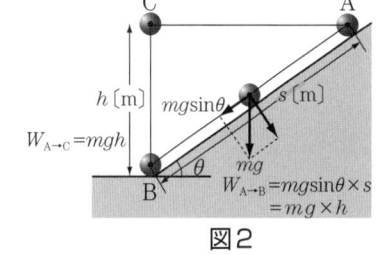

例題 21　図のように，なめらかな斜面上の点 A から，小球を静かに離したところ，小球は斜面にそって運動し，点 B から斜め上方に飛び出した。その後，放物運動をして，最高点 H を通過した。点 H を通過したときの小球の速さを v，重力加速度を g として，点 A の高さ h_A を求めよ。ただし，斜面最下点を高さの基準面とし点 H の高さを H とする。

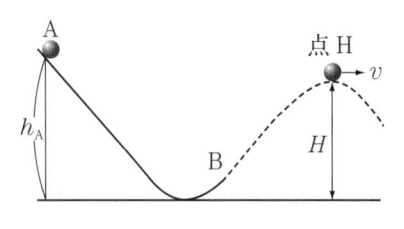

解答　小球の質量を m とすれば，力学的エネルギー保存則より，$0+mgh_A=\dfrac{1}{2}mv^2+mgH$ を得る。これより $h_A=\dfrac{v^2}{2g}+H$

ドリル No.21　Class　　No.　　Name

問題 21 右図のように，ジェットコースターが，地面からの高さ h の最高点から，初速0で，なめらかなレールに沿って落下した。その後，地面と同じ高さである最下点を通過したとき，ジェットコースターの速さは v であった。ジェットコースターの質量を m，重力加速度を g として，以下の問いに答えよ。

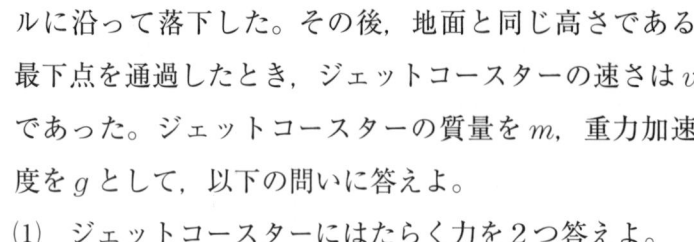

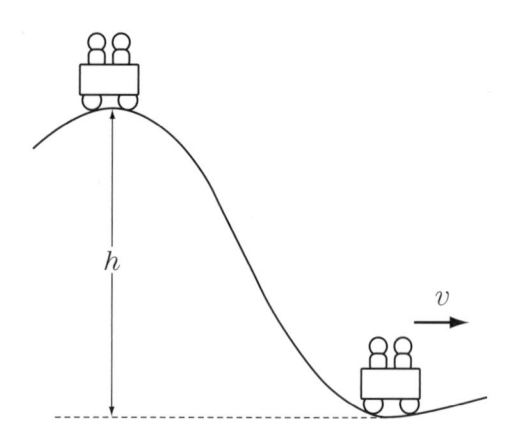

(1) ジェットコースターにはたらく力を2つ答えよ。

(2) (1)で答えた力が，ジェットコースターが最下点に達するまでにする仕事はいくらか。それぞれ答えよ。

(3) ジェットコースターが最下点を通過した時の速さ v を求めよ。

(4) ジェットコースターが，落下中，高さ h_A の点 A を通過した。このとき，落下を始めてから点 A を通過するまでに，ジェットコースターが失った重力による位置エネルギーはいくらか。

(5) 点 A を通過するときのジェットコースターの速さ v_A はいくらか。

チェック項目　　　　　　　　　　　　　　　　月　日　　月　日

重力による位置エネルギーの変化が，その経路によらず，高さの差によってのみ決まることを理解できたか。		

1. 力 学　1.3 力学的エネルギー
（5）力学的エネルギー保存則 (b) 弾性力のみによる運動

> 物体に働く力が弾性力のみのとき，その力学的エネルギーの総和が一定であることを理解しよう。

図1のように，なめらかな水平面上に置かれた質量 m の物体が，ばね定数 k のばねに連結されている。自然長のときの物体の位置を原点Oとし，原点Oから x_A の点Aまで物体を引いて静かに手を離すと，物体はばねの弾性力により原点に向かって運動を始める。このとき，原点からの距離 x_B の点Bを，速度 v で通過するものとする。物体が点Aから点Bに移動する間に，このばねが物体にした仕事 W は，図2のグラフのアミ点で囲まれた部分の面積に等しく，$W = \frac{1}{2}kx_A^2 - \frac{1}{2}kx_B^2$ である。これは物体の運動エネルギーの増加量に等しいことから，

$$\frac{1}{2}mv^2 - 0 = \frac{1}{2}kx_A^2 - \frac{1}{2}kx_B^2$$

であり，整理すると，

$$0 + \frac{1}{2}kx_A^2 = \frac{1}{2}mv^2 + \frac{1}{2}kx_B^2$$

となる。この式は，任意の x において成り立つことから，物体の運動エネルギーを E_k，物体のばねによる弾性エネルギーを E_p' とすれば，$E_k + E_p' =$ 一定 という関係が成り立つ。これは，物体にはたらく力が弾性力のみのとき，その力学的エネルギーの総和が保存されることを示している。

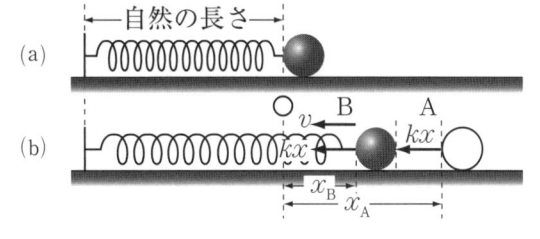

B 点の力学的エネルギー　　A 点の力学的エネルギー
$E_{kB} = \frac{1}{2}mv^2$　　　　　$E_{kA} = 0$
$E_{kB} = \frac{1}{2}kx_B^2$　　　　$E_{kA} = \frac{1}{2}kx_A^2$

図1

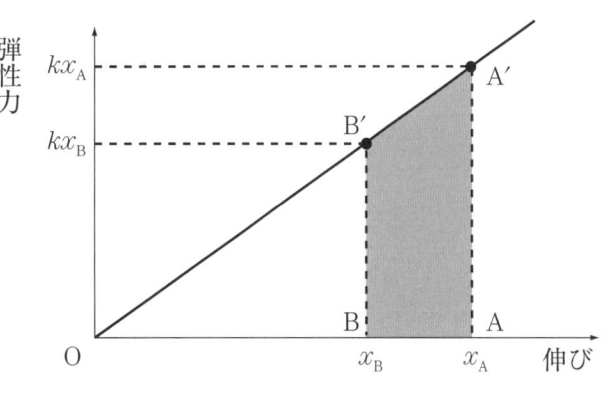

図2　AB間でばねが物体にする仕事

例題 22　なめらかな水平面上に質量 0.20 kg の物体を置き，ばね定数 $k = 5.0$ N/m のばねに連結した。この物体をばねの自然長から 0.40 m だけ伸ばし静かに手を離したところ，物体は自然長の位置に向かって運動を始めた。この物体が自然長の位置を通過するときの速度はいくらか。

解答　力学的エネルギー保存則 $0 + \frac{1}{2}kx^2 = \frac{1}{2}mv^2 + 0$ より，$v = x\sqrt{\frac{k}{m}}$ が得られる。

よって，$x = 0.40$ m，$m = 0.20$ kg，$k = 5.0$ N/m を代入し v を求めれば，
$v = 2.0$ m/s

ドリル No.22　Class　　No.　　Name

問題 22　なめらかな水平面上に質量 0.20 kg の物体を置きばねを連結した。この物体を 2.0 N の力で引き伸ばしたところ，ばねは自然長より 0.40 m だけ伸びた。このとき，以下の問いに答えよ。

(1) このばねのばね定数を求めよ。

(2) このとき，ばねにたくわえられている弾性力による位置エネルギーを求めよ。

(3) この物体から静かに手を離したところ，物体はばねの自然の長さの位置に向かって運動を始めた。自然の長さの位置を通過するときの物体の速さを求めよ。

(4) この物体がばねの自然の長さの位置から 0.20 m の点を通過するときの速さはいくらか。

チェック項目	月　日	月　日
物体にはたらく力が弾性力のみのとき，物体が持つ力学的エネルギーは保存されることを理解できたか。		

1. 力 学　1.3　力学的エネルギー
（5）　力学的エネルギー保存則　(c)　重力と弾性力による運動

> 物体にはたらく力が弾性力および重力のみのとき，その力学的エネルギーの総和が一定であることを理解しよう。

　図のように，ばね定数 k，自然長 L のばねをつり下げ，質量 m の物体を取りつけると，物体にはたらく重力により，ばねは自然長より $A=\dfrac{mg}{k}$ だけ伸びる。この点を原点 O とする。このとき自然長におけるばねの下端を基準とすると，重力による位置エネルギーと，物体が持つ弾性力による位置エネルギーの和 E_p は，$E_p = \dfrac{1}{2}k\left(\dfrac{mg}{k}\right)^2 - mg\dfrac{mg}{k} = -\dfrac{1}{2}\dfrac{(mg)^2}{k}$ で表される。

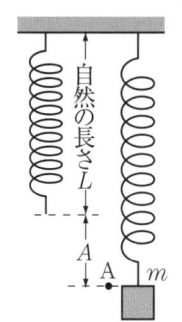

　この位置（原点とする）から下方に距離 x_1 だけ伸ばして手を離すと，物体は原点に向かって運動し，原点からの距離 x_2 の点を，速さ v_2 で通過した。このとき，それぞれの点において物体が持つ運動エネルギー，重力による位置エネルギーおよび弾性力による位置エネルギーについて考える。

　原点からの距離 x_1 においては，運動エネルギー E_{k1}，弾性力による位置エネルギーと重力による位置エネルギーの和 E_{p1} は，$E_{k1}+E_{p1}=0+\dfrac{1}{2}k\left(\dfrac{mg}{k}+x_1\right)^2 - mg\left(\dfrac{mg}{k}+x_1\right)=E_p+\dfrac{1}{2}kx_1^2$ となる。また，原点からの距離 x_2 においては，運動エネルギー，重力による位置エネルギー E_{p2}，弾性力による位置エネルギーとの和は，

$$E_{k2}+E_{p2}=\dfrac{1}{2}mv_2^2+\dfrac{1}{2}k\left(\dfrac{mg}{k}+x_2\right)^2-mg\left(\dfrac{mg}{k}+x_2\right)=E_p+\dfrac{1}{2}kx_2^2+\dfrac{1}{2}mv_2^2$$

となる。このとき，$\dfrac{1}{2}mv_2^2$ とは，物体が原点からの距離 x_1 から x_2 まで移動する際に失った弾性力による位置エネルギーに等しいことから，$\dfrac{1}{2}mv_2^2=\dfrac{1}{2}kx_1^2-\dfrac{1}{2}kx_2^2$ であり，$E_{k2}+E_{p2}=E_p+\dfrac{1}{2}kx_1^2$ となる。すなわち，$E_{k2}+E_{p2}=E_{k1}+E_{p1}$ であり，これは，任意の x_1 および x_2 において成り立つ。以上より，物体の運動エネルギーを E_k，重力による位置エネルギーおよび物体の弾性力による位置エネルギーの和を E_p とすれば，$E_k+E_p=$ 一定　という関係が成り立つ。これは，物体にはたらく力が重力および弾性力のみのとき，その力学的エネルギーの総和が保存されることを示している。

例題 23　ばね定数 k のばねの上端を天井に固定し，下端に質量 m のおもりを取りつけたところ，ばねは自然長から A だけ伸びて静止した。この点を A とする。おもりを，ばねの自然長まで持ち上げ，静かに手を離した。重力加速度を g として，おもりが点 A を通過するときの速さ v を求めよ。

解答　フックの法則より，このばねのばね定数 k は $k=\dfrac{mg}{A}$ である。一方，A 点での物体の持つ力学的エネルギー E は，$E=\dfrac{1}{2}kA^2-mgA=-\dfrac{1}{2}mgA$ である。力学的エネルギー保存則より，$0=\dfrac{1}{2}mv^2-\dfrac{1}{2}mgA$ なので，$v=\sqrt{gA}$ である。

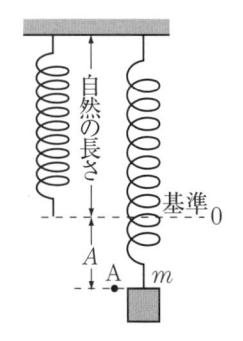

ドリル No.23　　Class　　　No.　　　Name

問題 23 図のように，軽いばねの上端を固定し，質量 m の物体をつるしたところ，ばねは a だけ伸びて，物体はA点で静止した。重力加速度の大きさを g とする。

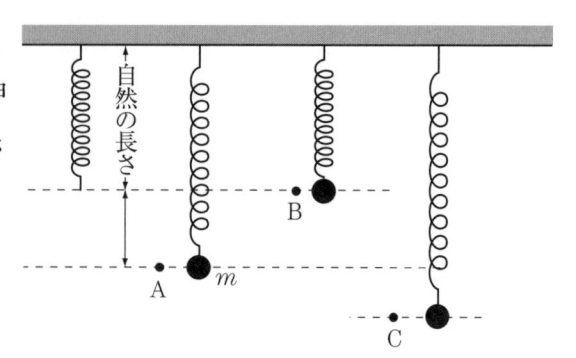

(1) このばねのばね定数を求めよ。

次に，物体をばねの自然長の位置（B点）まで持ち上げ静かに離したところ，おもりは鉛直方向に落下し，最下点Cに達した。このとき，以下の問いに答えよ。

(2) おもりをA点からB点まで持ち上げるのに要した仕事を求めよ。

(3) A点を通過するときの物体の速さを求めよ。

(4) 物体が最下点Cに達したときのばねの伸びを求めよ。

チェック項目　　　　　　　　　　　　　　　月　日　　月　日

| 物体にはたらく力が弾性力および重力の場合には，その力学的エネルギーが保存されることが理解できたか。 | | |

1. 力 学　1.4 衝　突　（1）運動量と力積

物体の運動量の変化は，物体が受けた力積に等しいことを理解しよう。

　図1のように，なめらかで水平な直線上を初速度 $\vec{v}$ で運動している質量 m の台車に，一定の大きさの力 $\vec{F}$ を時間 Δt の間加え，速度が $\vec{v'}$ になったときを考える。力を加えているときの加速度 $\vec{a}$ は，$\vec{a} = \dfrac{\vec{v'}-\vec{v}}{\Delta t}$ であり，運動方程式は，$m\dfrac{\vec{v'}-\vec{v}}{\Delta t} = \vec{F}$ と表される。両辺に Δt を掛けると，

$$m\vec{v'} - m\vec{v} = \vec{F}\Delta t$$

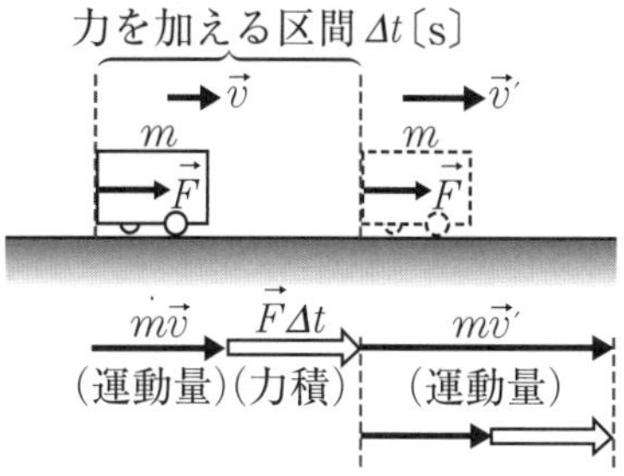

となる。ここで，質量と速度の積 $m\vec{v'}$ や $m\vec{v}$ を**運動量**，力とその作用時間の積 $\vec{F}\Delta t$ を**力積**という。この式は，運動量の変化は，物体が受けた力積に等しいことを示している。運動量の単位は kg·m/s，力積の単位は N·s を用いる。

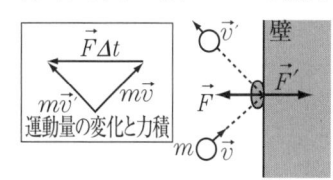

　この関係は，速度と力の向きが異なる場合にも成り立つ。例えば，図2のように，ボールが壁に斜めに衝突するような場合で，このときは，運動量や力積をベクトルとして考えればよい。

　また，物体に作用する力は，衝突などの場合には図3のように短時間に急激に変化する。このとき，力積は F–t 曲線と時間軸で囲まれた面積で表される。また，実際には力は変化するが，Δt の間，平均の力 $\overline{F}$ が加わったとして，現象を考えることもできる。このとき，$\overline{F} \times \Delta t$ の面積は力積を表している。

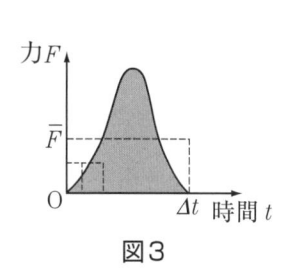

例題 24　40 m/s で飛んできた 0.10 kg のボールをラケットで打ち返した。このとき，以下の問いに答えよ。
(1) ボールを逆向きに 40 m/s で打ち返すとき，ラケットがボールに与えた力積を求めよ。
(2) ボールを進行方向と 90°の向きに 30 m/s で打ち返すとき，ラケットがボールに与えた力積を求めよ。また，ラケットとボールの接触時間を 0.025 s としたとき，ラケットがボールに及ぼす平均の力を求めよ。

解答　(1) 初めの運動量の向きを正とすると，
$$F\Delta t = mv' - mv = 0.10 \times (-40) - 0.10 \times 40 = -8.0 \text{ N·s}$$
よって，飛んでくるボールと逆向きに 8.0 N·s

(2) 運動量と力積の関係は図のようになり，
$$F\Delta t = \sqrt{(mv')^2 + (mv)^2} = \sqrt{0.10^2(30^2 + 40^2)} = 5.0 \text{ N·s}$$ 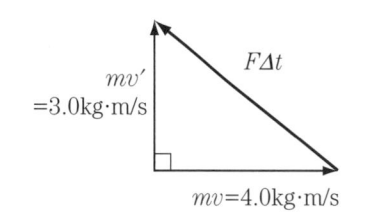
また，
$$\overline{F} = \dfrac{F\Delta t}{\Delta t} = \dfrac{5.0}{0.025} = 2.0 \times 10^2 \text{ N}$$

よって，力積は図の向きに 5.0 N·s，平均の力は 2.0×10^2 N

ドリル No.24   Class   No.   Name

問題 24.1 なめらかな水平面の上に質量 2.0 kg の物体が置かれている。このとき、以下の問いに答えよ。

(1) 物体に 5.0 N の力を水平に 10 秒間加え続けたときの物体の運動量を求めよ。

(2) 力を加え始めてから 5.0 秒後に速さ 20 m/s にするには、何 N の力を加え続ければよいか求めよ。

問題 24.2 同じ口径で長さの違う吹き矢がある。同じ矢をつめて吹き矢を同じ強さで吹いて 2 つを比較すると、長い吹き矢のほうが矢が勢いよく飛び出す。この理由を運動量と力積の関係を用いて説明せよ。

問題 24.3 質量 2.0 kg の物体が固定された壁に速さ 15 m/s で垂直に衝突した。このとき、以下の問いに答えよ。

(1) 物体が壁に張りついた場合、壁が受ける力積を求めよ。

(2) 物体が速さ 10 m/s で反対向きにはね返される場合、物体が受ける力積を求めよ。

(3) (2)において、0.010 秒ではね返されたとき、物体が受ける平均の力を求めよ。

チェック項目　　　　　　　　　月　日　　月　日

運動量と力積の関係を理解し、問題に適用できたか。

1. 力学　1.4 衝突　（2）運動量保存の法則　(a) 直線衝突

> 水平な直線上で物体が衝突したとき，運動量の総和は衝突の前後で変化しないことを理解しよう。

図のように，なめらかな水平でまっすぐな平面上にある質量 m_A, m_B の2つの物体が，それぞれ速度 $\vec{v}_A$, $\vec{v}_B$ で運動していて衝突し，その後の速度が $\vec{v}_A'$, $\vec{v}_B'$ となったときを考える。この衝突により，物体Bは物体Aから力 $\vec{F}$ を Δt の間受けると，逆に物体Aはその反作用として $-\vec{F}$ を Δt の間受けることになる。物体A，Bのそれぞれの運動量の変化は，衝突により受けた力積に等しく，

物体Aについて
$$m_A\vec{v}_A' - m_A\vec{v}_A = -\vec{F}\Delta t$$

物体Bについて
$$m_B\vec{v}_B' - m\vec{v}_B = \vec{F}\Delta t$$

が成り立つ。これらを加え整理すると，

$$m\vec{v}_A + m\vec{v}_B = m\vec{v}_A' + m\vec{v}_B'$$

の式が得られ，衝突前後で運動量の総和が保存されていることがわかる。このことは，いくつかの物体からなる系であっても，外力による力積が加わらなければ，系全体の運動量の和は一定に保たれる。これを**運動量保存の法則**という。

例題 25　水平でなめらかな平面の上で，質量 1.0 kg の台車Aと質量 3.0 kg の台車Bを用いて実験を行った。このとき，以下の問いに答えよ。

(1) 台車にマジックテープを取り付け，右向きに 0.25 m/s で動いている台車Aと左向きに 0.35 m/s で動いている台車Bを衝突させたところ，2台の台車は一体となって動いた。衝突後の台車の速度を求めよ。

(2) 2台の台車の間にばねを縮んだ状態で取り付け糸で固定した。最初2台の台車は静止していたが，糸をはさみで切ると，台車Aは左向きに 0.75 m/s で動き出し，台車Bも動き出した。台車Bの速度を求めよ。ただし，ばねと糸の質量は小さく，無視できるものとする。

解答　(1) 右向きを正，求める衝突後の台車の速度を v_1 として，運動量保存の法則を適用すると，

$$1.0 \times 0.25 + 3.0 \times (-0.35) = (1.0 + 3.0)v_1$$

$$v_1 = \frac{1.0 \times 0.25 - 3.0 \times 0.35}{1.0 + 3.0} = -0.20 \text{ m/s}$$

よって，台車の速度は左向きに 0.20 m/s

(2) 同様に右向きを正，求める衝突後の台車Bの速度を v_2 として，運動量保存の法則を適用すると，

$$0 = 1.0 \times (-0.75) + 3.0 v_2 \qquad v_2 = \frac{1.0 \times 0.75}{3.0} = 0.25 \text{ m/s}$$

よって，台車の速度は右向きに 0.25 m/s

ドリル No.25　Class　　No.　　Name

問題　25.1　弓を用いて質量 30 g の矢を，軽いひもでつるした木材に打ち込んだところ，矢は木材にささり 0.15 m/s の速さで動き出した。矢がささった木材の質量を測ったところ 10 kg であった。打ち込んだ矢の速さを求めよ。

問題　25.2　静かな湖面上に積荷をのせたボートが浮かんでおり，積荷とボートを合わせた質量は 150 kg である。質量 50 kg の A さんが次のようなことを行ったときについて，このとき，以下の問いに答えよ。ただし，ボートが受ける水の抵抗力は無視できるものとする。

(1) 静止しているボートに，A さんがボートの後方から 6.0 m/s の速さで飛び乗った。A さんが飛び乗った直後のボートの速度を求めよ。

(2) A さんの乗っているボートが静止しているとき，A さんは，ボートの中にあった質量 20 kg の積荷を取り出し，湖面に対して 3.6 m/s の速さで水平にボートの後方に投げた。その直後のボートの速度を求めよ。

(3) A さんの乗っているボートが 2.2 m/s の速さで前方に進んでいるとき，A さんがボートの中にあった質量 10 kg の積荷を前方に湖面に対して 6.0 m/s の速さで水平に投げた。その直後のボートの速度を求めよ。ただし，この場合もボートと荷物の質量の合計は，最初 150 kg であるとする。

チェック項目	月　日	月　日
直線上の衝突や分裂における運動量保存の法則を理解し，問題に適用できたか。		

1. 力学　1.4 衝突　(2) 運動量保存の法則　(b) 平面衝突

> 運動量保存の法則は，直線上の衝突だけでなく，平面上の衝突でも成り立つことを理解しよう。

図1のように，平面内をそれぞれ速度 $\vec{v}_A$, $\vec{v}_B$ で運動していた質量 m_A, m_B の2つの物体A，Bが衝突し，その後，速度 $\vec{v}_A{}'$, $\vec{v}_B{}'$ となったとする。この衝突により，物体Bは物体Aから力 $\vec{F}$ を Δt の間受けるとすると，逆に物体Aはその反作用として力 $-\vec{F}$ を Δt の間受けることになる。物体A，Bの運動量の変化は，衝突によりそれぞれが受けた力積に等しく，

物体Aについて　$m_A\vec{v}_A{}' - m_A\vec{v}_A = -\vec{F}\Delta t$

物体Bについて　$m_B\vec{v}_B{}' - m_B\vec{v}_B = \vec{F}\Delta t$

となり，それぞれの物体に注目すると，直線上の衝突と同様の式が成り立つ。これを図で示すと図2のようになる。2式の両辺を加え整理すると，

$$m\vec{v}_A + m\vec{v}_B = m\vec{v}_A{}' + m\vec{v}_B{}'$$

の式が得られ，運動量保存の法則は，直線上の衝突だけでなく平面内の衝突でも成り立つことがわかる。

この法則は，外力による力積が加わらない条件下で成り立つので，摩擦のある面上や壁への衝突では運動量は保存しない。瞬間的に起こる衝突や分裂では，外力による力積が内力（衝突や分裂のときに互いにはたらく力）による力積より十分小さく無視できることが多い。

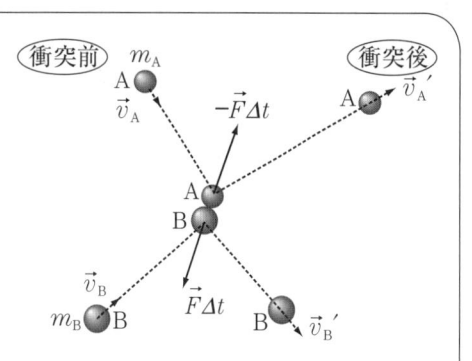

図1　平面上での2物体の衝突

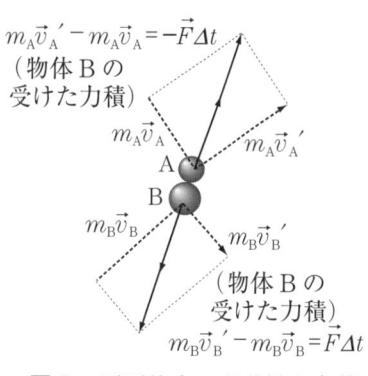

図2　平面衝突の運動量と力積

例題 26　なめらかで水平な x-y 平面上に，質量 m の物体Aと質量 M の物体Bがある。図のように，物体Aは x 軸上を正の向きに v で滑ってきて原点Oに静止していた物体Bに衝突した。その後，物体Aは x 軸と $30°$ の向きに進み，物体Bは x 軸と $60°$ の向きに進んだ。

(1) 衝突後の物体Aの速度と物体Bの速度の大きさを求めよ。

(2) 衝突の際，物体AとBの間にはたらいた力積の大きさを求めよ。

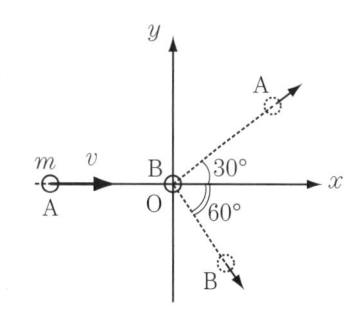

解答　(1) x 軸方向と y 軸方向について，それぞれ運動量保存の法則を適用すると，

(x 軸方向) $mv = mv'\cos30° + MV'\cos60°$ ……①

(y 軸方向) $0 = mv'\sin30° - MV'\sin60°$ ……②

①より，$mv = \dfrac{\sqrt{3}}{2}mv' + \dfrac{1}{2}MV'$ ……①'，②より，$0 = \dfrac{1}{2}mv' - \dfrac{\sqrt{3}}{2}MV'$ ……②'

①'，②'より，$v' = \dfrac{\sqrt{3}}{2}v$，$V' = \dfrac{m}{2M}v$

(2) 力積の大きさ $|\vec{F}\Delta t|$ は，物体Bの運動量の変化に等しく，$|\vec{F}\Delta t| = MV' = \dfrac{1}{2}mv$

ドリル No.26　Class　　No.　　Name

問題 26.1　なめらかで水平な x-y 平面上の x 軸を正の向きに 2.0 m/s で進む質量 2.0 kg の物体 A と，y 軸上を正の向きに 1.0 m/s で進む質量 3.0 kg の物体 B が，原点 O で衝突した。その後，物体 A と物体 B は一体となって進んだ。このとき，以下の問いに答えよ。

(1) 一体となった物体の速さを求めよ。

(2) 図は，衝突前の物体 A と物体 B の運動量をグラフ上に示したものである。衝突後，一体となった物体の運動量を，図中に原点 O を始点とするベクトルで示せ。ただし，図の1目盛りを 0.5 kg·m/s とする。

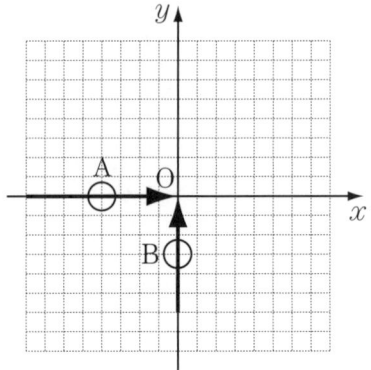

問題 26.2　なめらかで水平な x-y 平面上の x 軸を速度 8.0 m/s で運動していた質量 3.0 kg の物体が原点 O で爆発し，質量 1.0 kg の物体 A と質量 2.0 kg の物体 B の2つに分裂した。分裂後，物体 A は x 軸から 60° の向きに，物体 B は x 軸に対して A と反対向きに 30° の向きに進んだ。物体 A，物体 B のそれぞれの速度の大きさを求めよ。

チェック項目　　　　　　　　　　　　　　　　　　月　日　　月　日

| 平面上の衝突や分裂における運動量保存の法則を理解できたか。 | | |

1. 力学　1.4 衝突　（3）はね返り係数

> はね返り係数について理解しよう。

小球が壁に衝突してはね返るとき，壁に衝突する直前の速度を $\vec{v}$，衝突直後の速度を $\vec{v'}$ とすると，

$$e = \frac{遠ざかる速さ}{近づく速さ} = \frac{|\vec{v'}|}{|\vec{v}|} = -\frac{v'}{v}$$

の値を**はね返り係数**という。はね返り係数は，小球や壁の材質や周囲の温度等の条件によって決まる数値である。

はね返り係数は，直線上の衝突など2つの物体が共に動いている場合にも適用できることが，実験的に確かめられている。図のように直線上で2つの物体が，衝突前 $\vec{v_A}$, $\vec{v_B}$ で運動していて，衝突後 $\vec{v_A'}$, $\vec{v_B'}$ となった場合には，相対速度の大きさの比で，はね返り係数 e を表すことにする。つまり，

$$e = \frac{遠ざかる速さ}{近づく速さ} = \frac{|v_A' - v_B'|}{|v_A - v_B|} = -\frac{v_A' - v_B'}{v_A - v_B}$$

となる。

はね返り係数 e の値の範囲は，$0 \leq e \leq 1$ である。$e=1$ のときの衝突を**弾性衝突**といい，衝突の前後で運動エネルギーの和は変化しない。$0 \leq e < 1$ のときの衝突を**非弾性衝突**，とくに $e=0$ のときを**完全非弾性衝突**という。

例題 27　一直線上を質量 0.20 kg の球Aが速さ 4.0 m/s で右向きに進み，質量 0.10 kg の球Bが速さ 6.0 m/s で左向きに進んできて正面衝突した。衝突後の球Aと球Bのそれぞれの速度を求めよ。ただし，はね返り係数を 0.50 とする。

解答　右向きを正とし，衝突後の球Aと球Bの速度をそれぞれ v_A, v_B として，運動量保存の法則を適用すると，

$$0.20 \times 4.0 + 0.10 \times (-6.0) = 0.20 v_A + 0.10 v_B \quad \cdots\cdots ①$$

また，はね返り係数が 0.50 であることから，

$$0.50 = -\frac{v_A - v_B}{4.0 - (-6.0)} \quad \cdots\cdots ②$$

①，②より，$v_A = -1.0$ m/s, $v_B = 4.0$ m/s

よって，球Aは左向きに 1.0 m/s，球Bは右向きに 4.0 m/s

ドリル No.27　Class　　No.　　Name

問題 27.1 静止していた質量 4.0 kg の物体 A に，質量 2.0 kg の物体 B が速さ 2.5 m/s で衝突したところ，B は 0.50 m/s の速さではね返った。このとき，以下の問いに答えよ。

(1) 衝突後の物体 A の速度を求めよ。

(2) この衝突におけるはね返り係数を求めよ。

問題 27.2 物体をある高さ h から自由落下させたところ，床ではね返って高さ h' に達した。このとき，以下の問いに答えよ。

(1) 物体と床とのはね返り係数を求めよ。

(2) 次に物体が床に衝突してからはね上がる高さを h'' とする。このとき h'' を求めよ。ただし，h を用いること。

チェック項目	月　日	月　日
物体の衝突の際のはね返り係数を計算したり，運動量保存の法則とはね返り係数を用いて物体の衝突後の速度を求めたりすることが理解できたか。		

1. 力 学　1.5　等速円運動
（1）角速度，加速度，向心力，周期，回転数

等速円運動の角速度，速度，加速度，向心力について理解しよう。

　等速円運動とは，一定の速さで円周上を物体が動く運動である。このとき，物体が一周するのに要する時間を周期 T，単位時間に回転する回数を回転数 n と定義する。物体の速さ v は，円周 $2\pi r$ を時間 T で進んだと考えると，$v = \dfrac{2\pi r}{T} = 2\pi r n$ であたえられる。ところで $v = \dfrac{2\pi r}{T} = r\left(\dfrac{2\pi}{T}\right)$ と表すと，$\dfrac{2\pi}{T}$ は物体が単位時間当たりに動く中心角に相等していることがわかる。ここで $\omega = \dfrac{2\pi}{T}$ とし，ω を角速度という。角速度を用いると，$v = \dfrac{2\pi r}{T} = r\omega$ となる。等速円運動では，この値が一定になる。

　また，等速円運動する物体の速度は，雨つぶのついた傘を回転させると，雨つぶが接線の方向に飛ぶことから，接線方向を向いていることがわかる。よって等速円運動の速度は時間とともに規則的に変化しているので等速円運動は加速度運動である。

　右図のように，物体がA点から Δt 秒後にB点まで移動したとする。このとき，速度は $\vec{v}_A$ から $\vec{v}_B$ まで変化するので，加速度は，$\vec{a} = \dfrac{\vec{v}_B - \vec{v}_A}{\Delta t}$ となる。ただし，$\vec{v}_A$ と $\vec{v}_B$ の大きさは同じで，$\vec{v}_A$ と $\vec{v}_B$ のなす角は $\omega \Delta t$ である（右図）。これより，加速度の向きは，Δt が小さくなると，円の中心方向を向くことがわかる。また，加速度の大きさは，$\vec{v}_B - \vec{v}_A = v\omega \Delta t$ より，$a = v\omega = r\omega^2$ である。

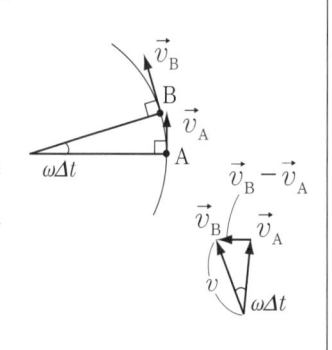

　等速円運動の加速度は，その向きが中心方向を向いているので，**向心加速度**という。

　また，物体が等速円運動をするためには，物体に $F = ma = mv\omega = mr\omega^2$ の中心向きの力が働いていなければならない。等速円運動させるのに必要な力を，**向心力**という。

例題 28　水滴のついた傘を 1.0 秒間に 2.0 回の割合で回した。すると，傘からは水滴が接線方向に飛び出した。水滴の回転数，周期，角速度を求め，水滴の速さ，飛び出す直前の加速度を求めよ。ただし，傘の中心から端までの距離を 50 cm とする。

解答　傘の回転数は，$n = \dfrac{2.0}{1.0} = 2.0$ 回/s である。周期は，$T = \dfrac{1.0}{2.0} = 0.50$ s である。また，角速度は $\omega = \dfrac{2\pi}{0.50} = 4\pi = 12.56$ rad/s となる。速さは，

$$v = r\omega = 0.50 \times 12.56 = 6.28 = 6.3 \text{ m/s} = 23 \text{ km/h}$$

である。
　また，加速度は，

$$a = r\omega^2 = 0.50 \times (12.56)^2 = 78.88 = 79 \text{ m/s}^2$$

である。

ドリル No.28　Class　　No.　　Name

問題 28.1 右図のような円錐振り子で小球を等速円運動させた。図の糸の長さを L, 糸と鉛直線のなす角を θ, 小球の質量を m, 中心のおもりの質量を M として, このとき, 以下の問いに答えよ。

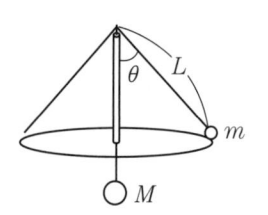

(1) 小球の周期 T を L, M, m を用いて表せ。

(2) 中心のおもりの質量を $M = 2m$ とすると, この小球の運動はどのようになるか。

問題 28.2 傾斜角 θ の円錐面で小球が等速円運動することを考える。小球の速さと円錐面の下面からの高さ h の関係を求めよ。ただし, 円錐面での摩擦は無視する。

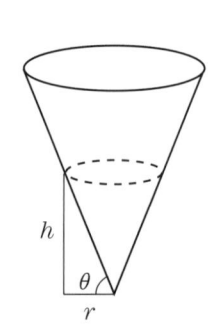

チェック項目	月 日	月 日
等速円運動の角速度, 速度, 加速度, 向心力が理解できたか。		

1. 力学　1.5 等速円運動　（2）遠心力

> 円運動している系の内部では、動径方向外向きの遠心力がはたらいている。しかし、系の外から見ると、そのような力ははたらいていない。遠心力は、慣性力の一種であることを理解しよう。

観測者が静止，または等速直線運動しているのが慣性系であり，観測者が加速度運動している場合などの慣性系ではない運動をしているのが非慣性系である。

等速円運動している物体を考えると，物体には常に向心力がはたらき続けているので，向心加速度が生じている。これを一緒に円運動をしている非慣性系から見ると，物体には円運動の中心から外に向かう慣性力 $\left(-ma = -mr\omega^2 = -m\dfrac{v^2}{r}\right)$ がはたらいていると説明できる。符号が負であるのは，外向きを表している。この慣性力を**遠心力**という。遠心力は，円運動している非慣性系にのみ現れる力で，観測者から見たときにつりあっていることを説明するための力である。

一方，慣性系から見ると円運動している物体は，円の接線方向に「慣性の法則」に従って進もうとしているが，壁やひもがその運動を妨げた結果，円運動していると説明できる。

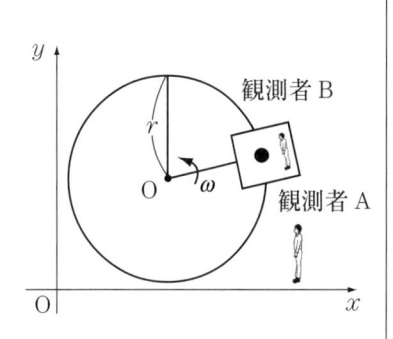

例題 29　図の黒丸が受ける力を慣性系と非慣性系との，それぞれの立場で説明せよ。ただし，中心から黒丸までの距離を r，角速度を ω，黒丸の質量を m とする

解答　慣性系（観測者 A）から見ると，黒丸は箱とともに等速円運動をしているように見える。等速円運動をしている理由は，箱の右側の壁が黒丸を押しているからである。

押している力は，黒丸の角速度が ω，黒丸の円運動の半径が r，黒丸の質量が m であるので，向心力を F とすると運動方程式は，$ma = mr\omega^2 = F$ で与えられる。このとき，向心力は，壁が黒丸を押す力（垂直抗力）なので，$mr\omega^2 = F = N$ となり，垂直抗力の大きさは，$mr\omega^2$ であることがわかる。

一方，非慣性系（観測者 B）から見ると，黒丸は箱の壁の場所で静止しているように見える。つまり，壁が黒丸を押す力（垂直抗力 N）と黒丸が壁を押す力（遠心力 f）が同じ大きさで逆を向いているとしなければならない。このことより，垂直抗力 N の向きを正とすると，$N + f = 0$ となり，$f = -ma = -mr\omega^2$ なので，$N - mr\omega^2 = 0$ より，$N = mr\omega^2$ が導かれる。つまり，垂直抗力の大きさが $mr\omega^2$ であることがわかる。

注1　慣性系から見ると，物体（黒丸）はつりあっていないので円運動をする，ということを運動方程式を書いて説明すればよい。非慣性から見ると，物体がつりあっているので力のつりあいの式を書いた後，慣性力が遠心力であることを示せばよい。

注2　遠心力には，反作用がないことに注意せよ。

ドリル No.29　　Class　　　No.　　　Name

問題 29.1　等速円運動する円盤上の中心から距離 r の点に円盤に垂直に棒を立て，質量 m の物体を長さ L の糸でつけた。円盤を回転させたところ，糸は θ だけ傾いた。円盤の角速度を次のそれぞれの場合によって求めよ。

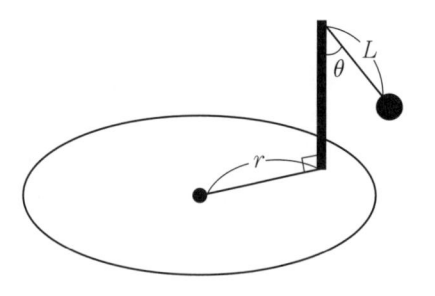

(1) 慣性系から見た場合

(2) 非慣性系から見た場合

問題 29.2　宇宙ステーション内に地上と同じ大きさの重力を発生させるために，宇宙ステーション全体を高速で回転させて，（遠心力）＝（重力）になるようにしたい。図のような宇宙ステーションのA点での重力加速度が $10\,\mathrm{m/s^2}$ であるためには，全体をどのような角速度で回転させなければならないか。

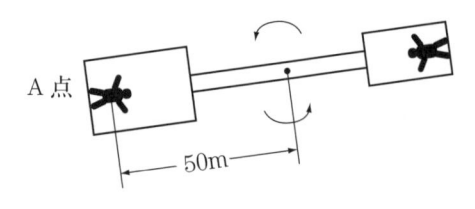

チェック項目	月　日	月　日
慣性系と非慣性系の区別ができる。また，それぞれの立場ではたらいている力とそのつりあいを考えることが理解できたか。		

1. 力 学　　1.6 万有引力　　（1）ケプラーの法則

ケプラーの法則を理解することで，惑星や衛星の周期や速さを求めよう。

> ケプラーはティコ・ブラーエの天体観測資料を基に以下の法則を得た。これらの法則をまとめてケプラーの法則という。
> 第1法則：惑星は太陽を1つの焦点とする楕円軌道上を運動する。
> 第2法則：ひとつの惑星と太陽とを結ぶ線分が一定時間に通過する面積は一定である。（面積速度一定の法則）
> 第3法則：惑星の公転周期 T の2乗は，軌道楕円の半長軸（太陽から惑星までの平均距離としてよい）a の3乗に比例する。$T^2 = ka^3$　（k：比例定数）

例題 30.1　図のように，太陽の周りを地球が公転している。図の地球と太陽との間の距離で近い方を $r_1 = 1.47 \times 10^8$ km，遠い方を $r_2 = 1.52 \times 10^8$ km とし，速さをそれぞれ v_1, v_2 とする。v_1 は v_2 の何倍か求めよ。ただし，ケプラーの第2法則は，$\frac{1}{2}r_1 v_1 = \frac{1}{2}r_2 v_2$ で表せる。

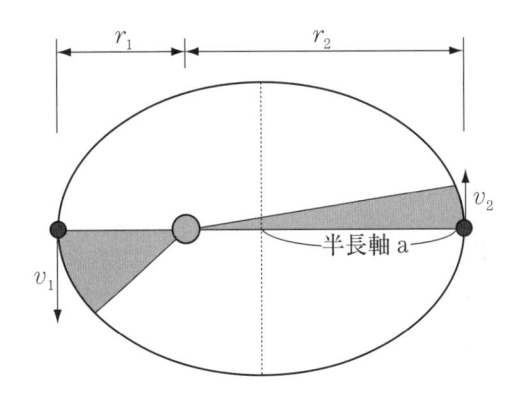

解答
$$\frac{1}{2}r_1 v_1 = \frac{1}{2}r_2 v_2$$
$$r_1 v_1 = r_2 v_2$$
$$\frac{v_1}{v_2} = \frac{r_2}{r_1} = \frac{1.52 \times 10^8}{1.47 \times 10^8} = 1.03 \text{ 倍}$$

例題 30.2　地球の公転周期は 1.00 年，軌道楕円の半長軸 a は 1.50×10^8 km である。火星の軌道楕円の半長軸を 2.28×10^8 km，木星の軌道楕円の半長軸を 7.78×10^8 km として，火星の公転周期と木星の公転周期をそれぞれ求めよ。

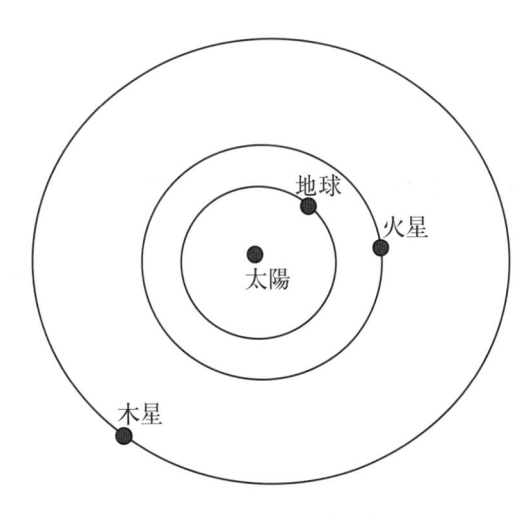

解答　ケプラーの第3法則 $T^2 = ka^3$ より，

$$\frac{T^2}{a^3} = k = 一定$$

$$\frac{T^2_{火星}}{a^3_{火星}} = \frac{T^2_{地球}}{a^3_{地球}} \rightarrow \frac{T^2_{火星}}{(2.28 \times 10^8)^3} = \frac{(1.00)^2}{(1.50 \times 10^8)^3}$$

$$\rightarrow T_{火星} = 1.87 \text{ 年}$$

同様にして，$T_{木星} = 11.8$ 年

ドリル No.30　Class　　No.　　Name

問題 30.1 金星の満ち欠けの周期は 584 日である。

(1) 金星の公転周期を求めよ。

(2) 金星の軌道楕円の半長軸の長さを求めよ。ただし，$\sqrt[3]{1.30} \fallingdotseq 1.09$ とし，地球の公転周期は 1.00 年，軌道楕円の半長軸は 1.50×10^8 km とする。

問題 30.2 彗星もケプラーの法則に従う。ハレー彗星の公転周期は 76 年，近日点距離 $r_1 = 0.88 \times 10^8$ km であるとき

(1) 遠日点距離 r_2 を求めよ。ただし $\sqrt[3]{19.5} \fallingdotseq 2.7$ とし，地球の公転周期は 1.0 年，軌道楕円の半長軸 a は 1.5×10^8 km とする。

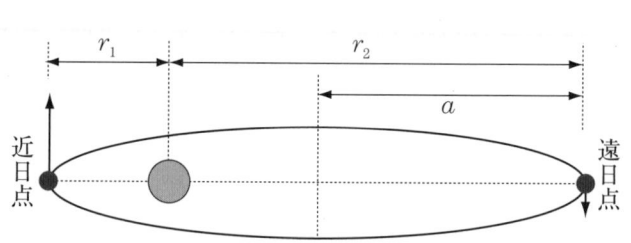

(2) 近日点でのハレー彗星の速さは，遠日点での速さの何倍になるか。

チェック項目

ケプラーの法則を用いて，惑星の公転周期や速さを求めることが理解できたか。

1. 力 学　1.6 万有引力　（2）万有引力の法則

> 万有引力の法則が $F=G\dfrac{m_1 m_2}{r^2}$ と書けることを理解しよう。

ニュートンは運動方程式とケプラーの法則から，太陽と惑星の間にはたらく力を求めた。さらに，すべての質量を有する物体の間には引力がはたらくと考え，これを万有引力とよんだ。2つの物体が及ぼしあう万有引力の大きさ F は，2物体の質量 m_1, m_2 の積に比例し，物体間の距離 r の2乗に反比例する。

$$F=G\dfrac{m_1 m_2}{r^2}$$

ただし，G を万有引力定数といい，$G=6.67\times 10^{-11}\,\mathrm{N\cdot m^2/kg^2}$ である。

例題 31.1　図のように惑星の公転が等速円運動であるとして，運動方程式とケプラーの第3法則より，万有引力の法則を導け。

解答　太陽が惑星に及ぼす力 F を向心力とすると，惑星は等速円運動するから，円運動の角速度を ω，公転周期を $T=\dfrac{2\pi}{\omega}$ とすると，運動方程式は，

$$F=m_1 r\omega^2 = m_1 r\dfrac{4\pi^2}{T^2}$$

また，ケプラーの第3法則 $T^2=ka^3$ より，

$$F=m_1\dfrac{4\pi^2}{kr^2}=\dfrac{4\pi^2}{k}\cdot\dfrac{m_1}{r^2}=c\cdot\dfrac{m_1}{r^2}\quad\left(c=\dfrac{4\pi^2}{k}\right)\cdots\cdots(1)$$

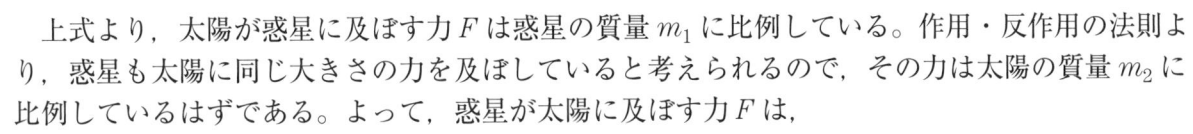

上式より，太陽が惑星に及ぼす力 F は惑星の質量 m_1 に比例している。作用・反作用の法則より，惑星も太陽に同じ大きさの力を及ぼしていると考えられるので，その力は太陽の質量 m_2 に比例しているはずである。よって，惑星が太陽に及ぼす力 F は，

$$F=c'\cdot\dfrac{m_2}{r^2}\cdots\cdots(2)$$

(1), (2)式より $c=Gm_2$, $c'=G'm_1$ とすると $G=G'$ である。よって，

$F=G\dfrac{m_1 m_2}{r^2}$ となる。

例題 31.2　右図のように，70 kg の人物と 60 kg の人物が 2.0 m 離れた位置に立っているときの，2人の間にはたらく万有引力の大きさを求めよ。ただし，万有引力定数を $G=6.67\times 10^{-11}\,\mathrm{N\cdot m^2/kg}$ とする。

解答　万有引力の法則 $F=G\dfrac{m_1 m_2}{r^2}$ より，

$$F=6.67\times 10^{-11}\times\dfrac{70\times 60}{2.0^2}=7.0\times 10^{-8}\,\mathrm{N}\fallingdotseq 7.1\times 10^{-9}\,\mathrm{kg}重$$

$$=7.1\,\mu\mathrm{g}重（マイクログラム重）$$

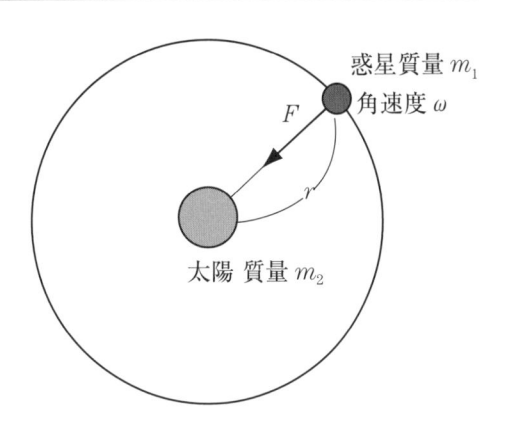

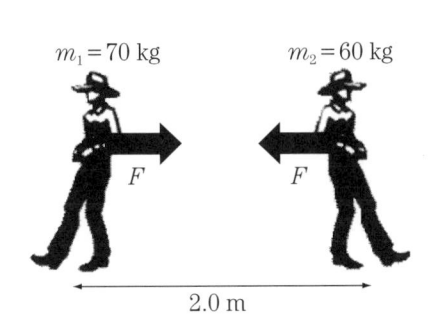

ドリル No.31　Class　　No.　　Name

問題 31.1 万有引力の法則からケプラーの第3法則を導け。

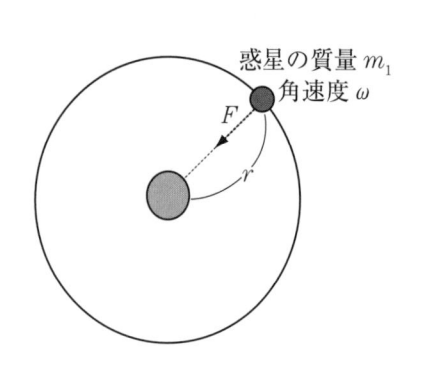

惑星の質量 m_1
角速度 ω

問題 31.2 太陽の質量は 2.0×10^{30} kg，地球の質量は 6.0×10^{24} kg である。万有引力定数を $G=6.67\times 10^{-11}$ N·m²/kg² として，このとき，以下の問いに答えよ。

(1) 地球と太陽の距離を 1.5×10^{11} m として太陽と地球が及ぼしあう力の大きさを求めよ。

(2) 地球の公転周期が 365 日になることを示せ。

問題 31.3 地球の質量を 6.0×10^{24} kg とする。以下の問いに答えよ。ただし，計算の際，地球の質量は地球の中心にすべて集まっているとし，地球の半径を 6.4×10^{6} m，万有引力定数を $G=6.67\times 10^{-11}$ N·m²/kg² とする。

(1) 地球上にいる質量 50 kg の人が地球の中心と引き合う万有引力の大きさを求めよ。

(2) 求めた万有引力の大きさを人の質量で割るとどうなるか。

チェック項目

	月　日	月　日
万有引力の法則から2物体にはたらく万有引力を求めることが理解できたか。		

1. 力 学　1.6 万有引力　（3）第一宇宙速度，人工衛星

> 万有引力と重力との関係を理解し，第一宇宙速度を求めてみよう。

地球中心から地球上の物体にはたらく万有引力と地球の自転による遠心力との合力が重力である。遠心力は万有引力に比べて無視できるほど小さいので $mg = G\dfrac{Mm}{R^2}$　したがって $g = \dfrac{GM}{R^2}$ である。地表面すれすれを等速円運動する物体の速度を第一宇宙速度という。第一宇宙速度は，重力が向心力となるので，$m\dfrac{v^2}{R} = mg$
よって，$v = \sqrt{gR}$ である。

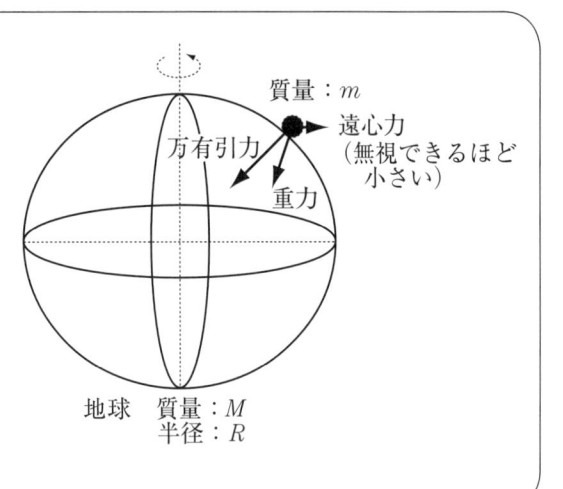

例題 32.1　重力と万有引力の関係から地球の質量を求めよ。地球の自転による遠心力は無視してよい。地球の重力加速度を $g = 9.8$ m/s^2，万有引力定数を $G = 6.7 \times 10^{-11}$ N·m^2/kg^2，地球の半径を $R = 6.4 \times 10^6$ m とする。

解答

$$g = \frac{GM}{R^2} \text{ より，} \quad M = \frac{gR^2}{G} = \frac{9.8 \times (6.4 \times 10^6)^2}{6.7 \times 10^{-11}} = 6.0 \times 10^{24} \text{ kg}$$

例題 32.2　軌道半径 r で周回する人工衛星がある。ただし，重力加速度を g，地球の半径を R とする。このとき，以下の問いに答えよ。

(1) 周期 T を g, R, r を用いて表せ。

解答　万有引力定数を G，人工衛星の角速度を ω，質量を m とすると，向心力は万有引力であることから，

$$mr\omega^2 = G\frac{Mm}{r^2}$$

$T = \dfrac{2\pi}{\omega}$ より，$r\left(\dfrac{2\pi}{T}\right)^2 = G\dfrac{M}{r^2} \rightarrow T = 2\pi r\sqrt{\dfrac{r}{GM}}$

$g = \dfrac{GM}{R^2}$ より，$T = 2\pi \dfrac{r}{R}\sqrt{\dfrac{r}{g}}$

(2) 人工衛星が地表すれすれを周回している（$r = R$）として，その周期を求めよ。なお，地球の半径は $R = 6.4 \times 10^6$ m とする。

解答

$$T = 2\pi\sqrt{\frac{R}{g}} = 2\pi\sqrt{\frac{6.4 \times 10^6}{9.8}} = 2\pi\sqrt{\frac{64 \times 10^6}{49 \times 2}} = \sqrt{2}\pi \times \frac{8}{7} \times 10^3 = 5.1 \times 10^3 \text{ s} = 85 \text{ min}$$

ドリル No.32　Class　　No.　　Name

問題 32.1 第一宇宙速度を求めよ。ただし，地表での重力加速度を $g=9.8 \text{ m/s}^2$，地球の半径を $R=6.4\times 10^6 \text{ m}$ とする。

問題 32.2 地表からの高さ h のところを周期 T で周回している人工衛星がある。このとき，以下の問いに答えよ。

(1) 地表での重力加速度を g，地球の半径を R として，T を g, R, h を用いて表せ。また，h が大きくなるほど，T はどのように変化するか。

(2) 高さ h のところでの重力加速度を g' とし，g' を g, r, h を用いて表せ。h が大きくなるほど，g' はどのように変化するか。

チェック項目	月　日	月　日
万有引力と重力の関係を理解し，第一宇宙速度を求めることが理解できたか。		

1. 力学　1.6 万有引力　（4）第二宇宙速度

> 万有引力による位置エネルギーと力学的エネルギーの保存を理解し，第二宇宙速度を求めよう。

質量 M の地球の中心から距離 r の点にある質量 m の物体がもつ万有引力による位置エネルギーを E_p とする。無限遠の点を基準点（$E_p=0$）に選ぶと，

$$E_p = -G\frac{Mm}{r}$$

となる。

物体が万有引力だけを受けて運動するとき，力学的エネルギーは保存する。したがって，

$$\frac{1}{2}mv^2 + \left(-G\frac{Mm}{r}\right) = 一定$$

となる。

例題 33.1　地上から打ち上げた人工衛星が，無限の遠方へ飛んで行くための最小の初速度を第二宇宙速度という。この初速度 v_2 の大きさを求めよ。ただし，地上での重力加速度の大きさを g，地球の半径を R とする。

解答　地球の中心からの距離 r での人工衛星の速さを v とすると，力学的エネルギーの保存から，

$$\frac{1}{2}mv_2^2 - G\frac{Mm}{R} = \frac{1}{2}mv^2 - G\frac{Mm}{r}$$

r が無限大のとき，万有引力による位置エネルギーは 0 となり，そこでの速さも 0 となる。したがって，

$$\frac{1}{2}mv_2^2 - G\frac{Mm}{R} = 0 \rightarrow v_2 = \sqrt{\frac{2GM}{R}} = \sqrt{2gR} \ \ (=\sqrt{2}v_1)$$

例題 33.2　質量 m の物体の，地表面から高さ h のところでの万有引力による位置エネルギーと，地表面での万有引力による位置エネルギーとの差を地球の半径 R，地上での重力加速度 g を用いてあらわせ。ただし，万有引力による位置エネルギーの基準は，無限遠で 0 であるとする。また，$h \ll R$ のとき，上記で求めた値が地表での位置エネルギーの mgh になることを示せ。

解答

$$E_p = -G\frac{Mm}{(R+h)} - \left(-G\frac{Mm}{R}\right) = G\frac{Mm}{R} - G\frac{Mm}{(R+h)}$$

$g = \dfrac{GM}{R^2}$ より，$GM = gR^2$ なので，$E_p = mgR^2\left(\dfrac{1}{R} - \dfrac{1}{R+h}\right) = mgR^2 \dfrac{h}{R(R+h)} = \dfrac{mgh \cdot R}{R+h}$

$h \ll R$ なら $R+h \rightarrow R$ なので，$\dfrac{mgRh}{(R+h)} \rightarrow \dfrac{mgRh}{R} = mgh$ となる。

ドリル No.33　Class　　No.　　Name

問題 33.1　地上から打ち上げた人工衛星が無限の遠方まで飛んで行くのに必要な第二宇宙速度は何 m/s か。地上での重力加速度の大きさを $g = 9.8 \text{ m/s}^2$，地球の半径 $R = 6.4 \times 10^6$ m とする。また，第二宇宙速度は，空気中の音速の何倍か。空気中の音速は $V = 340$ m/s とする。

問題 33.2　第二宇宙速度は第一宇宙速度 $v = \sqrt{gR}$ の何倍か。

問題 33.3　地球の中心から距離 r_0 離れた点での，物体の万有引力による位置エネルギーを，積分を用いて導け。

チェック項目	月　日	月　日
万有引力による位置エネルギーと力学的エネルギーの保存を理解し，第二宇宙速度を求めることができたか。		

1. 力 学　1.7 単振動　（1）単振動

等速円運動の概念から，$x-t$，$v-t$，$a-t$ グラフより，単振動では，加速度が変位の大きさに比例し，変位と逆向きとなることを理解しよう。

　質点Qが等速円運動をするとき，質点Qのある直径に投ずる正射影の運動を単振動という。質点Qが，円Oの周りを1周する時間を周期 T といい，単位時間に振動する回数を振動数 f という。周期と振動数の関係は，$f = \dfrac{1}{T}$ である。動径OQが単位時間に回転する角度を角振動数 ω といい，以下の関係がある。

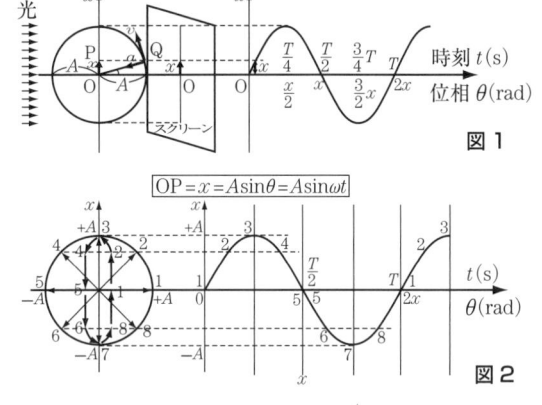

$$\omega = \frac{2\pi}{T} = 2\pi f$$

　また，単振動の変位 $\mathrm{OP}=x$ は，図2より，$x = A\sin\omega t$ で表され，$x-t$ グラフは，最大値を A とする正弦曲線である。単振動の速度 v は，ある点を始点に速度ベクトルを集めた図形（ホドグラフまたは速度図という）を描くと半径 $A\omega$ の円となるので，$v-t$ グラフは，$v = A\omega\cos\omega t$ で表される。

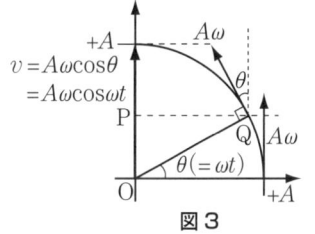

　同様に，中心Oに向かう加速度ベクトルについても，加速度図から導出すると，単振動の加速度 a は，

$a = -A\omega^2\sin\omega t$ となる。

　変位 $x = A\sin\omega t$ を加速度
$a = -A\omega^2\sin\omega t$ に代入すると，
$a = -\omega^2 x$ と表せる。質量 m の物体を，角振動数 ω で単振動させるための力 F は，$F = ma = -m\omega^2 x$ となり，この力は，変位と逆向きで，変位の大きさに比例する復元力である。なお，比例定数 k を $k = m\omega^2$ とおくと，$F = -m\omega^2 x = -kx$ と表現される。その結果角振動数 ω は，

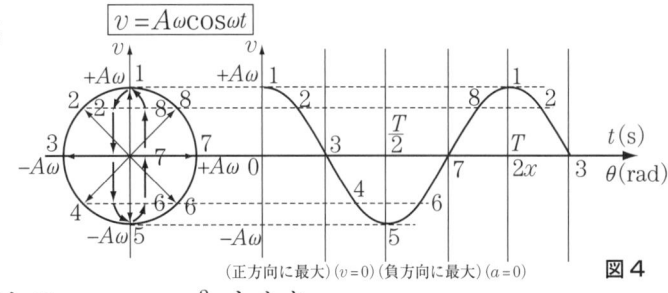

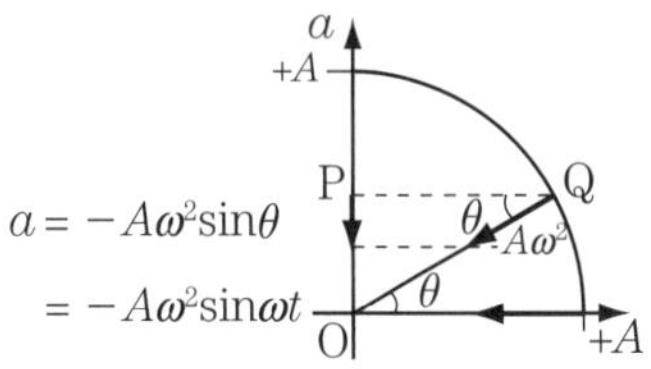

$$\omega = \sqrt{\frac{k}{m}}$$ と表すことができ，周期は，

$$T = 2\pi\sqrt{\frac{m}{k}}$$ となる。

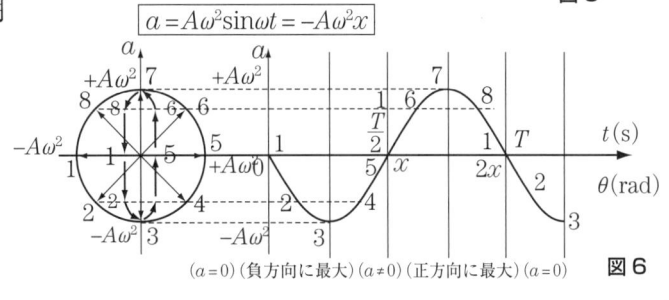

例題 34　周期2.0秒で，単振動をしている2.0 kgの物体にかかる復元力 F の比例定数 k を求めよ。

解答　$k = m\omega^2 = 2.0 \times \left(\dfrac{2 \times 3.14}{2.0}\right)^2 = 20$ N/m

ドリル No.34   Class   No.   Name

問題 34 質量2.0 kgの質点Pが，長さ1.0 mの直線AB上を，Oを中心として単振動をしている。このとき，以下の問いに答えよ。

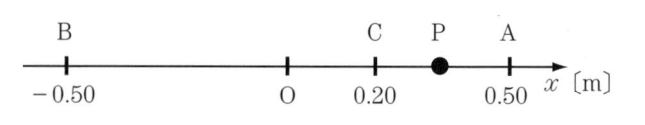

```
   B              O   C   P   A
   |──────────────|───|───●───|──→ x [m]
  -0.50               0.20    0.50
```

(1) 速さが最も大きい点と，加速度が最も大きい点はどこか。

(2) 点Oより，20 cm離れている点Cを通るとき，この質点Pにはたらく力は，どちら向きか。その力の大きさが1.6 Nであったとすると，質点が点Aにあるときにはたらく復元力の向きと大きさを求めよ。

(3) この点Pの単振動の周期を求めよ。

(4) 点Pの速度の最大値を求めよ。

(5) 点Pの加速度の最大値を求めよ。

チェック項目   月 日   月 日

| 単振動では，加速度が変位の大きさに比例し，変位と逆向きであることが理解できたか。 | | |

1. 力 学　1.7　単振動　（2）ばね振り子

ばね振り子の概念を習得し，ばねの性質から単振動の運動を理解しよう。

ばね定数kのばねにつけられた質量mのおもりが摩擦のない水平面上の点Oで静止している。ばねをAだけ引き伸ばして手を離すと，おもりは点Oを中心に単振動をする。このときフックの法則より，ばねの伸びがxなら，おもりは復元力$F=-kx$の力を受ける。単振動するおもりの運動方程式は，$ma=-m\omega^2 x=-kx$となる。

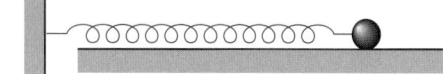

よって，おもりは，

角振動数　$\omega=\sqrt{\dfrac{k}{m}}$

周期　$T=\dfrac{2\pi}{\omega}=2\pi\sqrt{\dfrac{m}{k}}$

振動数　$f=\dfrac{1}{T}=\dfrac{1}{2\pi}\sqrt{\dfrac{k}{m}}$　なる単振動をする。$t=0$のとき，おもりの位置がAである（初期条件）ことから，

おもりの変位は，$x=A\cos\omega t=A\cos\sqrt{\dfrac{k}{m}}t=A\cos\dfrac{2\pi}{T}t$

おもりの速度は，$v=-\omega A\sin\omega t=-\sqrt{\dfrac{k}{m}}A\sin\sqrt{\dfrac{k}{m}}t=-\dfrac{2\pi}{T}A\sin\dfrac{2\pi}{T}t$　である。

ところで，質量mのおもりをつけたばねを鉛直方向につるしたところ，x_0だけ伸びて静止した。さらにおもりをAだけ引き下げて離すとつりあいの位置を中心として上下に振幅Aの単運動をする。

その際の運動方程式は，$ma=-k(x+x_0)+mg$となるが，

つりあいの位置での関係は，$kx_0=mg$であるから，結局$ma=-kx$となる。

よって，その周期は，$T=2\pi\sqrt{\dfrac{m}{k}}$である。

周期や変位，速度などはつりあいの位置を中心にした水平面の場合の単振動の式と全く同じになる。

例題 35.1　あるばねに50 gの物体をつるすと，10 cm伸びてつりあった。ばね定数はいくらか。

解答　$k=\dfrac{F}{x}=\dfrac{50\times 10^{-3}\times 9.8}{10\times 10^{-2}}=4.9$ N/m

例題 35.2　ばね定数4.9 N/mのばねの一端を壁に固定して，他端に100 gの物体をつけて，摩擦のない水平面上に置いた。この物体を20 cm引っ張ってから離したら単振動をした。その振動の周期を求めよ。

解答　$T=2\pi\sqrt{\dfrac{m}{k}}=2\times 3.14\times\sqrt{\dfrac{0.10}{4.9}}=0.90$ 秒

ドリル No.35　　Class　　　No.　　　Name

問題 35.1 質量 2.0 kg のおもりを，ばね定数 0.10 kgw/cm のばねにつけて，鉛直方向に単振動させた。このとき，以下の問いに答えよ。

(1) このばねの t 秒後の変位を表す式を導出せよ。ただし，振幅を A とする。

(2) 周期を求めよ。

(3) 周期を 1.0 秒にしたいとき，おもりの質量を何 kg に変更すればよいか。

問題 35.2 ばねに物体をつるしたところ，ばねは 20 cm 伸びて静止した。この物体をつりあいの位置より，10 cm 持ち上げて離した。このとき，以下の問いに答えよ。

(1) 振動の周期を求めよ。

(2) 振幅を求めよ。

(3) 手を離してから何秒後におもりはつりあいの位置（静止点）を通過するか。

チェック項目	月　日	月　日
ばね振り子の概念をつかみ，ばね振り子の運動の式を用いて計算することが理解できたか。		

1．力 学　1．7　単振動　（3）単振り子

単振り子の周期 T は，$T = 2\pi\sqrt{\dfrac{L}{g}}$ と表せることを理解しよう。

　細くて軽い糸に，小さなおもりをつり下げた振り子を単振り子という。おもりにはたらく力は，重力 mg と糸の張力 S との2力だけである。

　単振り子の糸が鉛直線となす角 θ が小さい範囲では，おもりは単振動をする。糸の長さを L，重力加速度を g とする。

　円弧に沿った運動方程式は，

$$ma = -mg\sin\theta = -mg\dfrac{x}{L}$$

$$\therefore a = -\dfrac{g}{L} \cdot x$$

ところで，加速度の大きさが変位の大きさに比例し，加速度と変位が逆向きなのでこの運動は単振動である。よって，

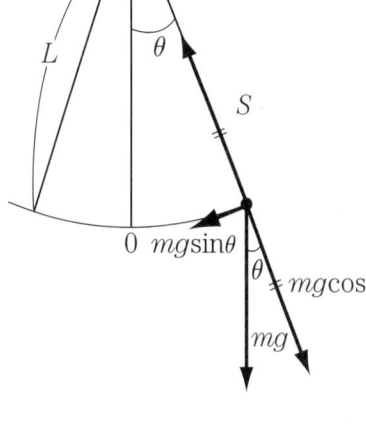

$$-\dfrac{g}{L} \cdot x = -\omega^2 x$$

とおくことができる。

$$\omega^2 = \dfrac{g}{L} \qquad \omega = \sqrt{\dfrac{g}{L}} \qquad \therefore T = 2\pi\sqrt{\dfrac{L}{g}}$$

単振り子の周期 T は，

$$T = 2\pi\sqrt{\dfrac{L}{g}} \quad \cdots\cdots ①$$

　周期は，おもりの質量に関係せず，振幅の小さい範囲では，振幅の大小にも関係しない。このことを振り子の等時性という。

　①式を g について解くと，$g = 4\pi^2 \dfrac{L}{T^2}$ となり，振り子の周期 T を測定することにより，重力加速度を測定することができる。

例題 36.1　単振子の長さが1.0 m のとき，その周期はいくらか。

解答　$T = 2\pi\sqrt{\dfrac{L}{g}} = 2 \times 3.14 \times \sqrt{\dfrac{1.0}{9.8}} = 2.0$ 秒

例題 36.2　周期が1.0秒となる単振子の長さはいくらか。

解答　$L = \dfrac{gT^2}{4\pi^2} = \dfrac{9.8 \times 1.0^2}{4 \times 3.14^2} = 0.25$ m

ドリル No.36　Class　　No.　　Name

問題 36.1　月面上の重力加速度は，地球上の約 $\frac{1}{6}$ である。地球上での周期 1.0 秒の単振子は，月面上でいくらの周期になるか。

問題 36.2　長さ L の糸の一端 O を固定し，他端に質量 m の物体をつるして，糸が鉛直線と角 θ_0 をなす位置で離したところ，支点 O の真下の点 C を速さ v_0 で通った。このとき，以下の問いに答えよ。

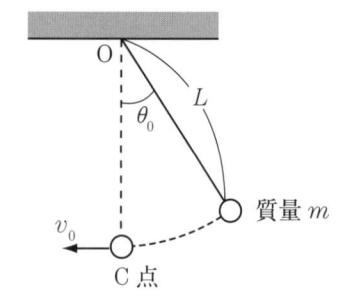

(1) 手を離した瞬間の糸の張力 S を求めよ。

(2) 点 C を通る瞬間の糸の張力 T を求めよ。

問題 36.3　一様な加速度 a で鉛直に上昇しているエレベーターがある。この中で，ある単振り子を振動させたとき，周期が T であった。この振り子の地上での周期 T_0 と T との関係式を求めよ。

チェック項目	月　日	月　日
単振り子の周期 T は，$T = 2\pi\sqrt{\dfrac{L}{g}}$ となることが理解できたか。		

2. 熱力学　　2.1　熱量保存の法則　　（1）熱量保存の法則

> 高温の物体と低温の物体が熱的に接触するとき，高温の物体から低温の物体へと熱が移動し，両物体の温度が等しくなる。このとき高温の物体が失った熱量と低温の物体が得た熱量は等しく，両物体がやり取りした熱量の総和は変わらないことを理解しよう。

物質1gの温度を1K上昇させるのに必要な熱量を**比熱**という。比熱は物質によって異なる。常温付近の水の比熱はおよそ 4.2 J/g·K である。この値は 1 cal/g·℃ と書かれることもある。

また，物質1 molの温度を1 K上昇させるのに必要な熱量を**モル比熱**といい，常温付近の水のモル比熱はおよそ 75 J/mol·K である。

質量 m 〔g〕の物質の比熱が温度によらず一定で c 〔J/g·K〕なら，この物質の温度を Δt 〔K〕だけ上昇させるのに必要な熱量 ΔQ 〔J〕は，

$$\Delta Q = cm\Delta t$$

である。

いま，高温の物体Aと低温の物体Bがあり，それぞれの温度を t_A 〔K〕，t_B 〔K〕（$t_A > t_B$），比熱を c_A 〔J/g·K〕，c_B 〔J/g·K〕，質量を m_A 〔g〕，m_B 〔g〕とする。この2つの物体を熱的に接触させると，熱が移動して，両方の温度が t 〔K〕になったとする。熱の移動は2物体間のみで，外界には逃げないとすると，

　　高温の物体Aが放出した熱量 Q_A 〔J〕は　　$Q_A = c_A m_A (t_A - t)$

　　低温の物体Bが吸収した熱量 Q_B 〔J〕は　　$Q_B = c_B m_B (t - t_B)$

となり，外界との熱の出入りがないことから $Q_A = Q_B$ であり，物体Aと物体Bがやり取りした熱量の総和は変わらない。これを**熱量保存の法則**という。

例題 37　20℃の水500gと50℃の水200gを混ぜ合わせた。外界や容器へ熱が逃げないとすると，水温は何〔℃〕になるか。

解答　水の比熱を c とし，求める温度を t 〔℃〕とすると，

　　50℃の水が失った熱量 Q_1 は　$Q_1 = c \times 200 \times (50 - t)$

　　20℃の水が得た熱量 Q_2 は　$Q_2 = c \times 500 \times (t - 20)$

$Q_1 = Q_2$ であるから，

　　$c \times 200 \times (50 - t) = c \times 500 \times (t - 20)$

よって，　$t \fallingdotseq 29$ ℃

ドリル No.37　Class　　No.　　Name

問題 37 断熱された質量 200 g の銅製の容器がある。銅の比熱を 0.38 J/g·K，水の比熱を 4.2 J/g·K として，以下の問いに答えよ。

(1) 物体の温度を 1 K 上昇させるのに必要な熱量をその物体の熱容量という。この銅製容器の熱容量を求めよ。

(2) この容器に 70 ℃の水 150 g を入れたところ，容器も水も 65 ℃になった。水を入れる前の容器の温度は何 ℃ であったと考えられるか。

(3) 銅製容器のまわりの断熱材を取り外してしばらく外気にさらすと，容器と水の温度はちょうど 20 ℃になった。そこで再び断熱材を取り付け，容器中の水に温度 50 ℃，質量 100 g の銅塊を入れたところ，銅製容器，水，銅塊は同じ温度になった。その温度は何℃か。

チェック項目	月 日	月 日
熱量，比熱，熱容量や接触する 2 物体の温度変化などがわかり，熱量保存の法則を正しく理解できたか。		

2. 熱力学　2.2 気体　（1）ボイル・シャルルの法則

> 質量が一定である気体の体積は，その圧力に反比例し，その絶対温度に比例する（これをボイル・シャルルの法則という）ことを理解しよう。

気体の温度が一定のとき，質量が一定である気体の体積 V は気体の圧力 p に反比例し，
$$pV = 一定$$
が成り立つ。これを**ボイルの法則**という。

シャルルはボイルの法則において，圧力 p が一定の下で，体積 V が温度によってどのように変化するか調べた。

そして，気体の温度が1℃上昇すると，0℃のときの体積の $\dfrac{1}{273.15}$ だけ，体積が増加することを明らかにした。すなわち，0℃のときの気体の体積を V_0 とすると，t〔℃〕のときの気体の体積 V は以下のようになる。
$$V = V_0\left(1 + \dfrac{t}{273.15}\right)$$
これを**シャルルの法則**という。

シャルルの法則において，$t = -273.15$℃ とすると $V = 0$ となる。このときの温度を絶対零度といい，-273.15℃を 0 K（K はケルビンと読む）とし，温度差1℃と1Kは等しいと定義する。すると，絶対温度 T は，$T = t + 273.15$〔K〕となる。0℃のときの絶対温度を T_0〔K〕とすると，$T_0 = 273.15$ K であるから，シャルルの法則の式は，
$$V = V_0\left(1 + \dfrac{t}{273.15}\right) = V_0\left(\dfrac{273.15 + t}{273.15}\right) = V_0\dfrac{T}{T_0} \quad これより，\dfrac{V}{T} = \dfrac{V_0}{T_0} = 一定$$
を得る。つまり，気体の圧力が一定のとき，気体の質量が一定であれば，気体の体積 V は絶対温度 T に比例する。これはシャルルの法則を別の表現に変えたものである。ここでの温度は絶対温度による表記であることに注意する。

ボイルの法則とシャルルの法則から，質量が一定の気体の体積は，その圧力に反比例し，絶対温度に比例することがわかる。これらを一つにまとめると，$\dfrac{pV}{T} = 一定$ となる。これを**ボイル・シャルルの法則**という。

ボイル・シャルルの法則が完全に成立する気体を**理想気体**という。高温で低圧，低密度の気体は理想気体に近い。

※通常，絶対零度は，-273℃ として計算することが多い。

例題 38 温度50℃の気体の圧力を2倍に高め，温度を100℃にした。体積は何倍になるか。

解答 ボイル・シャルルの法則では絶対温度表記であることに注意して，はじめの気体の圧力を p_0，体積を V_0 とし，変化後の体積を V とすると，ボイル・シャルルの法則から，

$\dfrac{p_0 V_0}{323} = \dfrac{2 p_0 V}{373}$　これより，$V ≒ 0.58 V_0$　よって，0.58倍となる。

ドリル No.38　Class　　No.　　Name

問題 38.1 温度 27℃，圧力 1.0 気圧，体積 2.0×10^3 cm^3 の理想気体がある。この気体の温度を 77℃，圧力を 3.5 気圧にすると，体積は何 cm^3 になるか。

問題 38.2 水深 10.0 m の海底に理想気体の泡がある。海水の密度を 1.02 g/cm^3 として，以下の問いに答えよ。

(1) 大気圧を 1.01×10^5 Pa，重力加速度を 9.80 m/s^2 とすると，海底の泡が受ける圧力はいくらか。

(2) 海底の泡が海面まで上がってきたとき体積は何倍になるか。ただし，海底の水温を 17 ℃，海面の水温を 27 ℃とし，有効数字 3 桁で答えよ。

チェック項目　　　　　　　　　　　　　　　　　　　　　月　日　　月　日

ボイル・シャルルの法則　$\dfrac{pV}{T}=$ 一定　が理解できたか。

2. 熱力学　2.2 気体　（2）理想気体の状態方程式

$pV = nRT$（気体の状態方程式）を理解しよう。

ボイル・シャルルの法則における $\dfrac{pV}{T}$ の値を求めてみよう。

気体1 molの中にある分子の数を**アボガドロ数**N_Aといい，$N_A = 6.02 \times 10^{23}$ 個/molである。この個数は気体の種類によらず同じである。また，0 ℃（273 K），1気圧（1.013×10^5 N/m²）を標準状態といい，このとき，1 molの理想気体の体積は22.4 L（2.24×10^{-2} m³）である。つまり，$\dfrac{pV}{T}$ の値はモル数nに比例し，比例定数をRとおくと，

$$\dfrac{pV}{T} = nR$$

となる。Rの値は標準状態の1 molの気体の体積から，

$$R = \dfrac{pV}{nT} = \dfrac{1.013 \times 10^5 \times 2.24 \times 10^{-2}}{1 \times 273} = 8.31 \text{ J/mol·K}$$

である。Rを**気体定数**という。上式を変形すると，

$$pV = nRT$$

となり，これを**理想気体の状態方程式**という。

※この式は厳密には理想気体にしか当てはまらないが，常温程度の空気などでもこの式を使うことができる。

気体の分子量をMとすると，質量m〔kg〕の気体のモル数nは，$n = \dfrac{m}{M \times 10^{-3}}$ であるから，理想気体の状態方程式は以下のようにも書ける。

$$pV = \dfrac{m}{M \times 10^{-3}} RT$$

例題 39 酸素8 gの標準状態での体積はいくらか。ただし，気体定数を$R = 8.31$ J/mol·Kとし，酸素は分子量32の理想気体とする。

解答 理想気体の状態方程式より，

$$V = \dfrac{nRT}{p} = \dfrac{mRT}{M \times 10^{-3} \times p} = \dfrac{8 \times 10^{-3} \times 8.31 \times 273}{32 \times 10^{-3} \times 1.013 \times 10^5} = 5.6 \times 10^{-3} \text{ m}^3 = 5.6 \text{ L（リットル）}$$

〈別解〉

標準状態にある1 molの理想気体の体積は 2.24×10^{-2} m³ であることを利用する。

8 gの酸素は $\dfrac{8}{32} = 0.25$ mol，よって，$2.24 \times 10^{-2} \times 0.25 = 5.6 \times 10^{-3}$ m³

ドリル No.39　　Class　　　No.　　　Name

問題 39.1 温度 27.0 ℃，圧力 2.00×10^5 N/m^2，体積 10.0 cm^3 の理想気体の分子数を求めよ。ただし，気体定数 $R = 8.31$ J/mol·K，アボガドロ数 $N_A = 6.02 \times 10^{23}$ 個/mol とする。

問題 39.2 水 1.00 g（= 1.00 cm^3 とする）がすべて 100 ℃の水蒸気になったとき，体積は何 cm^3 になるか。また，これは何倍になったことになるか。水の分子量は 18.0，気体定数 $R = 8.31$ J/mol·K，圧力は一定で 1.01×10^5 N/m^2 とし，水蒸気を理想気体とみなして考えよ。

問題 39.3 図のように連結された大小の気体容器 A，B がある。中央の栓は閉じてあり，容器 A には 300 K, 1.00 気圧，容器 B には 400 K, 5.00 気圧の理想気体が詰めてある。栓を開いて両方の気体の温度が 350 K になったとき，気体は何気圧になるか求めよ。

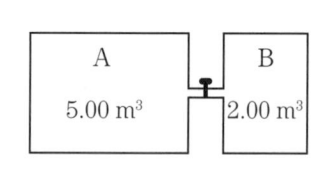

　A　5.00 m^3　　B　2.00 m^3

チェック項目　　　　　　　　　　　　　　　　　月　日　　月　日

理想気体の状態方程式（$pV = nRT$）を理解できたか。

2. 熱力学　2.3　気体のする仕事　（1）熱力学第1法則

気体に加えた熱量を Q，気体の内部エネルギーの増加を ΔU，気体が外部からされた仕事を W とすると，$\Delta U = Q + W$ であり，この関係を熱力学の第1法則ということを理解しよう。

　図のようななめらかなピストンが装着されたシリンダーがある。シリンダー内の圧力を一定に保って，内部の気体を膨張させた。

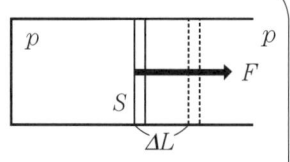

　ピストンの断面積を S とすると，気体がピストンを押す力 F は，$F = pS$ である。ピストンが ΔL 動いたときの体積変化 ΔV は，$\Delta V = S\Delta L$ なので，気体が外部にした仕事 W' は，

$$W' = F\Delta L = pS\Delta L = p\Delta V$$

となる。気体が膨張するときは，$\Delta V > 0$ であるから，$W' > 0$ で，気体は外部に仕事をする。逆に，気体が収縮するときは，$\Delta V < 0$ であるから，$W' < 0$ で，気体は外部から仕事をされる。

　このシリンダー内の気体に，外部から熱量を Q だけ与えると，気体の内部エネルギーは ΔU だけ増加するとともに，ピストンを押して外部に仕事 W' をする。

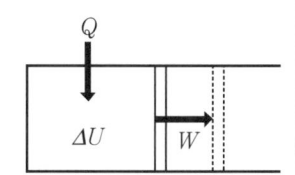

　気体分子の運動エネルギーと分子間力による位置エネルギーの和を**内部エネルギー**という。理想気体では分子間力を考えないので，内部エネルギーは気体分子の運動エネルギーだけと考えてよい。

　以上の変化で，力学的エネルギーと熱エネルギーの両方についてエネルギー保存を考えると，気体が外部にした仕事を W'，外部からされた仕事を W とすると（$W' = -W$），

$$Q = \Delta U + W' = \Delta U - W \qquad \therefore \ \Delta U = Q + W$$

が成り立つ。これを**熱力学の第1法則**という。

例題 40　理想気体がはじめ状態1 (p_1, V_1) にあった。これが，$1 \to 2 \to 3 \to 4 \to 1$ のように1サイクルの変化をした。このとき，気体が外部にした仕事はグラフ1中の斜線部分の面積になることを示せ。

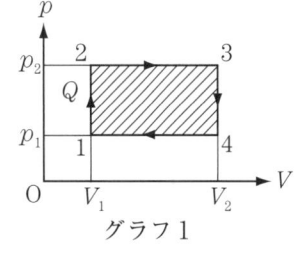

解答　$1 \to 2$ の変化は体積一定であるから外部にする仕事は0である。
$2 \to 3$ の変化では，気体は外部に $p_2\Delta V = p_2(V_2 - V_1)$ の仕事をする。
これはグラフ2中の（A + B）の面積に相当する。
$3 \to 4$ の変化では，$1 \to 2$ の変化と同様に外部にする仕事は0である。
$4 \to 1$ の変化では，気体は外部から仕事をされ，その大きさは，
$p_1(V_2 - V_1)$ である。これはグラフ2中の（B）の面積に相当する。
よって，$1 \to 2 \to 3 \to 4 \to 1$ の1サイクルで気体が外部にする仕事は，

$$p_2(V_2 - V_1) - p_1(V_2 - V_1) = (p_2 - p_1)(V_2 - V_1)$$

となる。これはグラフ1中の斜線部分を示している。
※グラフ2の（A + B）－（B）＝（A）からも明らかである。

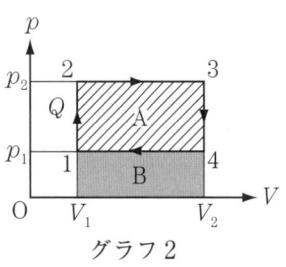

ドリル No.40　　Class　　No.　　Name

問題 40　右の $p-V$ グラフのように，理想気体を A→B→C→D→A と状態変化させた。

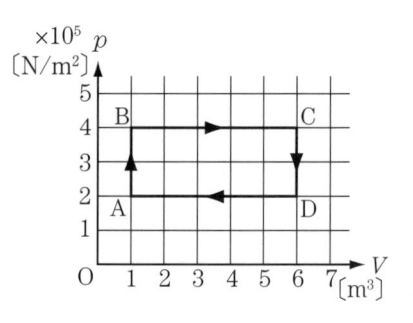

(1) A→B の変化では体積変化はないのに圧力が変化している。これはどのような変化を行ったと考えられるか答えよ。

(2) 1サイクルの変化で気体が外部にした仕事は何Jか。有効数字を2桁として求めよ。

(3) 次に，図のように A→D→C→B→A のように逆回りに変化させたとき，1サイクルの変化で気体が外部にした仕事は何Jか。有効数字を2桁として求めよ。

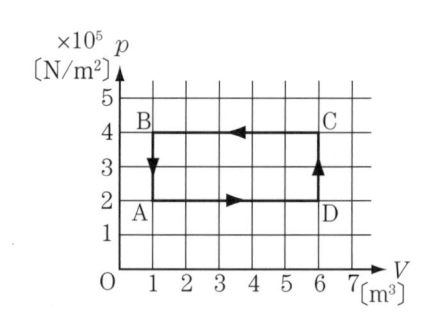

チェック項目

気体に加えた熱量を Q，気体の内部エネルギーの増加を ΔU，気体が外部にした仕事を W' とすると，熱力学の第1法則は $Q=\Delta U+W'$ で表されることが理解できたか。	月　日	月　日

2．熱力学　2.3　気体のする仕事
（2）定積変化，定圧変化，等温変化，断熱変化

定積変化，定圧変化，等温変化，断熱変化のそれぞれを理解しよう。

気体の状態の変化について，熱力学の第1法則 $\Delta U = Q + W$ を適用してみよう。なお，このとき，W は，気体が外部からされた仕事を正として表している。

1．定積変化
気体の体積を一定にしたまま，気体の状態を変えることを定積変化という。体積が変化しないから気体は外部に仕事をしない。よって熱力学の第1法則 $\Delta U = Q + W$ において，$W = 0$。つまり $Q = \Delta U$ となり，加えた熱量はすべて内部エネルギーの増加に使われる。

2．定圧変化
気体の圧力を一定にしたまま，気体の状態を変えることを定圧変化という。定圧変化で気体の体積が増加したとき，熱力学の第1法則 $\Delta U = Q + W$ より，$Q = \Delta U - W$ となり，加えた熱量は内部エネルギーの増加と外部への仕事の両方に使用される。

3．等温変化
気体の温度を一定にしたまま，気体の状態を変えることを等温変化という。温度変化がないから，内部エネルギーの増減もない。よって，熱力学の第1法則 $\Delta U = Q + W$ において，$\Delta U = 0$，つまり $Q = -W$ となり，加えた熱量はすべて外部への仕事に使われる。

※このとき，ボイルの法則より $pV = $ 一定 であることに注意する。

4．断熱変化
気体が外部との熱のやりとりをせずに，気体の状態を変えることを断熱変化という。外界との熱の出入りができないような，短時間での状態変化は断熱変化とみなせる。また，断熱という表現から温度変化がないと誤解しやすいが，等温変化ではないので注意する。

断熱変化では熱力学の第1法則 $\Delta U = Q + W$ において，$Q = 0$，よって $\Delta U = +W$ となる。断熱膨張の場合，$W < 0$ であるから $\Delta U < 0$ となり温度が下がる。断熱圧縮の場合はこの逆で温度が上がることがわかる。

例題 41 理想気体の温度は変わらずに，圧力だけが上昇した。以下の問いに答えよ。

(1) この間気体は外部に仕事をしたか，それとも外部から仕事をされたか。

(2) この間気体は熱を吸収したか，それとも放出したか。

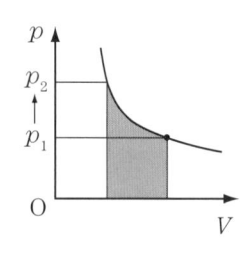

解答 (1) ボイルの法則より，$pV = $ 一定 なので，気体の圧力を上げると体積は減少する。つまり，外部から仕事をされた。

(2) $Q = -W$ で，$W > 0$ であるから，$Q < 0$ である。つまり熱を放出した。

ドリル No.41　Class　　No.　　Name

問題 41.1 理想気体の体積を $1.0 \, \text{m}^3$ から $7.0 \, \text{m}^3$ まで膨張させた。図はそのときの $p-V$ グラフである。以下の問いに答えよ。有効数字は2桁とする。

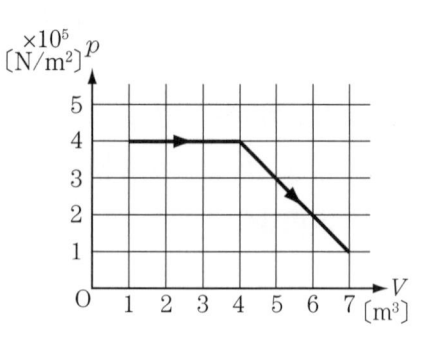

(1) 定圧変化のとき，気体が外部にした仕事を求めよ。

(2) 圧力が減少しながら膨張している部分は等温変化といえるか。

(3) 気体の体積が $1.0 \, \text{m}^3$ から $7.0 \, \text{m}^3$ まで膨張した全過程で，気体が外部にした仕事を求めよ。

問題 41.2 空の炭酸飲料用ペットボトルに水蒸気を含んだ空気を注入して加圧したあと，一気に開栓し，詰め込んだ空気を開放すると，ペットボトル内に小さな水滴などが発生する（雲の発生原理を調べる実験）。この現象はなぜ起こるか。

チェック項目	月　日	月　日
定積変化，定圧変化，等温変化，断熱変化のそれぞれを理解できたか。		

2．熱力学　　2.3　気体のする仕事　　（3）熱効率

> 熱機関が1サイクルの間に外部にする仕事をこの間に受け取った熱量で割った値のことを熱効率ということを理解しよう。

　熱を仕事に変える装置を**熱機関**という。熱機関は，高温熱源（温度 T_1 とする）から熱量（$Q_1>0$ とする）を吸収し，低温熱源（温度 T_2 とする）に熱量（$Q_2>0$ とする）を放出する間に外部に仕事 W をし，もとの状態に戻る。これを熱機関の1サイクルというが，外部にした仕事 W を受け取った熱量 Q_1 で割った値 e を熱機関の**熱効率**という。

$$e = \frac{W}{Q_1} = \frac{Q_1 - Q_2}{Q_1} = 1 - \frac{Q_2}{Q_1}$$

上式から熱効率 e は0から1までの数値になることがわかる。100倍して〔％〕で表すこともある。

　また，くわしい考察によると，理想的な熱機関である**カルノー・サイクル**では，$\frac{Q_2}{Q_1} = \frac{T_2}{T_1}$ であることがわかっている。つまり，$e = 1 - \frac{T_2}{T_1}$ で，カルノー・サイクルの熱効率は熱源の温度だけで決まる。

　実在する熱機関ではカルノー・サイクルの熱効率を超えることができないことがわかっている。熱効率の最大値が，作業物質の種類や圧力などの条件によらず，2つの熱源のみで決まることは非常に興味深いことである。

　また，高温熱源から吸収した熱量をすべて外部への仕事に変え（つまり低温熱源への熱量の放出が0である状態），はじめの状態に戻ることができる装置を**第2種永久機関**というが，熱力学の第2法則により，実現不可能であることがわかっている。

　つまり，実在する熱機関ばかりでなく，カルノー・サイクルであっても $Q_2 \neq 0$ であり，$e < 1$ である。

例題 42　カルノー・サイクルにおいて，以下の問いに答えよ。
(1)　2つの熱源が0℃と100℃であるときの熱効率を求めよ。
(2)　熱効率をよくするためにはどうすればよいか。

解答　(1)　$e = \dfrac{T_1 - T_2}{T_1} = \dfrac{373 - 273}{373} \fallingdotseq 0.27$

(2)　カルノー・サイクルの効率は2つの熱源の温度のみで決まるから，高温熱源の温度をできるだけ高くし，低温熱源の温度をできるだけ低くすればよい。

ドリル No.42　Class　　No.　　Name

問題 42.1 ガソリンで動く熱機関がある。この熱機関は空冷式でありガソリンを 1 s 間に 5.0 g 消費する。この熱機関の熱効率が 0.3（30 %）であるとき，1 s 間に何 J の熱を空気中に排出しているか求めよ。ただし，ガソリン 1 g は 4.5×10^4 J の熱量になり，熱機関が外部にした仕事からは廃熱は出ないものとする。

問題 42.2 高温，低温の 2 つの熱源で動作する熱機関が 2 種類ある。熱源の温度が違うのみで他はまったく同じものとする。

(1) これらの 2 つの熱機関について，正しい意見は A，B，C のどれか。理由も示せ。

> 熱機関 1・・・高温熱源の温度 500 K，低温熱源の温度 400 K
> 熱機関 2・・・高温熱源の温度 400 K，低温熱源の温度 300 K

意見 A「理想的な熱機関では同じ温度差の熱源の場合，温度が高い『熱機関 1』の方が効率が良い。」

意見 B「理想的な熱機関では同じ温度差の熱源の場合，温度が低い『熱機関 2』の方が効率が良い。」

意見 C「理想的な熱機関は温度差だけで決まる。どちらも熱源の温度差が 100 K なので，効率はまったく同じ。」

(2) (1)の意見が正しいかどうか，実際に熱機関 1，2 で，それぞれ 5.0×10^5 J の仕事をするとき，熱機関と高温熱源および低温熱源との間で吸収・排出する熱量を求めて考察せよ。

チェック項目	月　日	月　日
熱機関のサイクルや熱効率を理解できたか。		

2. 熱力学　2.4 気体分子運動論　（1）2乗平均速度

> 気体分子1個の平均運動エネルギーは，2乗平均速度を用いて $\frac{1}{2}m\overline{v^2}=\frac{3}{2}k_B T$ と表せることを理解しよう。

　質量 m [kg]，速度 v [m/s] の気体分子が一辺の長さ L [m] の立方体の中にあるとき，気体分子は壁に衝突を繰り返す（図1）。図2のように右の壁ではね返るとき，速度の x 成分のみを考えると，弾性衝突前後の分子の運動量の変化は $-mv_x-mv_x=-2mv_x$ であるので，壁の受ける力積は $2mv_x$ になる。

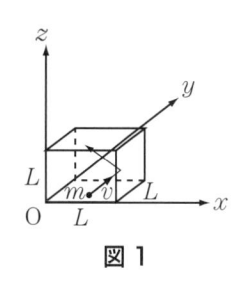

　分子が反対の壁にぶつかり，再びこの壁にぶつかるまでの時間は $\frac{2L}{v_x}$ であり，単位時間当たりの衝突回数はこの逆数 $\frac{v_x}{2L}$ であるので，単位時間当たりにこの分子が壁に与える力積は $2mv_x \times \frac{v_x}{2L}=\frac{mv_x^2}{L}$ である。単位時間当たりの力積は，この分子が壁に加える力に等しい。

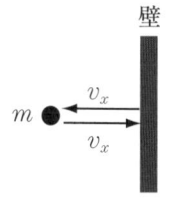

　次に，気体分子の総数を N とし，それぞれの分子の速度の x 成分を $v_{1x}, v_{2x}, \cdots, v_{Nx}$ とすると，$\overline{v_x^2}=\frac{v_{1x}^2+v_{2x}^2+\cdots+v_{Nx}^2}{N}$ であるから，壁が N 個の分子から受ける力 F は，$F=\frac{Nm\overline{v_x^2}}{L}$ である。y 方向，z 方向にも同様であるから $\overline{v_x^2}=\overline{v_y^2}=\overline{v_z^2}$，および $\overline{v^2}=\overline{v_x^2}+\overline{v_y^2}+\overline{v_z^2}$ より $\overline{v_x^2}=\frac{1}{3}\overline{v^2}$，壁の面積は $S=L^2$，立方体の体積は $V=L^3$ であるから，圧力は $p=\frac{F}{S}=\frac{F}{L^2}=\frac{Nm\overline{v^2}}{L^3}=\frac{Nm\overline{v^2}}{3V}$ である。これを理想気体の状態方程式と比べて $pV=\frac{Nm\overline{v^2}}{3}=nRT$，$n=\frac{N}{N_A}$ であるから，分子1個の平均運動エネルギーは $\frac{1}{2}m\overline{v^2}=\frac{3RT}{2N_A}=\frac{3}{2}k_B T$ （k_B は**ボルツマン定数**で $k_B=\frac{R}{N_A}=1.38\times 10^{-23}$ J/K）となる。

　気体の分子量を M とすると，1 mol の気体の質量は $N_A m = M \times 10^{-3}$ [kg] であるから $\overline{v^2}=\frac{3RT}{N_A m}=\frac{3RT}{M \times 10^{-3}}$。　よって，$\sqrt{\overline{v^2}}=\sqrt{\frac{3RT}{M \times 10^{-3}}}$ [m/s]

　この式を用いれば，気体分子の速度の目安が得られる。

例題 43 気体分子の2乗平均速度は $\sqrt{\overline{v^2}}=\sqrt{\frac{3p}{\rho}}$ [m/s] とも表せることを示せ。ただし，ρ は気体の密度である。

解答　$p=\frac{Nm\overline{v^2}}{3V}$ において，$\rho=\frac{Nm}{V}$ であるから $\sqrt{\overline{v^2}}=\sqrt{\frac{3p}{\rho}}$ となる。

ドリル No.43　　Class　　　No.　　　Name

問題 43.1 以下の問いに答えよ。

(1) 酸素(分子量32)の 15℃ での2乗平均速度を求めよ。ただし，ここでは酸素は理想気体とし，気体定数は $R = 8.31$ J/mol·K，アボガドロ数は $N_A = 6.02 \times 10^{23}$ 個/mol である。

(2) (1)のときの平均運動エネルギーを求めよ。

問題 43.2 以下の問いに答えよ。

(1) 気体ヘリウム（分子量4.0）の標準状態での密度 $[kg/m^3]$ を求めよ。

(2) (1)のときのヘリウムの2乗平均速度を求めよ。ただし，ここではヘリウムは理想気体とし，1気圧 $= 1.0 \times 10^5$ N/m² とする。

チェック項目　　　　　　　　　　　　　　　　　　　　　　月　日　　月　日

気体分子1個の平均運動エネルギーは2乗平均速度を用いて，$\frac{1}{2}m\overline{v^2} = \frac{3}{2}k_B T$ と表せることが理解できたか。		

2．熱力学　　2.4　気体分子運動論　　（2）気体の内部エネルギー
(a)　単原子分子

> n〔mol〕の単原子分子の内部エネルギーは $U=\dfrac{3}{2}nRT$ であることを理解しよう。

　実在気体の気体分子は並進・回転による運動エネルギーや，分子間力による位置エネルギーを持つ。これら個々の気体分子が持つエネルギーの総和を気体の**内部エネルギー**という。

　単原子分子の理想気体の場合は，並進運動だけを行う完全弾性球と考えるので，分子間の結合力や分子の回転運動が無視できる。

　※単原子分子…NeやHeのような原子1個による気体分子

　2.4.(1)節で学習したように，単原子分子1個の平均運動エネルギーは $\dfrac{1}{2}m\overline{v^2}=\dfrac{3RT}{2N_A}=\dfrac{3}{2}k_BT$ であるから，n〔mol〕の気体の内部エネルギー U は，

$$U = nN_A \cdot \dfrac{1}{2}m\overline{v^2} = nN_A \cdot \dfrac{3RT}{2N_A} = \dfrac{3}{2}nRT \text{〔J〕}$$

である。

　この式から，単原子分子の理想気体の内部エネルギーは，モル数と絶対温度のみで決まることがわかる。

並進　（×：重心）
回転　（×：重心）
位置エネルギー
図1　気体分子のエネルギー

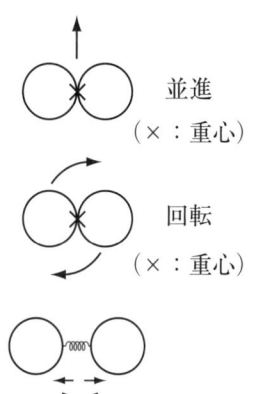

並進
完全弾性球
図2　単原子分子のエネルギー

例題 44　n〔mol〕の単原子分子の理想気体の温度が T〔K〕から ΔT〔K〕だけ上昇したとき，内部エネルギーの増加 ΔU〔J〕を求めよ。

解答　T〔K〕のときの内部エネルギーは $\dfrac{3}{2}nRT$，$T+\Delta T$〔K〕のときの内部エネルギーは $\dfrac{3}{2}nR(T+\Delta T)$ であるから，内部エネルギーの増加 ΔU は，

$$\Delta U = \dfrac{3}{2}nR(T+\Delta T) - \dfrac{3}{2}nRT = \dfrac{3}{2}nR\Delta T \text{〔J〕}$$

ドリル No.44　Class　　No.　　Name

問題 44 以下の問いに答えよ。

(1) 標準状態のヘリウム 11.2 L の内部エネルギーはいくらか。ただし，気体定数 $R=8.31$ J/mol·K である。

(2) このヘリウムの温度を 1 K 上昇させたとき，内部エネルギーは何 J 増えるか求めよ。

(3) このヘリウムの温度を変えずに気体を押し縮めて体積を $\frac{1}{2}$ 倍にした。このとき，内部エネルギーはどれだけ変化するか。

(4) (1)で得られた内部エネルギー U は，10 g の水の温度を何度上昇させることのできるエネルギーに相当するか。

チェック項目

| n モルの単原子分子の内部エネルギーは $U=\frac{3}{2}nRT$ であることが理解できたか。 |

2．熱力学　　2.4　気体分子運動論　　（2）気体の内部エネルギー
(b) 2原子分子，多原子分子

> 1自由度当たり $\frac{1}{2}k_B T$ のエネルギーであることから，多原子分子の内部エネルギーを求めてみよう。

2.4.(1)節で学習したように，単原子分子の理想気体1分子の平均運動エネルギーは，$\overline{\varepsilon_k} = \frac{1}{2}m\overline{v^2} = \frac{3}{2}k_B T$ であるが，$\overline{v^2} = \overline{v_x^2} + \overline{v_y^2} + \overline{v_z^2}$ であるので，

$$\overline{\varepsilon_k} = \frac{1}{2}m\overline{v^2} = \frac{1}{2}m\left(\overline{v_x^2} + \overline{v_y^2} + \overline{v_z^2}\right) = \frac{1}{2}m\overline{v_x^2} + \frac{1}{2}m\overline{v_y^2} + \frac{1}{2}m\overline{v_z^2} = \frac{3}{2}k_B T$$

ここで，空間を並進運動する単原子分子の運動は x, y, z 方向について同等であると考えられるから，$\frac{1}{2}m\overline{v_x^2} = \frac{1}{2}m\overline{v_y^2} = \frac{1}{2}m\overline{v_z^2} = \frac{1}{2}k_B T$ である。

つまり，単原子分子は空間を x, y, z それぞれの方向に，自由に，独立した並進運動をするが，それぞれの方向についての平均運動エネルギーは 0 であり，それらを合計したものが $\frac{3}{2}k_B T$ になることを意味している。

ここで x, y, z 方向を考えたように，「自由に，独立した変化をするもの」の数を**自由度**という。この自由度を使うと，「1自由度当たり $\frac{1}{2}k_B T$ のエネルギーが割り当てられる。」といえる。これを**エネルギー等分配の法則**という。

単原子分子の場合，自由度＝3であるので，$\frac{1}{2}k_B T \times 3 = \frac{3}{2}k_B T$ である。

2原子分子の場合，回転による自由度が2増えるので，並進運動の自由度3とあわせて自由度が5となるので，

$$\overline{\varepsilon_k} = \frac{5}{2}k_B T$$

この気体1 mol の内部エネルギーは，$U = \frac{5}{2}RT$ となり，n 〔mol〕の場合は，$U = \frac{5}{2}nRT$ となる。

例題 45 2原子分子の気体の自由度はいくつか。ただし，常温程度の気体とする。

解答　図左から，並進運動の自由度は3，図右から回転運動の自由度は2となるので，合計5である。したがって，常温程度の2原子分子の気体では自由度は5となる。

※重心の位置を決定するのに x, y, z，回転方向を決定するのに θ, ϕ が必要と考えるとよい。このように回転運動の自由度を記述するとき，直交座標系以外の座標系の学習が不可欠である。この例題では球座標を利用するが，これを学習すれば，他のいくつかの物理現象の記述も容易になる。

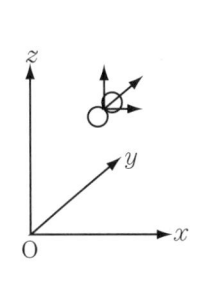

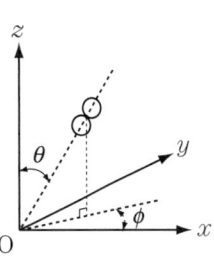

2原子を結ぶ軸の方向を示す角度 θ, ϕ の2つの自由度がある。

ドリル No.45　　Class　　No.　　Name

問題 45.1　2原子分子の気体について，以下の問いに答えよ。ただし，気体定数 $R=8.31$ J/mol·K である。

(1) 標準状態のとき，1モルの気体の内部エネルギーを求めよ。

(2) この気体を高温にした場合，自由度はいくつになるか。

問題 45.2　3原子分子の気体の自由度はいくつか。ただし，気体は常温とし，気体分子の振動は考えなくてよい。

|発展|

ここでは2原子分子や3原子分子の気体について理想的な場合を考えてきたが，実在気体の多原子分子については注意が必要である。例えば，水素分子の場合を考えてみると，以下のようにふるまいが変わる。

① 低温の場合，水素分子は単原子分子のようにほとんど並進運動のみを行う。つまり自由度は3である。
② 温度を上げていくと回転運動が始まり，自由度は5になる。
③ さらに温度を上げていくと，水素分子は振動が活発になり，自由度は7になる。

以上のように自由度が温度とともに変化していくのを理解するには，量子力学を学習する必要がある。

チェック項目

	月　日	月　日
エネルギー等分配の法則と気体分子の自由度から，多原子分子の気体の内部エネルギーを求められることが理解できたか。		

2．熱力学　　2.5　気体の状態変化　　（1）モル比熱

気体の比熱には定積モル比熱 C_v，定圧モル比熱 C_p があり，それらの違いを確かめよう。

気体 1 mol を体積一定のまま 1 K 温度上昇させるのに必要な熱量を定積モル比熱 C_v といい，圧力一定のまま 1 K 温度上昇させるのに必要な熱量を定圧モル比熱 C_p という。

定積変化では，体積増加はないので気体は外部に仕事をしない。単原子分子の理想気体 1 mol に外部から熱量 Q を与えると，それがすべて内部エネルギーの増加 ΔU になるので，$\Delta U = Q + W$，かつ $W = 0$ より，

$\Delta U = Q$; $U = nC_v\Delta T$

よって，定積モル比熱 C_v は，$C_v = \dfrac{Q}{n\Delta T} = \dfrac{3}{2}R = 12.5$ J/mol·K

続いて定圧モル比熱を考える。圧力 p，体積 V，n モルの理想気体の温度が T であるとすると，$pV = nRT$ である。定圧変化で体積が ΔV だけ増加するので外部にした仕事 W' は，$W' = p\Delta V = nR\Delta T$ となり，気体の温度は ΔT だけ上昇する。よって，気体に加えた熱量 Q は，$Q = \Delta U - W = \dfrac{3}{2}nR\Delta T + nR\Delta T = \dfrac{5}{2}nR\Delta T$ となる。これより，定圧モル比熱 C_p は，$C_p = \dfrac{Q}{n\Delta T} = \dfrac{5}{2}R = 20.8$ J/mol·K。また，$C_p - C_v = R$ である。

ここで 2 つのモル比熱の比 $\dfrac{C_p}{C_v}$ を比熱比 γ といい，$\gamma = \dfrac{C_p}{C_v} = \dfrac{\frac{5}{2}}{\frac{3}{2}} = \dfrac{5}{3} = 1.66\cdots$ である。

この数値はヘリウムやアルゴンなどの単原子分子気体の実測値とよく一致している。

[例題] 46　一般に気体分子の自由度を f とすると，多原子分子 1 モルの内部エネルギー U は $U = \dfrac{f}{2}RT$ である。このとき，多原子分子気体の定積モル比熱 C_v と定圧モル比熱 C_p を f, R を使って表せ。また 2 原子分子について比熱比 γ を求めよ。

[解答]　$C_v = \dfrac{f}{2}R$，　$C_p = C_v + R = \dfrac{f+2}{2}R$

※単原子分子では自由度が 3 であるため，上式に $f = 3$ を代入したと考えればよい。上記枠内ではそのようになっている。

また，例題 45 で解説したように，2 原子分子の自由度は 5 であるから，

$\gamma = \dfrac{C_p}{C_v} = \dfrac{\frac{7}{2}}{\frac{5}{2}} = \dfrac{7}{5} = 1.4$ である。

[補足]：気体の場合は定積と定圧でモル比熱が大きく異なる（2 原子分子では $\gamma = 1.4$ なので 40％の差）ことに注意しよう。液体や固体では，両者に大きな差はない。モル比熱の単位はいつでも J/mol·K とは限らない。cal/mol·K，cal/mol·deg などを用いることもある。

ドリル No.46   Class   No.   Name

問題 46 1 mol の理想気体がある。この気体の定積モル比熱を C_v [J/mol·K]，定圧モル比熱を C_p [J/mol·K]，気体定数を R [J/mol·K] として，以下の問いに答えよ。

(1) この気体の体積を一定のままにし，温度を T_0 [K] から T_1 [K] に上昇させた。このとき，気体が吸収した熱量は何 J か。

(2) (1)のとき，気体が外部にした仕事は何 J か。

(3) 次に，この気体の圧力を p [N/m^2] に保ったまま加熱したら，温度が T_1 [K] から T_2 [K] になった。このとき，気体が吸収した熱量は何 J か。

(4) (3)のとき，気体が外部にした仕事は何 J か。

(5) (3)のとき，気体の内部エネルギーの増加は何 J か。

チェック項目　　　　　　　　　　　　　　　　　　　月　日　　月　日

気体の比熱，定積モル比熱 C_v，定圧モル比熱 C_p の違いを理解できたか。

3 波動　3.1 波　（1）波長，振動数，周期，速度

波長 λ，振動数 f，速度 v の間に，$v=f\lambda$ の関係があることを理解しよう。

振動が伝わる現象を**波動**といい，波動を伝えるものを**媒質**という。波動が伝播する場合，波形はある方向へ進行するが，媒質はその場で振動し，進行しない。

同じ状態（同位相）の隣接 2 点間の距離（例えば山から山，あるいは谷から谷までの距離）を波長といい，λ で表す。媒質中の 1 点が 1 回振動するのに要する時間を周期といい，T で表す。また，媒質中の 1 点が単位時間当たりに振動する回数を振動数といい，f で表し，単位はヘルツ〔Hz〕である。単位時間に波動が進む距離を波の速度といい，v で表す。

右のグラフより，周期を $T\left(=\dfrac{1}{f}\right)$ とすれば，波は 1 周期のあいだ 1 波長進むので，波の速さ v は，

$$v=\frac{\lambda}{T}=f\lambda$$

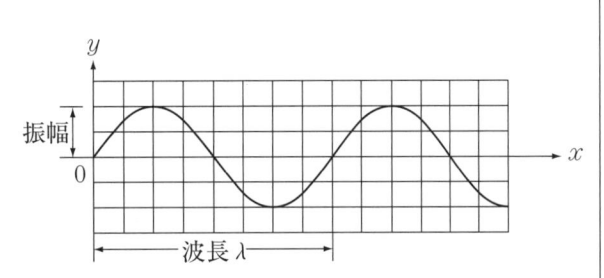

$$\therefore\ v=f\lambda$$

例題 47 x 軸上を正の向きに進んでいる波の波形がある瞬間，図のようであった。以下の問いに答えよ。

（1）このときの振幅および波長は何 m か求めよ。

（2）媒質の振動の周期が 0.40 s のとき，波の振動数は何 Hz になるか求めよ。

（3）そのときの波の伝わる速さは何 m/s であるか求めよ。

解答　（1）振幅……0.3 m
　　　　　　波長……4.0 m

（2）振動数　$f=\dfrac{1}{T}=\dfrac{1}{0.4}=2.5$ Hz

（3）速さ　$v=f\lambda=2.5\times 4.0=10$ m/s

あるいは，$v=\dfrac{\lambda}{T}=\dfrac{4.0}{0.40}=10$ m/s

ドリル No.47　Class　　No.　　Name

問題 47.1 x 軸右向きに三角波が進んでいる。太い実線は時間 $t=0.0$ s のときの波形で，$t=0.50$ s のとき破線のような波形になった。このとき，以下の問いに答えよ。

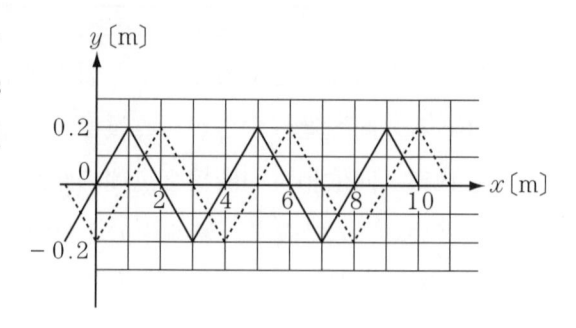

(1) この波の速さ v は何 m/s か。

(2) この波の振動数 f は何 Hz か。また周期 T は何 s になるか。

問題 47.2 ある時刻において，図に示すように表される波がある。この波は，x 軸の負の方向に速さ 6.0 m/s で伝わっている。このとき，以下の問いに答えよ。

(1) この波の波長，振動数を求めよ。

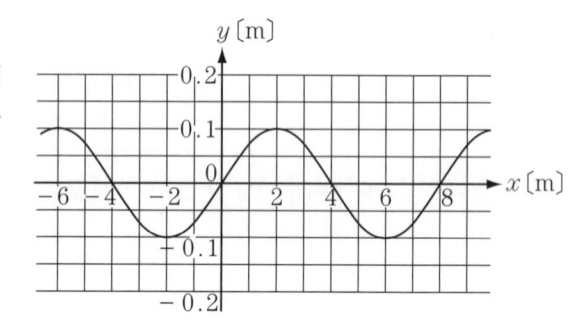

(2) 図の状態から 0.5 s 後の波形をグラフに描け。

チェック項目	月　日	月　日
波長，振動数，速度の間に，$v=f\lambda$ の関係があることを理解できたか。		

3 波動　3.1 波　（2）正弦波

> 正弦波の式は $y = A\sin\omega\left(t - \dfrac{x}{v}\right) = A\sin 2\pi\left(\dfrac{t}{T} - \dfrac{x}{\lambda}\right)$ で表されることを理解しよう。

正弦波では，媒質の各点は単振動をし，隣りあう各点は少しずつ位相（角度）が遅れて進行していく。媒質中の各点が振幅 A，角速度 ω，周期 T で単振動をし，正弦波が波長 λ で x 軸正方向に速度 v で進行しているとする。原点 O の変位が時刻 $t=0$ で $y=0$ のとき，時刻 t での原点 O の変位は，$y_0 = A\sin\omega t = A\sin\left(\dfrac{2\pi}{T}t\right)$ である。進行方向に x だけ離れた P 点では $\dfrac{x}{v}$ だけ時間がかかってこの変位が到達するので，時刻 t における点 P の変位 y は，
$$y = A\sin\omega\left(t - \dfrac{x}{v}\right) = A\sin 2\pi\left(\dfrac{t}{T} - \dfrac{x}{\lambda}\right)$$
となる。

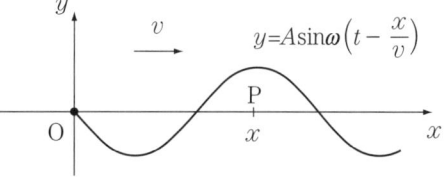

[例題] 48 原点 O の変位が時刻 $t=0$ で $y=0$ であり，そこから進行方向に x だけ離れた点 P の時刻 t における変位が次式で表されるものとする。
$$y = 5\sin\pi\left(20t - \dfrac{x}{10}\right)$$
この正弦波の振幅，周期，振動数，波長，速度を求めよ。y, x の単位は cm，t の単位は s とする。

[解答] 振幅 5 cm，周期 0.1 s，振動数 $f = \dfrac{1}{T} = 10$ より，10 Hz，波長 20 cm，速度 $v = \dfrac{\lambda}{T} = 200$ より，200 cm/s。

ドリル No.48 Class   No.   Name

問題 48.1 図のように，x 軸正の方向に伝わる振幅 3 cm，波長 5 cm，速度 60 cm/s の正弦波がある。このとき，以下の問いに答えよ。

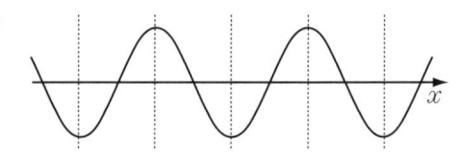

(1) この正弦波の振動数と周期を求めよ。

(2) 4分の1周期経過した時刻での波形の概形を点線で描け。

問題 48.2 図のように，x 軸正の方向に伝わる正弦波がある。波の速さを v，波長を λ，振動数を f，周期を T とする。$P_1 \sim P_5$ までの距離を L とする。このとき，以下の問いに答えよ。

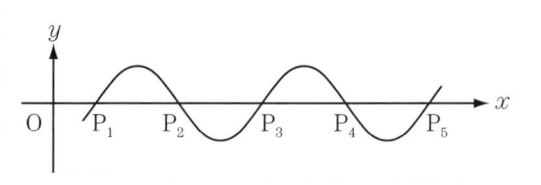

(1) 波長 λ を L で，また振動数 f，周期 T を v と L で表せ。

(2) 波が進むにつれて，P_1 は時間とともにどのように運動するか。横軸に時間 t，縦軸に変位をとり，その概形を描け（目盛りは 0 と T だけ入れよ）。

問題 48.3 x 軸上正の方向に進む正弦波があり，$y = A\sin(\alpha t - \beta x)$ で表されている。ここで y は時刻 t，点 x における変位を表している。A, α, β は定数とする。ある瞬間，$x = x_1$ での変位が $y_0 \neq 0$ であった。同じ瞬間に同じ変位 y_0 となる場所がある。それはどこか答えよ。

チェック項目   月 日   月 日

正弦波の式は $y = A\sin\omega\left(t - \dfrac{x}{v}\right) = A\sin 2\pi\left(\dfrac{t}{T} - \dfrac{x}{\lambda}\right)$ で表されることが理解できたか。		

3 波動　3.1 波　(3) 横波と縦波

> 波動には，横波，縦波の2種類がある。この章では，縦波の特徴を理解しよう。

媒質の各点が波の進行方向に垂直に振動する波を横波，平行方向に振動する波を縦波という。媒質の密度の疎密が伝わっていくので，縦波を疎密波ともいう。音波は典型的な縦波である。

媒質中の各点 P_0, P_1, P_2, … が $\frac{1}{8}$ 周期ずつ遅れて振動を始めるとすると，図のような疎密が生じ，それが右へ進行していく。

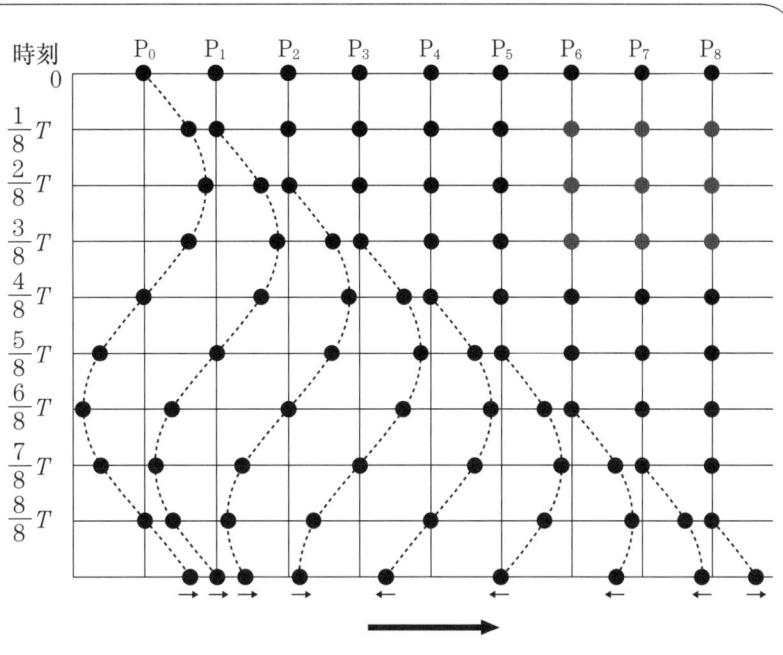

縦波を横波に変換するには，縦波の右向き変位を上向き変位に，また左向き変位を下向き変位に書き直すとよい（下図参照）。これを**横波表示**という。同密度の場所の間隔を波長 λ という。

気体や液体では，内部の隣接する微小部分が互いに押し合うことができるが，横に引きずりあうことはできない。そのため，縦波は伝わるが横波は伝わらない。一方，固体では，隣接する微小部分が押し合うことも引きずりあうこともできる。そのため，縦波も横波も伝わる。

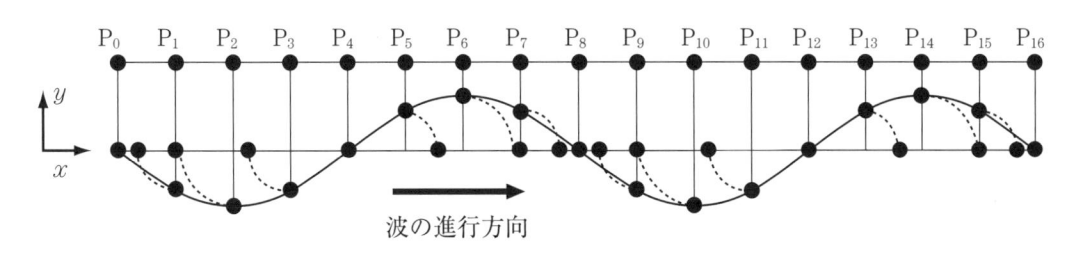

[例題] 49 横波表示において，媒質の密度がもっとも高いところ，もっとも低いところはそれぞれどこか。また図において，P_n と P_n+1 （n：整数）の間隔を 1 cm とすれば，波長はいくらか。

[解答]　密度がもっとも高いところ：P_0, P_8, P_{16}, ……
　　　　もっとも低いところ：P_4, P_{12}, ……

一般的にいうと，横波表示したとき，波の進行方向を表す軸（図では x 軸）を下から上に横切る場所では密度が疎になり，上から下に横切る場所では密度が密になる。

波長は 8 cm。

ドリル No.49　　Class　　　No.　　　Name

問題 49　図は右向き変位を上向き変位に，また左向き変位を下向き変位として，縦波を横波で表現したものである。

このとき，以下の(1)～(6)に答えよ。

(1) もっとも疎な場所はどこか。

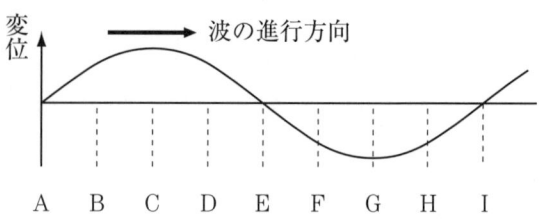

(2) もっとも密な場所はどこか。

(3) 速度 0 の場所はどこか。またその理由を答えよ。

(4) 左向きの速度が最大となる場所はどこか。また，その理由を答えよ。

(5) 右向きの速度が最大となる場所はどこか。また，その理由を答えよ。

(6) B 点と位相が π だけずれている場所はどこか。

チェック項目　　　　　　　　　　　　　　　月　日　　月　日

縦波の性質を理解できたか。

3 波動　3.1 波　（4）重ね合わせ　(a) 定常波

> 定常波の性質を学ぼう。

振幅，波長，速度が等しい2つの波が反対方向に進んでくると，2つの波は干渉し，どちらの方向にも進行せず，大きく振動する点（**腹**），まったく振動しない点（**節**）を持つ波を生じる。このような波を**定常波（定在波）**という。原点Oの変位が時刻 $t=0$ で $y=0$ となる正弦波が2つあるとする。一方は x 軸上を正の方向，他方は負の方向に向かって進んでいるとする。両正弦波はそれぞれ

$$y_1 = A\sin\left(\frac{2\pi t}{T} - \frac{2\pi x}{\lambda}\right)$$

$$y_2 = A\sin\left(\frac{2\pi t}{T} + \frac{2\pi x}{\lambda}\right)$$

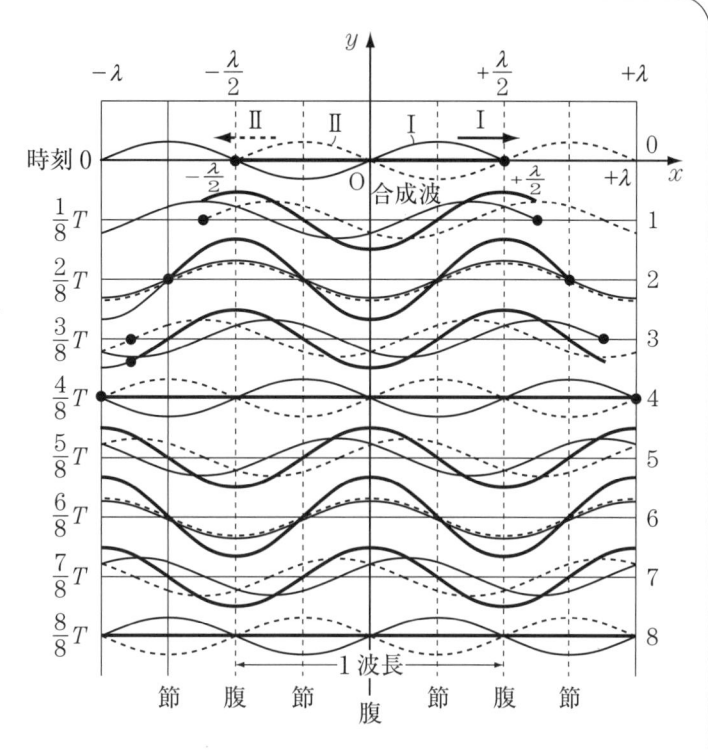

と表すことができる。ここで，A は振幅，T は周期，λ は波長である（p.95「正弦波」を参照）。
　両者を足し合わせると，次のような合成波ができる。

$$y = y_1 + y_2 = 2A\sin\left(\frac{2\pi t}{T}\right)\cos\left(\frac{2\pi x}{\lambda}\right) \quad \cdots\cdots(1)$$

特定の場所 x に着目すると，振幅が $2A\cos\dfrac{2\pi x}{\lambda}$ の単振動をしていることを表している。

例題 50 (1)式において，任意の時刻 t において常に $y=0$，つまり節となる場所 x を求めよ。また，常に $y=\pm 2A$，つまり腹となる場所 x を求めよ。

解答　$\cos\left(\dfrac{2\pi x}{\lambda}\right) = 0$ より，$m=0, 1, 2\cdots$ として，$\dfrac{2\pi x}{\lambda} = \left(m + \dfrac{1}{2}\right)\pi$

すなわち，$x = \left(\dfrac{m}{2} + \dfrac{1}{4}\right)\lambda$ で節となる。

また，$\cos\left(\dfrac{2\pi x}{\lambda}\right) = \pm 1$ より，$\dfrac{2\pi x}{\lambda} = m\rho$

すなわち，$x = \dfrac{m}{2}\lambda$ で腹となる。原点で腹になっていることに注意しよう。

ドリル No.50　Class　　No.　　Name

問題 50.1　x軸正の方向に伝わる振幅3 cm，波長6 cm，周期5 sの正弦波がある。反対から振幅，波長，周期の等しい正弦波が進んできて干渉し，定常波が生成された。このとき，以下の問いに答えよ。

(1) この定常波の振幅を求めよ。

(2) 隣り合う腹と節との距離を求めよ。

問題 50.2　原点Oの変位が時刻$t=0$で$y=0$となる正弦波が2つある。一方はx軸上を正の方向，他方は負の方向に向かって進んでいる。合成波は，

$$y = y_1 + y_2 = 2A\sin\left(\frac{2\pi t}{T}\right)\cos\left(\frac{2\pi x}{\lambda}\right)$$

で表現できる（本節のp. 99の(1)式参照）。x軸上の$\left[-\frac{L}{2}, +\frac{L}{2}\right]$の範囲に定常波を作りたい。波の波長$\lambda$と$L$との間にどのような関係がなければならないか。ただし，両端$-\frac{L}{2}$，$+\frac{L}{2}$は腹になるものとする。

問題 50.3　波長，振動数，振幅の等しい2つの正弦波が半径Rの円周上を互いに逆方向に進行している。定常波が生成されるためには，波の波長λとRとの間にどのような関係がなければならないか。

チェック項目	月　日	月　日
定常波の性質が理解できたか。		

3 波動　3.1 波　(4) 重ね合わせ　(b) 反射

固定端や自由端での波の反射について理解しよう。

波動が進行していくとやがて媒質の端（境界）に至る。媒質の端が動きやすい場合にはその端を**自由端**，動きにくい場合にはその端を**固定端**という。波動が端に向かって進み，端で反射する際，自由端であれば入射波の位相は変わらない。横波では，山は山として反射される。しかし，固定端であれば入射波の位相は π だけ変わる。横波では，山は谷として反射される。媒質中を x 軸上を右に向かって入射波が進んでくるとする。端で反射される反射波を描くには次のようにする。

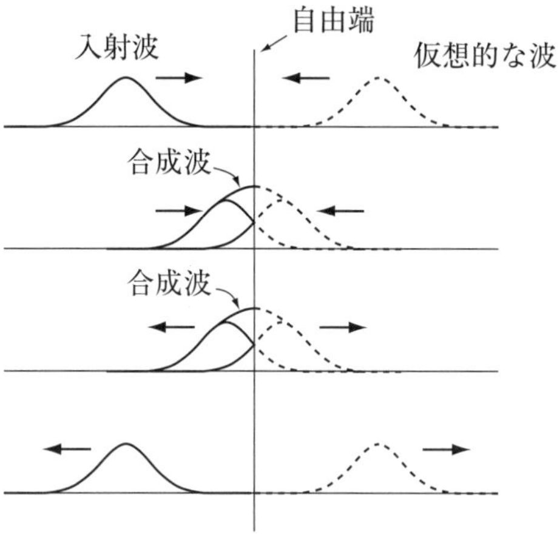

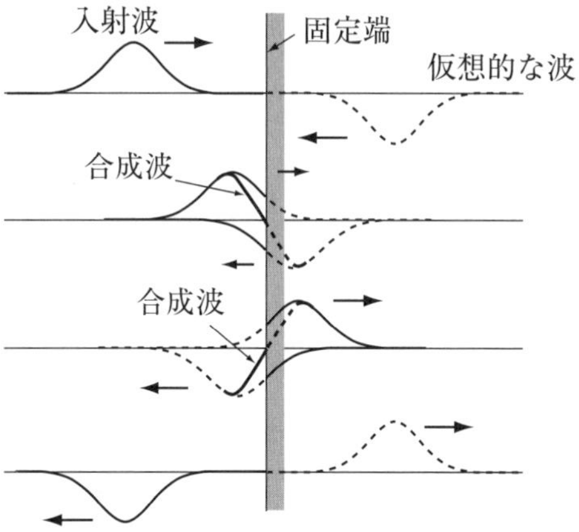

(1) 自由端の場合：

自由端に関して入射波と対称的な波が仮想的に左に向かって進んでくると考える。自由端より左側で，2つの波の合成波を描けば，それが反射波を表す。

(2) 固定端の場合：

固定端との交点に関して入射波と対称的な波が仮想的に左に向かって進んでくると考える。固定端より左側で，2つの波の合成波を描けば，それが反射波を表す。固定端での変位は常に 0 に固定されていることに注意しよう。

例題 51 図のように，正弦波の形のパルス波（短時間で生成された孤立的な波）が右向きに 10 cm/s で進んでいる。A 点を固定端とする。2 秒後，3 秒後の波形を描け。

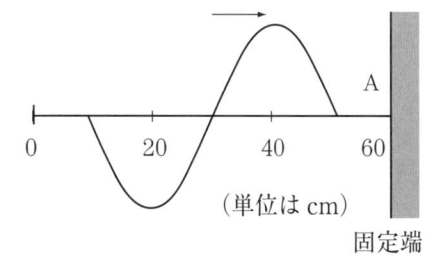

解答

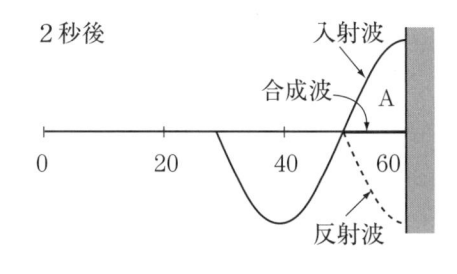

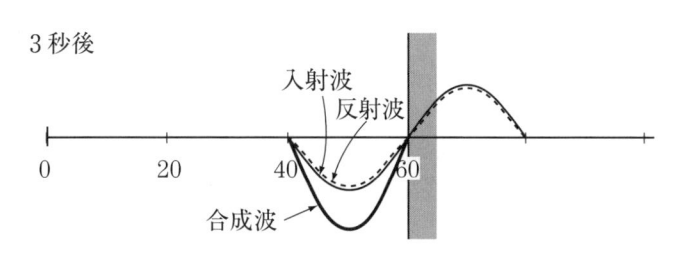

ドリル No.51　　Class　　　No.　　　Name

問題 51.1　図のように，三角波の形のパルス波が右向きに 10 cm/s で進んでいる。A 端を自由端とする。2 秒後，3 秒後の波形を描け。

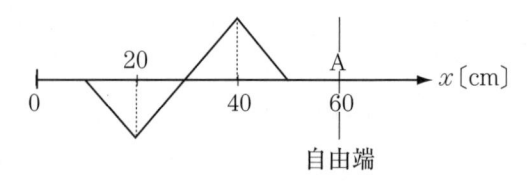

問題 51.2　図のように，三角波の形のパルス波が右向きに 10 cm/s で進んでいる。A 端を固定端とする。2 秒後，3 秒後の波形を描け。

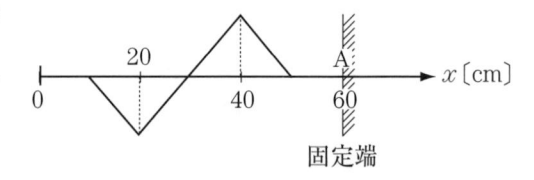

チェック項目　　　　　　　　　　　　　　　　月　日　　月　日

固定端や自由端での波の反射が理解できたか。

3 波動　3.1 波　（4）重ね合わせ　(c) 干渉と回折

> 2つの波が重なり合って生じる干渉や波が障害物の背後に回りこむ回折について学ぼう。

2つの波が重なり合って強め合ったり弱め合ったりする現象を，波の**干渉**という。強め合う干渉がおこる場所では，2つの波による媒質の振動が同位相（山と山，谷と谷が重なること）となることが必要である。また，弱め合う干渉がおこる場所では，2つの波による媒質の振動が逆位相（山と谷が重なること）となることが必要である。

媒質中で2つの波源 S_1, S_2 がまったく同じ振動（同振動数，同振幅）を同位相でしているとする。媒質中の1点をPとする。S_1 とPの距離，S_2 とPの距離をそれぞれ L_1, L_2 とする。波の波長を λ とするとき，次の条件

$$|L_1 - L_2| = m\lambda \quad \cdots\cdots(1)$$

が満たされるとき，山と山が重なり合うので，P点は大きく振動する。
ここで，$m = 0, 1, 2, \cdots$。また，次の条件

$$|L_1 - L_2| = \left(m + \frac{1}{2}\right)\lambda \quad \cdots\cdots(2)$$

が満たされるとき，山と谷が重なり合うので，P点は振動しない。波源 S_1, S_2 が逆位相の場合は，(1), (2)の条件は逆となる。

波は障害物の影に回りこみ，その背後に伝わっていくことができる。この現象を波の**回折**という。障害物の隙間を波が通る場合，波長に比べて隙間の間隔が小さいと，回折の程度が大きく，回折波は円形波に近くなる。

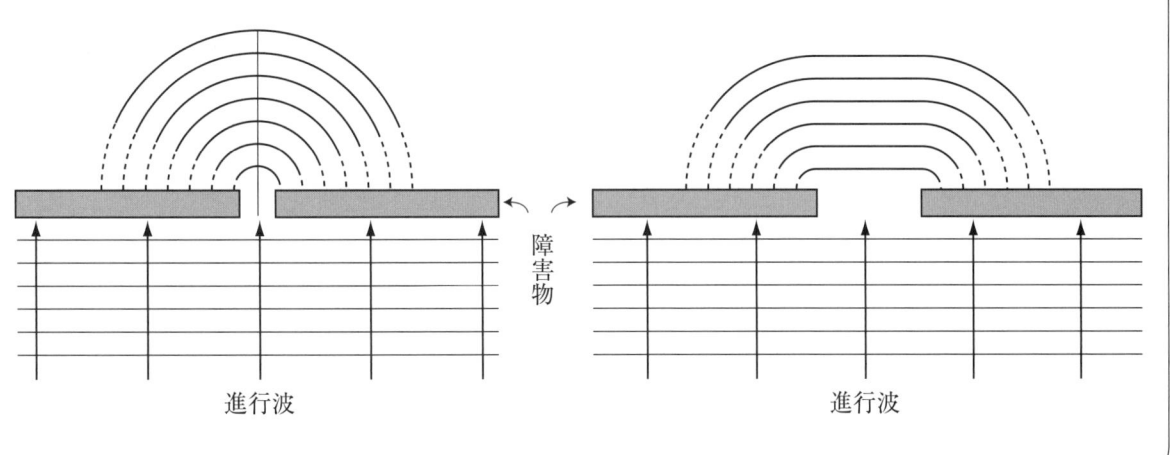

例題 52　水面に2つの波源 S_1, S_2 があり，お互いの距離は 10 cm である。波長 2 cm の波を同位相で送り出した。次の2点P, Qでは，波は強め合うか，弱め合うか。
(1)　$S_1P = 20$ cm, $S_2P = 12$ cm
(2)　$S_1Q = 20$ cm, $S_2Q = 15$ cm

解答　(1)　$|S_1P - S_2P| = 8$ cm となり，波長の4倍になっているので，強め合う。
(2)　$|S_1Q - S_2Q| = 5$ cm となり，波長の2.5倍になっているので，弱め合う。

ドリル No.52　Class　　No.　　Name

問題 52.1　水面に2つの波源 S_1, S_2 があり，お互いの距離は9 cm である。波長4 cm の波を同位相で送り出した。水面に弱め合う線は何本現れるか。また，S_1, S_2 を結ぶ直線上での弱め合う位置を Q，$S_1Q=x$ として，x をすべて求めよ。

問題 52.2　幾何光学では光を直進するものとして扱い，光が壁のふちに当たっても壁の背後に光が回りこむことはなく背後には影ができる。一方，音波は壁のふちで回折するので壁の背後でも音は聞こえる。光は回折しないのだろうか。回折するなら壁の背後にも光は回りこむことができるはずである。光と音波の壁の背後における挙動の違いを説明せよ。

チェック項目　　　　　　　　　　　　　　　　　　　　　月　日　　月　日

波の干渉や回折について理解できたか。

3 波動　3.1 波　（5）ホイヘンスの原理（反射，屈折）

ホイヘンスの原理を用いて，反射や屈折を理解しよう。

ホイヘンス（Huygens）の原理

ある瞬間の波面上のすべての点は，新たに1つの波源となって，球面波を送り出す。このことを素元波という。次の瞬間の波面は，これらの素元波の波面に共通に接する曲面（包絡面）である。

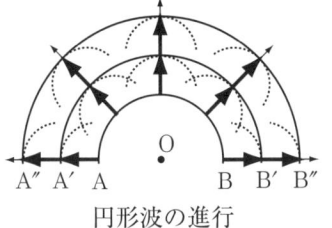

円形波の進行 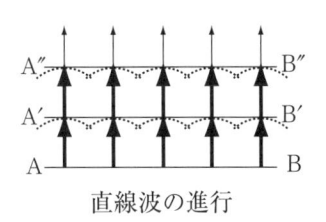　　　直線波の進行

例題 53.1　平面波が媒質Ⅰと媒質Ⅱの境界面に，入射角 i で入射しているとき，反射波面と反射線をホイヘンスの原理を用いて作図し，入射角 i と反射角 i' とが等しいことを証明せよ。

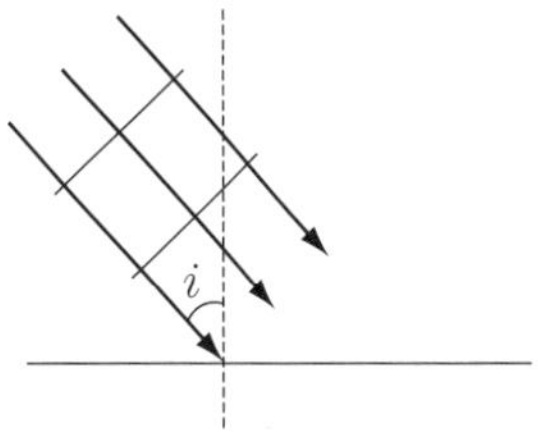

解答　PAに平行にQB′を引く。次にAからQB′に垂線ABを引く。Aに達した波は，ホイヘンスの原理よりAを中心として広がり，BがB′に着くまでに半径BB′の球面となる。Aを中心とした半径BB′の円を描く。B′からその円に接線を引く。接点A′とB′を結ぶ。この線が，反射した波の波面となる。
△ABB′と△B′A′Aにおいて，AA′=BB′であり，AB′は共通，∠ABB′=∠B′A′A=∠R より，△ABB′≡△B′A′A（合同）となる。ゆえに∠AB′B=∠A′AB′。入射角，反射角を i, i' とすれば， 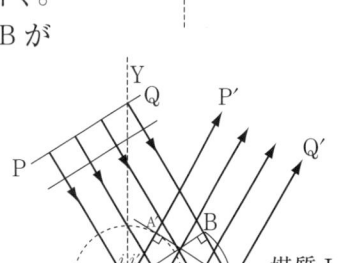
$i = 90° - ∠PAX = 90° - ∠AB′B$　　$i' = 90° - ∠A′AB′$
∴　$i = i'$

例題 53.2　平面波が媒質Ⅰから媒質Ⅱに入射角 i で入射しているとき，ホイヘンスの原理を用いて屈折波面と屈折線を作図し，屈折の法則を導け。このとき媒質Ⅰ中の波長を λ_1，速度を v_1 とし，媒質Ⅱの波長を λ_2，速度を v_2 とする。

解答　PAに平行にQB′を引く。AからQB′に垂線ABを下ろす。Aに来た波は，ホイヘンスの原理より，点Aを中心とした新しい球面として広がっていく。半径は，（Bの波がB′に着くまでの時間 t）×（速さ v_2）であるから $v_2 t$ となる。 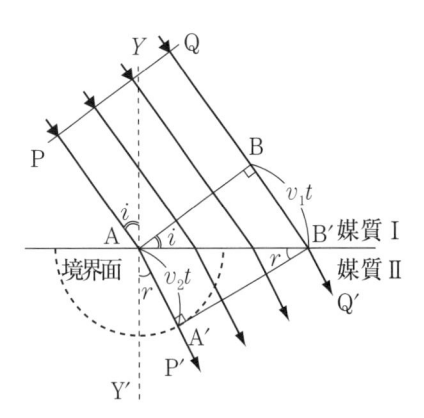
B′から，その円に接線B′A′を引く。これが，Ⅱにおける波面となる。BB′=$v_1 t$ であり，この間に，Aから出た球波は半径 $v_2 t$ の円の円周上まで進む。屈折波の波面は，B′A′である。
2つの直角三角形△ABB′と△AA′B′に注目して，

$$\frac{\sin i}{\sin r} = \frac{BB'}{AB'} \Big/ \frac{AA'}{AB'} = \frac{BB'}{AA'} = \frac{v_1 t}{v_2 t} = \frac{v_1}{v_2} = \frac{\lambda_1}{\lambda_2}$$

となる。

ドリル No.53   Class   No.   Name

問題 53.1 媒質Ⅰから媒質Ⅱへ進んできた波が，境界で一部は反射し，一部は図のように屈折した。$\sqrt{3}=1.73$ とする。このとき，以下の問いに答えよ。

(1) 入射角，反射角，屈折角はそれぞれ何度か。

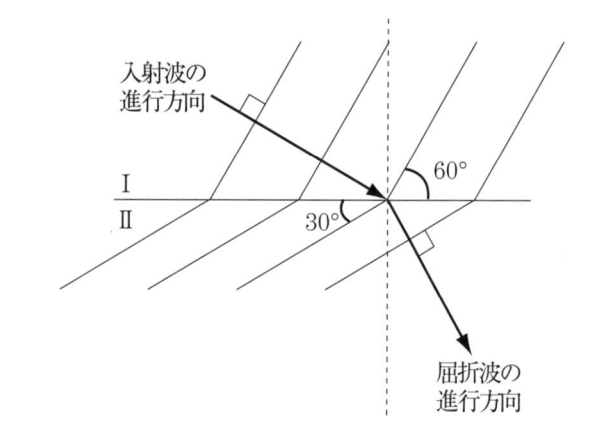

(2) 媒質Ⅰに対する媒質Ⅱの屈折率はいくらか。

問題 53.2 図の平行な線は，AB を境界線とする2つの媒質Ⅰ，Ⅱを進む波の波面を表している。境界線 AB に対して，媒質Ⅰの波面は 45° 傾き，媒質Ⅱの波面は 30° 傾いている。$\sqrt{2}=1.41$ とする。このとき，以下の問いに答えよ。

(1) 境界線上の C を通る波の進行方向を図に記入せよ。

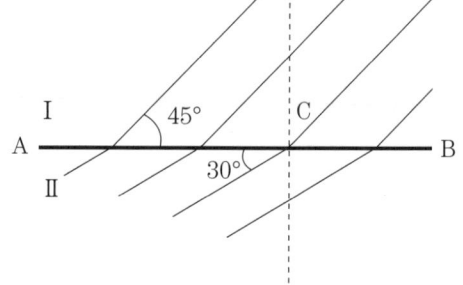

(2) Ⅰに対するⅡの屈折率を求めよ。

(3) 媒質ⅠとⅡにおける波の速度 v_1，v_2 の比を求めよ。

(4) 媒質Ⅰでの波の振動数は 200 Hz，波長 4 cm とすれば，媒質Ⅱにおける波の速さはいくらか。

チェック項目　　　　　　　　　　　　月　日　　月　日

ホイヘンスの原理を用いて，反射，屈折が理解できたか。

3 波動　3.2 音　(1) 音波

> 音は空気などの媒質の振動である。音の特徴をまとめ，音が波動現象であることを確かめよう。

ヒトの聴覚器官，つまり鼓膜を振動させるような波動現象が音である。音は空気などの媒質中を縦波として伝播する。その速さは，一般に媒質の密度が大きいほど大きい（下表参照）。また，同じ媒質でも，温度が高いほど伝播速度は大きくなる。

音の特徴としては，音の3要素と呼ばれる「音の大きさ」，「音の高さ」，「音色」がある。音の大きさは，音の波の振幅に関係しており，振幅が大きいほど大きな音と感じるが，音の高さによって，その感じ方が異なるために，音の大きさを単純に比較することは難しい。音の高さは，音の波の振動数に関係しており，振動数が大きいほど高い音と感じる。ヒトの可聴域はおよそ 20 Hz ～ 20,000 Hz であり，それ以下の振動を「超低周波音」，それ以上の音を「超音波」と呼んでいるが，個人によって，また年齢によってその可聴域が異なることが知られている。音色は，音の波形に関係しており，例えば音さの波形はきれいな正弦波であるが，人の声の波形は複雑な形をしている。

表　媒質中を伝わる音の速さ

ヘリウム (0℃)	970 m/s
二酸化炭素 (0℃)	258 m/s
水蒸気 (100℃)	404.8 m/s
空気 (100℃)	391.5 m/s
空気 (0℃)	331.5 m/s
蒸留水 (25℃)	1500 m/s
アルミニウム	6420 m/s
鉄	5950 m/s

（音速は一般に，固体では速く，気体では遅い。）

音では次の4つの現象，「反射」，「屈折」，「回折」，「干渉」がみられる。**音の反射**は，ホールなどの音の反響（残響）やこだまなどの現象で確認できる。**音の屈折**は，昼間と夜間では昼間に遠くの音が聞こえないことを例としてあげることができる。昼間は上空の大気の温度が低く，音が上空に向かって屈折してしまうからである。他にも，二酸化炭素など気体を封入した風船を使うと，音を集めるレンズ（音レンズ）のような現象を確認できることからも，音が屈折することがわかる。**音の回折**は，姿が見えないのに音が聞こえることから，光の直進性に比して音の回折性が高いことが確認できる。**音の干渉**は，うなりの現象やノイズキャンセリングヘッドフォンなどから確認することができる。

例題 54.1　次の媒質中を伝わる振動数 440 Hz の音の波長を求めよ。
(1) 空気 (0℃)　(2) 蒸留水 (25℃)　(3) 鉄

解答　音も波動なので，音の速さ v と振動数 f と波長 λ の間には，$v = f\lambda$ の関係がある。

(1) $\lambda = \dfrac{v}{f} = \dfrac{331.5 \, \text{m/s}}{440 \, \text{Hz}} = 0.753 \, \text{m}$　　(2) $\lambda = \dfrac{v}{f} = \dfrac{1500 \, \text{m/s}}{440 \, \text{Hz}} = 3.41 \, \text{m}$

(3) $\lambda = \dfrac{v}{f} = \dfrac{5950 \, \text{m/s}}{440 \, \text{Hz}} = 13.5 \, \text{m}$

例題 54.2　音レンズを作ろうとして，ヘリウムを封入した風船を用意した。この風船で音を集めることはできるか考えよ。

解答　上の表より，ヘリウム中を伝わる音の速度は，空気中を伝わる音の速度よりも大きい。音の速度が大きいと，風船に入るときに外側に屈折するので，音を集めることはできない。（右図参照）

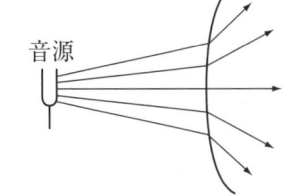

ドリル No.54　　Class　　No.　　Name

問題 54.1 メトロノームを使って，次のような方法で音速を測定した。同じ性能の2台のメトロノーム A, B を用意した。最初，双方のメトロノームを1分間に160回振れるように調整して，完全に同期するようにスタートさせた。メトロノーム A を床に置き，メトロノーム B を静かに持って移動したところ，メトロノーム A から距離 64 m だけ離れたところ，メトロノームの音がちょうど交互に聞こえた。音速を求めよ。

※メトロノーム：音楽で使う道具の1つで，曲のテンポを一定に保つための機械。振り子に付けたおもりの位置を動かして振り子の周期を変えることでテンポを決める。振り子の代わりに電気発信を使ったものもある。

問題 54.2 次の図は，音の様子をオシロスコープで観察したものである。横軸の時間スケール，縦軸の電圧スケールは(a)～(e)のすべてで同じである。

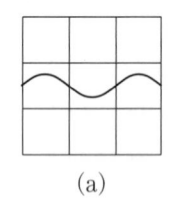

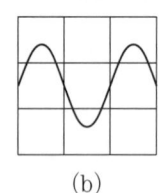

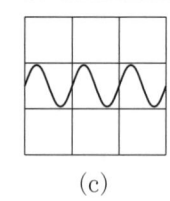

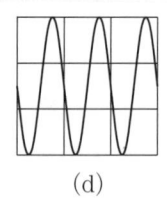

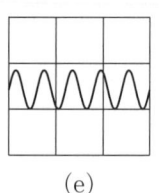

(a)　　(b)　　(c)　　(d)　　(e)

(1) もっとも高い音はどれか。

(2) もっとも音が小さいのはどれか。

(3) 音の高さの等しいものはどれとどれか。

チェック項目	月　日	月　日
音の特徴や音の性質を理解し，波動であることが理解できたか。		

3 波動　3.2 音　(2) うなり

音の波が干渉して，周期的に強めあったり打ち消しあったりするうなりという現象を理解しよう。

高さ（振動数）の少し異なる，ほぼ同じ強さ（振幅）の2つの音が同時に存在すると，それらの音は重ねあわせによって，周期的に大きくなったり小さくなったりする。この現象が**うなり**である。うなりは，音波の干渉の例としてあげることができる。

図1は振動数f_1の波を，図2は振動数f_2の波を表しており，図3は，それらの波を重ね合わせたものである。

0〜t秒までに図1の波数は$f_1 t=11$，図2の波数は$f_2 t=10$なので，その差は1である。同じ時間内に波の数が1違うということは，必ずその間に1回だけ山と谷が出会うことを意味するので，打ち消しあうことが1回あるはずである。

これを1秒間当たりに直すと，

$$\left|\frac{f_1 t - f_2 t}{t}\right| = |f_1 - f_2| \text{ 回}$$

のうなりが聞こえることを意味している。

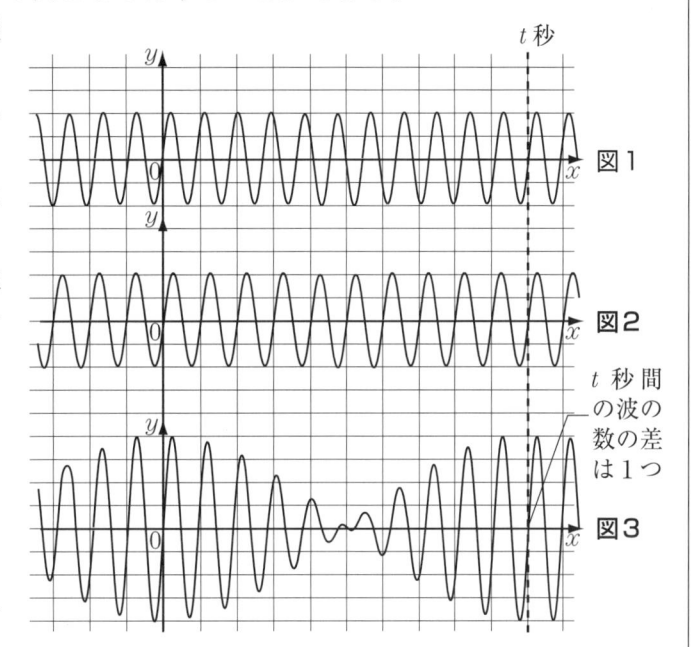

楽器の音を調整するときに，楽器の音と音さの音との間でうなりが聞こえなくなるように調整すれば，音が正しく調整されたことを示す。これを**チューニング**という。

このようなうなりは，音だけではなく，地震や電波などのすべての波動現象でも見られる。

例題 55.1 楽器の音を調整するために，442 Hzの音さと楽器のラの音を同時に鳴らしたところ，最初2.0秒間に4回のうなりが聞こえた。そこで楽器の音をわずかに高くしたらうなりの回数が減少した。最初の楽器の振動数はいくつか。

解答 わずかに高くしたら，回数が減少したので，最初の楽器の音が低かったことがわかる。よって，442−2=440 Hzである。

例題 55.2 振動数のわからない音さXと，440 Hzの音さAと444 Hzの音さBがある。XとAを同時に鳴らすと2.0秒間に12回のうなりが聞こえた。XとBと同時に鳴らすと3.0秒間に6回のうなりが聞こえた。音さXの振動数を求めよ。

解答 音さXの振動数をf_xとする。XとAを鳴らすと，2.0秒間に12回なので，1.0秒間に6回のうなりが，XとBを同時に鳴らすと3.0秒間に6回なので，1.0秒間に2回のうなりが発生したことになる。つまり，

XとAの場合 $|f_x - 440| = 6$，よって $f_x = 440 \pm 6 = 434$ または 446

XとBの場合 $|f_x - 444| = 2$，よって $f_x = 444 \pm 2 = 442$ または 446

以上の結果より，Xの振動数は446 Hzであることがわかる。

ドリル No.55　　Class　　No.　　Name

問題　55　振動数f_1と振動数f_2の音を同時に鳴らした。これらの合成波のうなりは，1秒間に何回聞こえることになるか，式を用いて説明せよ。また，合成波のグラフ（概念図）を描け。ただし，両方の振幅は同じであるとし，初期位相のずれもなかったとする。

チェック項目　　　　　　　　　　　　　　　　　　　　　　　月　日　　月　日

| 音の波の干渉としての「うなり」，その数式的な表現を理解できたか。特に，振動数とうなりの関係が理解できたか。 | | |

3 波動　3.2 音　(3) ドップラー (Doppler) 効果

> 観測者が聞く音の高さは，音源と観測者が相対的に近づくと高く聞こえ，遠ざかると低く聞こえることを理解しよう。

音源と観測者が近づくときには，観測者が聞く音は音源が出している音よりも高く聞こえ，それぞれが遠ざかるときには，観測者が聞く音は音源の出している音より低く聞こえる現象を**ドップラー (Doppler) 効果**という。ただし，それぞれの運動によって生じている現象は異なっているので，注意が必要である。

以下，音速を V，音源の速度を v_S，観測者の速度を v_0，音源から発生する音の振動数を f_0 とする。

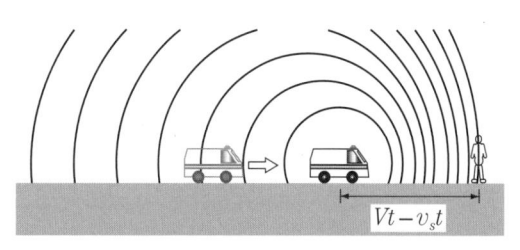

(1) 音源が動く場合

音源が観測者に近づくときには，音源から発生する音の波長が変化する。音源が音を出してから t 秒後を考えると，音が距離 Vt 進む間に音源が $v_S t$ だけ進むことになる。音源の前方では，音は，$Vt - v_S t$ の距離を進むことになるが，その間に音源が出した音波の波数は $f_0 t$ である。

よって，音源の前方での波長 λ' は，$\lambda' = \dfrac{Vt - v_S t}{f_0 t} = \dfrac{V - v_S}{f_0}$ となる。観測者が聞く音の振動数 f は，$f = \dfrac{V}{\lambda'} = \dfrac{V}{V - v_S} f_0 \; (>f_0)$ となる。観測者から遠ざかるときには $-v_S$ として，$f = \dfrac{V}{V + v_S} f_0 \; (<f_0)$ である。

(2) 観測者が動く場合

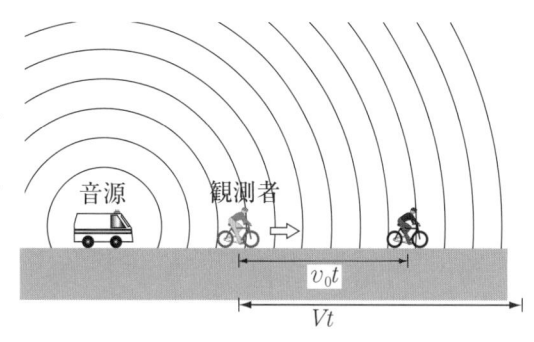

観測者が動く場合を考える。観測者が止まっていれば距離 Vt にある波がすべて観測者の耳に入る。観測者が右図のように距離 $v_0 t$ だけ音源から遠ざかったので距離 $(Vt - v_0 t)$ にある波が観測者の耳に入る。よって，観測者が t 秒間に聞く音の波数は，$\dfrac{Vt - v_0 t}{\lambda} = \dfrac{V - v_0}{\lambda} t$ となり，観測者が聞く音の振動数 f' は，$f' = \dfrac{V - v_0}{\lambda} = \dfrac{V - v_0}{V} f_0 \; (<f_0)$ となる。観測者が近づく場合は，$-v_0$ として，$f' = \dfrac{V + v_0}{V} f_0 \; (>f_0)$ である。

(3) 音源も観測者もともに動く場合

(1)，(2)をまとめると，音源も観測者も，ともに動く場合に聞く音の振動数 f'' は，
$$f'' = \dfrac{V \mp v_0}{V \pm v_S} f_0$$
となる。

例題 56　440 Hz の音を出しながら，20 m/s で走る自転車がある。自転車の前方と後方で聞く音の振動数を求めよ。ただし，音速を 340 m/s とする。

解答　前方では，$f = \dfrac{340}{340 - 20} \times 440 = 468$ Hz

後方では，$f = \dfrac{340}{340 + 20} \times 440 = 416$ Hz となる。

ドリル No.56　Class　　No.　　Name

問題 56.1 サイレンを鳴らしながらパトカーが走っている。次のそれぞれの場合に観測者に聞こえるサイレンの振動数はどのように変化するか。

(1) パトカーの前方を，パトカーと同じ向きに同じ速さで走る場合

(2) パトカーの後方から，パトカーと同じ速度で追いかける場合

問題 56.2 右図のように，観測者と音源，壁が一直線上に並んでいる。観測者に聞こえるうなりについて，次の問いに答えよ。ただし，音速を V，音源の振動数を f_0 とする。

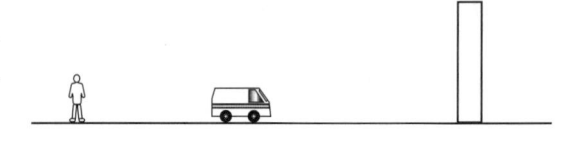

(1) 音源のみが壁に向かって速さ v で移動していた場合

(2) 壁のみが音源に向かって速さ v で移動していた場合

(3) (1)と(2)の結果を比較せよ。

チェック項目

観測者が聞く音の高さは，音源と観測者が相対的に近づくと高く聞こえ，遠ざかると低く聞こえることが理解できたか。	月　日	月　日

3 波動　3.2 音　(4) 弦の振動

弦を弾くと，弦には定常波が発生する。弦にできる定常波の波長や振動数について理解しよう。

　身の回りのすべての物体は，その物体の形状やその物体がどのように作られているかなどによって決まる固有の振動を持っている。この振動を**固有振動**といい，その振動数を**固有振動数**という。弦を弾くと，弦には様々な波長の波が発生し，それらは弦の両端で反射して弦に定常波を作る。弦の両端は自由に振動できず，固定端反射となるので節になる（境界条件）。このとき，弦にできる定常波は，下図のように弦の中央に腹が1つできるか，全体に腹が2つ，3つ，4つ，……できるかである。これらの中で，最も腹の数が少ないものを基本振動，2つ以上のものを倍振動（2つのものを2倍振動，3つのものを3倍振動，4つのものを4倍振動……）と呼んでいる。

　弦の長さをLとすると，基本振動の波長λ_1は$\lambda_1 = 2L$で与えられる。よって，振動数f_1は$f_1 = \dfrac{v}{\lambda_1} = \dfrac{v}{2L}$となる。ここで，$v$は，弦を伝わる波の速さである。同様にして，2倍振動では，$\lambda_2 = L$となり振動数は$f_2 = \dfrac{v}{\lambda_2} = \dfrac{v}{L}$，3倍振動では，$\lambda_3 = \dfrac{2}{3}L$となり振動数は$f_3 = \dfrac{v}{\lambda_3} = \dfrac{3v}{2L}$である。

　これらをまとめてみよう。mを整数とすると，m倍振動の波長は$\lambda_m = \dfrac{2}{m}L$，その振動数は$f_m = \dfrac{v}{\lambda_m} = \dfrac{mv}{2L}$であることがわかる。

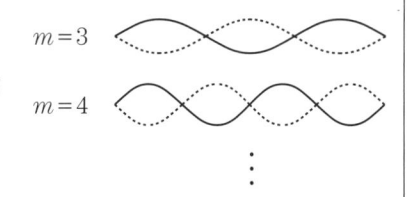

　線密度ρ，張力Sで張られた弦を伝わる波の速さは，$v = \sqrt{\dfrac{S}{\rho}}$である（問題57.1参照）ので，

$$f_m = \dfrac{mv}{2L} = \dfrac{m}{2L}\sqrt{\dfrac{S}{\rho}}$$

である。

例題 57　振動数fの電磁音さに糸をつけ，滑車にかけておもりをつるして振動させた（メルデの実験）ところ，定常波の腹は4つだった。このときの定常波の波長と，糸の線密度を求めよ。ただし，糸の張力をS，音さの先端から滑車までの距離をLとする。

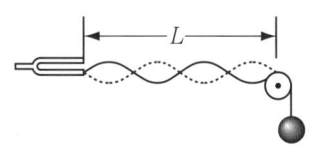

解答　定常波の腹が4つなので，波長は$\lambda = \dfrac{L}{2}$である。また，このときの弦を進む波の速さvは，$v = f\lambda = \dfrac{fL}{2} = \sqrt{\dfrac{S}{\rho}}$なので，$\rho = \dfrac{4S}{f^2 L^2}$で与えられる。

ドリル No.57　Class　　No.　　Name

問題　57.1　線密度 ρ、張力 S で張られた弦を伝わる波の速さが，$v=\sqrt{\dfrac{S}{\rho}}$ であることを示せ。

問題　57.2　メルデの実験で，電磁音さを図1のように接続した場合と，図2のように接続した場合を比較する。弦にできる定常波は同じか，それとも異なるか。もし，異なる場合には，どのような定常波ができるか。

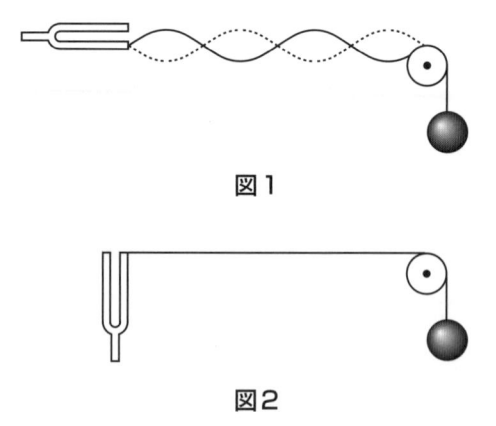

図1

図2

チェック項目　　　　　　　　　　　　　　　　　　　　月　日　　月　日

| 弦を弾くと，弦には定常波が発生する。弦にできる定常波の波長や振動数を理解できたか。 | | |

3 波動　3.2 音　（5）気柱の振動

開管や閉管の共鳴について理解しよう。

ジュースの空き瓶や試験管の口に，勢いよく息を吹き込むと内部の空気が振動して，空気の定常波ができる。この定常波が内部の空気の固有振動である。このような管状の空気を気柱という。パイプオルガンやリコーダーなどの楽器は，この気柱にできる定常波の音を利用している。気柱には，管の両端が開いている**開管**と，片側が閉じている**閉管**がある。

管に息を吹き込むと，管の中の空気が振動する（図1）。このような閉管の場合には，管の下端で空気の振動は反射するが，そこでは振動が制約されるので固定端での反射と同様になり，節になる。一方，上端では空気は大きく振動できるので，自由端での反射と同様になり腹になる。その結果，気柱にできる定常波は，上端が腹，下端が節になればよい（境界条件）ので，図2のようないくつかのパターンが考えられる。この中で，最も振動の少ないものを基本振動，2段目は基本振動の形が3つ分に相当するので3倍振動，3段目は5倍振動となる。

気柱の長さを L とすると，図2より基本振動の波長 λ_1 は $\lambda_1 = 4L$，3倍振動の波長 λ_3 は $\lambda_3 = \frac{4L}{3}$，5倍振動の波長 λ_5 は $\lambda_5 = \frac{4L}{5}$，m 倍振動の波長 λ_m は $\lambda_m = \frac{4L}{m}$ であり，音速を V とすると，振動数は $f_m = \frac{mV}{4L}$ である。

開管の場合にも同様に考えられるが，こちらは両端とも自由端の反射と同様に考えることができるので，両端ともに腹ができればよい。すると，図3のようなパターンが考えられる。この中で，最も振動の少ないものが基本振動で，2段目は2倍振動，3段目は3倍振動である。

気柱の長さを L とすると，図3より基本振動の波長 λ_1 は $\lambda_1 = 2L$，2倍振動の波長 λ_2 は $\lambda_2 = L$，3倍振動の波長 λ_3 は $\lambda_3 = \frac{2L}{3}$，m 倍振動の波長 λ_m は $\lambda_m = \frac{2L}{m}$ であり，音速を V とすると，振動数は $f_m = \frac{mV}{2L}$ である。

注：実際に実験などを行うと，管の端の腹の位置は管の端よりも外側に出ていることがわかる。これは，**開口端の補正**と呼ばれ，その大きさは管の半径の約0.6倍程度である。

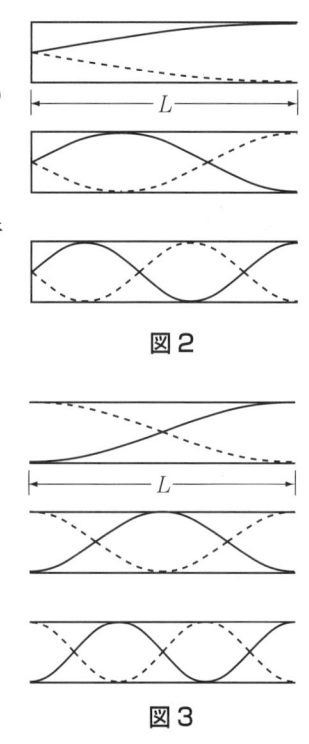

図1

図2

図3

例題 58　同じ長さの閉管と開管に息を吹き込んで音を出した。基本振動の音を比べると，どちらの音がどれだけ高いか。

解答　開管では $f_1 = \frac{V}{2L}$ であり，閉管では $f_1' = \frac{V}{4L}$ である。よって，$f_1 = \frac{V}{2L} = 2f_1'$ なので，開管の方が高く，その振動数は2倍（1オクターブ）異なる。

ドリル No.58　　Class　　　No.　　　Name

問題 58.1 開管に息を吹き込んだところ，振動数 f の音がした。同じ管に勢いよく息を吹き込むと，それよりも高い音が出た。この音の振動数はいくらか。また，閉管でも同じことをするとどうなるか。

問題 58.2 図のような気柱共鳴管を使って実験を行った。気柱共鳴管は，右の水溜を下げていくと左の管内の水面が下がり，管内の気柱の長さを変化させることができる。この装置を用いて，スピーカーから振動数が一定の音を出したところ，気柱の長さが L_1 と L_2 のとき（$L_1<L_2$）だけ，音が大きくなった。ただし，音速を V とする。

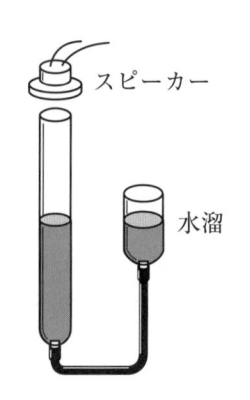

(1) スピーカーから出る音が大きくなる理由を簡潔に説明せよ。

(2) スピーカーから出る音の振動数 f を求めよ。

(3) 開口端の補正の長さを求めよ。

(4) 気柱の長さを L_1 にしたままスピーカーの音の振動数を変えたら，振動数が f' のときに再び音が大きくなった。f' で同じ実験をするとき，音が大きくなる気柱の長さをすべて求めよ。ただし，気柱の長さ L は $L_1<L<L_2$ の範囲とし，開口端の補正は波長によって変わらないとする。

チェック項目	月　日	月　日
開管や閉管の共鳴が理解できたか。		

3 波動　3.3 光　（1）反射と屈折

反射の法則及び屈折の法則について理解しよう。

ある媒質（例えば空気）を進んできた光［入射光］が異なった媒質（例えば水）に出会ったとき，一部は，その境界面で反射［反射光］し，残りは屈折［屈折光］して異なった媒質中を進む。同じ媒質中では，光は直進する性質がある。

入射光と反射光，また入射光と屈折光には，それぞれ反射の法則，屈折の法則が成り立つ。

(1) 反射の法則

境界面に立てた垂線（法線という）と入射光とのなす角「入射角」は，法線と反射光とのなす角「反射角」に常に等しい。これを反射の法則という。

(2) 屈折の法則（スネルの法則）

光が屈折率 n_1 の媒質Ⅰから屈折率 n_2 の媒質Ⅱへ進む場合を考えよう。入射角を i，また法線と屈折光とのなす角「屈折角」を r とすると，

$$\frac{\sin i}{\sin r} = \frac{n_2}{n_1} = \frac{v_1}{v_2}$$

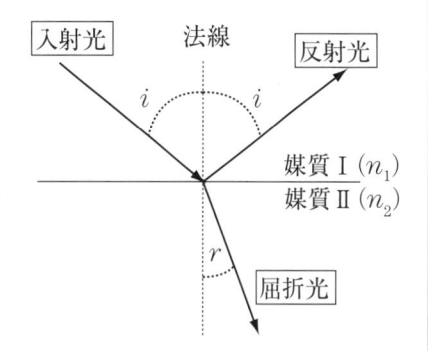

が成り立つ。ここで v_1, v_2 は，それぞれ媒質Ⅰ，媒質Ⅱでの光の速度である。媒質Ⅰに対する媒質Ⅱの屈折率を n とすれば，上式は $\frac{\sin i}{\sin r} = n$ と表現してもよい。

(3) 全反射

屈折率の大きい媒質から小さい媒質に光が進むとき，入射角がある角度（**臨界角**）より大きくなると屈折は起こらず，入射光はすべて反射する。この現象を**全反射**という。

(4) 最小作用の原理

反射の法則また屈折の法則は，それぞれ「光はつねに到達時間が最も短くなるような経路を進む」という最小作用の原理から導くことができる。

例題 59 水深 h の川底を真上付近からのぞき込むと，浅く見えるか，それとも深く見えるか。また，その見かけの深さ h' はいくらか。ただし，水の屈折率を n ($n \approx 1.3$) とする。

解答 図より，川底の一点Pから出た光は，点P′から出たように見える。

$$n = \frac{\sin\theta}{\sin\varphi} = \frac{d}{\sqrt{h'^2+d^2}} \times \frac{\sqrt{h^2+d^2}}{d} = \sqrt{\frac{h^2+d^2}{h'^2+d^2}}$$

$$\therefore \quad h' = \sqrt{\frac{h^2+d^2}{n^2} - d^2}$$

特に，真上から見るときは $d \to 0$ とおけるから，$h' = \frac{h}{n} < h$
ゆえに浅く見える。

〈注意〉 n とは真空（または空気）に対する水の屈折率である。だから $n = \frac{\sin\theta}{\sin\varphi}$ となることに注意しよう。

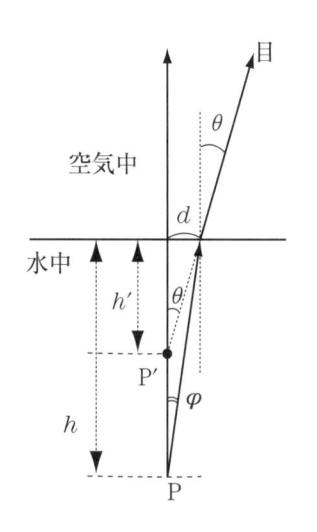

ドリル No.59　Class　　No.　　Name

問題 59.1 身長 L [m] の人の全身を写すには，少なくとも何 m 以上の鏡が必要か。

問題 59.2 図のように，入射角 i で光が空気中から水中に入射した。水の屈折率を $\dfrac{4}{3}$，また，屈折角を r として，以下の問いに答えよ。

(1) 反射角 i の正弦 ($\sin i$) を求めよ。

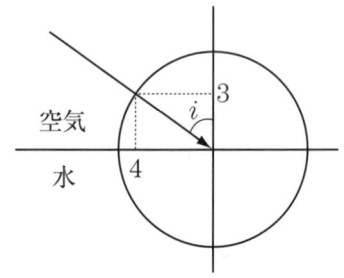

(2) 屈折角 r の正弦 ($\sin r$) を求めよ。

(3) 光の経路を図示せよ。

問題 59.3 屈折率 n の液体の深さ L のところに点光源 P がある。この点光源の真上に半径 r の円板を浮かべたところ，空気中のどこから見ても点光源が見えなくなった。このとき，円板の半径 r の最小値はいくらか。

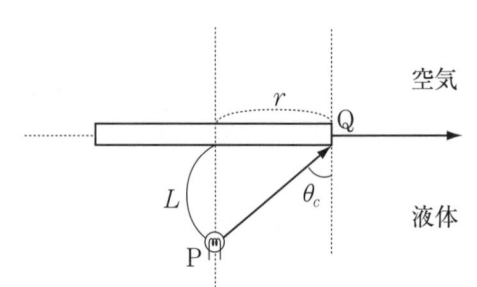

チェック項目	月　日	月　日
反射の法則および屈折の法則が理解できたか。		

3 波動　3.3 光　(2) 凸レンズと凹レンズ

凸レンズは光を集め，凹レンズは光を発散させることを理解しよう。

光の屈折を利用して物体の像をつくる装置がレンズである。レンズには，凸レンズと凹レンズがある。凸レンズは光を集め，凹レンズは光を発散させる。光はレンズの厚い方に曲がる。
レンズによってできる像を作図によって求めるには，次のようにするとよい。

(1) **凸レンズの場合**
① レンズの中心を通る光は，レンズ通過後も同じ直線上を進む。
② レンズの軸に平行な光は，レンズ通過後，反対側の焦点を通る。
③ 手前の焦点を通る光は，レンズ通過後，光軸に平行に進む。

(2) **凹レンズの場合**
① レンズの中心を通る光は，レンズ通過後も同じ直線上を進む。
② レンズの軸に平行な光は，レンズ通過後，手前の焦点から出たように進む。
③ 奥の焦点に向かう光は，レンズ通過後，平行光線になる。

(3) **虚物体について**

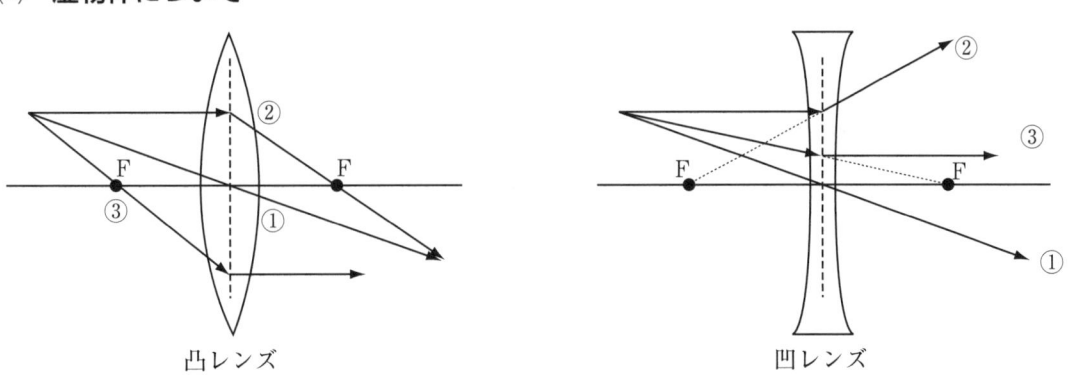

レンズがなければ1点に収束するような2光線をレンズに対して投射したとする。この時の仮想上の収束点を**虚物体（虚光源）**という。実際は，この2光線はレンズにより屈折されて別の点に収束して像をつくる（問題60.2を参照）。

例題 60 図のようにレンズ（aとbは薄い凸レンズ，cは薄い凹レンズ）と物体PQがある。物体PQの像を，それぞれ光線を図示して求めよ。なお，F，F′はレンズの焦点を表す。

解答

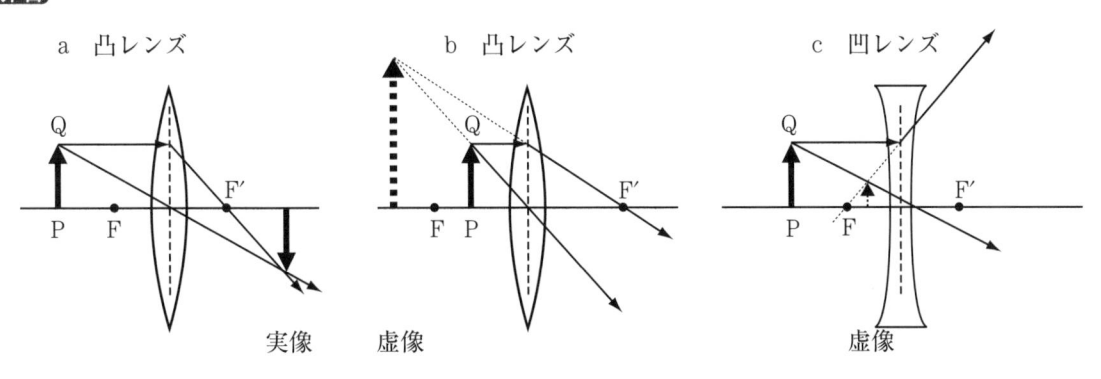

a 凸レンズ　　　　b 凸レンズ　　　　c 凹レンズ

　　実像　　　　　　虚像　　　　　　　虚像

ドリル No.60　Class　　No.　　Name

問題 60.1 凸レンズで，物体が遠方からレンズに近づくにつれて，像はどのように変化するか（実像か虚像か，正立か倒立か，拡大か縮小か）。

問題 60.2 他の光学系（レンズ，鏡面など）によって，1点に収束するような2光線がある。この2光線の経路に，(1), (2)で指定されるレンズを置き，2光線の経路を曲げたところ，指定された像ができた。(1), (2)それぞれの場合について，虚物体と像はどのような位置にできるか，作図せよ。
(1) 凸レンズ，正立した実像
(2) 凹レンズ，倒立した虚像

問題 60.3 虫めがねの使い方として適切なものを選べ。また，その理由を説明せよ。
① 虫めがねは，できるだけ目から離して使う方がよい。
② 虫めがねは，できるだけ目に近づけて使う方がよい。
③ 虫めがねは，見ようとする物体からできるだけ離して使う方がよい。
④ 虫めがねは，見ようとする物体にできるだけ近づけて使う方がよい。

チェック項目　　　　　　　　　　　　　　　月　日　　月　日

凸レンズは光を集め，凹レンズは光を発散させることが理解できたか。

3 波動　3.3 光　(3) レンズの公式

レンズの公式, $\dfrac{1}{a}+\dfrac{1}{b}=\dfrac{1}{f}$ （ただし, f：焦点距離, a：物体までの距離, b：像までの距離）
の関係を理解しよう。

[レンズの公式]

レンズの中心から物体までの距離を a, また像までの距離を b, レンズの焦点距離を f とすると, これらの間には,

$$\dfrac{1}{a}+\dfrac{1}{b}=\dfrac{1}{f}$$

の関係が成り立つ。これを**レンズの公式**という。

この式を使えば, 2つの物理量がわかれば, 残り1つの物理量もわかる。

符号の約束　a, b, f の符号は, 光の進む方向から考えて, 次の表のように決める。

	a	b	f
正	物体がレンズの手前側	像がレンズの向こう側	凸レンズ
負	物体がレンズの向こう側	像がレンズの手前側	凹レンズ

$b>0$ のときは実像, $b<0$ のときは虚像となる。

[レンズの倍率]

像の大きさが物体の大きさの何倍かを表す値を**レンズの倍率**という。倍率を m とすると, a, b を用いて,

$$m=\left|\dfrac{b}{a}\right|$$

となる。

例題 61.1　凸レンズの中心から物体までの距離を a, また像までの距離を b としたとき, 倍率 m は $\left|\dfrac{b}{a}\right|$ で表せることを示せ。

解答　右図から, 斜線をつけた2つの三角形の相似から

$$m=\left|\dfrac{QQ'}{PP'}\right|=\left|\dfrac{OQ}{OP}\right|=\left|\dfrac{b}{a}\right|$$

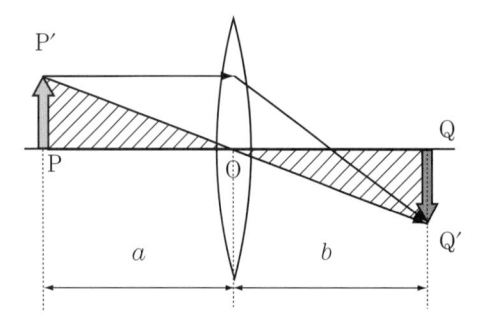

例題 61.2　焦点距離 12 cm の凸レンズの前方 20 cm および前方 6 cm にある軸に垂直な, 長さ 2 cm の物体の像について（位置, 大きさ, 正立か倒立か）調べよ。

解答　$a=20$ cm の場合

$\dfrac{1}{20}+\dfrac{1}{b}=\dfrac{1}{12}$ から $b=30$ cm より, レンズの後方に倒立の実像ができる。倍率は $m=\dfrac{30}{20}=1.5$ 倍なので, 像の大きさは 3 cm である。

$a=6$ cm の場合

$\dfrac{1}{6}+\dfrac{1}{b}=\dfrac{1}{12}$ から $b=-12$ cm よりレンズの前方に正立の虚像ができる。倍率は $m=\left|\dfrac{-12}{6}\right|=2$ 倍なので, 像の大きさは 4 cm である。

ドリル No.61　Class　　No.　　Name

問題 61.1 焦点距離 10 cm の凸レンズと 15 cm の凹レンズの軸をそろえて，5 cm 離して置いた。図のように軸に平行な光線をこれらのレンズにあてたとき，レンズ通過後，光線はどこに集まるか。

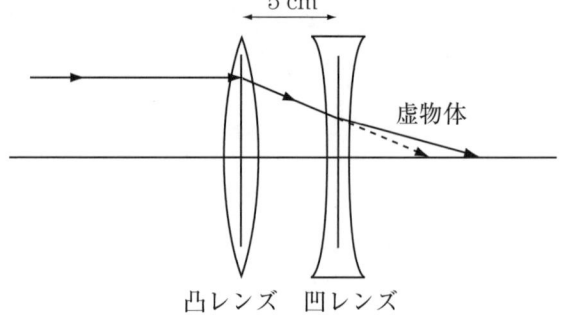

問題 61.2 焦点距離 f_1, f_2 の薄いレンズを密着させて置いた。このレンズは焦点距離 f の 1 つのレンズとみなすことができる。このとき，f と f_1, f_2 の間には $\dfrac{1}{f_1}+\dfrac{1}{f_2}=\dfrac{1}{f}$ が成り立つことを示せ。

問題 61.3 電球とスクリーンを距離 L だけ離して置いた。いま，この間に凸レンズを置いたとき，スクリーン上に電球の像ができた。レンズをさらにスクリーンの方に向かって距離 D だけ移動させたところ，再び電球の像ができた。このとき，凸レンズの焦点距離 f を L, D を用いて表せ。

チェック項目

	月　日	月　日
レンズの公式，$\dfrac{1}{a}+\dfrac{1}{b}=\dfrac{1}{f}$（ただし，$f$：焦点距離，$a$：物体までの距離，$b$：像までの距離）が理解できたか。		

3 波動　3.3 光　(4) 凸面鏡と凹面鏡

> 凸面鏡は光を発散させ,凹面鏡は光を収束させることを理解しよう。

球面の一部を反射面とする鏡を球面鏡という。内側を鏡にしたものを**凹面鏡**(図1),外側を鏡にしたものを**凸面鏡**(図2)という。その球の中心を球心,球心と鏡面までの距離を曲率半径,鏡面の中央の点を鏡心という。鏡心と球心を結ぶ直径を光軸という。

凸面鏡は光を発散させ,凹面鏡は光を集める。球面鏡によってできる像を求めるには,作図による方法と鏡の公式による方法とがある。

(1) **作図によって像を求める方法**
① 球心を通る光は,反射後,来た経路を戻る。
② 光軸に平行な光は,反射後,焦点を通る。
③ 焦点を通る光は,反射後,光軸に平行に進む。
④ 鏡心に入射する光は,光軸に対し,
　入射角 = 反射角で反射する。

図から凹面鏡は物体の位置によって実像と虚像ができ,凸面鏡は常に虚像になる。

図1 凹面鏡

図2 凸面鏡

(2) **鏡の式(結像公式)を利用する方法**
鏡心から物体までの距離を a,また鏡心から像までの距離を b,焦点距離を f とすると,$\dfrac{1}{a}+\dfrac{1}{b}=\dfrac{1}{f}$ となる。a, b, f の符号は表のように約束する。

	a	b	f
正	鏡の前方にあるとき	鏡の前方にあるとき	凹面鏡
負	鏡の後方にあるとき	鏡の後方にあるとき	凸面鏡

また,物体の長さに対する像の長さの比を倍率 (m) といい,$m=\left|\dfrac{b}{a}\right|$ で与えられる。

例題 62　凸面鏡は,物体の位置にかかわらず常に虚像になることを作図によって説明せよ。

解答　凸面鏡では,図のように,物体の位置がどこにあろうとも,光は反射後,発散し実像をつくらない。

〈参考〉 $\dfrac{1}{a}+\dfrac{1}{b}=\dfrac{1}{f}$ で考えると,実物体 (a は正),また凸面鏡の場合 f は負であるから,b は負になる。したがって,虚物体でない限り,凸面鏡では物体の位置に限らず,常に虚像になる。

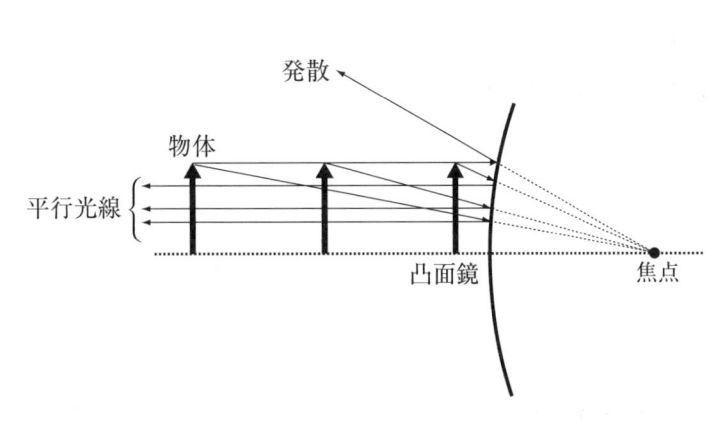

ドリル No.62　Class　　No.　　Name

問題 62.1　図のように球面鏡と物体PQがある。Oは球面の中心（球心），Fは球面鏡の焦点である。このとき，物体PQの像を作図によって求めよ。

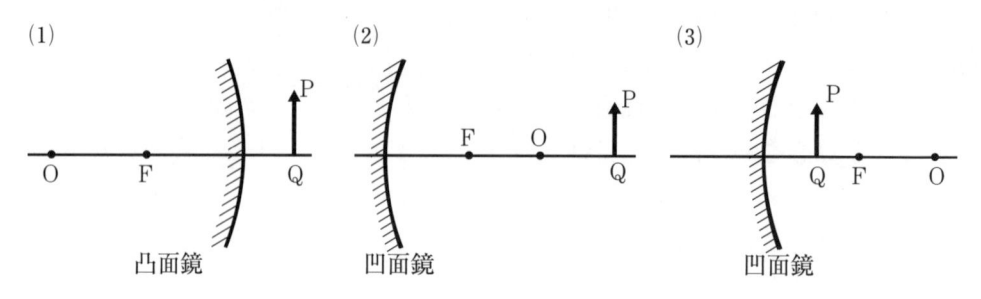

(1) 凸面鏡　(2) 凹面鏡　(3) 凹面鏡

問題 62.2　自動車のバックミラーには，なぜ焦点距離の短い凸面鏡が使われているのか。どうして，平面鏡ではだめなのか。

問題 62.3　焦点距離 7.5 cm の凹面鏡の前方 20 cm の光軸上にある物体の像の位置を求めよ。

問題 62.4　焦点距離 f の凹面鏡で写した像の大きさが，物体の大きさの m 倍であった。物体は，鏡の中心（鏡心）からいくらの所に置けばよいか。

チェック項目　　　　　　　　　　　　　　　月　日　　月　日
凸面鏡は光を発散させ，凹面鏡は光を収束させることを理解できたか。

3 波動　3.3 光　(5) 光の分散（スペクトル）

波長によって屈折率が異なるため，光の分散が生じることを理解しよう。

(1) 光の分散とスペクトル

プリズムに太陽光のような白色光をあてると，プリズムを通過後，白色光は無数の色の光に分かれる。この分かれた光はさらにプリズムを通してもそれ以上分かれることはない。このような光を**単色光**という。

このように白色光などがプリズムによって単色光に分かれることを光の**分散**，また分散によってできる光の色の配列を光の**スペクトル**（光の帯）という。虹は水滴による光の分散現象である。

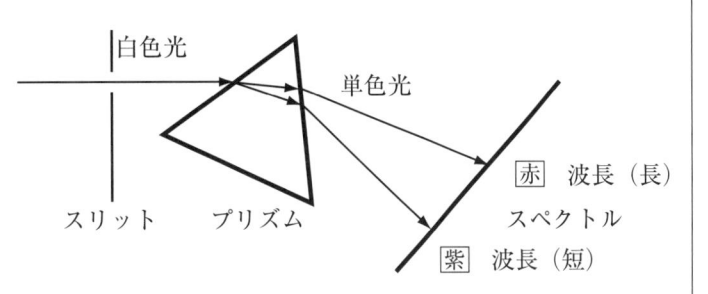

(2) 分散する理由

白色光には，様々な波長の単色光が混じっている。これを波長の順に並べると

波長：長　←　赤色　橙色　黄色　緑色　青色　藍色　紫色　→　短
（屈折率：小）　　　　　　　　　　　　　　　　　　　（屈折率：大）

となる。プリズムを通過すると，波長が短い光ほど屈折率が大きいので，紫色光は赤色光よりも大きく曲げられる。したがって白色光は，いくつかの単色光が連続的に分かれた光のスペクトル（連続スペクトル）になる。

(3) 連続スペクトル，線スペクトル

太陽や電灯の光のスペクトルは，いろいろな色が連続している。このようなスペクトルを**連続スペクトル**という。それに対して，高温の気体から出る光は，とびとびの輝線になる。この線を**線スペクトル**という。高温の光源から出た光が，それより温度の低い気体を通過すると，その気体が高温で出す光と同じ振動数の光が気体に吸収される。その結果，吸収された部分が暗線となる。これを，**吸収スペクトル**という。

例題 63 赤色光と青色光について，次の値が大きいのはどちらか。
(1) 波長　(2) 振動数　(3) 同じ物質中の屈折率　(4) 同じ物質中での速さ

解答　　波長：長　←　赤色　橙色　黄色　緑色　青色　藍色　紫色　→　短
　　　　振動数：小　　　　　　　　　　　　　　　　　　　　　　　　大
　　　　（屈折率：小）　　　　　　　　　　　　　　　　　　　　　　（大）

(1) 波長は赤，(2) 振動数は青，(3) 同じ物質中の屈折率は青，(4) 物質中の波の速さは屈折率に反比例するから，同じ物質中での速さは赤の方が，それぞれ大きい。

ドリル No.63　Class　　No.　　Name

問題 63.1 雨降りの後，水たまりに油が浮いているとする。そこに白色光があたると，見る角度によって油膜が色づいて見える。その理由を説明せよ。

問題 63.2 光が屈折率 n のプリズム面にあたると，図のように，2回屈折する。このとき，入射光の向きとプリズムを通過した光線のなす角をふれの角という。

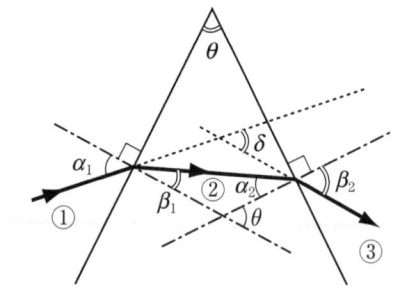

(1) プリズムの頂角 θ とふれの角 δ の間には，光の入射角が小さいとき，
$$\delta = (n-1)\theta$$
が成り立つことを示せ。

(2) プリズム通過後のスペクトルの様子から，各単色光の屈折率の大きさ，また波長についてどのようなことがいえるか。

チェック項目	月 日	月 日
波長によって屈折率が異なるため，光の分散が生じることが理解できたか。		

3. 波動　3.3 光　（6）回折と干渉　(a) ヤングの実験

複スリットを回折した光が干渉することがわかり、干渉の条件式を示せるようになろう。

1801年、ヤング（Young）は光の干渉を実験により見いだし、光の波動説を主張した。
干渉縞を観測するためには、干渉が可能な光、すなわち位相のそろった光を波源から送り出す必要があり、これをコヒーレントな光という。この実験を、ヤングは図のように、単スリット S_0 をうまく利用することで成功させた。

スリット S_0 から出た光波は回折し、複スリット S_1, S_2 に同時に達するので、同じ位相の光が S_1, S_2 を同時に通り抜けることになる。

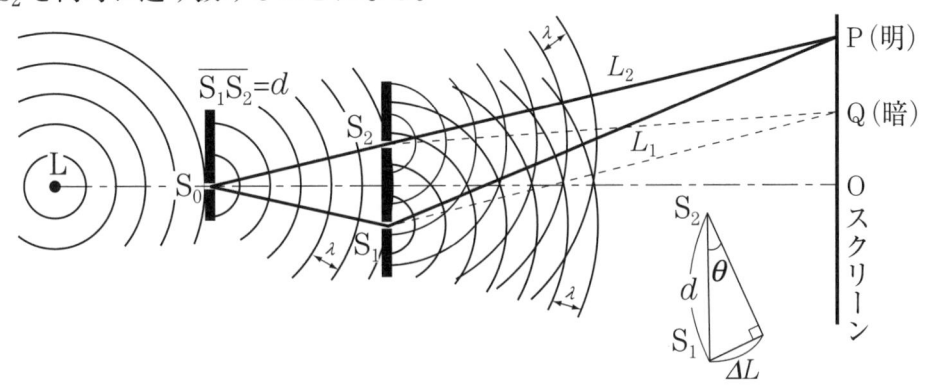

その結果、$|S_1P - S_2P|$ が、波長の整数倍の長さになっている場合は明線、波長の整数倍に半波長分を加えた長さになっている場合は暗線となる。

例題 64 ヤングの複スリットの実験を行った。強力な点光源から出た光は、図のスリット S_0 を通過したあと、回折し、2つのスリット S_1 と S_2 を通過して、スクリーン上の点Pで強め合い明線が現れた。また、スリット S_0 とスクリーンとを結ぶ線上の点Oにも明線が現れた。この時、光の波長は λ であり、S_1S_2 間の距離を d、複スリットからスクリーンまでの距離を L、OP間の距離を x とする。なお、m を任意の整数とし、点Oにできた明線を $m=0$ の明線とする。d, L, x, m を用いて、スクリーン上に明線ができる条件を求めよ。また、明線どうしの間隔 Δx が大きくなるようにするためには、d や L は大小、どちらが有利か？

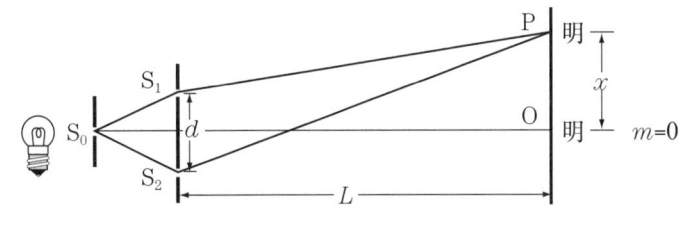

解答 明線ができる条件は、スクリーンまでの光路差 $\Delta L = S_2P - S_1P$ が、波長 λ の整数倍となることである。

$$S_1P = \sqrt{L^2 + \left(x-\frac{d}{2}\right)^2} = L\left\{1+\frac{\left(x-\frac{d}{2}\right)^2}{L^2}\right\}^{\frac{1}{2}} \fallingdotseq L\left\{1+\frac{\left(x-\frac{d}{2}\right)^2}{2L^2}\right\}$$

$$S_2P = \sqrt{L^2 + \left(x+\frac{d}{2}\right)^2} = L\left\{1+\frac{\left(x+\frac{d}{2}\right)^2}{L^2}\right\}^{\frac{1}{2}} \fallingdotseq L\left\{1+\frac{\left(x+\frac{d}{2}\right)^2}{2L^2}\right\}$$

したがって、明線ができる条件は、$d\dfrac{x}{L} = m\lambda$（$m=0, 1, 2, \cdots\cdots$）である。隣り合う明線の間隔 Δx は $\Delta x = x_{m+1} - x_m = (m+1)\dfrac{\lambda L}{d} - m\dfrac{\lambda L}{d} = \dfrac{\lambda L}{d}$ より、d はできるだけ小さく、L はできるだけ長くとる方が望ましい。

ドリル No.64　Class　　　No.　　　Name

問題 64.1 ヤングの複スリットの実験を行った。強力な点光源から出た光は、図のスリット S_0 を通過したあと、S_0 のスリット幅より広がり、2つのスリット S_1 と S_2 を通過して、スクリーン上の点 P で強めあった。スリット S_0 とスクリーンを結ぶ線上の点 O で明線が現れた。これを図のように、$m=0$ の明線とする。このとき点 P は、$m=2$ の明線であった。OP $= x$、スリット間隔を d、複スリットからスクリーンまでの距離を L とするとき、光の波長 λ を求めよ。また、$d=0.5$ mm, $L=1$ m, $m=0$ と $m=2$ の明線の間隔が 2 mm であったとすると、光の波長はいくらか。

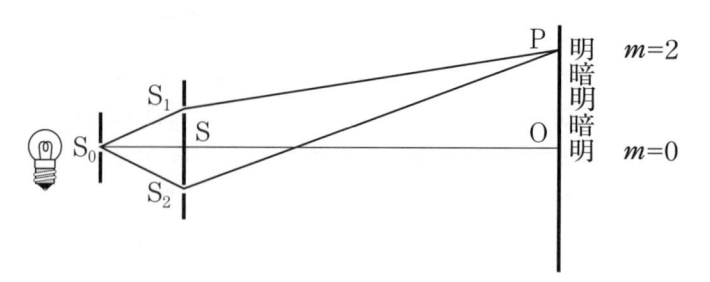

問題 64.2 64.1 の問題で、S_2P と S_1P は平行と見なし、S_1S_2 の中点を S とする。基準線 SO と SP とのなす角度を θ としたとき、$\Delta L = S_2P - S_1P$ は、三角関数を用いてどのように表されるか求めよ。また、三角関数を近似した場合、明線および暗線の条件を求めよ。

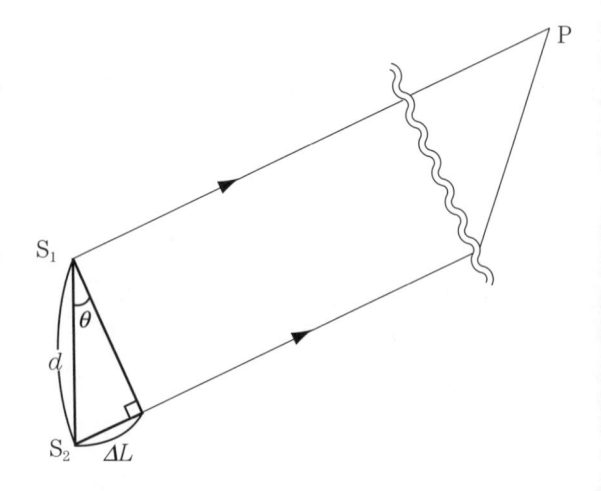

チェック項目　　　　　　　　　　　　　月　日　　月　日

複スリットを回折した光が干渉することがわかり、干渉の条件式を示すことが理解できたか。

3. 波動　3.3 光　(6) 回折と干渉　(b) 回折格子

回折格子を回折した光が干渉することがわかり，干渉の条件式を示せるようになろう。

ヤングの複スリットによる装置では，光の干渉縞を鮮明に映し出すことが困難であったが，回折格子を用いると，より鮮明に見ることができる。回折格子とは，小さい細隙を数多く平行に並べたものである。

格子間距離を格子定数と呼び，d とし，回折格子面に対して回折光が進んでいく角度を図のように θ とすると，回折格子から出ていく隣りあう光線どうしの，スクリーンまでの光路差は，$d\sin\theta$ となる。この値が波長の整数倍であれば明線となり，さらに半波長を加えた長さになれば暗線になる。

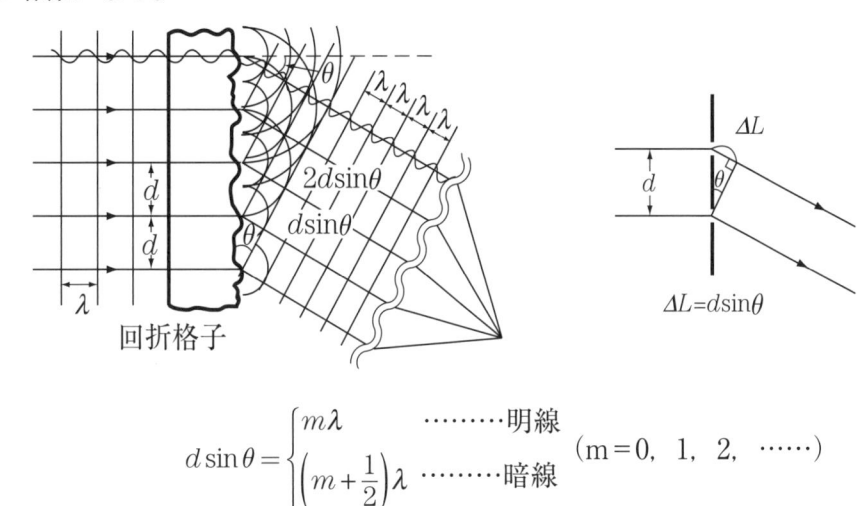

$$d\sin\theta = \begin{cases} m\lambda & \cdots\cdots 明線 \\ \left(m+\dfrac{1}{2}\right)\lambda & \cdots\cdots 暗線 \end{cases} \quad (m=0,\ 1,\ 2,\ \cdots\cdots)$$

例題 65 格子定数が d の回折格子に波長 λ の単色光線を入射させた。以下の問いに答えよ。
(1) 回折角 θ の方向へ回折する光が強め合う条件を $m = 0, 1, 2, \cdots\cdots$ を用いて求めよ。
(2) 1.0 cm の間に 2000 本のみぞを切った回折格子の格子定数 d を求めよ。
(3) 格子定数 d を(2)で求めた値とし，入射させる光の波長を $\lambda = 600\,\text{nm}$ とするとき，スクリーンに現れる明線の数を求めよ。

解答 (1)　θ の方向へ回折する隣りあう光の道のりの差は，$d\sin\theta$ である。
したがって，強め合う条件は，
$$d\sin\theta = m\lambda \quad (m = 0, 1, 2, \cdots\cdots)$$
である。

(2)　$d = \dfrac{1.0 \times 10^{-2}}{2000} = 5.0 \times 10^{-6}$　　∴　$d = 5.0 \times 10^{-6}\,\text{m}$

である。

(3)　$d\sin\theta = m\lambda$ より，$\sin\theta = \dfrac{m\lambda}{d} < 1$

$\dfrac{m \times 6.0 \times 10^{-7}}{5.0 \times 10^{-6}} < 1$ より，$m < 8.3$

$m = 0$ 番を含め，$m = 8$ の明線までみえることから，9本。

ドリル No.65　　Class　　　No.　　　Name

問題　65.1　波長 7.0×10^{-7} m の単色光を回折格子に垂直にあてたところ，入射方向と 8°をなす方向に $m = 2$ の明線が観察された。この回折格子には，1 cm 当たり何本のみぞが刻まれているか。なお，$\sin 8° = 0.14$ である。

問題　65.2　格子定数 d の回折格子に対し入射角 i で入射した波長 λ の光が，角度 θ で回折した。明線が得られる条件を求めよ。

問題　65.3　格子定数 d の回折格子を φ だけ回転させたところ，回折光は，入射光に対して角 θ だけ振れた。明線が得られる条件を求めよ。

チェック項目　　　　　　　　　　　　　　　　　月　日　　月　日

| 回折格子を回折した光が干渉することがわかり，干渉の条件式を示すことが理解できたか。 | | |

3. 波動　3.3 光　(6) 回折と干渉　(c) 薄膜干渉

薄膜の干渉を観察することで干渉の条件式を示せるようになろう。

シャボン玉の表面が色づいて見えることがある。それは，シャボン膜のような薄い膜では，光の干渉が生じるからである。

屈折率 n の薄膜に，入射角 i で，波長 λ の単色光が入射したところ，屈折角は r であった。いま，この状態で干渉縞が見えているとする。この場合は，A→C→B′と通って目に入射する光線Ⅰと，B→B′と通って目に入射する光線Ⅱとが干渉する。B′で反射するときに，位相が反転することに注意が必要である。

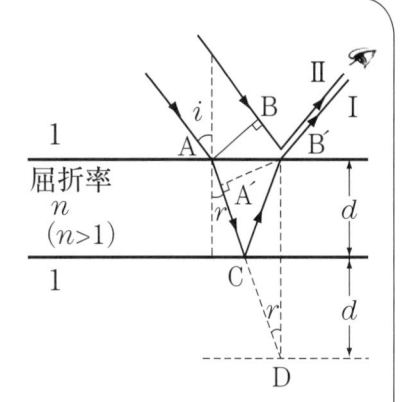

光線ⅠとⅡの道のりの差 Δd は，次のように考える。光線Ⅰと光線Ⅱは，波面ABが徐々に薄膜中へ進み，やがて波面A′B′となる。したがって，これらの道のりの差は，A′CB′となる。一方，三角形CDB′は二等辺三角形であり，CB′=CDなので，A′CB′=A′CD となることから，これらの道のりの差は $\Delta d = 2d\cos r$ となる。したがって光路差は，屈折率が n であることより，$n\Delta d = 2nd\cos r$ となる。

以上より，位相が反転することを考慮すれば，薄膜による干渉の条件は，

$$\begin{cases} 2nd\cos r = m\lambda & 暗線 \\ 2nd\cos r = \left(m+\dfrac{1}{2}\right)\lambda & 明線 \end{cases} \quad (m = 0, 1, 2, \cdots\cdots) \quad となる。$$

例題 66　この薄膜を透過側から見たときの明暗の条件を求めよ。

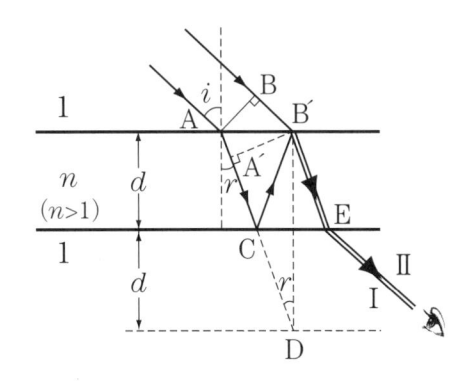

解答　1度薄膜内に入射した光線ACB′は，さらにB′で反射してACB′Eと進む。これを光線Ⅰとする。またBB′Eと進む光線をⅡとする。道のりの差は，$2d\cos r$ であるが，反射による位相のずれがないので，

$$\begin{cases} 2nd\cos r = m\lambda & 明線 \\ 2nd\cos r = \left(m+\dfrac{1}{2}\right)\lambda & 暗線 \end{cases} \quad (m = 0, 1, 2, \cdots\cdots)$$

ドリル No.66　Class　　　No.　　　Name

問題 66.1　図のようにめがねでは，反射防止膜が利用されている。反射防止膜を利用すると，透過光線は強くなり，反射光線は弱くなる。レンズの表面には，波長の何倍程度の厚みの膜をつけるとよいか。

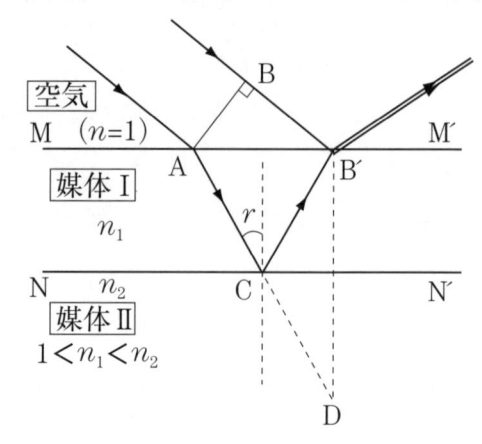

問題 66.2　図のように2枚のガラスの接点Aと光の入射点との距離を x とする。x 上における明線，暗線の現れる条件はどうなるか。ただし，平行平面板の傾き θ はわずかなので，入射光線は平行平面板に垂直に入射しているとする。

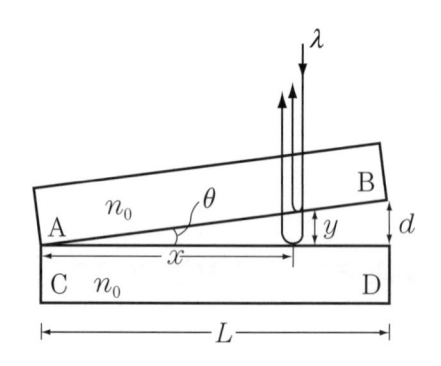

チェック項目　　　　　　　　　　　　　　　月　日　　月　日

薄膜の干渉を観察することで干渉の条件式を示すことが理解できたか。

3. 波動 3.3 光 (6) 回折と干渉 (d) ニュートンリング

> ニュートンリングの干渉縞の条件式を示せるようになろう。

平板ガラスの上に平凸レンズを置いて上から見ると，色のついた多くの同心円が観察される。またナトリウムランプのもとで，これをみると，明暗の同心円の干渉縞が観察される。この装置をニュートンリングとよぶ。

凸レンズの曲率半径を R，接点 O から距離 x での 2 枚のガラスの間隔を d とすると，$R \gg x$ より，

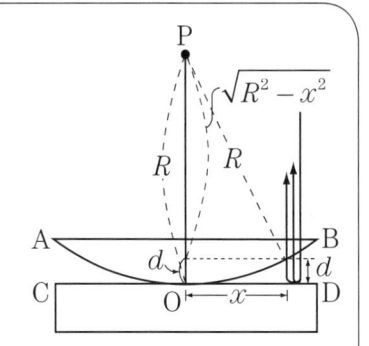

$$d = R - \sqrt{R^2 - x^2} = R - R\sqrt{1-\left(\frac{x}{R}\right)^2} = R - R\left\{1-\left(\frac{x}{R}\right)^2\right\}^{\frac{1}{2}} \fallingdotseq R - R\left\{1 - \frac{1}{2}\left(\frac{x}{R}\right)^2\right\} = \frac{x^2}{2R}$$

$$\therefore \quad 2d = \frac{x^2}{R}$$

また，平面 COD での反射では，位相が反転するので，d についての干渉条件は，

$$2d = \frac{x^2}{R} = \begin{cases} \left(m + \dfrac{1}{2}\right)\lambda & \cdots\cdots 明環 \\ m\lambda & \cdots\cdots 暗環 \end{cases} \quad (m = 0, 1, 2, \cdots\cdots)$$

これを x について整理すると，

$$x = \begin{cases} \sqrt{R\left(m + \dfrac{1}{2}\right)\lambda} & \cdots\cdots 明環 \\ \sqrt{Rm\lambda} & \cdots\cdots 暗環 \end{cases} \quad (m = 0, 1, 2, \cdots\cdots)$$

[例題] 67 図の OP 線上の O から d だけ離れたところに点 E をとり，点 E からの垂線と半径 R の凸レンズとの交点を点 F とする。また OP 線を延長して直径となる点を Q とする。この時，△QEF と △OEF が相似であることを利用して，位置 x での空気の層の厚み d を求めよ。

[解答] △QEF と △OEF が相似であることから，

$$x : (2R - d) = d : x$$

より，

$$x^2 = d(2R - d) = 2dR - d^2 \fallingdotseq 2dR$$

ここで，右辺の d^2 は，$2dR$，x^2 に比べてきわめて小さい値であるので，無視できるものとした。よって，求める空気の層の厚み d は，

$$d = \frac{x^2}{2R}$$

となる。

ドリル No.67　　Class　　　No.　　　Name

問題　67.1　ニュートンリングの暗線間隔を実験により計測し，さらにレンズの曲率半径 R を求めたい。実験方法の概略を述べよ。

問題　67.2　ニュートンリングの空気の層に水を入れたところ，干渉縞の暗環の直径が小さくなった。このとき，水の屈折率を求めたい。どのような実験を行い，何を測定して，どのようにすれば水の屈折率が求まるか，その方法を説明せよ。

チェック項目　　　　　　　　　　　　　　　　　　　　　月　日　　月　日

ニュートンリングの干渉縞の条件式を示すことが理解できたか。

4. 電磁気学　4.1　電場　（1）クーロンの法則

> 同種の電荷は反発しあい，異種の電荷は引き合うが，その相互作用は逆自乗則に従うことを理解しよう。

同種の電荷は，静電気力により反発しあい，異種の電荷は引き合う。このときの静電気力は，どのような大きさだろうか。

2つの帯電体間に作用する静電気力は，それらの電荷の積に比例し，距離の2乗に反比例する。

これを，静電気力に関する**クーロンの法則**という。両電荷の電気量を q, Q 〔C〕，距離を r 〔m〕，静電気力を F 〔N〕とすると，クーロンの法則は，

$$F = k\frac{qQ}{r^2} = \frac{1}{4\pi\varepsilon_0}\cdot\frac{qQ}{r^2} \quad \text{〔N〕}$$

と表せる。このとき k は，クーロンの比例定数といい，その値は $k = 9.0 \times 10^9$ N·m²/C² である。また，真空の誘電率を ε_0 とすると，$k = \dfrac{1}{4\pi\varepsilon_0}$ である。

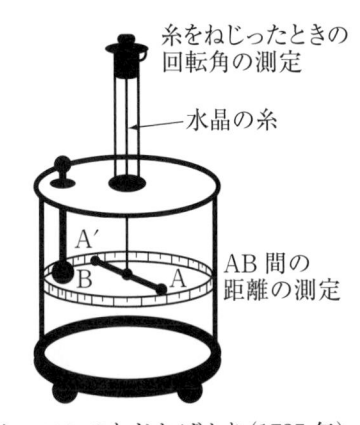

例題 68　質量 m 〔kg〕の金属小球Aをおもりとした振り子に，負の電荷 $-q_1$ 〔C〕を与え，これに q_2 〔C〕の正電荷をもつ金属小球Bを，金属小球Aと同じ高さになるように設置したところ，その位置で金属小球Aは静止した。A, Bの水平線上での距離は r 〔m〕であった。また，糸は鉛直線から θ だけ傾いていた。重力加速度を g 〔m/s²〕，クーロン力の比例定数を k 〔N·m²/C²〕として，以下の問いに答えよ。

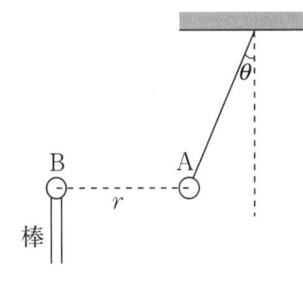

(1) A, B間のクーロン力 F 〔N〕の大きさを k, r, q_1 および q_2 を用いて表せ。

(2) $\tan\theta$ を F, m, g を用いて表せ。

解答　(1) $F = k\dfrac{q_1 q_2}{r^2}$

(2) Aに作用する力は，クーロン力 F，重力 mg，およびひもの張力 T で，図のようにつりあっている。

鉛直：$mg - T\cos\theta = 0$（下向きを正とする）

水平：$F - T\sin\theta = 0$（左向きを正とする）

以上から，$\tan\theta = \dfrac{F}{mg}$

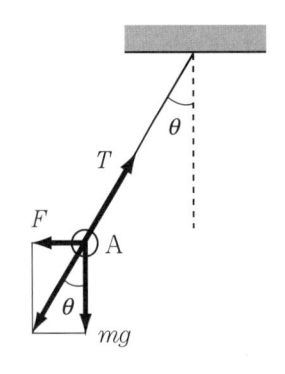

ドリル No.68　Class　　No.　　Name

問題 68.1 質量 m〔kg〕の金属小球A, BがCから長さL〔m〕の糸でつり下げられている。A, Bに等しい正電荷を与えたところ, 2本の糸はそれぞれ, 鉛直とθの角をなして静止した。このとき, 以下の問いに答えよ。

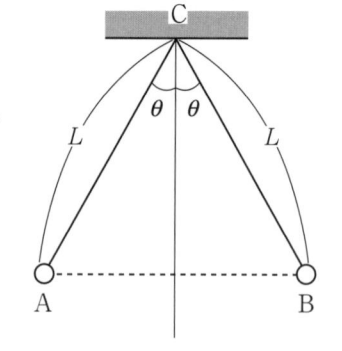

(1) 金属小球Aに作用するクーロン力をm, θ, gを用いて表せ。

(2) 金属小球に与えられた電荷はいくらか。クーロンの法則の比例定数をkとして, 電荷をk, L, m, θ, gを用いて表せ。

問題 68.2 同じ大きさの金属小球を2つ準備する。一方の金属小球には$+6.0\times 10^{-8}$Cを, もう一方の金属小球には-2.0×10^{-8}Cの電荷を与えた。クーロンの法則の比例定数を9.0×10^{9} N·m²/C² とする。このとき, 以下の問いに答えよ。

(1) この2球を, 空気中で0.20 m離して設置した。このとき, 金属小球に作用する力の大きさと向きを答えよ。

(2) 両球を一度接触させてから, 再び, 0.20 m離した。このとき, 金属小球に作用する力の大きさと向きを答えよ。

チェック項目	月　日	月　日
同種の電荷は反発しあい, 異種の電荷は引き合うが, その相互作用は逆自乗則に従うことが理解できたか。		

4．電磁気学　4.1　電場　（2）電場

電荷Qの周りには電場Eができ，それは $E=k\dfrac{Q}{r^2}$ と書けることを理解しよう。

電場とは，その空間のなかに電荷を置くと，その電荷に静電気力を及ぼす空間をいう。＋1Cの単位電荷に作用する力が1Nのとき，この電場の強さを1N/Cとする。

電荷q〔C〕に作用する力がF〔N〕のとき，電場は，
$E=\dfrac{F}{q}$〔N/C〕（または〔V/m〕）である。

真空中にQ〔C〕の点電荷が置かれたとき，この点電荷からr〔m〕離れた点における電場の強さは，真空の誘電率をε_0とすると，

$$E=k\dfrac{Q}{r^2}=\dfrac{1}{4\pi\varepsilon_0}\cdot\dfrac{Q}{r^2}\text{〔N/C〕（または〔V/m〕）}$$
$$k=9.0\times10^9\text{ N}\cdot\text{m}^2/\text{C}^2$$

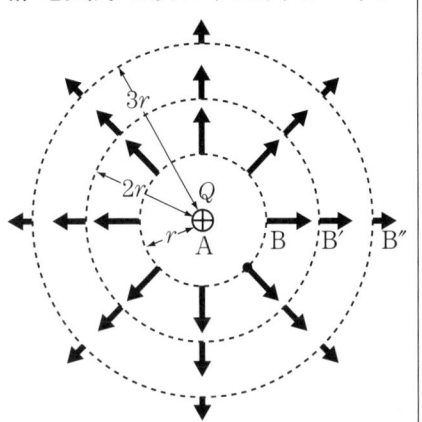

例題 69 電場に垂直な単位面積当たり，電場の強さに等しい数だけ電気力線を引くものとして，以下の問いに答えよ。ただし，クーロンの法則の比例定数をkとする。

(1) Q〔C〕の正電荷からr〔m〕のところの電場の強さはいくらか。また，ここでの電気力線の密度はいくらか。

(2) この電荷を中心とした半径r〔m〕の球の表面積はいくらか。

(3) 電荷から出た電気力線は，どの方向にも均等で，すべての電荷を中心として半径r〔m〕の球の表面を貫いている。このことからQ〔C〕の電荷から出ている電気力線の総数を求めよ。

解答 (1) $E=k\dfrac{Q}{r^2}$〔N/C〕また，単位面積当たりの電気力線の本数は電場の強さと等しいので，同じく

$E=k\dfrac{Q}{r^2}$〔本／m^2〕である。

(2) 球の表面積Sは，$S=4\pi r^2$〔m^2〕

(3) 球面を貫く電気力線の本数Nは，

$N=k\dfrac{Q}{r^2}\times4\pi r^2=4\pi kQ$〔本〕

このように電気力線の本数NはQで決まる。これを**ガウスの法則**ともいう。

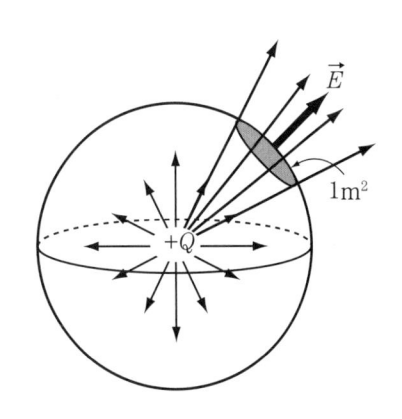

ドリル No.69　Class　　No.　　Name

問題 69.1 点Aに，2.0×10^{-8} Cの正電荷を置いたところ，電荷は大きさが 8.0×10^{-5} N で右向きの力を受けた。点Aの電場の強さと向きを答えよ。

問題 69.2 点Aにある $Q = +4.0 \times 10^{-9}$ C の点電荷から距離 $r = 0.60$ m の点Pでの電場の強さ E 〔N/C〕はいくらか。また，点Pに $q = -2.0 \times 10^{-9}$ C の点電荷を置いたとき，作用する静電気力を求めよ。

問題 69.3 面積が S〔m^2〕の平板に，Q〔C〕の電荷が一様に分布しているとする。この平板から空間に放たれる電気力線をイメージすることで，この平板の両面にできる電場の強さを求めよ。

チェック項目　　　　　　　　　　　　　　　　月　日　　月　日

電荷 Q の周りには，電場 E ができ，それは $E = k\dfrac{Q}{r^2}$ と書けることが理解できたか。

4. 電磁気学　4.1 電場　（3）電位

2点間の電位差がV〔V〕のとき，q〔C〕の電荷を電場の向きに逆らって運ぶのに要する仕事Wは，$W = qV$〔J〕となることを理解しよう。

電位とは，静電気力による位置エネルギーのことである。q〔C〕の電荷を運ぶのにW〔J〕の仕事が必要なとき，2点間の電位差は，

$$V\text{〔V〕} = \frac{W\text{〔J〕}}{Q\text{〔C〕}}, \quad \text{〔V〕} = \text{〔J/C〕}$$

となる。ただし，基準点（理論上は無限遠，実際に活用する場合は地表面）の電位を0Vとする。2点間の電位差を電圧ともいう。

q〔C〕の点電荷からx〔m〕離れた点における**絶対電位**Vは，

$$V = k\frac{q}{|x|} \text{〔V〕}$$

である。

一様な電場中で，距離がd〔m〕である2点間の電位差がV〔V〕の場合，その電場の強さEは，$W = Fd = qEd = qV$より，$E = \dfrac{V}{d}$〔V/m〕である。また，分母を払うと，$V = Ed$〔V〕となる。

例題 70 一様な電場内で，電場の方向に0.50 m離れた2点間の電位差が15 Vである。このとき，以下の問いに答えよ。

(1) 電場の強さを単位をつけて答えよ。
(2) この電場の中に置かれた0.020 Cの電荷が，電場から受ける力は何Nか。
(3) この正電荷を，この2点間で電場の向きに逆らって運ぶのに要する仕事は何Jか。

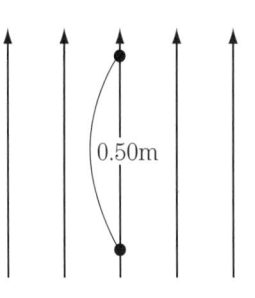

解答 (1) $E = \dfrac{V}{d} = \dfrac{15}{0.50} = 30$ V/m または N/C

(2) 電場から受ける力Fは，電荷をqとすると，
$$F = qE = 0.020 \times 30 = 0.60 \text{ N}$$

(3) 求める仕事Wは，
$$W = qV = 0.020 \times 15 = 0.30 \text{ J}$$
〈別解〉
$$W = Fd = 0.6 \times 0.50 = 0.30 \text{ J}$$

ドリル No.70   Class   No.   Name

問題 70.1 図のような等電位線をもつ電場の中の点Aに，+1Cの電荷を置いた。この電荷をA→B→C→D→E→Aと移動させる。このとき，以下の問いに答えよ。

(1) AB, BC, CD, DE, EA の各区間で電場がした仕事をそれぞれ求めよ。

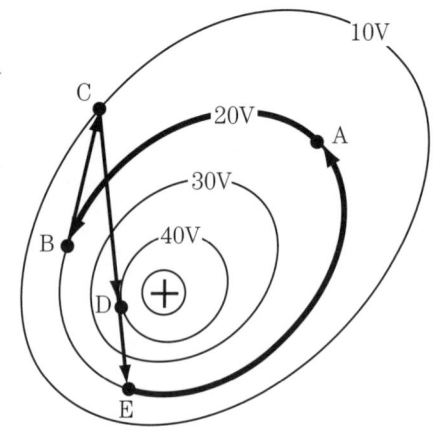

(2) (1)で求めた仕事の総和を求めよ。

問題 70.2 図のように一直線上に点Oから $r_1, r_2, r_3, \cdots, r_n$ の距離にそれぞれ点 $A_1, A_2, A_3, \cdots, A_n$ をとる。また，OA_1 の垂直二等分線上に点 B，B′ をとる。

点Oと点 A_1 にそれぞれ $-Q, Q\ (>0)$ の電荷を置く。クーロンの法則の比例定数は k とする。このとき，以下の問いに答えよ。

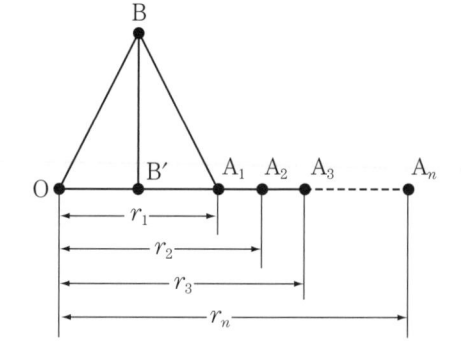

(1) 三角形 OA_1B が正三角形のとき，点Bに作る電場の強さを求めよ。

(2) 点 A_1 に置かれた電荷 Q を点 A_1 から点 A_2 までゆっくり動かすとき，電荷 Q がされた仕事 W を求めよ。ただし，区間 A_1A_2 の距離は極めて小さく，電荷 Q にはたらく平均の力は区間 A_1A_2 の中点におけるクーロン力とみなしてよい。また，必要ならば，$\left(\dfrac{r_1+r_2}{2}\right)^2 \fallingdotseq r_1 r_2$ の近似式を使ってもよい。

(3) 点 A_1 に置かれた電荷 Q を，点 A_1 から微小区間 $A_1A_2, A_2A_3, \cdots$ を通って点 A_n までゆっくり動かすとき，電荷 Q になされた仕事を求めよ。ただし，$r_1 = R, r_n = 2R$ とする。

チェック項目

	月 日	月 日
2点間の電位差が V [V] のとき，q [C] の電荷を，電場の向きに逆らってする仕事Wは，$W = qV$ [J] となることが理解できたか。		

4. 電磁気学　4.2 コンデンサー　（1）電気容量

平行板コンデンサーの電気容量が $C = \varepsilon_0 \dfrac{S}{d}$ 〔F〕となり，電荷 Q と電圧 V との間に，$Q = CV$ という関係が成り立っていることを理解しよう。

極板間隔が d〔m〕で，極板面積が S〔m²〕の平行板コンデンサーに V〔V〕の電圧をかけたところ，それぞれの極板に $+Q$〔C〕，$-Q$〔C〕の電荷が蓄えられた。真空の誘電率を ε_0 とする。

ガウスの法則より極板間の電場 E は，$E = \dfrac{Q}{\varepsilon_0 S}$ となる。

ところが，電場 E は $E = \dfrac{V}{d}$ なので，$E = \dfrac{Q}{\varepsilon_0 S} = \dfrac{V}{d}$

$$\therefore \quad Q = \varepsilon_0 \dfrac{S}{d} V = CV$$

と書ける。よって，$C = \varepsilon_0 \dfrac{S}{d}$ となる。この C を**電気容量**と呼び，その単位は〔F〕（ファラド）である。接地（アース）した場合，接地した極の電位を 0 V とする。

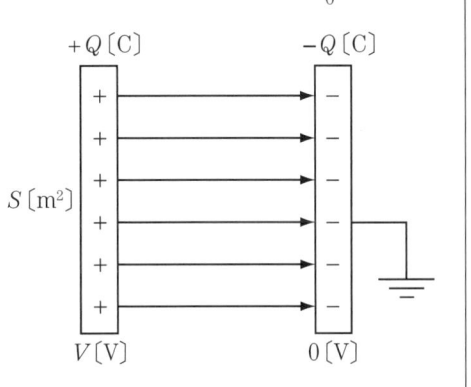

例題 71　上で説明した平行板コンデンサーに比誘電率が ε_r の誘電体を挿入した場合，挿入後のコンデンサーの電気容量を求めよ。ただし，誘電体の厚みを L，面積を S とする。

解答　コンデンサーを充電してから電池を切り離すと，一端，極板に蓄えられた電荷は逃げないので，電荷を一定として計算することができる。この電荷を $+Q$〔C〕，$-Q$〔C〕とする。

ガウスの法則より，誘電体が挿入されていない空間では，電場は上の説明の値と変わらない。したがって，$E = \dfrac{Q}{\varepsilon_0 S}$ である。

誘電体を入れた部分の電場 E' は，$E' = \dfrac{Q}{\varepsilon_r \varepsilon_0 S} = \dfrac{E}{\varepsilon_r}$ である。右の E–x グラフの面積は，このコンデンサーの電位を示すので，

$$V = E \times (d-L) + E' \times L = \dfrac{Q(d-L)}{\varepsilon_0 S} + \dfrac{QL}{\varepsilon_r \varepsilon_0 S}$$

$$= \dfrac{Q}{\varepsilon_0 S}\left(d - L + \dfrac{L}{\varepsilon_r}\right)$$

$$\therefore \quad Q = \dfrac{\varepsilon_0 S}{d - L + \dfrac{L}{\varepsilon_r}} V = C'V$$

よって，求める電気容量 C' は，$C' = \dfrac{\varepsilon_0 S}{d - L + \dfrac{L}{\varepsilon_r}}$ 〔F〕

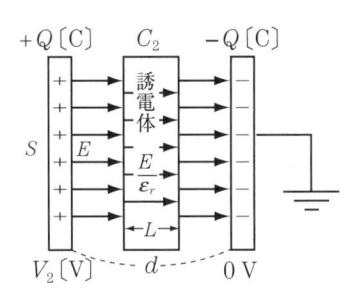

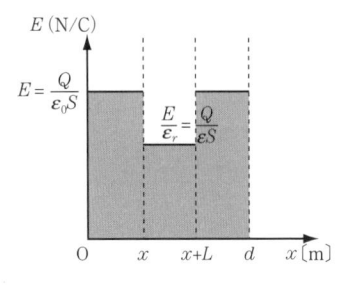

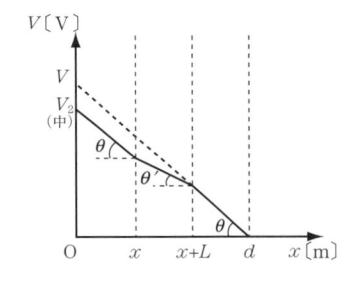

である。

ドリル No.71　Class　　No.　　Name

問題 71.1 下図は，極板面積が S，極板間隔が L，挿入する金属導体も，誘電体も面積は平行板コンデンサーの面積と同じで，厚みが d である。極板間に何も挿入されていない左端の例にならって，導体を挿入した場合および誘電体を挿入した場合の電気容量をそれぞれ求めよ。なお，問題中のグラフを参考にして熟考すること。ただし，真空の誘電率を ε_0，比誘電率を ε_r とする。

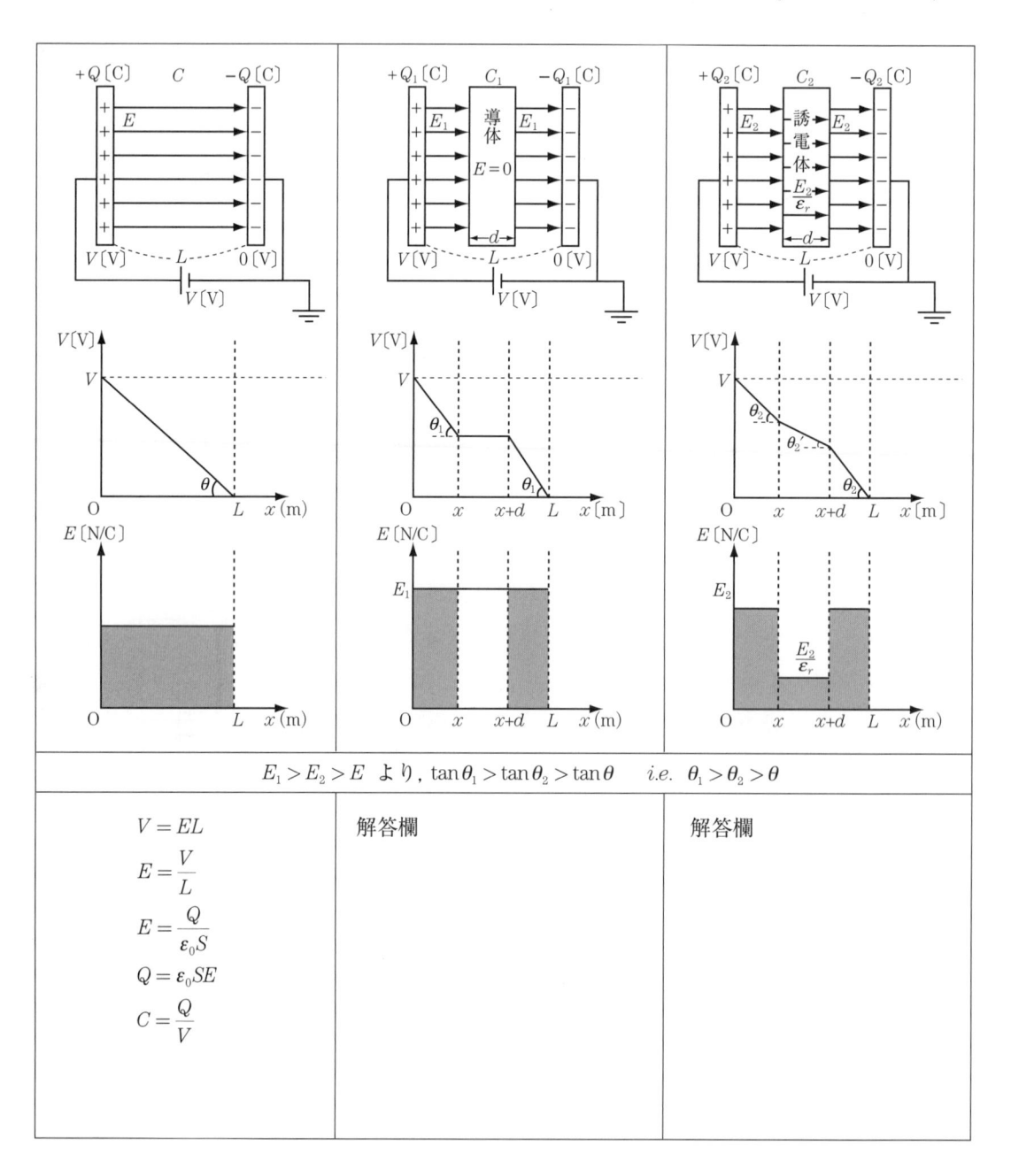

$E_1 > E_2 > E$ より，$\tan\theta_1 > \tan\theta_2 > \tan\theta$　i.e. $\theta_1 > \theta_2 > \theta$

$$V = EL$$
$$E = \frac{V}{L}$$
$$E = \frac{Q}{\varepsilon_0 S}$$
$$Q = \varepsilon_0 SE$$
$$C = \frac{Q}{V}$$

解答欄

解答欄

チェック項目　　　　　　　　　　　　　　　月　日　　月　日

平行板コンデンサーの電気容量が $C = \varepsilon_0 \dfrac{S}{d}$ 〔F〕となること，および，$Q = CV$ が理解できたか。

4. 電磁気学　4.2 コンデンサー　(2) コンデンサーの接続

コンデンサーの並列接続と直列接続を見極められるようになろう。

コンデンサーの接続にも，電気抵抗の接続と同じように，直列接続と並列接続がある。

まず，並列接続から説明しよう。電気容量が C_1 〔F〕のコンデンサーの両端に V_1 〔V〕の電位差を与え，電気容量が C_2 〔F〕のコンデンサーに V_2 〔V〕の電位を与える。この2つのコンデンサーを並列に接続すると，2つのコンデンサーの極板間電圧は等しくなる。この電圧を V 〔V〕とする。

2つのコンデンサーに最初別々に蓄えられていた電荷 $+Q_1$ 〔C〕，$+Q_2$ 〔C〕は，接続後は，2つのコンデンサーに蓄えられていた電荷が1つのコンデンサーに蓄えられていると考え，このときの電荷を $+Q$ 〔C〕とすると，

$$Q = Q_1 + Q_2 \qquad CV = C_1 V + C_2 V \qquad \therefore \ C = C_1 + C_2$$

一般に，$C = \sum_{i=1}^{n} C_i$ 〔F〕

続いて，直列接続の場合を見てみよう。下図の電気容量が C_1 〔F〕のコンデンサーの上の極板に電荷 $+Q$ を与えると，静電誘導によりこのコンデンサーの下の極板に $-Q$ が蓄えられる。もともと，C_1 のコンデンサーの下の電極と C_2 のコンデンサーの上の電極との間には，電荷は蓄えられていないので，C_2 の上の極板は $+Q$ となり，そのコンデンサーの下の極板は $-Q$ となる。

接続後は，合成したコンデンサーの両端の電圧を V 〔V〕とすると，

$$V = V_1 + V_2 \qquad \frac{Q}{C} = \frac{Q}{C_1} + \frac{Q}{C_2} \qquad \therefore \ \frac{1}{C} = \frac{1}{C_1} + \frac{1}{C_2}$$

一般に，n 個のコンデンサーを直列接続したとき $\dfrac{1}{C} = \sum_{i=1}^{n} \dfrac{1}{C_i}$ 〔F〕

例題 72　200 Vに充電した3 Fのコンデンサーと300 Vに充電した1 Fのコンデンサーがある。このとき，以下の問いに答えよ。
(1) 正極どうしを接続した場合の極板間電圧を求めよ。
(2) 正極を相手の負極に接続した場合の極板間電圧を求めよ。

解答

(1)
$3 \times 200 + 1 \times 300$
$= (3 + 1) V$
$\therefore V = 225$ V

(2)
$3 \times 200 - 1 \times 300$
$= (3 + 1) V$
$\therefore V = 75$ V

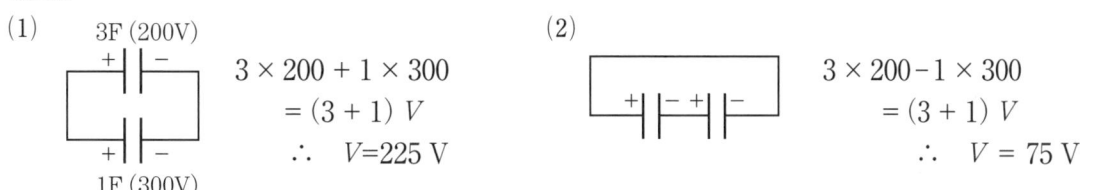

ドリル No.72

問題 72.1 平行板コンデンサーの極板面積を S，極板間距離を d，真空の誘電率を ε_0 とする。極板間の電圧が V のとき，コンデンサーに蓄えられたエネルギーを求めよ。

問題 72.2 電気容量がそれぞれ C, $2C$, $3C$ の充電されていないコンデンサー C_1, C_2, C_3 が，スイッチ S_1, S_2 とともに，右図のように端子電圧が E の電池に接続されている。

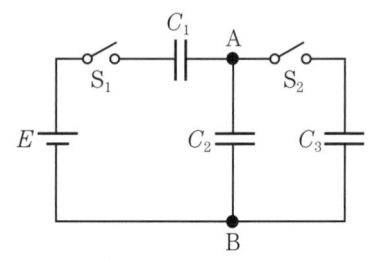

次の順序で S_1, S_2 を開閉するとき，各場合での AB 間の電位差を求めよ。

(1) S_1 を閉じた場合。

(2) S_1 を開き，S_2 を閉じた場合。

(3) S_2 を開き，S_1 を閉じた場合。

(4) S_1 を開き，S_2 を閉じた場合。

チェック項目

コンデンサーの並列接続と直列接続を見極めることができたか。

4. 電磁気学　4.3　電　流　（1）オームの法則

> オームの法則を理解しよう。

導体の両端に電圧をかけると，電流が流れる。いま，断面積が S〔m²〕，長さ L〔m〕，1 m³ 当たりの自由電子数 n_0〔個/m³〕の導体の両端に V〔V〕の電圧（電位差）を与えたところ，自由電子が導体中を平均速度 $\bar{v}$〔m/s〕で移動したとすると，導体中の総電子数 N は，

$$N = n_0 SL \text{〔個〕} \cdots\cdots(1)$$

導体中の自由電子のもつ総電気量 Q は，自由電子1個の電荷を e〔C〕とすると，

$$Q = eN = en_0 SL \text{〔C〕} \cdots\cdots(2)$$

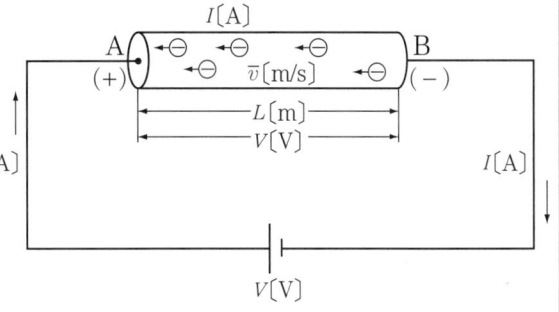

これらの電荷が断面 A を通過するのに要する時間 t は $t = \dfrac{L}{\bar{v}}$〔s〕で，この時間内に B 端にある自由電子は A 端まで移動し，AB 間のすべての電荷は断面 A を通過する。導線 AB を流れる電流は A から B の向きで，その大きさ I〔A〕は，**ある断面を1秒間に通過する電気量の大きさ**なので，

$$I = \frac{Q}{t} = \frac{n_0 eSL}{\dfrac{L}{\bar{v}}} = n_0 e\bar{v}S \text{〔A〕} \cdots\cdots(3)$$

ところで，導体中の自由電子は導体中の電場 $E = \dfrac{V}{L}$ により，$F = eE = e\dfrac{V}{L}$ の力を受けて加速するが，右図に示すように，導体中の原子の振動により速度 v に比例した抵抗力 f（$f = kv$）を受け，終端速度で移動していると考える。

電子の質量を m として，運動方程式を立てると，
$$ma = F - f = e\frac{V}{L} - kv = 0 \qquad \therefore \quad v = \frac{eV}{kL} \cdots\cdots(4)$$

(3)式と(4)式より，

$$I = n_0 evS = n_0 e \frac{eV}{kL} S = \frac{n_0 e^2}{k} \frac{S}{L} V \qquad \therefore \quad V = \frac{k}{n_0 e^2} \frac{L}{S} I$$

ここで，$R = \dfrac{k}{n_0 e^2} \dfrac{L}{S}$ とおくと，$V = RI$ となる。これを，**オームの法則**という。

例題 73　アイロンに 100 V の電圧を加えたとき，アイロンの抵抗が 40 Ω ならば，流れる電流は何〔A〕になるかを求めよ。

解答　$V = RI$ より，$I = \dfrac{100}{40} = 2.5$ A

ドリル No.73　Class　　No.　　Name

問題 73.1　4 V の電池に豆電球を接続した。そのときの電流は 0.5 A であった。抵抗を求めよ。

問題 73.2　30 kΩ の抵抗に 0.2 mA の電流が流れているとき，電圧はいくらか求めよ。

問題 73.3　2つの抵抗 R_1, R_2 に，同じ大きさの電圧を加えたところ，R_1 には R_2 の8倍の電流が流れた。R_1 は R_2 の抵抗値の何倍か答えよ。

問題 73.4　図1のような回路で，電圧 V を 0～50 V まで変化させたときに，電流 I は図2のように変化した。以下の問いに答えよ。

(1)　電圧が 40 V のときの電流を求めよ。また，そのときの抵抗 R の値を求めよ。

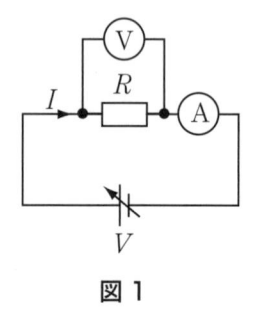

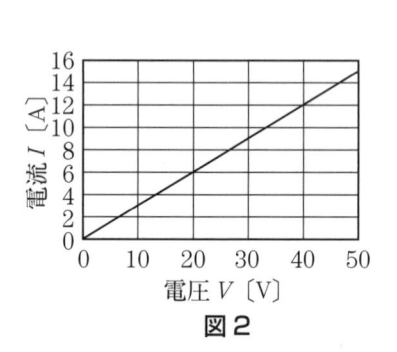

図1

図2

(2)　電流が 6 A 流れているときの電圧の値を求めよ。

チェック項目	月　日	月　日
オームの法則を理解し，電流，電圧，抵抗の値を求めることが理解できたか。		

4. 電磁気学　4.3　電流　（2）電気抵抗　(a) 抵抗率

抵抗率を理解しよう。

電気抵抗は，$R = \dfrac{k}{n_0 e^2} \cdot \dfrac{L}{S}$ と表されたが，この式において，$\rho = \dfrac{k}{n_0 e^2}$ とおくと，

$$R = \rho \dfrac{L}{S} \cdots\cdots (1)$$

と書ける。このとき，ρ を物質の**抵抗率**といい，単位は〔Ω・m〕を用いる。

抵抗率について，もう少し詳しくみてみよう。導体の両端に，V〔V〕の電位差を与えた場合，電場 E の強さは $E = \dfrac{V}{L}$ なので，電子の質量を m，電荷を e とすると運動方程式は，

$$ma = eE \qquad \therefore \quad a = \dfrac{eE}{m}$$

電子が陽イオンに衝突せずに直進運動できる時間を Δt とすると，Δt 秒後に電子の速さは，

$$v = a\Delta t = \dfrac{eE}{m} \Delta t$$

となる。陽イオンとの衝突によって電子の速さが 0 になるとすると，この間の平均の速さ $\bar{v}$ は，

$$\bar{v} = \dfrac{0+v}{2} = \dfrac{eE\Delta t}{2m} = \dfrac{e\Delta t}{2m} E = \dfrac{e\Delta t}{2m} \cdot \dfrac{V}{L}$$

$$I = n_0 e \bar{v} S = \dfrac{n_0 e^2 \Delta t}{2m} \cdot \dfrac{S}{L} V$$

$$R = \dfrac{2m}{n_0 e^2 \Delta t} \dfrac{L}{S} \quad ; \quad \rho = \dfrac{2m}{n_0 e^2 \Delta t} \quad ; \quad k = \dfrac{2m}{\Delta t}$$

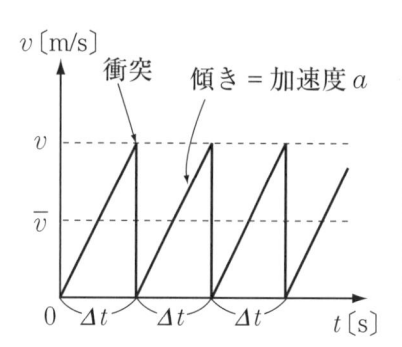

各種金属の抵抗率は，銅は 1.72×10^{-8} Ω・m，鉄は 9.8×10^{-8} Ω・m，銀は 1.62×10^{-8} Ω・m と 10^{-8} Ω・m 程度である。

例題 74　直径 20 mm，長さ 20 cm の銅線の抵抗を求めよ。ただし，銅線の抵抗率 ρ は 1.72×10^{-8} Ω・m とする。

解答　断面積　$S = \left(\dfrac{r}{2}\right)^2 \pi = \left(\dfrac{20 \times 10^{-3}}{2}\right)^2 \times 3.14 = 100 \times 10^{-6} \times 3.14 = 3.14 \times 10^{-4}$ m²

抵抗　$R = \rho \dfrac{L}{S} = 1.72 \times 10^{-8} \times \dfrac{0.20}{3.14 \times 10^{-4}} = 1.10 \times 10^{-5}$ Ω

ドリル No.74   Class   No.   Name

問題 74.1 直径 20 mm，長さ 1 m の銅線の抵抗はいくらか。ただし，銅線の抵抗率は $1.72 \times 10^{-8}\,\Omega\cdot\mathrm{m}$ とする。

問題 74.2 断面の半径 0.20 mm の円で，長さ 40 cm の一様な導線の両端に 3.0 V の電圧を加えたところ，0.15 A の電流が流れた。導線の抵抗率 $\rho\,[\Omega\cdot\mathrm{m}]$ を求めよ。

問題 74.3 ある導線の直径を $\frac{1}{4}$ にし，長さを 8 倍にしたときに，もとの抵抗の何倍になるのか答えよ。

チェック項目	月 日	月 日
抵抗率を求めることが理解できたか。		

4. 電磁気学　4.3 電流　（2）電気抵抗
(b) 直列接続・並列接続

抵抗の直列接続，並列接続を理解しよう。

① 直列接続

抵抗を直線状に接続する方法を直列接続という。回路全体の抵抗を合成抵抗といい，合成抵抗R_0は，以下のように求めることができる。

まず，3個の抵抗を直列接続する場合は，

$$V = V_1 + V_2 + V_3 = R_1 I + R_2 I + R_3 I = (R_1 + R_2 + R_3) I = R_0 I$$

$$\therefore R_0 = R_1 + R_2 + R_3$$

一般に，直列接続の合成抵抗R_0は，$R_0 = \sum_{i=1}^{n} R_i$ となる。

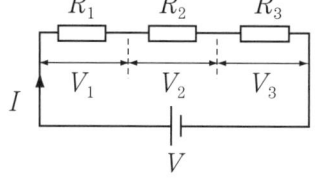

② 並列接続

抵抗のそれぞれの端を1つにまとめるように接続する方法を並列接続という。回路全体の抵抗を合成抵抗といい，合成抵抗R_0は，以下のように求めることができる。

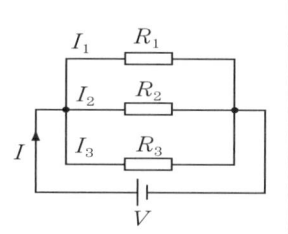

まず，3個の抵抗を並列に接続する場合は，

$$I = I_1 + I_2 + I_3 = \frac{V}{R_1} + \frac{V}{R_2} + \frac{V}{R_3} = \left(\frac{1}{R_1} + \frac{1}{R_2} + \frac{1}{R_3}\right) V = \frac{1}{R_0} V$$

$$\therefore R_0 = \frac{1}{\frac{1}{R_1} + \frac{1}{R_2} + \frac{1}{R_3}}$$

一般に，並列接続の合成抵抗R_0は，$\frac{1}{R_0} = \sum_{i=1}^{n} \frac{1}{R_i}$ となる。

例題 75 図のように，2つの抵抗R_1, R_2を直列接続し，20Vの電圧を加えたら，5Aの電流が流れた。この回路の合成抵抗R_0と抵抗R_2の値を求めよ。

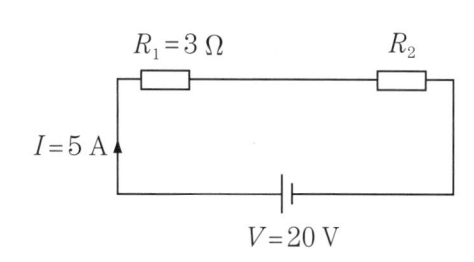

解答　$R_0 = \dfrac{V}{I} = 4\ \Omega$

$R_0 = R_1 + R_2$ より，
　$R_2 = R_0 - R_1 = 4 - 3 = 1\ \Omega$

ドリル No.75　Class　　No.　　Name

問題 75.1 図のように，4Ω，5Ω，3Ωの3個の抵抗を直列に接続し，12Vの電圧を加えたとき，各抵抗の端子電圧 V_1, V_2, V_3 を求めよ。

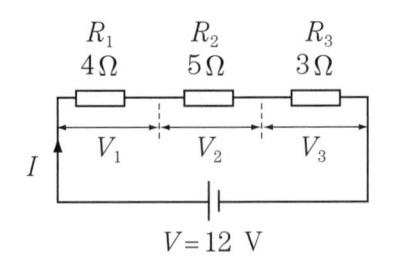

問題 75.2 図のように，4Ω，5Ωの抵抗を並列に接続したとき，回路に $I=9$ A の電流が流れた。このときの電流 I_1, I_2 を求めよ。

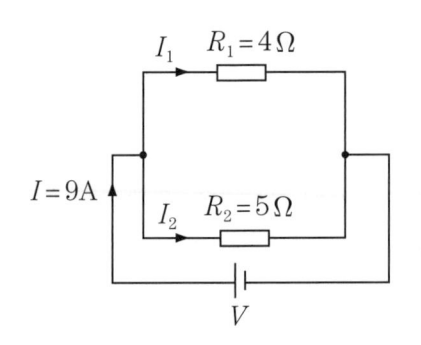

問題 75.3 図の回路において，回路に流れる電流 I を求めよ。

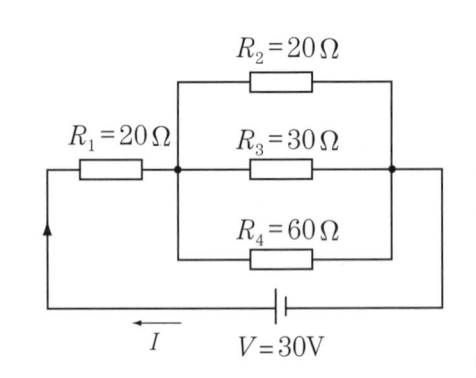

チェック項目	月　日	月　日
抵抗の直列接続と並列接続を理解できたか。		

4. 電磁気学　4.3 電流　(2) 電気抵抗　(c) 電流計・電圧計

電流計，および電圧計を理解しよう。

[電流計]

電流計の指針が振れるのは，磁場の中に置かれたコイルに電流が流れて，コイルが磁場から力を受けるためである。このコイルに強い電流を流すとコイルが焼き切れてしまうので，ミリアンペア程度の電流しか流せない。そこで，電流計の最大目盛が I_0〔A〕ならば，I_0〔A〕以上の電流を別の抵抗に流せばよい。これを**分流器**と呼ぶ。電流計の内部抵抗を r_A〔Ω〕，分流器の抵抗を R〔Ω〕とすると，

$$r_A I_0 = R(m-1)I_0$$

ゆえに，最大 mI_0〔A〕の電流を測定するには，$R = \dfrac{r_A}{m-1}$〔Ω〕の分流器を並列に接続すればよい。

[電圧計]

最大目盛 V_0〔V〕，内部抵抗 r〔Ω〕の電圧計に V_0 以上の電圧がかかると，コイルは焼き切れてしまう。そこで，それ以上の電圧は別の部分に分配するとよい。これを**倍率器**と呼ぶ。電圧計の内部抵抗を r_V〔Ω〕，倍率器の抵抗を R〔Ω〕とすると，

$$V_0 = r_V I, \quad (m-1)V_0 = RI \qquad \dfrac{(m-1)V_0}{V_0} = \dfrac{RI}{r_V I}$$

したがって，最大 mV_0〔V〕の電圧まで測定するには，$R = (m-1)r_V$〔Ω〕の倍率器を直列に接続すればよい。

例題 76 最大測定電流 100 mA，内部抵抗 0.4 Ω の電流計に 0.1 Ω の抵抗を並列に入れたら，何 mA まで測定できるか。また最大目盛が 1 V で，500 Ω の内部抵抗の電圧計を用いて，最大目盛 12 V の電圧計を作りたい。外部に何 Ω の倍率器を接続すればよいか。

解答　電流計の倍率 m は $R = \dfrac{r_A}{m-1}$ より，$m = 1 + \dfrac{r_A}{R} = 1 + \dfrac{0.4}{0.1} = 5$。したがって，求める電流は，$I = mI_0 = 5 \times 100 = 500$ mA である。

また，電圧計では最大目盛り 1 V の電圧計を 12 V にしたので倍率は 12 倍。よって，$R = (12-1)r_V = 11 \times 500 = 5500$ Ω を接続すればよい。

ドリル No.76　Class　　No.　　Name

問題 76.1 内部抵抗 10 kΩ，フルスケール 10 V の直流電圧計で，100 V まで測定できるようにするには，何 kΩ の倍率器が必要か。

問題 76.2 内部抵抗 10Ω，最大目盛 10 mA の直流電流計で，1 A まで測定できるようにするには，何 Ω の分流器が必要か。

問題 76.3 内部抵抗 10 kΩ で，100 μA まで測定できる電流計がある。この電流計を用いて，3 V，10 V，30 V の電圧を測定することができるようにする。このときの倍率器の値を求めよ。

問題 76.4 図のように，内部抵抗 10 kΩ，最大目盛 20 V の電圧計 V_1，内部抵抗 5 kΩ，最大 10 V の電圧計 V_2 を接続して，20 V の電圧を加えた。V_1，V_2 の値はいくらか。

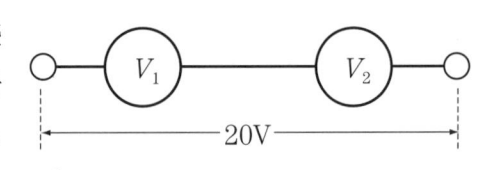

チェック項目　　　　　　　　　　　　月　日　　月　日

電流計，および，電圧計を理解することができたか。

4．電磁気学　4.3　電　流　（3）キルヒホッフの法則

キルヒホッフの法則の第1法則，第2法則を理解しよう。

キルヒホッフは，1849年に，オームの法則を発展させた複雑な回路の電流，電圧の計算を容易にするための法則を発表した。

[第1法則（電流に関する法則）]

接続点において，流入する電流の和と流出する電流の和は等しい。

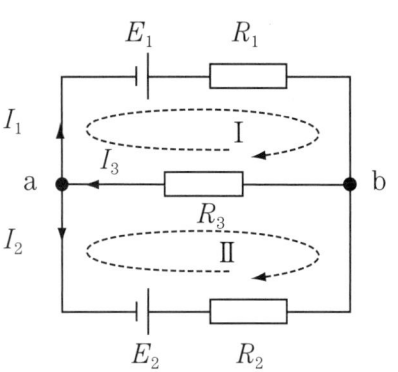

図における接続点 a では，

$$I_3 = I_1 + I_2$$

[第2法則（電圧に関する法則）]

閉回路では，一定の向きにたどった起電力の総和は同じ向きに生じる電圧降下の総和に等しい。

起電力，また電圧降下については次の規則に従う。

・電池の負極から正極を通過するとき，電位は起電力 E だけ上がる。

・電池の内部抵抗も含めて，電流 I の流れる向きに抵抗 R を通過すると電位は RI だけ下がる。図において，

$$閉回路 I \quad E_1 = R_1 I_1 + R_3 I_3$$
$$閉回路 II \quad E_2 = R_2 I_2 + R_3 I_3$$

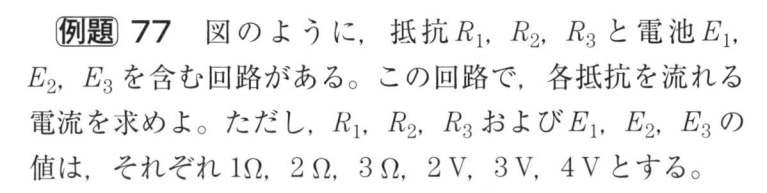

例題 77 図のように，抵抗 R_1, R_2, R_3 と電池 E_1, E_2, E_3 を含む回路がある。この回路で，各抵抗を流れる電流を求めよ。ただし，R_1, R_2, R_3 および E_1, E_2, E_3 の値は，それぞれ 1Ω，2Ω，3Ω，2V，3V，4V とする。

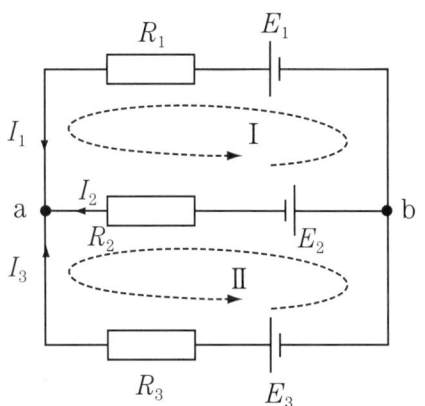

解答　a 点において，第1法則を適用する。

$$I_1 + I_2 + I_3 = 0 \cdots\cdots ①$$

閉回路 I において，第2法則を適用する。

$$I_1 - 2I_2 = 2 + 3 \cdots\cdots ②$$

閉回路 II において，第2法則を適用する。

$$2I_2 - 3I_3 = -4 - 3 \cdots\cdots ③$$

①式を変形し，③式に代入する。

$$I_3 = -I_2 - I_1$$
$$2I_2 - 3(-I_2 - I_1) = -7$$
$$5I_2 + 3I_1 = -7 \cdots\cdots ③'$$

② × 3 − ③′ とすると，$I_2 = -2$ A，$I_1 = 1$ A

①式に I_1, I_2 を代入すると，$I_3 = 1$ A となる。

I_2 は最初に定義した向きと逆向きに，2 A 流れる。

ドリル No.77　Class　　No.　　Name

問題 77.1　図のように，抵抗 R_1, R_2, R_3 と電池 E を含む回路がある。この回路で，I_2 を以下の 2 通りの方法で求めよ。ただし，R_1, R_2, R_3 および E の値は，それぞれ 2 Ω, 6 Ω, 2 Ω, 7 V とし，I_1, I_3 の値を 2 A, 1.5 A とする。このとき，以下の問いに答えよ。

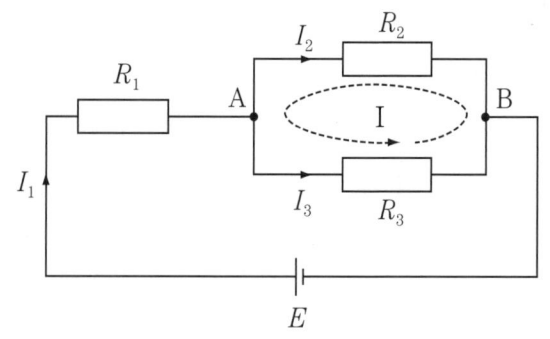

(1) 点 A にキルヒホッフ第 1 法則を用いて立式せよ。

(2) 閉回路 I について，キルヒホッフ第 2 法則を用いて立式せよ。

問題 77.2　図のように，抵抗 R_1, R_2, R_3 と電池 E_1, E_2, E_3 を含む回路がある。この回路で，各抵抗を流れる電流を求めよ。ただし，R_1, R_2, R_3 および E_1, E_2, E_3 の値は，それぞれ 2 kΩ, 3 kΩ, 4 kΩ, 6 V, 1 V, 4 V とする。

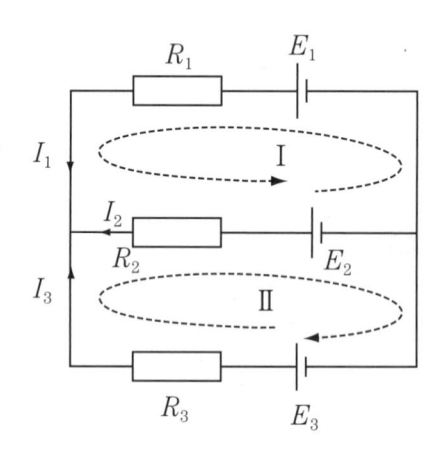

チェック項目　　　　　　　　　月　日　　月　日

キルヒホッフの第 1 法則，第 2 法則を理解できたか。

4. 電磁気学　4.3 電流　(4) ジュール熱

ジュール熱，電力，電力量を理解しよう。

[ジュール熱]

ジュールは，1840年に，抵抗に電流が流れると熱を生じることを調べる実験から，R〔Ω〕の抵抗に I〔A〕の電流を t 秒間流したときに発生する熱量 Q〔J〕は，以下のように表されることを発見した。

$$Q = I^2 Rt \text{〔J〕}$$

電流によって抵抗に生じる熱のことをジュール熱という。

発熱
$$Q\text{〔J〕} = I^2 Rt$$

[電力と電力量]

電力 P〔W〕は，単位時間当たりの仕事であり，電力量 W〔W·s〕は電力 P と時間 t の積の形になる。

$$P = VI = RI^2 = \frac{V^2}{R} \text{〔W〕}$$

$$W = Pt = VIt = I^2 Rt \text{〔W·s〕}$$

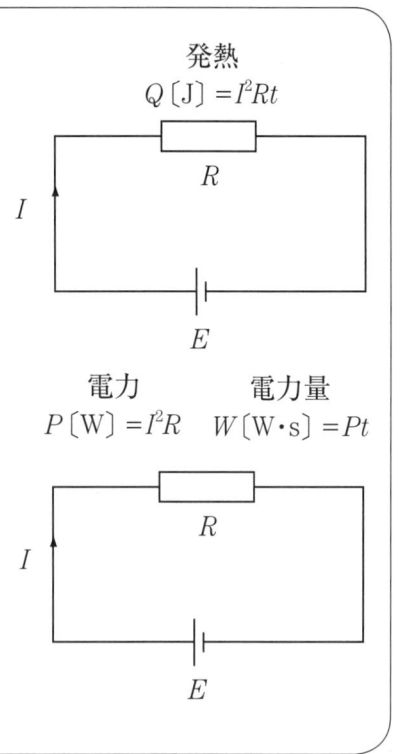

電力　　　　電力量
$P\text{〔W〕} = I^2 R$　　$W\text{〔W·s〕} = Pt$

(例題) 78.1 抵抗 $R = 20\ \Omega$，電流 $I = 5$ A の電熱線を 10 分間使用したとき，抵抗で発生する熱量は何 J になるか。

(解答) 熱量　$Q = I^2 Rt = 5^2 \times 20 \times 60 \times 10 = 300000 = 300$ kJ

(例題) 78.2 電圧 $V = 100$ V，電力 $P = 1$ kW のストーブを1時間使用したとき，以下の問いに答えよ。

(1) この電熱器に流れる電流 I はいくらになるか。
(2) 電熱器の抵抗 R はいくらか。
(3) 使用した電力量 W はいくらか。
(4) 抵抗で発生した熱量はいくらか。

(解答)

(1) $P = VI$ より，$I = \dfrac{P}{V} = \dfrac{1000}{100} = 10$ A

(2) $P = \dfrac{V^2}{R}$ より，$R = \dfrac{V^2}{P} = \dfrac{100^2}{1000} = 10\ \Omega$

(3) $W = Pt = 1000 \times 3600 = 3.6 \times 10^6 = 3.6$ MW·s

(4) $Q = I^2 Rt = 10^2 \times 10 \times 3600 = 3.6 \times 10^6 = 3.6$ MJ

ドリル No.78　Class　　No.　　Name

問題 78.1 起電力 E，内部抵抗 r の電池に抵抗 R をつなげた。発生した電力を最大にするには抵抗 R の値をどのようにすればよいか。

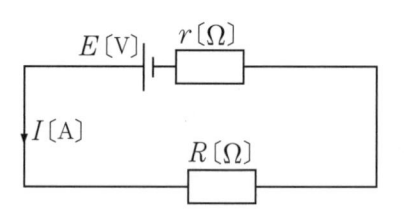

問題 78.2 起電力 $E=1.5$ V，内部抵抗 $r=0.5$ Ω の電池に，$R=2.0$ Ω の抵抗を接続した。このとき，以下の問いに答えよ。

(1) 回路に流れる電流はいくらか。

(2) 1時間に使用した電力量はいくらか。

(3) この間に抵抗で発生したジュール熱はいくらか。

チェック項目	月 日	月 日
ジュール熱，電力，電力量を理解することができたか。		

4. 電磁気学　4.4　磁　場　（1）磁場におけるクーロン力

> 磁場におけるクーロン力は $F=\dfrac{1}{4\pi\mu_0}\cdot\dfrac{m_1 m_2}{r^2}$ [N] で表すことができることを理解しよう。

(1) 棒磁石では，鉄粉を引きつける力は両端近くが最も強い。この部分を磁石の磁極という。

① 磁極にはN極（正の磁極）とS極（負の磁極）が存在する。これらは常に対になって現れ，単独に一方だけを取り出すことはできない。

② 同種の磁極間には斥力がはたらき，異種の磁極間には引力がはたらく。

　以上は実験事実として知られている。

　1785年，クーロンは，2つの点磁極の間にはたらく磁力について，磁極の強さをそれぞれ，m_1[Wb]，m_2[Wb]とし，相互距離をr[m]，真空の透磁率をμ_0とするとき，磁極間にはたらく力をF[N]とすると，

$$F=\frac{1}{4\pi\mu_0}\cdot\frac{m_1 m_2}{r^2} \text{[N]}$$

で求められることを見つけた。ただし，ウェーバー[Wb]は磁極の強さを表す単位である。なお，μは透磁率であり媒質によって決まる量である。真空の透磁率はμ_0と表し，その値は$4\pi\times10^{-7}$ Wb²/Nm² である。このとき $\dfrac{1}{4\pi\mu_0}=6.33\times10^4$ Nm²/Wb² となる。

(a) 同種の磁極の場合

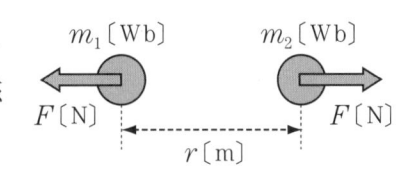

(b) 異種の磁極の場合

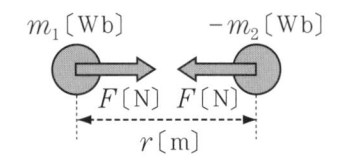

(2) 磁極に対して力を及ぼす空間を磁場とよぶ。磁場の強さと向きは，1 Wb の正の磁極（N極）が受ける磁気力の大きさと向きで表す。m_1[Wb]の磁極による磁場の強さをHで表すと，

$$H=\frac{1}{4\pi\mu_0}\cdot\frac{m_1}{r^2}$$

したがって，距離r離れたm_2[Wb]の点磁極が受ける力Fとは，$F=m_2 H$ [N] の関係がある。

　ただし，点磁極は理想的な磁石であり，現象をわかりやすくするために使用している。

例題 79　真空中に，磁極の強さが 5×10^{-4} Wb と 10×10^{-4} Wb の2つの理想的な磁極がある。磁極間の距離が20 cm であるとすれば，磁極間にはたらく力はいくらか。

解答

$$F=6.33\times10^4\times\frac{m_1 m_2}{r^2}$$
$$=6.33\times10^4\times\frac{5\times10^{-4}\times10\times10^{-4}}{(20\times10^{-2})^2}=0.79 \text{ N}$$

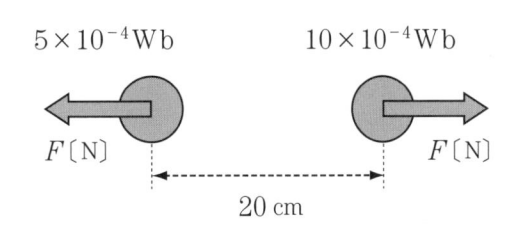

— 157 —

ドリル No.79　Class　　No.　　Name

問題 79.1　$\pm 3\times 10^{-4}$ Wb の磁極をもつ 20 cm の棒磁石がある。棒の二等分線上の 10 cm の点 P における磁場の強さと方向を求めよ。

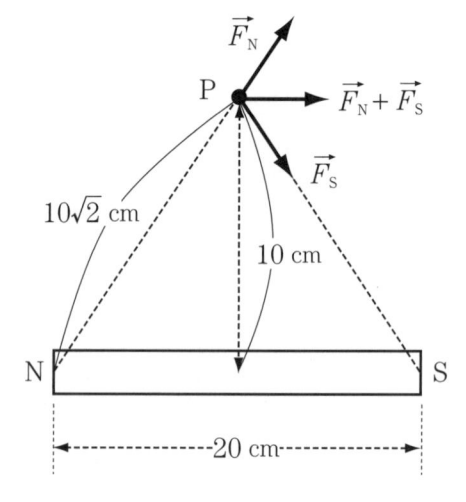

問題 79.2　長さ $2L$ で，$\pm m$ の大きさの磁極をもつ棒磁石の軸上の点 O に生じる磁場の強さ H を求めよ。

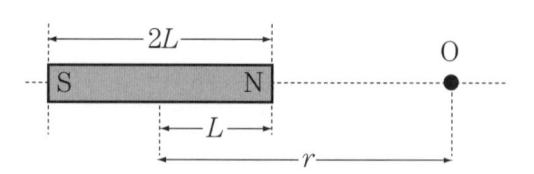

チェック項目　　　　　　　　　　　　　　月　日　　月　日

磁場におけるクーロン力，および，磁場の強さを理解することができたか。

4. 電磁気学　4.4 磁　場　（2）磁力線，磁束密度

> 磁力線と磁束密度を理解しよう。

ファラデーは，磁場の様子を視覚にうったえるため，磁場内に曲線を描き，それによって磁場の様子をすべて表そうとした。これを磁力線という。磁力線は，次のような条件と性質をもつように描かれる。

(1) 磁力線上の任意の点での接線の向きが，その点での磁場の向きを表す。

(2) 磁力線は，N極から出てS極へ向かう連続な線で，途中で増減したり，また磁力線同士が交叉したりすることはない。

(3) 磁力線の本数は，磁場の強さがHの点では，磁場に垂直な単位面積当たりH本の割合で描く。

以上のことから，磁力線を描けば，磁場中の任意の点での磁場の向き，またその強さを知ることができる。

また，単位面積当たりの磁束の量のことを磁束密度という。断面積S〔m^2〕を垂直に貫く磁束が$\varPhi$〔Wb〕のとき，磁束密度B〔T〕は，

$$B = \frac{\varPhi}{S} \text{〔T〕}$$

となる。ここでT（テスラ）は，磁束密度の単位で，Wb/m^{2}を表す。

磁場の強さHと磁束密度Bには，

$$B = \mu H \text{〔T〕}$$

の関係がある。

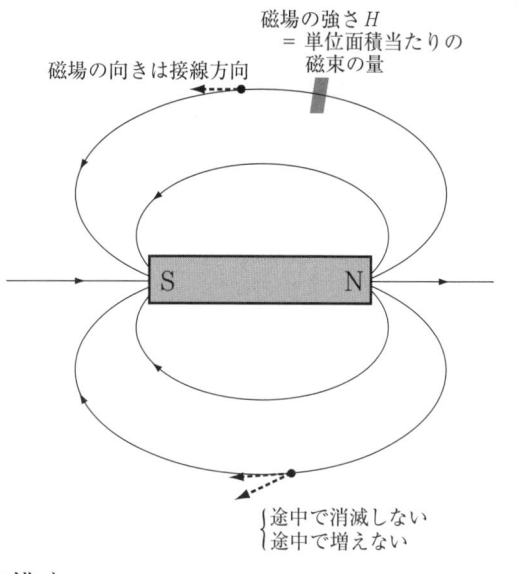

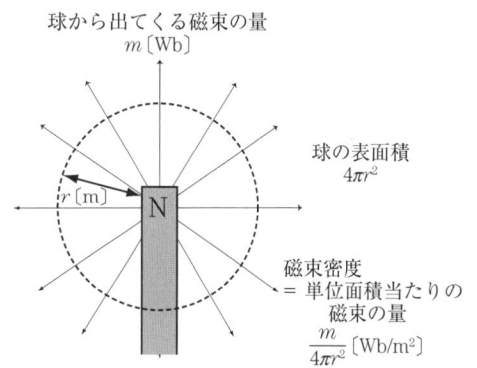

例題 80.1 真空中にある点磁極の磁場の強さが150 N/Wb であった。この点磁極の磁束密度を求めよ。ただし，$\mu_0 = 4\pi \times 10^{-7}$ Wb^2/Nm^2 とする。

解答　$B = \mu_0 H = 4\pi \times 10^{-7} \times 150 = 1.88 \times 10^{-4}$ T

例題 80.2 10 cm^{2}の面積に2.56×10^{-4} Wb の磁束が貫いているときの磁束密度を求めよ。

解答　断面積　$S = 10 \times 10^{-4}$ m^2

磁束密度　$B = \dfrac{\varPhi}{S} = \dfrac{2.56 \times 10^{-4}}{10 \times 10^{-4}} = 0.256$ T

ドリル No.80　　Class　　　No.　　　Name

問題 80.1 次の磁束の性質についての文で，(　　)にあてはまる語句を入れよ。

磁束は，(　ア　)極から出て，(　イ　)極に向かう。同方向の2つの磁束は，(　ウ　)するが，反対方向の2つの磁束は，(　エ　)。また，磁束同士が(　オ　)することはなく，途中で増えたり減ったりすることもない。

問題 80.2 真空中に $\pm 3 \times 10^{-4}$ Wb の磁極の細長い棒磁石がある。このとき，S極から10cm離れた点における磁束密度はいくらか。ただし，N極の影響は無視できるものとする。

問題 80.3 半径4cmの円形の導線ループが，磁場の強さが4N/Wbの均一磁場中に，ループ面が磁場に対して45°の角度で真空中に置かれている。このループを通過する磁束はいくらか。ただし，$\mu_0 = 4\pi \times 10^{-7}$ Wb²/Nm² とする。

チェック項目	月　日	月　日
磁力線，および磁束密度を理解することができたか。		

4. 電磁気学　4.4　磁　場　（3）電流による磁場

電流によって生じる磁場を理解しよう。

1820年に，アンペールは，電流によって磁場が生じることを発見した。電流の流れる方向を右ねじの進む向きに取ると，磁場の方向は，右ねじの回転する方向に一致する。これを右ねじの法則という。また，電流と磁場の関係については，ビオ，サバール，アンペールらによって，以下の関係が発見されている。

[ビオ・サバールの法則]

I〔A〕の電流の流れる導線の ΔL〔m〕のごく短い部分によって，r〔m〕だけ離れた点Pでの磁場の強さ ΔH〔A/m〕は，以下の式のようになる。

$$\Delta H = \frac{I \Delta L}{4\pi r^2} \sin\theta \ \text{〔A/m〕}$$

また，点Pでの磁場は，導線の全長分になるので，

$$H = \sum_{i=1}^{n} \Delta H_i \ \text{〔A/m〕}$$

と表すことができる。これをビオ・サバールの法則という。

[アンペールの周回路の法則]

導線を囲む閉路を考えたとき，磁場の強さと電流の間に，微小部分の長さ ΔL と磁場の強さ H の積は，閉曲線内に含まれる電流の和に等しい。

$$\sum_{i=1}^{n} H_i \Delta L_i = \sum_{i=1}^{n} \Delta I_i$$

これをアンペールの周回路の法則という。

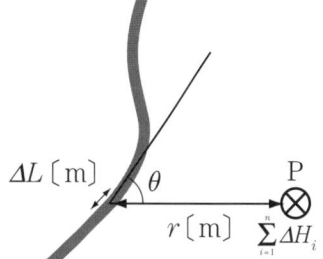

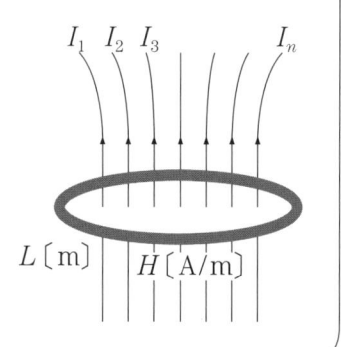

例題 81 半径5 cmの円形導線に10 Aの電流が流れている。円の中心軸上から5 cm離れた点Pでの磁場の強さを求めよ。

解答 円の中心軸上から5 cm離れた点Pでの磁場の強さは，
$AP = r = \sqrt{0.05^2 + 0.05^2} = 0.05\sqrt{2}$ m より，ビオ・サバールの法則を用いて，積分後はZ方向の成分しか残らないので，

$$\Delta H = \left(\frac{I \Delta L}{4\pi r^2} \sin\theta\right) \cdot \frac{AO}{AP}$$

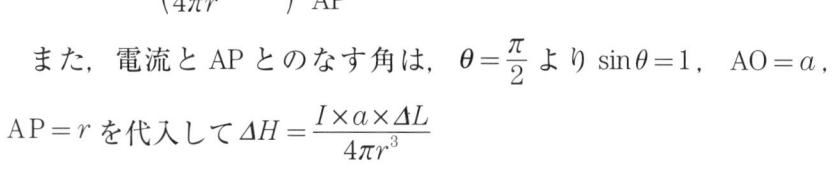

また，電流と APとのなす角は，$\theta = \frac{\pi}{2}$ より $\sin\theta = 1$，$AO = a$，$AP = r$ を代入して $\Delta H = \frac{I \times a \times \Delta L}{4\pi r^3}$

したがって，P点における円形導線すべてからの寄与を求めると，

$$H = \sum_{i=1}^{n} \Delta H_i = \frac{I \times a}{4\pi r^3} \sum_{i=1}^{n} \Delta L_i = \frac{I \times a}{4\pi r^3} \times 2\pi a = \frac{I \times a^2}{2r^3} = \frac{10 \times 0.05^2}{2 \times (0.05\sqrt{2})^3} = 35.4 \ \text{A/m}$$

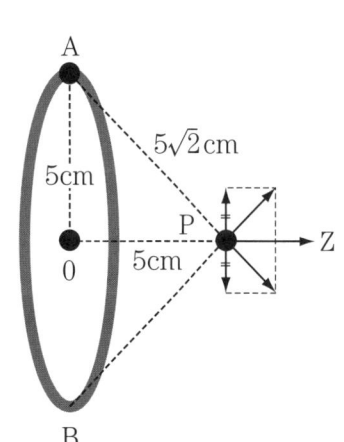

ドリル No.81　Class　　　No.　　　Name

問題 81.1 無限に長い導線に電流 I 〔A〕を流したときに，r〔m〕離れた P点の磁場の強さを求めよ。

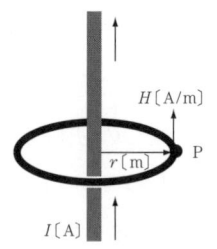

問題 81.2 半径 r〔m〕の円形コイルに，I〔A〕の電流を流したとき，コイルの中心 O に生じる磁場の強さを求めよ。

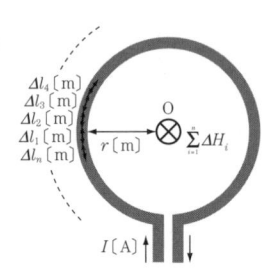

問題 81.3 半径 5cm で 20 回巻きの円形コイルの中心の磁場の強さが 10 A/m であるとき，コイルに流れている電流を求めよ。

問題 81.4 単位長さ当たりの巻き数が n で電流 I が流れている無限に長いソレノイドがある。このソレノイド内部の磁場 H は，nI で与えられることを示せ。また，1 cm 当たり 40 巻きの無限長ソレノイドに 0.5A の電流が流れているとき，ソレノイド内部の磁場の強さはいくらか。

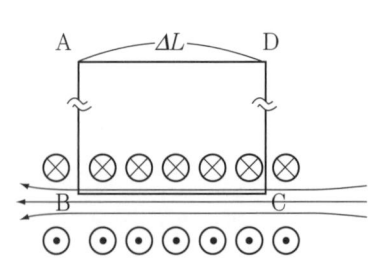

チェック項目　　　　　　　　　　　　　　　　　月　日　　月　日

電流によって生ずる磁場の強さを理解することができたか。

4. 電磁気学　4.4 磁　場　（4）電磁力

磁場と電流によって生じる電磁力について理解しよう。

磁場内に導線を置き，電流を流すことで，磁場が変化し導線に力が生じる。この力のことを電磁力という。電動機（モーター）や電気計器などはこの性質を利用している。

フレミングは，左手の親指，人差し指，中指を直角に曲げ，中指を電流の方向，人差し指を磁場の方向に取ると，親指が電磁力の方向になることを発見した（フレミングの左手の法則）。

磁場の強さ H〔A/m〕の磁場内に，導線を磁場の方向と直角におき，I〔A〕の電流を流すと，導線の L〔m〕の部分にはたらく電磁力 F〔N〕は，

$$F = \mu_0 HIL = BIL \text{〔N〕}$$

と表すことができる。

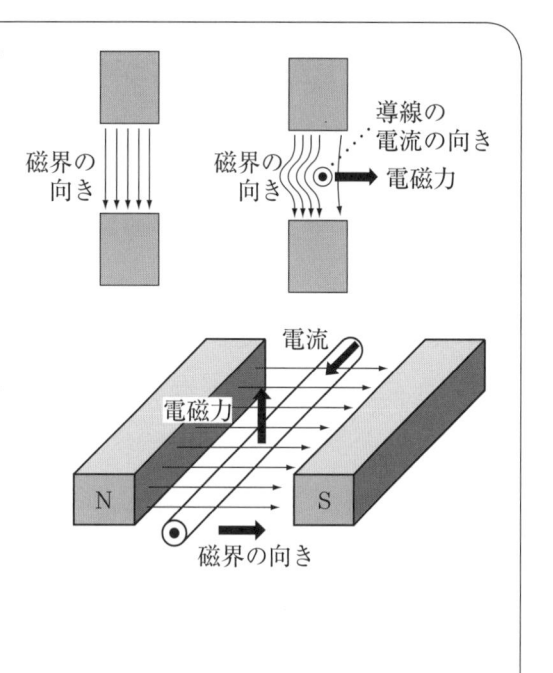

(例題) 82.1　磁束密度 10 mT の均一磁場内で，磁束の方向と直角に置かれた長さ 10 cm の導線がある。この導線に 10 A の電流を流すと，導線にはたらく力はいくらか。

(解答)　$F = \mu_0 HIL = BIL = 10 \times 10^{-3} \times 10 \times 10 \times 10^{-2} = 0.01$ N

(例題) 82.2　磁束密度 0.5 T の均一磁場内で，0.5 m の電線を磁場の方向と 45° の角をなして置いたところ，電線には 0.25 N の力が作用した。電線に流れている電流を求めよ。

(解答)　$F = BIL \sin\theta$ より，

$$I = \frac{F}{BL \sin\theta} = \frac{0.25}{0.5 \times 0.5 \times \sin 45°} = 1.41 \text{ A}$$

(例題) 82.3　均一磁場内で，2.0 A の電流の流れている 1.0 m の電線を磁場方向と 30° の角をなして置いたところ 0.3 N の力が作用した。この磁場の磁束密度を求めよ。

(解答)　$F = BIL \sin\theta$ より，

$$B = \frac{F}{IL \sin\theta} = \frac{0.3}{2.0 \times 1.0 \times \sin 30°} = 0.3 \text{ T}$$

ドリル No.82   Class   No.   Name

問題 82.1 磁場中に，長さ 5 m の直線導体を磁場の方向と直角に置いてある。この導体に 5A の電流を流したときに，この導体に 125 N の力がはたらいた。磁束密度の大きさを求めよ。

問題 82.2 磁束密度 0.5 T の均一磁場内に長さ 0.5 m の導線を磁場の方向と 30° の角をなして置いた。導線に 8A の電流を流したとき，導線にはたらく力を求めよ。

問題 82.3 10 cm だけ離れた 2 本の十分に長い平行な導線 A，B に，それぞれ同じ方向に 10 A の電流を流した。導線 B の単位長さ当たりにはたらく力を求めよ。

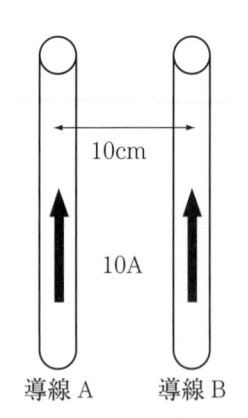

問題 82.4 水平面内で，図のように金属製のレールの上に置かれた電線に電流が流れている。電線は加速度 0.5 m/s^2 で右向きに加速している。電線の質量を 30 g，長さを 20 cm とし，磁場の磁束密度 0.4 T とすると，電線に流れている電流の大きさを求めよ。ただし，磁場 B の向きは紙面の表面から裏面へ向かっているものとし，電線とレールの摩擦は無視できるほど小さいものとする。

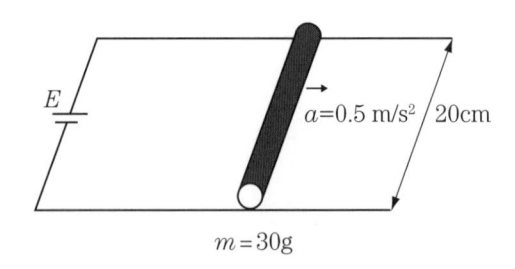

チェック項目	月 日	月 日
電磁力を理解することができたか。		

4. 電磁気学　4.4　磁　場　（5）ローレンツ力

ローレンツ力 f が $f=qvB$ 〔N〕 となることを理解しよう。

　磁場内に導体を置き，その導体に電流を流すと電磁力が生じる。電流は電子の移動によるものであり，電磁力は電子1個当たりにはたらく電磁力の総和であると考えることができる。

　荷電粒子が磁場中を動くと，荷電粒子は磁場から力を受ける。この力を**ローレンツ力**という。磁束密度 B 〔T〕 の磁場中に，垂直に置かれた L 〔m〕 の導線に電流 I 〔A〕 を流したときにはたらく電磁力は，

$F = BIL$ 〔N〕

である。自由電子の電気量，平均速度，導線の断面積，導体の $1\,m^3$ 当たりの自由電子の数をそれぞれ，$-e$ 〔C〕，v 〔m/s〕，S 〔m²〕，n とすると，

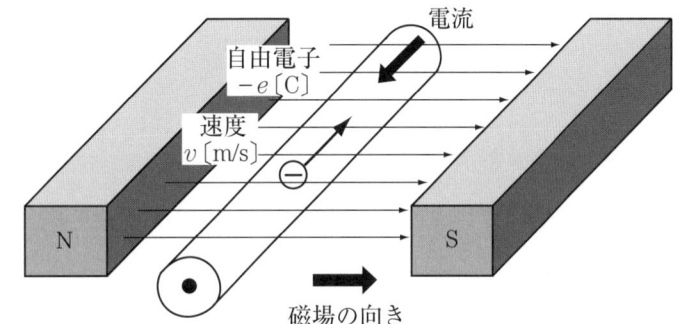

$I = envS$ 〔A〕

したがって，電子1個当たりにはたらくローレンツ力 f 〔N〕 は，

$f = \dfrac{F}{nSL} = \dfrac{BenvSL}{nSL} = evB$ 〔N〕

となる。一般に，電気量 q 〔C〕 を持つ粒子が，磁束密度 B 〔T〕 の磁場内をこれと垂直な方向に速さ v 〔m/s〕 で運動するとき，荷電粒子の受けるローレンツ力の大きさは，

$f = qvB$ 〔N〕

と表すことができる。

例題 83　磁場中を磁場とは直角に速度 v で運動する荷電粒子は，ローレンツ力を受けて等速円運動をする。荷電粒子の電荷が 1.6×10^{-19} C, 質量が 1.67×10^{-27} kg, 速さが 3.0×10^6 m/s, 磁束密度が 10×10^{-5} T のとき，円運動の半径を求めよ。

解答　ローレンツ力が向心力となって，円運動をするので，

$qvB = m\dfrac{v^2}{r}$ より，

$r = \dfrac{mv}{qB} = \dfrac{1.67 \times 10^{-27} \times 3.0 \times 10^6}{1.6 \times 10^{-19} \times 10 \times 10^{-5}} = 313$ m

ドリル No.83　Class　　No.　　Name

問題 83.1　磁束密度 0.3 T の磁場に，電子が磁場に垂直な方向から 8×10^5 m/s の速度で入射したとき，電子の受ける力の大きさはいくらか。ただし，電子の電荷は 1.6×10^{-19} C とする。

問題 83.2　z 軸方向を向いた 20 T の磁場に，図のように速度 5×10^6 m/s の電子が zy 平面上で，磁場の向きと 30° の角度で斜めに入射したとする。電子の受ける力の大きさを求めよ。また，電子はどのような軌跡を描くかを答えよ。ただし，電子の電荷は 1.6×10^{-19} C，空気抵抗や重力は無視できるものとする。

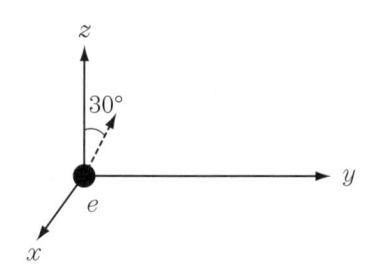

問題 83.3　平行平板電極 A，B を置き，電子を x 軸方向に v_0 [m/s] の速度で入射させた。電極 AB 間に V [V] の電圧を加えると，電子は y 軸方向の正の方向に移動した。電極 AB 間に，磁場（磁束密度 B [T]，磁場の向きは z 軸方向の負の方向）を加えたところ，電子は x 軸方向に直進したという。このとき，磁束密度 B を v_0, V, d を用いて表せ。

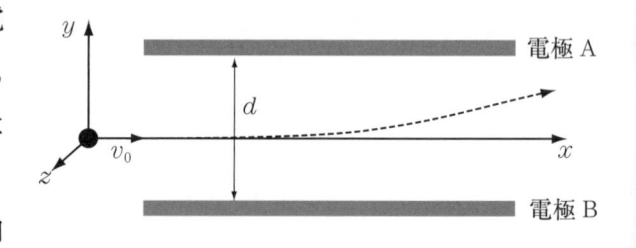

チェック項目　　　　　　　　　　　　　月　日　　月　日

ローレンツ力 f が $f=qvB$ となることを理解できたか。

4. 電磁気学　4.5 電磁誘導　（1）誘導起電力

ファラデーやレンツの法則を理解しよう。

1831年，ファラデーは，回路を貫く磁束が時間的に変化すると，回路には起電力が生じ電流が流れることを発見した（下図）。この現象を電磁誘導という。生じる起電力を誘導起電力，また流れる電流を誘導電流という。さらに1834年，レンツは，電磁誘導によって生じる起電力は，磁束の変化を妨げる向きに生じることを発見した。

［ファラデーの法則とレンツの法則］

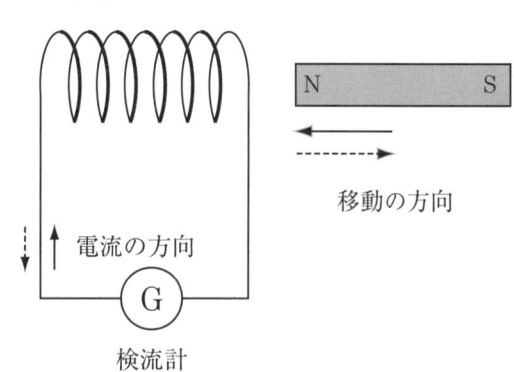

ファラデーやレンツによって発見された電磁誘導を式で表してみよう。生じた誘導起電力の大きさ V〔V〕は，時間 Δt〔s〕の間に，コイルを貫く磁束が $\Delta \Phi$〔Wb〕だけ変化したとすれば，

$$V = -\frac{\Delta \Phi}{\Delta t} \text{〔V〕}$$

（マイナスは，起電力が磁束の変化とは逆向きであることを示す。）で表される。

これは，コイルの巻き数が1巻きの場合であって，コイルの巻き数が N であるときの誘導起電力は，上の式の N 倍，すなわち，

$$V = -N\frac{\Delta \Phi}{\Delta t} \text{〔V〕}$$

となる。

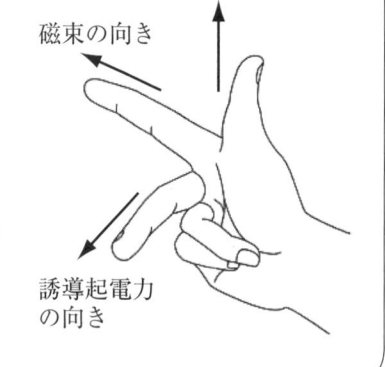

［フレミングの右手の規則］

フレミングは，右手の親指，人差し指，中指をたがいに直角に曲げ，親指を導線の運動の方向，人差し指を磁束の向きにとると，中指が誘導起電力の向きを表すことを発見した。

例題 84 図のように，長さ L〔m〕の導線が，磁束 Φ に対して直角に上方に速度 v〔m/s〕で動く。このとき，導線内に発生する誘導起電力 V〔V〕の大きさと向きを求めよ。ただし，この磁束の磁束密度を B〔Wb/m²〕とする。

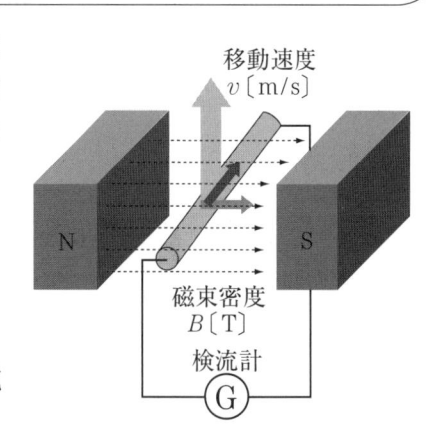

解答　時間 Δt〔s〕の間に，導線が磁束内を動く距離は $v \times \Delta t$〔m〕であるから，導線を貫く磁束の変化量 $\Delta \Phi$ は

$$\Delta \Phi = \underline{(L \times v \times \Delta t)} \times B \quad \text{（下線部は増加した面積）}$$

となる。したがって，このとき，導線内部に生じる誘導起電力 V〔V〕の大きさは，

$$V = \frac{\Delta \Phi}{\Delta t} = \frac{L \times v \times \Delta t}{\Delta t} \times B = BLv$$

その向きは，フレミングの右手の法則から導線の手前から奥の向き（図の実線）である。

ドリル No.84　Class　　No.　　Name

問題 84.1 巻き数100のコイルと直交する磁束が，0.1秒間に0.01 Wbから0.05 Wbに一様な割合で増加したとき，コイルに生じる起電力はいくらか。

問題 84.2 図のように，紙面の表から裏に向かって一様な磁場がある。

この磁場に長方形のコイルが紙面に平行に一定の速さで近づき，通過していった。以下のそれぞれの場合について，コイルに生じる誘導電流の向きを答えよ。

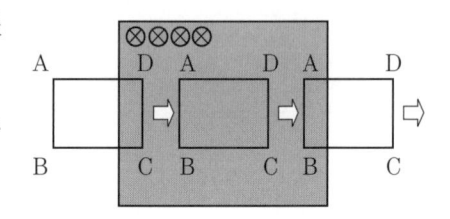

(1) コイルの1部が磁場に入ったとき。
(2) コイルの全部が磁場に入ったとき。
(3) コイルの1部が磁場から出たとき。

問題 84.3 図のように，紙面の表から裏に向いた一様な磁場がある。この磁場内にある長方形のコイルの一部を一定の速度 v [m/s] で手で引くとコイル内に電流が流れた。磁束密度を B [Wb/m^2]，PQの長さを L [m]，コイルの抵抗を R [Ω] として，以下の問いに答えよ。

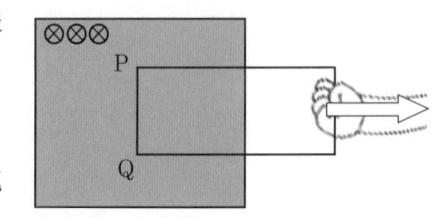

(1) 回路に生じる起電力
(2) 回路に流れる誘導電流
(3) PQ部分にはたらく力
(4) 1秒間に手がする仕事

チェック項目　　月　日　　月　日

誘導起電力の大きさ，また向きについて求めることが理解できたか。

4．電磁気学　4.5　電磁誘導
（2）コイルの自己誘導，相互誘導（インダクタンス）

自己誘導，相互誘導の仕組みを理解しよう。

[自己誘導と自己インダクタンス]
コイルに流れる電流 I〔A〕が変化すると，コイル内の磁束 Φ〔Wb〕にも変化が生じ，コイル自身に誘導起電力が生じる。このコイル自身に起電力が生じる現象を**自己誘導**という。

Δt〔s〕間に電流が ΔI〔A〕変化するとき，生じる自己誘導起電力 V〔V〕は，コイルの場合，磁束 Φ は電流 I に比例するから，

$$V = -N\frac{\Delta \Phi}{\Delta t} = -\frac{\Delta(N\Phi)}{\Delta t} = -\frac{\Delta(LI)}{\Delta t} = -L\frac{\Delta I}{\Delta t} \text{〔V〕}$$

と表すことができる。比例定数 L は，コイルの形や巻き数，大きさ，透磁率などで決まる物理量で**自己インダクタンス**という。L の単位にはヘンリー〔H〕を用いる。

[相互誘導と相互インダクタンス]
1 次コイルを流れる電流の変化により（原因），鉄心を貫く磁束も変化し，それが 2 次コイルも貫くので，2 次コイルに誘導起電力 V_2〔V〕が発生する（結果）。この現象を**相互誘導**という。

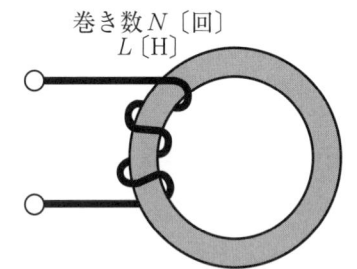

1 次コイルの電流 I_1 が ΔI_1〔A〕だけ変化したとき，2 次コイルを貫く磁束 Φ_2 も $\Delta \Phi_2$〔Wb〕だけ変化する。このとき，2 次コイルに誘導される誘導起電力は，

$$V_2 = -N_2\frac{\Delta \Phi_2}{\Delta t} = -M\frac{\Delta I_1}{\Delta t} \text{〔V〕}$$

比例定数 M は 2 つのコイルの形，巻き数，相互の位置などに関係する値で，M が大きいと V_2 も大きくなる。したがって，相互インダクタンス M は，次のように表すことができる。

$$I_1 M = N_2 \Phi_2 \text{〔H〕}$$

M の単位にも，ヘンリー〔H〕を用いる。

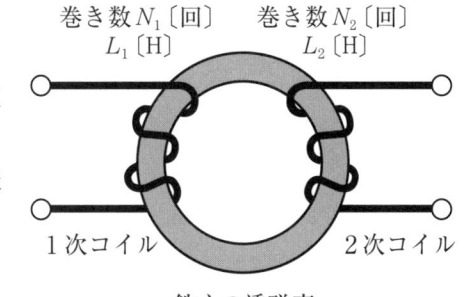

例題 85　右図のように，半径 r に比べて長さ l が十分に大きい，巻き数 N のソレノイド（コイル）の自己インダクタンス L の値を求めよ。ただし，鉄心の透磁率を μ とする。

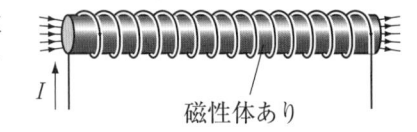

解答　半径に比べて長さが十分に長いソレノイドでは，ソレノイド内部の磁場は一様とみなしてよいから，その値 H は，単位長さあたりの巻き数を $n = \frac{N}{l}$ とすると，$H = nI$ となる。このとき，磁束密度 B は $B = \mu H = \mu n I$ であるから，ソレノイド内部の磁束 Φ は，$\Phi = S \times B = \mu n I S$（ここで $S = \pi r^2$ である）となる。電流が変化すると，磁束も変化するから，したがって，ソレノイド自身に発生する自己誘導による起電力 V は，

$$V = -N\frac{\Delta \Phi}{\Delta t} = -N\frac{\Delta(\mu n I S)}{\Delta t} = -N\mu n S\frac{\Delta I}{\Delta t} = -L\frac{\Delta I}{\Delta t}$$

したがって，自己インダクタンス L は，$L = N\mu n S = (nl)\mu n S = \mu n^2 l S$，または $L = \frac{\mu N^2 S}{l}$

特に，鉄心がない場合は，μ を真空の透磁率 μ_0 に置き換えればよい。

備考：自己インダクタンス L_1，L_2 の 2 つのコイルによる相互インダクタンス M がどのような式になるかは問題 **85.3** で扱う。

ドリル No.85　Class　　No.　　Name

問題 85.1　自己インダクタンス 0.3 H のコイルに流れている電流が，0.1 秒間に一様に 5 A の割合で変化した。このときコイルには何 V の起電力が誘導されるか。

問題 85.2　相互インダクタンスが 2 H の 2 つの回路がある。一方の回路に流れる電流を -1.5 A から 0.2 秒間で 1.5 A まで増加させたとき，もう一方の回路に発生する起電力はいくらになるか。

問題 85.3　断面積 S, 長さ（平均の長さ）l, 透磁率 μ の環状になった鉄心に，巻き数 N_1 の 1 次コイルと巻き数 N_2 の 2 次コイルを巻いた（図）。磁束の漏れはないとして，各コイルの自己インダクタンス L_1, L_2 を求め，相互インダクタンス M が $M = \sqrt{L_1 \times L_2}$ で表されることを示せ。

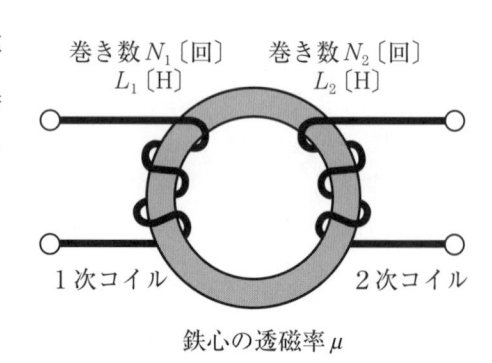

巻き数 N_1〔回〕　L_1〔H〕
巻き数 N_2〔回〕　L_2〔H〕
1次コイル　2次コイル
鉄心の透磁率 μ

チェック項目　　　　　　　　　　月　日　　月　日

自己誘導と自己インダクタンス L，相互誘導と相互インダクタンス M を理解することができたか。

4．電磁気学　　4.6　交　流　　（1）実効値

交流の発生によって出力される電圧について理解しよう。

[交流発生のメカニズム]

磁束密度 B〔Wb/m²〕の一様な磁場内で，コイルの1辺の長さが L〔m〕，また幅が r〔m〕のコイルを図の向きに，角速度 ω〔rad/s〕で回転させることで，半回転ごとに大きさと向きが変わる交流起電力が生じる。

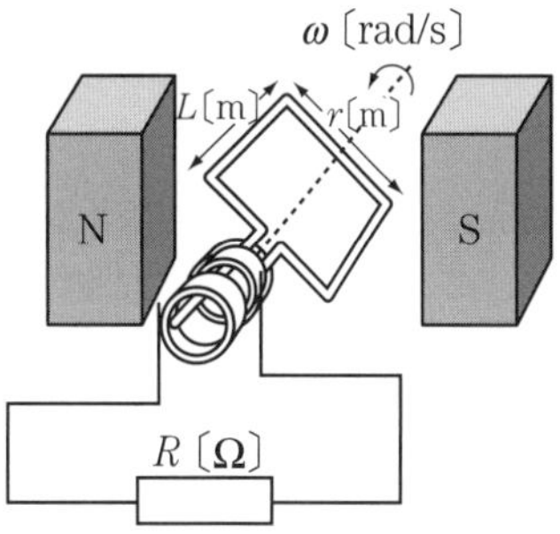

コイル面を貫く磁束 Φ〔Wb〕は，BrL を Φ_0 とおくと，

$\Phi = \Phi_0 \cos\omega t$〔Wb〕

微小時間 Δt〔s〕後に，コイル面を貫く磁束は，$\Phi_0 \cos\omega(t+\Delta t)$ であるから，磁束の変化量 $\Delta\Phi$ は以下のようになる。

$\Delta\Phi = \Phi_0 \cos\omega(t+\Delta t) - \Phi_0 \cos\omega t = -\omega\Phi_0 \Delta t \sin\omega t$ ……①

よって，コイルによって発生する起電力（誘導起電力）は，

$V = -\dfrac{\Delta\Phi}{\Delta t} = \omega\Phi_0 \sin\omega t = V_0 \sin\omega t$〔V〕

ここで，V_0 は最大値である。

[実効値]

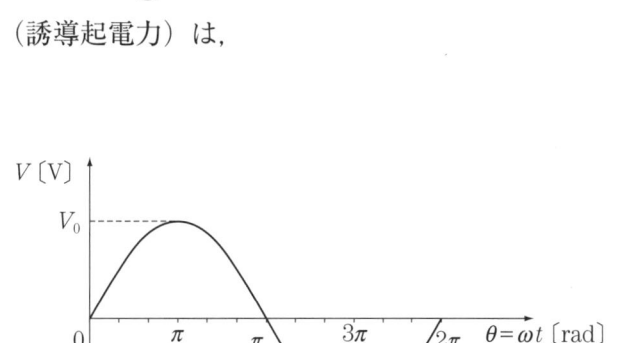

交流電圧の大きさ V を，そのはたらきが同じ直流の電圧で表したものを実効値 V_{eff}〔V〕という。交流電圧 V と実効値 V_{eff} の関係は，$V_{\text{eff}} = \dfrac{V_0}{\sqrt{2}}$〔V〕である。交流では，電圧や電流といえば，一般には実効値のことをいう。実効値については直流同様，オームの法則が成り立つ。

例題 86 コイルによって発生する起電力が $V = V_0 \sin\omega t$〔V〕のとき，実効値 V_{eff}〔V〕が $V_{\text{eff}} = \dfrac{V_0}{\sqrt{2}}$ になることを示せ。

解答 起電力 $V = V_0 \sin\omega t$ を抵抗 R に作用させると，電流は $I = \dfrac{V_0}{R}\sin\omega t = I_0 \sin\omega t$ となる。このとき，この抵抗で消費される電力 P は $P = I \times V = I_0 V_0 \sin^2\omega t$ となり，交流の場合，消費電力もまた時間とともに変化することがわかる。そこで，消費電力の時間平均を考えてみる。すなわち，1周期当たりの消費電力を求め，それを周期 T で割ってみると，

$\bar{P} = \dfrac{1}{T}\displaystyle\int_0^T I_0 V_0 \sin^2\omega t\, dt = \dfrac{I_0 V_0}{T}\int_0^T \sin^2\omega t\, dt = \dfrac{I_0 V_0}{2}$　（←一定値）

この交流での消費電力の平均値を，$V_{\text{eff}} = \dfrac{V_0}{\sqrt{2}}$，また $I_{\text{eff}} = \dfrac{I_0}{\sqrt{2}}$ と置くことによって，$\bar{P} = I_{\text{eff}} \times V_{\text{eff}}$ という<u>直流の場合</u>と同じ形に表すことができる。V_{eff} や I_{eff} を交流電圧や交流電流の実効値という。

ドリル No.86　　Class　　　No.　　　Name

問題 86.1 $V = 100\sqrt{2}\sin 120\pi t$ 〔V〕で表される交流電圧の最大値，実効値，角速度，周波数を求めよ。

問題 86.2 交流電圧 V が $V = V_0 \sin\dfrac{2\pi t}{T}$ で与えられている。このとき，以下の問いに答えよ。ただし，V_0 は最大電圧，T は周期，t は時間とする。

(1) V と t との関係を図示せよ。ただし，必要な記号（V_0 や T）を記入すること。

(2) 交流電圧 V は時間とともに変化するが，通常の交流電圧計には一定の電圧が現れる。この一定の電圧を何というか。また，一定の電圧と V_0 にはどのような関係があるか。

(3) 交流電圧 V に負荷として抵抗 R をつないだ。このとき，瞬間の電力を求めよ。

(4) 50 Hz の交流電圧を交流電圧計で測定したら 100 V であった。V_0，および T の値を求めよ。ただし，t の単位は秒とする。

問題 86.3 図の波形から，周波数，角速度，実効値，瞬時式を求めよ。

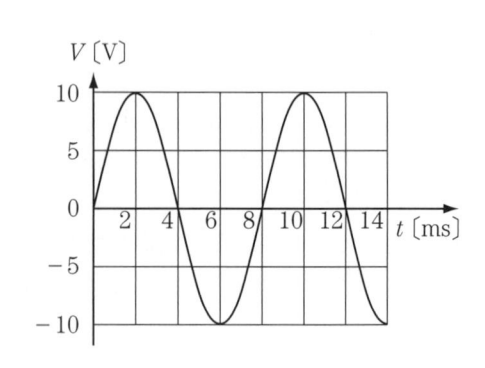

チェック項目　　　　　　　　　　　　　　月　日　　月　日

交流電圧の発生と交流電圧の実効値を理解することができたか。

4. 電磁気学　4.6 交流　（2）リアクタンス

容量リアクタンス $\left(\dfrac{1}{\omega C}\right)$ と誘導リアクタンス (ωL) を理解しよう。

[容量リアクタンス] コンデンサーに流れる交流電流は，電圧に比べて位相が $\dfrac{\pi}{2}$ [rad] だけ進んだ正弦交流電流となる。これは，コンデンサーの働きによって，電荷を蓄えたり，放出したりするためである。電気容量 C [F] のコンデンサーの場合，$\dfrac{1}{\omega C}$ を容量リアクタンスといい，交流回路では電流を妨げる一種の抵抗と考えることができる。

$$X_C = \dfrac{1}{\omega C} \text{ [Ω]}$$

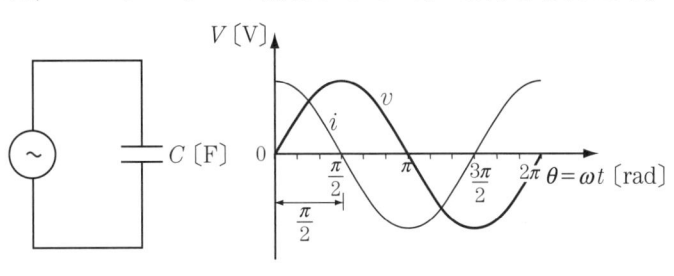

[誘導リアクタンス] コイルに流れる交流電流は，電圧に比べ位相が $\dfrac{\pi}{2}$ [rad] だけ遅れた正弦交流電流となる。これは，コイルの自己誘導作用によって，電流の変化が妨げられるためである。自己インダクタンス L [H] のコイルの場合，ωL を誘導リアクタンスといい，電流を妨げる一種の抵抗と考えることができる。

$$X_L = \omega L \text{ [Ω]}$$

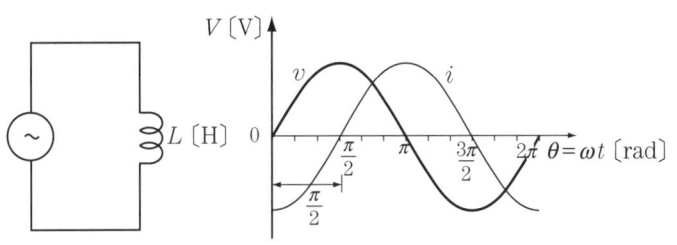

例題 87 電気容量 C [F] のコンデンサー，また自己インダクタンス L [H] のコイルに，それぞれ交流電圧 $V = V_0 \sin\omega t$ をかけた場合，コンデンサーでは位相が $\dfrac{\pi}{2}$ [rad] 進み，またコイルでは位相が $\dfrac{\pi}{2}$ [rad] だけ遅れた正弦交流電流が流れることを示せ。

解答 電流は電荷の流れであるから，$I = \dfrac{\Delta Q}{\Delta t}\left(= \dfrac{dQ}{dt}\right)$ と書ける。交流電圧を V とするとキルヒホッフの第2法則から $V - \dfrac{Q}{C} = 0$ が成り立つが，ここで $V = V_0 \sin\omega t$ を代入し，両辺を時間 t で微分すると $V_0 \omega \cos\omega t - \dfrac{I}{C} = 0$ が得られる。したがって，回路を流れる電流 I は，$I = \omega C V_0 \cos\omega t = I_0 \sin\left(\omega t + \dfrac{\pi}{2}\right)$ となる（ただし，$I_0 = \omega C V_0$）。これは，電圧 V と比較して，電流の位相が $\dfrac{\pi}{2}$ [rad] だけ進んでいることを表している。

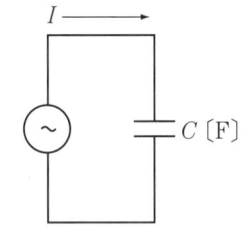

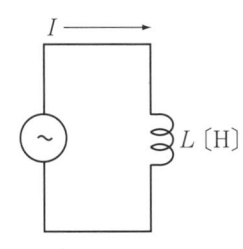

<u>自己インダクタンス L のコイルの場合</u>は，電流の増加に対してそれを妨げる方向に自己誘導起電力がはたらくから，$V - L\dfrac{\Delta I}{\Delta t}\left(= L\dfrac{dI}{dt}\right) = 0$ が成り立つ。ここで，$V = V_0 \sin\omega t$ を代入して，$\dfrac{dI}{dt} = \dfrac{V_0}{L}\sin\omega t$ から I を求めると $I = -\dfrac{V_0}{\omega L}\cos\omega t = \dfrac{V_0}{\omega L}\sin\left(\omega t - \dfrac{\pi}{2}\right) = I_0 \sin\left(\omega t - \dfrac{\pi}{2}\right)$。

これは，電圧 V と比較して，電流の位相が $\dfrac{\pi}{2}$ [rad] だけ遅れていることを表している。ただし，$I_0 = \dfrac{V_0}{\omega L}$。

ドリル No.87　Class　　No.　　Name

問題 87.1　周波数 $\omega = 100\pi$ の交流電圧を与えた。図(a),(b),(c)について以下の問いに答えよ。

(1) (b),(c)のリアクタンスはいくらか。

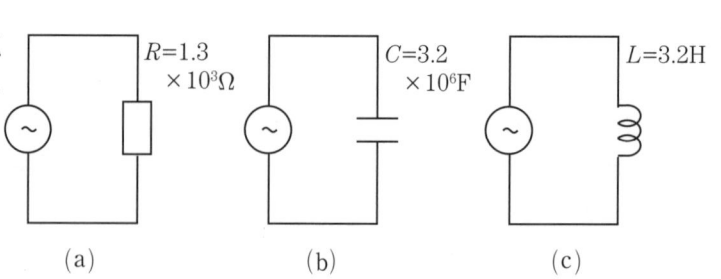

図(a): $R = 1.3 \times 10^3 \Omega$
図(b): $C = 3.2 \times 10^{-6} F$
図(c): $L = 3.2 H$

(2) 時刻 t [s] における交流電圧 V [V] が $V = 141\sin 100\pi t$ であったとき，それぞれの回路に流れる電流 I [A] はどうなるか。

問題 87.2　コンデンサー，またコイルに交流電圧をかけたとき，平均の消費電力は常に0であることを示せ。

問題 87.3　電気容量が $0.05\,\mu F$ のコンデンサーを 50 Hz，1 kHz，10 kHz の交流回路で使用すると，それぞれの容量リアクタンスはいくらか。

問題 87.4　200 mH のコイルに 50 Hz の交流電圧を加えたときの誘導リアクタンスを求めよ。

チェック項目	月　日	月　日
容量リアクタンスと誘導リアクタンスを理解することができたか。		

4. 電磁気学　4.6 交流　（3）RLC回路，インピーダンス

さまざまなRLC回路（直列，並列）を理解しよう。

抵抗R〔Ω〕，インダクタンスL〔H〕，電気容量C〔F〕の直列回路では，回路のそれぞれの部分を流れる電流の位相が等しい。$I = I_0 \sin\omega t$の電流に対して，R，L，Cにかかる電圧は，以下のようになる。

① 抵抗Rでは，同位相で $V_R = RI_0 \sin\omega t$

② コイルLでは，位相が$\dfrac{\pi}{2}$〔rad〕進むから，
$$V_L = \omega L I_0 \sin\left(\omega t + \dfrac{\pi}{2}\right)$$

③ コンデンサーCでは，位相が$\dfrac{\pi}{2}$〔rad〕遅れるから，$V_C = \dfrac{I_0}{\omega C} \sin\left(\omega t - \dfrac{\pi}{2}\right)$

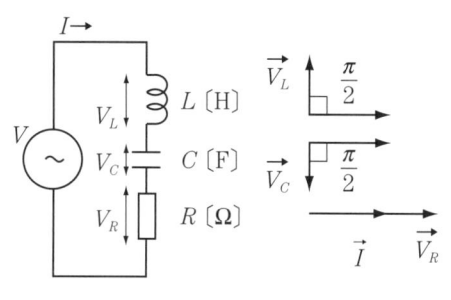

[電圧と電流の関係]

右図は，電流との位相の違いに考慮して，各電圧の関係を示したものである。回路全体の電圧をVとすると，Vはそれぞれの電圧の和（ベクトルの和）で表される。Vの最大値は，右図より，

$$V^2 = (V_L - V_C)^2 + V_R^2 \quad \cdots\cdots ①$$

各電圧の最大値$V_R = RI_0$，$V_L = \omega L I_0$，$V_C = \dfrac{I_0}{\omega C}$を①に代入して，回路全体の抵抗値であるインピーダンスZ，また電流と電圧の位相差θを求めると次のようになる。

$$Z = \sqrt{R^2 + \left(\omega L - \dfrac{1}{\omega C}\right)^2} \ \text{〔Ω〕}, \quad \tan\theta = \dfrac{\omega L - \dfrac{1}{\omega C}}{R} \quad \cdots\cdots ②$$

例題 88 抵抗R〔Ω〕，インダクタンスL〔H〕，電気容量C〔F〕の直列回路のインピーダンス，また電圧と電流の位相差が上の説明文②で与えられることを示せ。

解答 電流（横軸上に電流をとる）に対して，抵抗にかかる電圧V_Rは位相のずれは0であるから，V_Rは電流と一致し横軸にとる。

コイルやコンデンサーの両端の電圧V_LやV_Cは電流に対して位相が$90°$進み，また遅れるから，それぞれy軸上にくる。これら3つの電圧の位相を全て考慮して，

$$\vec{V} = \vec{V_L} + \vec{V_C} + \vec{V_R} \quad \rightarrow \quad V^2 = (V_L - V_C)^2 + V_R^2 \quad \cdots\cdots ①$$

各電圧の最大値$V_R = RI_0$，$V_L = \omega L I_0$，$V_C = \dfrac{I_0}{\omega C}$を①に代入して，$V = ZI_0$の形に表すと，

$$V = \sqrt{R^2 + \left(\omega L - \dfrac{1}{\omega C}\right)^2} \times I_0 \text{ より } Z = \sqrt{R^2 + \left(\omega L - \dfrac{1}{\omega C}\right)^2}$$

また，VのIとの位相の差θは，$\tan\theta = \dfrac{V_L - V_C}{V_R} = \dfrac{\omega L - \dfrac{1}{\omega C}}{R}$

ドリル No.88　Class　　No.　　Name

問題 88.1 10 Ω の抵抗，インダクタンスが 100 mH のコイル，および，電気容量が 100 μF のコンデンサーが直列に接続されている。この回路に 60 Hz，200 V の交流電圧をかけたとき，次の値を求めよ。

(1) 回路のインピーダンス

(2) 電流の強さと電圧に対する位相の遅れの角

(3) 抵抗，コイル，またコンデンサーそれぞれの両端にかかっている交流電圧の大きさ

問題 88.2 抵抗 R，インダクタンス L のコイル，また電気容量 C のコンデンサーを並列に接続して，両端に $V = V_0 \sin\omega t$ の交流電圧をかけたとき，回路全体を流れる電流を求めよ。

チェック項目	月　日	月　日
さまざまな RLC 回路（直列，並列）を理解することができたか。		

4. 電磁気学　4.6 交　流　（4）共　振

直列共振と並列共振を理解しよう。

交流電源の周波数を変化させていくと，特定の周波数で，回路に流れる電流が急激に大きくなったり，また0になったりするところがある。この現象を共振といい，そのときの周波数を共振周波数という。

[直列共振]　RLC直列回路では，電圧の大きさを一定にして周波数を変えていくと電流が急激に大きくなる。この状態を直列共振という。RLC直列回路のインピーダンスは，以下の式で与えられるから，

$$Z = \sqrt{R^2 + \left(\omega L - \frac{1}{\omega C}\right)^2} \, [\Omega]$$

$\omega L = \frac{1}{\omega C}$ のときに，インピーダンスは最小となり，RLC直列回路に流れる電流が最大となる。このときの周波数を共振周波数といい，その値 f_0 は，

$$f_0 = \frac{1}{2\pi\sqrt{LC}} \, [\text{Hz}]$$

となる。このとき回路に流れる電流は $\frac{V}{R}$ [A] である。

[並列共振]　LC並列回路では，交流電源の周波数を大きくしていくと，コンデンサーに流れる電流とコイルに流れる電流が等しくなり，回路に流れる電流 I が 0 になる。この状態を並列共振という。並列共振の周波数は，直列共振と同じく，

$$f_0 = \frac{1}{2\pi\sqrt{LC}} \, [\text{Hz}]$$

で与えられる。

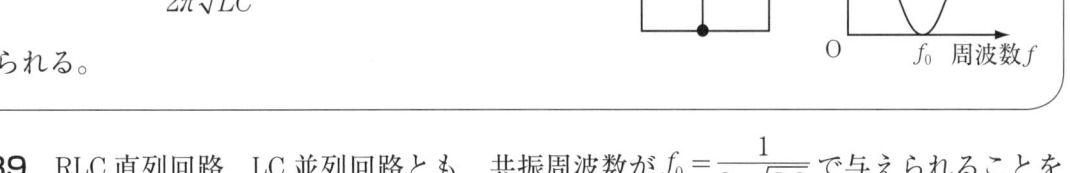

例題 89　RLC直列回路，LC並列回路とも，共振周波数が $f_0 = \frac{1}{2\pi\sqrt{LC}}$ で与えられることを示せ。

解答　RLCの直列回路では，$\omega L - \frac{1}{\omega C} = 0$ でインピーダンスが最小になり，最大の電流が流れる。

$\omega (= 2\pi f_0) = \frac{1}{\sqrt{LC}}$ から，周波数 f_0 は，$f_0 = \frac{1}{2\pi\sqrt{LC}}$ で与えられる。

LC並列回路では，コイル L，コンデンサー C に流れる電流が等しいから，$I_C = I_L$，$I_C = \omega CV$，$I_L = \frac{V}{\omega L}$ から，$\omega C = \frac{1}{\omega L}$ である。よって，周波数 f_0 は $f_0 = \frac{1}{2\pi\sqrt{LC}}$ で与えられる。

ドリル No.89　Class　　No.　　Name

問題 89.1 図の回路において，100 V の交流電圧を加えた。このとき，以下の問いに答えよ。

(1) 電流を最大にする周波数はいくらか。

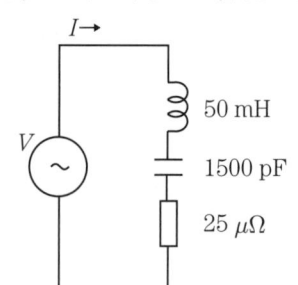

(2) 回路に流れる最大の電流はいくらか。

問題 89.2 図の回路において，コイルとコンデンサの並列回路に 10 V の交流電圧を接続した。コンデンサーの電気容量を変化させていったところ，$100\,\mu\mathrm{F}$ のところで，回路に流れる電流 I が 0 になったという。交流電圧の周波数と，そのときのコンデンサーに流れる電流を求めよ。

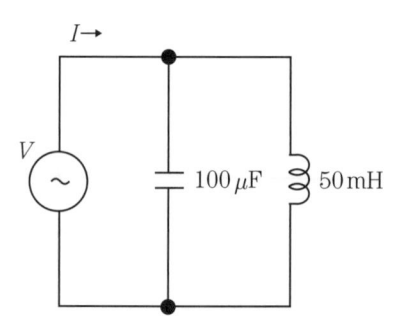

問題 89.3 100 mH のコイルと電気容量のわからないコンデンサーが，100 V で 50 Hz の交流電圧に対して並列に配置された振動回路がある。このとき，以下の問いに答えよ。

(1) 交流電流を 0 にするコンデンサーの電気容量 C を求めよ。

(2) 電気容量 C を $100\,\mu\mathrm{F}$ にし，コンデンサーにたまる電荷が最大になったとき電源のスイッチを切った。このとき，振動回路に生じる電気振動の周波数はいくらか。

チェック項目	月　日	月　日
直列共振と並列共振を理解できたか。		

4. 電磁気学　4.6　交　流　（5）電磁波

電磁波の発生と性質について理解しよう。

　ファラデーは，電気振動は電荷の高速の往復運動であることから，この振動によって周りの電場が急速にかき乱されるであろうと考えた。1871年に，マクスウェルは光が横波であり，真空中の電磁波の速さと同じ速さで伝播することから，光も電磁波の一種であると考えた。これらの考えは，1888年，ヘルツによって実験的に確認された。

[電磁波の発生]

　磁場が変化すると，その周りの空間に電場が生じる。また，電場が変化すると，その周りの空間に磁場が生じる。このように，電場と磁場の変化が次々と空間を伝わる波を電磁波という。図のように，閉じていたスイッチを開くと，コンデンサーから空間に電磁波が放射される。電場から磁場の方向に右ねじを回転させたとき，右ねじの進む方向が電磁波の伝わる方向である。電磁波の周波数 f と波長 λ の間には，以下の関係が成り立つ。

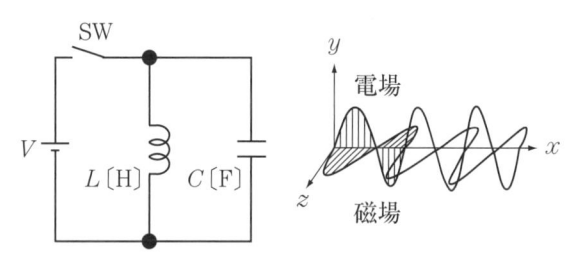

$$c = f\lambda = 2.99 \times 10^8 \text{ m/s}$$

　また，真空中，および絶縁物質中でも伝搬し，伝わる速さは光の速さと等しい。真空中の電磁波の速さは，真空の誘電率 ε_0 [F/m] と透磁率 μ_0 [N/A^2] を用いると次の式のようになる。

$$c = \frac{1}{\sqrt{\varepsilon_0 \mu_0}}$$

[電磁波の種類]

　電磁波は，その波長（振動数）によって非常に異なった性質を示す。性質やその発生法によって分類したものが下の表である。このように，赤外線や紫外線，X線やγ線もまた電磁波の一種である。

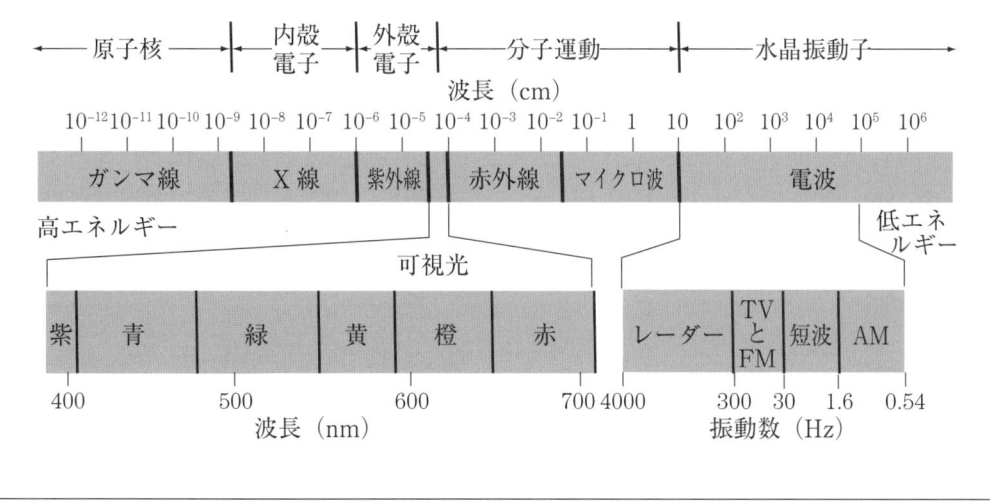

発生源	原子核	内殻電子	外殻電子	分子運動	水晶振動子

波長（cm）: 10^{-12} 10^{-11} 10^{-10} 10^{-9} 10^{-8} 10^{-7} 10^{-6} 10^{-5} 10^{-4} 10^{-3} 10^{-2} 10^{-1} 1 10 10^2 10^3 10^4 10^5 10^6

ガンマ線	X線	紫外線	赤外線	マイクロ波	電波

高エネルギー　　　　　　　　　　　　　　　　　　　　　　　　　　低エネルギー

可視光

紫	青	緑	黄	橙	赤	レーダー	TVとFM	短波	AM

波長（nm）: 400　500　600　700　　　振動数（Hz）: 4000　300　30　1.6　0.54

例題 90　周波数が 900 kHz のラジオの電波と 90 MHz のテレビの電波では，波長はどちらが短いか。ただし，電磁波の速さは 3.0×10^8 m/s とする。

解答　900 kHz のラジオの電波の波長　$\lambda = \dfrac{c}{f} = \dfrac{3.0 \times 10^8}{900 \times 10^3} = 333$ m。

90 MHz のテレビの電波の波長　$\lambda = \dfrac{c}{f} = \dfrac{3.0 \times 10^8}{90 \times 10^6} = 3.3$ m。よって，テレビの電波の方が短い。

ドリル No.90　Class　　No.　　Name

問題 90.1 電磁波について，次の(1)〜(4)の説明で間違っているものを選べ。また，その理由を述べよ。
(1) 電磁波は横波である。
(2) 電波が伝わる速さは音速より速い。
(3) 周波数の高い電波ほど波長が長い。
(4) 電波は屈折や反射をする。

問題 90.2 真空では，誘電率は 8.85×10^{-12} F/m ，また透磁率は 1.26×10^{-6} N/A^2 である。真空中での電磁波の速度を求めよ。

問題 90.3 人工衛星を介した電話（電波を利用した電話）を考える。電話での会話には 0.5 秒の遅れがあるという。このときの電波の速度を求めよ。ただし，電話器と人工衛星との距離は 75,000 km とし，人工衛星が中継を行う際の時間は考えないものとする。

チェック項目　　　　　　　　　　　　　　　　　　　　月　日　　月　日
電磁波の性質と特徴を理解することができたか。

5．原子物理学　　5.1　半導体　　（1）ダイオード

半導体の基本的性質である整流作用を理解しよう。

[半導体]

導体と絶縁体の中間の性質をもつ物質を半導体（セミコンダクター）という。半導体には，電子を電荷の運び手とするＮ型半導体と，正孔（ホール）という正の電荷とみなせる運び手をもつＰ型半導体とがある。

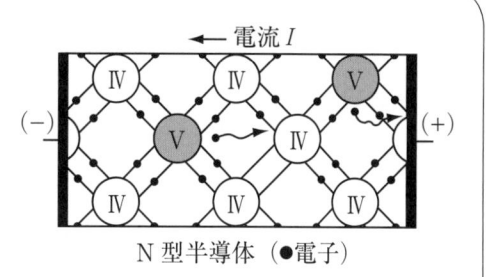

N型半導体（●電子）

[ダイオード]

Ｎ型半導体とＰ型半導体を，図のように接合したものをＰ－Ｎ接合，このＰ－Ｎ接合の両端に金属の電極を取り付け，電流を流せるようにしたものを半導体ダイオードという。

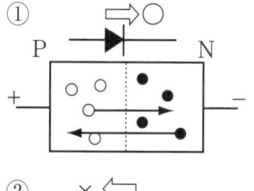

この半導体ダイオードの基本的なはたらきが，次の整流作用である。

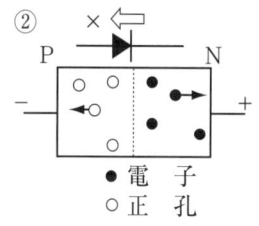

① Ｎ型半導体側を負極，またＰ型半導体側を正極として直流電圧をかけると両者の間には電流が流れる。このとき，ダイオードは導体としてはたらく。

② Ｎ型半導体側を正極，またＰ型半導体側を負極として直流電圧をかけると両者の間には電流が流れない。このとき，ダイオードは絶縁体としてはたらく。

このように，Ｐ型が正のとき（順方向という）電流が流れ，Ｐ型が負のとき（逆方向という）電流は流れない。この整流作用を利用して，半導体ダイオードの両端に交流電圧をかけると，整流されて直流が得られる。

●電子　○正孔

例題 91 半導体ダイオードについて，順方向では電流が流れる（逆方向では電流が流れない）理由を説明せよ。また，半導体ダイオードを用いると，なぜ交流から直流が得られるかを説明せよ。

解答　電荷の運び手として自由電子を持つＮ型半導体と，ホールをもつＰ型半導体を貼り合わせたものが半導体ダイオードである。

順方向とは，Ｐ型が正極，またＮ型が負極のことで，Ｎ型半導体の電子が正極（Ｐ型半導体）へ，またＰ型半導体のホールが負極（Ｎ型半導体）へそれぞれ引かれ半導体間に電流が流れる。

逆方向では，この逆の現象がおこり，半導体間に電荷移動は起こらない。交流では，順方向と逆方向とが交互に起こるが，**順方向では電流が流れ，逆方向では電流が流れない**ので，順方向のみ電流が流れ，直流が得られる。

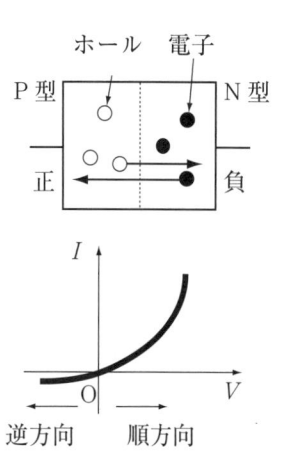

ドリル No.91　Class　　No.　　Name

問題 91.1 Si や（ ア ）などの14族元素に P や As などの（ イ ）族の元素を不純物として微量加えたものが（ ウ ）型半導体である。このとき，電荷を運ぶ担い手になるのは（ エ ）である。

他方，13族の Ga を微量加えたものが（ オ ）型半導体で，このときは（ カ ）が電荷の担い手になる。この2種類の半導体を（ キ ）接合したものが（ ク ）であり，（ ケ ）型半導体側を正極になるよう電圧を加えると電流が流れる。

問題 91.2 内部抵抗の無視できる起電力 V_1, V_2 の電池，また抵抗値 R_1, R_2 の抵抗，さらにはダイオードDを図のように接続した。このとき，ダイオードに電流が流れないための条件を求めよ。

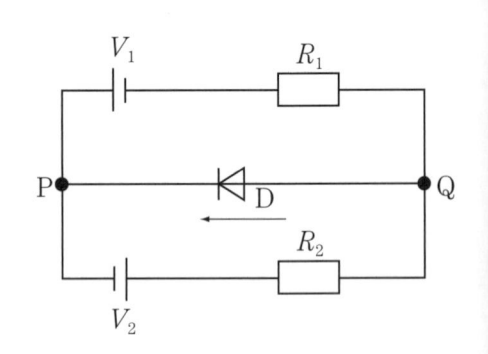

チェック項目	月　日	月　日
半導体の性質とはたらき，また半導体の入った回路についての種々の計算ができたか。		

5. 原子物理学　　5.1　半導体　　（2）トランジスタ

トランジスタの構造（PNPおよびNPNタイプ），およびその基本的性質である増幅作用を理解しよう。

[トランジスタ]

N型半導体とP型半導体の2種類を，3層構造（サンドイッチ構造）にしたものがトランジスタである。接合の仕方によって，NPNタイプ（N型半導体の間にP型半導体をはさむタイプ）とPNPタイプとがある。

[トランジスタの働き]

トランジスタのはたらきの1つが増幅作用である。図は，NPNタイプのトランジスタで，それぞれの部分に金属電極を取り付けたものである。両端の電極（N型半導体に付けた電極を，コレクタ，エミッタといい，真ん中の電極（P型半導体に付けた電極）をベースという。

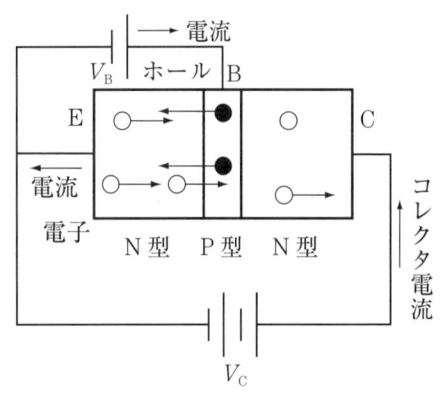

① コレクタとエミッタ間に電圧V_Cをかけても，ベースBとコレクタC側のPN接合に対しては逆方向だから，電流はほとんど流れない。

② 一方，エミッタEとベースB間に電圧V_Bをかけると，順方向だから電流は流れる。電子は薄いベースを通り抜け，コレクタ側に達し，大きなコレクタ電流が流れる。

③ エミッタとベース間のわずかな電圧の違いによって，コレクタとエミッタ間に流れる電流が大きく変わる。

このように，エミッタとベース間のわずかな電圧の操作で，エミッタ，コレクタ間の電流を増幅させるはたらきがトランジスタの増幅作用である。

例題 92 PNPタイプのトランジスタについて，「エミッタとベース間を流れる電流をわずかに変化させると，エミッタとコレクタ間に流れる電流が大きく変化する」という理由を説明せよ。

解答　① コレクタとエミッタ間に電圧V_Cをかけても，ベース（B）とコレクタ（C）側のNP接合に対しては逆方向だから電流はほとんど流れない。

② エミッタ（E）とベース（B）間に電圧V_Bをかけると，順方向だから電流は流れる。ホールは，薄いベースを通り抜け，コレクタ側に達し，大きな電流（コレクタ電流）が流れることになる。このように，エミッタとベース間のわずかな電圧の違いによって，コレクタとエミッタ間に流れる電流が大きく変わる。

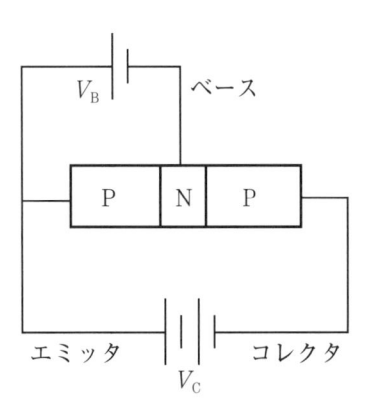

ドリル No.92 Class　　　No.　　　Name

問題 92.1 薄い N 型半導体の両側に P 型半導体を取り付けて，図のような回路を作った。

(1) ベース (B)，エミッタ (E)，そしてコレクタ (C) の記号を図中に書き入れよ。

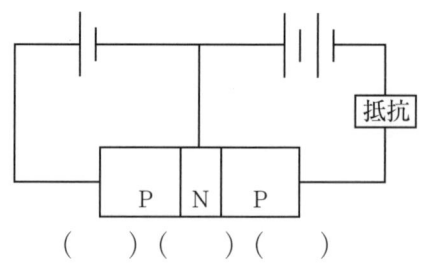

(2) 図の回路では，E，B，C の半導体で，逆方向の電圧がかかっているのはどれか。

(3) PNP トランジスタの内部の電位の様子を表した図として最も適したものはどれか。また，その理由を説明せよ。

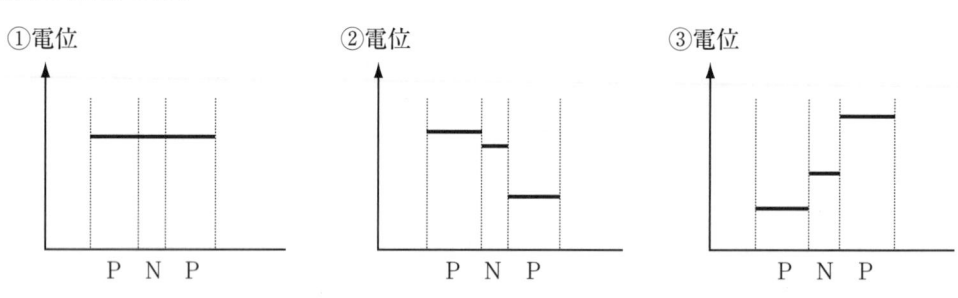

(4) 半導体内部の電子，またホールの動きを図示せよ。

(5) 抵抗の値をより大きくすると，(3)の電位の図はどのようになるか。

チェック項目	月　日	月　日
トランジスタの増幅作用が理解できたか。		

5. 原子物理学　5.2　電　子　（1）電気素量とミリカンの実験

電荷の最小単位を電気素量といい，電子の電荷に等しいことを理解しよう。

[電気素量]

電荷はどこまでも分割できる量ではなく，最小単位が存在することをミリカンは実験によって確認した。その最小単位を電気素量（記号 e で表す）といい，その値は，

$e = 1.60217733 \times 10^{-19}$ C

（計算では，$e = 1.6 \times 10^{-19}$ C として扱うことが多い）

である。なお，トムソンによって測定されていた陰極線の比電荷 $\left(\dfrac{e}{m}\right)$ の値から，電子の質量が次のように求められる。

$m = 9.1093897 \times 10^{-31}$ kg

（計算では，$m = 9.1 \times 10^{-31}$ kg として扱うことが多い）

[ミリカンの実験]

1909 年，ミリカン（米）は電子の電気量についての精密測定を行った。

① 平行な 2 枚の電極間に油滴を吹き込み

② 極版間に電圧をかけない場合，また電圧をかける場合とで

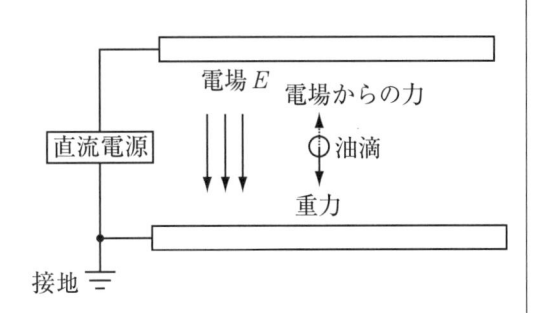

③ この油滴の運動をそれぞれ調べ，油滴の電気量を求めた。

その結果，油滴の電気量は e の整数倍以外の電気量にはならなかった。その意味で電荷 e は電気量の最小の単位で電気素量という。

例題 93 ミリカンの実験によって，油滴の電気量はどのような物理量で与えられるか。

解答　油滴には，重力 mg と電場からの力 qE がはたらいている。
電場をかけないときは，重力によって油滴は落下するが，このとき油滴は，空気から，速度に比例した抵抗を受け，やがて一定の速度 v_1 になる。

　　　$mg = kv_1$ ……①

一方，電場をかけ，油滴が一定速度 で上昇しているとすると，このときは，油滴には，電場からの力 qE と重力 mg，空気からの抵抗力 kv_2 がつりあっている。

　　　$qE = mg + kv_2$ ……②

①，②式から，

　　　$q = \dfrac{k}{E}(v_1 + v_2)$

このように，油滴の電気量は，それぞれの場合の油滴の速度（終端速度）v_1，v_2 から求めることができる。

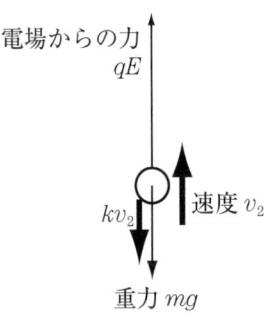

ドリル No.93　Class　　No.　　Name

問題 93.1 ミリカンはいくつかの油滴について電荷を求めたところ、以下のような結果を得たという。油滴の電荷は電気素量 e の整数倍だとして、電気素量 e の大きさを求めよ。

　　　4.82　　6.43　　9.66　　11.24　　12.83 （$\times 10^{-19}$ C）

問題 93.2 図のような上下 2 枚の水平な極板 A, B の間で落下する質量 m の油滴がある。油滴の運動に対する空気の抵抗力は、油滴の速さ v に比例して kv（k は比例定数）で表される。また、空気による浮力は無視でき、また重力加速度の大きさを g とする。このとき、以下の問いに答えよ。

(1) A, B 間に電圧がかかっていないとき、
　① 速さ v で鉛直に落下している油滴にはたらく力を示せ（下向きを正とする）。
　② 十分に時間が経過すると、油滴は一定の速さになる。その理由を説明せよ。
　③ 一定の速さ（終端速度）v_0 を求めよ。

(2) 油滴に電荷 Q を与え、また極板 A, B に電圧をかけて一様な電場 E をつくった。
　④ 電場 E を調節すれば、油滴は A, B 間で静止する。そのときの E の値を求めよ。
　⑤ ③と④から油滴の電荷 Q を v_0 で表せ。

(3) 極板 A, B の距離を 5.0 mm、またその間の電圧を 400 V、比例定数 k を 1.7×10^{-10} N·s/m とするとき、異なる電荷をもつ 3 つの油滴に対して、終端速度として下の測定値を得た。油滴の電荷は、どれも電気素量 e の 7 倍以下として、電気素量 e を推定せよ。

	終端速度 〔mm/s〕
油滴①	0.18
油滴②	0.35
油滴③	0.46

チェック項目　　　　　　　　　　　　　　　　　　月　日　　月　日

ミリカンの実験の説明ができ、電気素量が求められたか。

5．原子物理学　　5.2　電　子　　（2）光電効果

> 光電効果の現象が説明でき，また光電子説から種々の物理量が計算できる。

[光電効果]
　金属の表面に紫外線のような波長の短い光を当てると，金属内部の電子が飛び出してくる現象が光電効果である。このとき，飛び出してくる電子を光電子という。熱エネルギーを吸収して飛び出してくる電子が熱電子であったように，光電子は光のエネルギーを吸収して飛び出したものである。

[光電効果の特徴]
　光電効果についての実験結果を，以下に示す。
① 光を強く当てると，飛び出す光電子の数が増える。
② あてる光の振動数が，その金属固有の値 ν_{min} よりも小さければ，どんなに強い光を当てても電子は飛び出さない。
③ どんなに弱い光であっても，当てる光の振動数が ν_{min} より大きければ，光を当てたとたんに電子は飛び出す。

　光を波だとすると，光が強ければ，飛び出してくる電子の運動エネルギーは大きくなるはずである。実験結果により，光は波ではなく粒子であることがわかった。

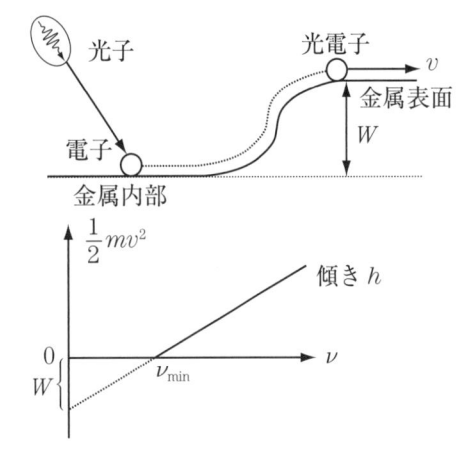

[光量子説]
　アインシュタインは，振動数 ν，波長 λ の光は，それぞれ以下に示すエネルギーと運動量をもつ粒子（光子）と考えた。

　　エネルギー　$E = h\nu$

　　運動量　　　$p = \dfrac{h}{\lambda}$

これを光量子説という。ここで h はプランク定数といい，6.63×10^{-34} J·s という値をもつ極微の世界を特徴づける定数である。

例題 94　アインシュタインの光量子説を用い，光電効果の実験結果を説明せよ。

解答　光を光子だとすると，「強い光とは光子の数が多い」ことであるから，
① 光子とぶつかる電子の数が増すから，その分，飛び出してくる電子の数が増える。
② 光子の数が多くても，光子1個当たりの運動エネルギーが小さくては，電子を金属外に飛び出させることはできない。飛び出す電子の運動エネルギーと電子を金属内部から外へ飛び出させる仕事（仕事関数という）を，それぞれ E_K, W とすると，光子のエネルギー $h\nu$ との間には，$E_K = h\nu - W$ という関係が成り立つ。
③ 光子の数が少なくても，光子1個当たりの運動エネルギーが大きければ，電子を金属外に飛び出させることはできる。

ドリル No.94　Class　　No.　　Name

問題 94.1 真空中で金属表面に光を当てると電子が飛び出してくる現象を（ ア ）という。このとき，飛び出してくる電子の最大の運動エネルギーは光の（ イ ）だけに関係する。これは，光は（ ウ ）と呼ぶ（ エ ）に比例するエネルギーをもった粒子だと考えれば説明がつく。光を当てて金属内部から電子を飛び出させるには，金属の種類によって決まった仕事 W が必要になる。この W を（ オ ）という。（ ウ ）のエネルギーを E とすると，E（ カ ）W のとき電子が飛び出してくる。このときの電子の最大運動エネルギーは（ キ ）となる。

問題 94.2 ある金属に波長 $\lambda_1 = 5.8 \times 10^{-7}$ m の光を当て，次に $\lambda_2 = 4.4 \times 10^{-7}$ m の光を当てたところ，それぞれ $V_1 = 0.1$ V，$V_2 = 0.7$ V で加速したときと同じ運動エネルギーをもった電子が飛び出してきたという。この結果から，プランク定数 h，およびこの金属の仕事関数 W を求めよ。ただし，電気素量，光速は，$e = 1.6 \times 10^{-19}$ C，$c = 3.0 \times 10^8$ m/s とする。

問題 94.3 金属板 P，Q を真空中で向かい合わせ，図のような回路を作った。P, Q 間の電位差は可変抵抗 R によって変えられる。P に波長 λ_1 の光を当てると電流計 A に電流が流れた。R を変えて電圧計 V の値を大きくすると，値が V_1 で電流計 A の電流は 0 になった。プランク定数を h，光速を c，電気素量を e として，金属板 P の仕事関数 W，また極板 P から電子を飛び出させるための最小の波長 λ_0 を求めよ。

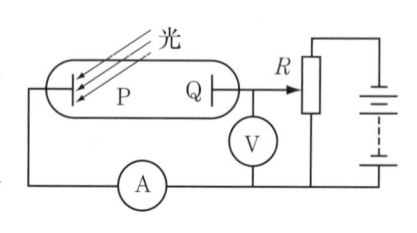

チェック項目

	月　日	月　日
光電効果の現象が説明でき，また光量子説から種々の物理量が計算できたか。		

5. 原子物理学　5.2　電子　（3）粒子性と波動性

> 電子のようなミクロな存在には，粒子としての性質と波としての性質の両方があることを理解しよう。

光は，ある現象に関しては波として振る舞い（波動性），また他の現象に関しては粒子として振る舞う（粒子性）。このように光は，それぞれ相反する二重の性質（これを二重性という）を持つ存在である。

○ 光の波動性があらわになる現象としては，ヤングの実験やブラッグの反射がある。
○ 光の粒子性があらわになる現象としては，光電効果やコンプトン効果がある。

[ド・ブロイの物質波]

光が波や粒子としての性質をあわせ持つならば，物質粒子である電子もまた波の性質を持つのではないかと，ド・ブロイは考え，1924年に電子に付随する波（物質波という）を提唱した。運動量 p（$=mv$）で運動する粒子は，次式で表される波長 λ（ド・ブロイ波長という）を持つ波であるとした。

$$\lambda\,（波長）= \frac{h}{mv\,（運動量）}$$

ここで h はプランク定数で，$h = 6.63 \times 10^{-34}$ J·s である。電子の波動性を表す現象としては，電子線を用いた結晶の回折などがあげられる。プランク定数が無視できない領域において，このド・ブロイ波長が顕著になる。

例題 95.1　速度 6.0×10^3 m/s で運動している電子の運動エネルギーを求めよ。また，この電子の波長を求めよ。ただし，電子の質量は $m = 9.1 \times 10^{-31}$ kg，プランク定数は $h = 6.6 \times 10^{-34}$ J·s とする。

解答　電子の運動エネルギー E_K は，

$$E_K = \frac{1}{2}mv^2 = \frac{1}{2} \times 9.1 \times 10^{-31} \times (6.0 \times 10^3)^2 = 1.6 \times 10^{-21} \text{ J}$$

この電子の波長 λ は，$\lambda = \frac{h}{mv} = \frac{h}{\sqrt{2mE_K}}$ であるから，

$$\lambda = \frac{h}{\sqrt{2mE_K}} = \frac{6.6 \times 10^{-34}}{\sqrt{2 \times 9.1 \times 10^{-31} \times \frac{1}{2} \times 9.1 \times 10^{-31} \times (6.0 \times 10^3)^2}} = \frac{6.6}{9.1 \times 6.0} \times 10^{-6} = 1.2 \times 10^{-7} \text{ m}$$

例題 95.2　ド・ブロイの考えによると，私たち人間が走っても波が付随することになる。体重 60kg の人が 100m を 10 秒で走ったとすると何 cm の物質波が付随することになるか。

解答

$$\lambda = \frac{h}{\sqrt{2mE_K}} = \frac{6.6 \times 10^{-34}}{\sqrt{2 \times 6.0 \times 10 \times \frac{1}{2} \times 6.0 \times 10 \times (1.0 \times 10)^2}} = \frac{6.6}{6.0 \times 1.0} \times 10^{-36} = 1.1 \times 10^{-34} \text{ cm}$$

ドリル No.95　Class　　No.　　Name

問題 95.1　ド・ブロイは光が電磁波としての（　ア　）性と，光子としての（　イ　）性の二重性をもつように，（　イ　）として振る舞う電子にも（　ア　）性があると考えた。振動数 ν [Hz] の光子の運動量の大きさ p は，プランク定数 h [J·s]，また真空中の光速 c [m/s] を用いて（　ウ　）[（　エ　）] と表すことができるから，その波長 λ [m] は，運動量 p を用いて（　オ　）となる。

　質量 m [kg] の電子についても同様の関係が成り立つとすると，速度 v [m/s] で走る電子に付随する（　カ　）の波長 λ [m] は，m, v, h を用いて（　キ　）と表すことができる。

問題 95.2　質量 m の電子を電圧 V で加速した。このとき，以下の問いに答えよ。ただし，電子の質量は $m = 9.1 \times 10^{-31}$ kg，プランク定数 $h = 6.6 \times 10^{-34}$ J·s，電気素量は 1.6×10^{-19} C とする。

(1)　このときのド・ブロイ波長 λ を求めよ。
(2)　加速電圧を4倍にしたとき，ド・ブロイ波長は何倍になるか。
(3)　電子を 100 V の電圧で加速すれば，電子に付随するド・ブロイ波の波長はいくらになるか。

問題 95.3　電子をある電圧で加速して得られる電子線を金属に入射角 θ で当てる。金属内部の電位が外部に対して V_0 だけ高いとき，電子は金属内部に入るとその運動量が変化する。この運動量の変化が電子線の屈折の原因である。電子が電圧 V で加速されて金属に入射したとして，金属に入る前および金属に入った後の電子の波長を求めよ。ただし，V_0 は一定であるとして，電子の質量を m，電気素量を e とする。

チェック項目	月　日	月　日
種々の物理量からド・ブロイ波長を求めることができたか。		

5．原子物理学　　5.2　電子　（4）ブラッグ反射

> X線を用いると，結晶の構造解明ができることを理解しよう。

1914年，ラウエ（独）はX線を結晶に当てた際，原子が規則的に並んだ結晶面で回折し干渉縞を作ることを見いだした。この干渉縞は，ラウエの斑点と呼ばれている。この結果から，X線は波長の短い電磁波であることが判明した。

[ブラッグ反射]

間隔dの平行な格子面に角度θで入射したX線は隣り合う平行な格子面A，Bで反射され，互いに干渉する。入射したX線の波長をλとすると，干渉をおこす2つの反射X線の光路差は$2d\sin\theta$であるから，これが波長の整数倍に等しいとき反射されるX線は強めあうことになる。

$$2d\sin\theta = n\lambda \quad (n=1, 2, 3, \cdots\cdots)$$

この強めあう条件をブラッグ反射の条件といい，nをその次数という。反射角θの2倍である2θは，散乱によるX線の進行方向の変化を表している。

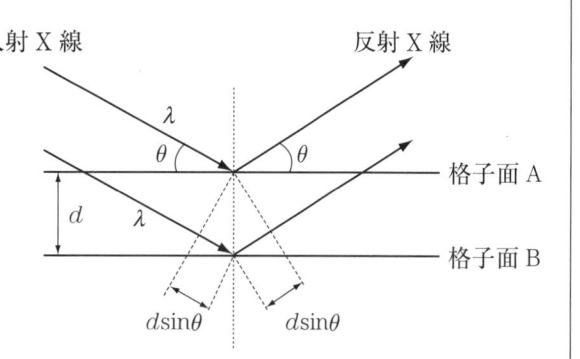

例題 96 波長1.5Å（Åは10^{-10}m）の単色X線を，結晶面に対して30°の角度で結晶に入射させたところ，強い反射がおこったという。

(1) このとき，ブラッグの条件の次数を2とすると結晶面の間隔はいくらになるか。

(2) 入射X線のエネルギーをさらに強くしても，また弱くしても強い反射がおこる。さらに強くした場合，また弱くした場合のX線のエネルギーをそれぞれ求めよ。ただし，プランク定数は$h=6.6\times10^{-34}$J·s，光速度は$c=3.0\times10^{8}$m/sとする。

解答 (1) 求める結晶面の間隔をdとし，ブラッグの反射の条件式で$n=2$とおくと，

$$2d\sin30° = 2\times1.5\times10^{-10}$$

よって，$d = 2\times1.5\times10^{-10} = 3.0\times10^{-10}$ m となる。

(2) 入射エネルギーを強くすると，波長は小さくなるから次数は大きくなる。逆に入射エネルギーを弱くすると波長は大きくなり，その次数は小さくなる。

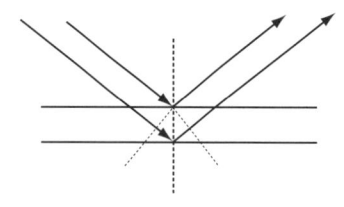

入射エネルギーを強くすると，$n=3$のときのブラッグの条件を満たす。波長をλ_3とすると，

$2\times3.0\times10^{-8}\times\frac{1}{2} = 3\times\lambda_3$から$\lambda_3 = 1.0\times10^{-8}$m となる。このときのエネルギー$E$は，

$$E = \frac{hc}{\lambda_3} = \frac{6.6\times10^{-34}\times3.0\times10^{8}}{1.0\times10^{-8}} = 2.0\times10^{-17} \text{ J}$$

同様に，入射エネルギーを弱くすると，$n=1$のときのブラッグの条件を満たす。このときの波長は$\lambda_1 = 3.0\times10^{-8}$mであるから，エネルギー$E$は，

$$E = \frac{hc}{\lambda_1} = \frac{6.6\times10^{-34}\times3.0\times10^{8}}{3.0\times10^{-8}} = 6.6\times10^{-18} \text{ J}$$

— 191 —

ドリル No.96　Class　　No.　　Name

問題 96.1 波長 2.0×10^{-10} m の X 線をある結晶面に平行に入射し，その後，次第に傾けていくと，20°のとき最初に強い反射がおこった。このとき，以下の問いに答えよ。ただし，sin20°=0.34 とする。

(1) この反射を生じた格子面の間隔はいくらか。

(2) 同じ結晶に，波長のわからない X 線を当てたところ，20°で3回目の強い反射がおこったという。用いた X 線の波長を求めよ。

問題 96.2 電圧 V で加速した電子線を，図のように格子面に対して角度 θ で入射した。このとき，以下の問いに答えよ。

(1) 電子の質量を m，電荷の大きさを e，プランク定数を h として，加速電圧 V と入射電子線の波長 λ との関係を求め，λ が $\dfrac{1}{\sqrt{V}}$ に比例することを示せ。

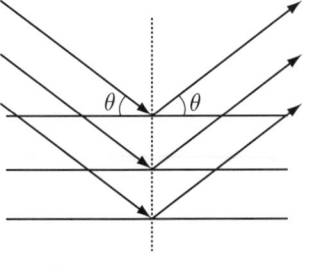

(2) 加速電圧 V が 150 V のときの電子線の波長 λ は，1.0Å（1Åは 10^{-10} m である）である。これより，波長を〔Å〕，電圧を〔V〕単位で表したとき，λ と $\dfrac{1}{\sqrt{V}}$ との間の比例定数を求めよ。

(3) 加速電圧をしだいに増していくと，反射電子線の強度には強弱が交互に現れてくる。格子面の間隔を d〔Å〕として，反射電子線の強度が最大になるときの加速電圧を〔V〕単位で表す式を導け。

チェック項目　　　　　　　　　　月　日　　月　日

X 線を用いて，結晶の構造解明が理解できたか。

5. 原子物理学　5.2 電子

（5）コンプトン効果（コンプトン散乱）

電子に光(X線)を当てると, 散乱される光の波長が長くなる現象(コンプトン効果)を理解しよう。

[コンプトン効果]

光が原子に入射して散乱される場合, 散乱波の波長は入射波の波長に等しい。しかし, 波長の短いX線を入射すると, 散乱波の中には入射波の波長よりも長いものが含まれる。また, この傾向は入射するX線の波長が短いほど著しい。

このように, 散乱されたX線の波長が入射X線の波長よりも長くなって散乱される現象をコンプトン効果という。

[コンプトンによる説明]

入射X線の波長 λ と反射X線の波長 λ' の差 $\Delta\lambda$ ($= \lambda' - \lambda$) は, 散乱角 θ が大きいほど長く, 両者の間には,

$$\Delta\lambda = \frac{h}{mc}(1-\cos\theta)$$

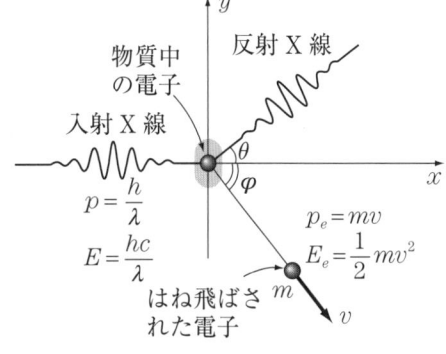

の関係があった。

コンプトンはX線を粒子（光子という）と考え, 光子と電子の弾性散乱として力学的エネルギー保存の法則や運動量保存の法則を用いて実験結果を説明した（1923年）。

[コンプトン効果の影響]

1905年アインシュタインの光量子説によって光の粒子性が導入されたが, コンプトンによる説明によって光の粒子性はもはや疑いのないものになった。

例題 97 コンプトン効果を光子（エネルギー $h\nu$, 運動量 $\frac{h\nu}{c}$）と電子（質量 m）の弾性衝突と考えたとき,

(1) θ の方向に散乱された光子のエネルギー, 運動量を, それぞれ $h\nu'$, $\frac{h\nu'}{c}$ としたとき, 力学的エネルギー保存, 運動量保存の式をそれぞれ示せ。

(2) 入射X線と散乱X線の波長の差 $\Delta\lambda$ についての式を導け。

解答　(1) 電子の質量を m, 衝突後の速度を v とすると, 力学的エネルギー保存の法則から,

$$h\nu = h\nu' + \frac{1}{2}mv^2$$

また, 運動量保存の法則から,

$$x\text{成分}: \frac{h\nu}{c} = \frac{h\nu'}{c}\cos\theta + mv\cos\varphi, \qquad y\text{成分}: 0 = \frac{h\nu'}{c}\sin\theta - mv\sin\varphi$$

なお, ここで, 角度 φ は衝突後の電子の散乱角である。

(2) 以上3式から, v と φ を消去すると,

$$\frac{\lambda'}{\lambda} + \frac{\lambda}{\lambda'} - 2\cos\theta = \frac{2mc}{h}(\lambda' - \lambda)$$

$\frac{\lambda'}{\lambda} + \frac{\lambda}{\lambda'} = 1 + \frac{\Delta\lambda}{\lambda} + 1 - \frac{\Delta\lambda}{\lambda'} \fallingdotseq 2$ を用いて, $\Delta\lambda = \frac{h}{mc}(1-\cos\theta)$ が得られる。

ドリル No.97　Class　　No.　　Name

問題 97.1　例題97では，光子と電子について力学的エネルギー保存の法則，また運動量保存の法則からコンプトン効果の式を導いたが，その際，以下の関係式を用いた。

$$\frac{\lambda'}{\lambda}+\frac{\lambda}{\lambda'}=1+\frac{\Delta\lambda}{\lambda}+1-\frac{\Delta\lambda}{\lambda}=2$$

この式が成り立つことを示せ。

問題 97.2　静止している質量 m の電子に波長 λ，振動数 ν のX線（光子）を当てたら，電子はX線の入射方向と角 θ の方向に光速度 c より十分小さい速度で走り出し，X線は入射方向と直角に散乱され，波長は λ' に，振動数は ν' に変化した。この散乱においてX線の光子と電子は弾性散乱をするものとし，プランク定数を h とする。

(1)　この散乱における力学的エネルギー保存の式を示せ。

(2)　同様に，運動量保存の式を入射方向（x 方向）とそれに垂直な方向（y 方向）について示せ。ただし，散乱は xy 平面でおこるとする。

(3)　入射X線の波長を $\lambda=1\,\text{Å}$（$=10^{-10}\,\text{m}$），散乱X線の波長を $\lambda'=1.024\,\text{Å}$ とすると散乱後の電子の速度 v はいくらか。電子の質量を $m=9.1\times10^{-31}\,\text{kg}$, プランク定数を $h=6.6\times10^{-34}\,\text{J·s}$, 光速度を $c=3.0\times10^{-8}\,\text{m/s}$ とする。

チェック項目	月　日	月　日
光子と電子の弾性散乱としてのコンプトン効果が説明できたか。		

5. 原子物理学　　5.3　原　子　　（1）原子の構造

> 中央に小さな原子核，その周りの決められた軌道に電子が存在するという原子の構造を理解しよう。

　化学反応を説明するために仮説として導入された原子は，20世紀に入り，真空放電の研究によって電子や原子核が発見され，その実在はもちろんのこと，その構造までもが徐々に明らかになった。ここでは，代表的な原子のモデルを紹介する。新しい実験事実が発見されるたびに，古いモデルは，より新しいモデルに進化していった。

［トムソンの原子模型］
　トムソンは，すいかのように，種にあたる負電荷をもつ電子が，それを打ち消す正の電荷としての果肉の中に散らばっているというモデルを提案した。このモデルによって，原子から出てくる線スペクトルはうまく説明できた。

［長岡の土星型モデル］
　長岡は，原子の中心に原子核があり，その回りを電子が土星の環のように取り囲んでいるというモデルを提案した。

［ラザフォードの有核原子模型］
　ラザフォードは，正電荷を持つ α 粒子を薄い金箔（原子）にぶつけると，その多くは通り抜けるが，ごくわずか大きな角度で散乱されることから，原子は正電荷がその中心部の狭い範囲（原子核）に集中しており，電子はその周りを運動しているというモデルを提案した。

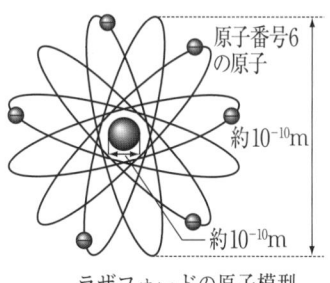

［原子の構造］

原子（原子番号 Z）　10^{-10} m 程度
- 原子核：$+Ze$ の正電荷を持ち，原子の質量の大部分を占める。10^{-15}〜10^{-14} m 程度の大きさ。
- 電　子：$-e$ の負電荷を持ち，原子核の周りを Z 個が回っている。電子には大きさはない。

例題 98 原子による α 粒子（ヘリウムの原子核）の散乱現象は，次の①，②の特徴をもつ。
① 入射した α 粒子の多くは散乱されず，そのまま直進する。
② ごくわずかであるが，180°近くの大きな角度で散乱される。
この実験結果は，トムソンの原子模型では説明できないが，ラザフォードの有核原子模型であれば説明できることを示せ。

解答　トムソンのモデルでは，半径 10^{-10} m 程度の大きさの球の中に正の電荷が一様に分布し，その中に負の電荷をもつ電子が存在しているため，正の電荷をもつヘリウム原子核が近づけば，原子全体から力を受け，①，②という場所による違いは説明できない。他方，ラザフォードの有核モデルでは，原子の中心付近の領域にのみ正の電荷が集中しており，ヘリウム原子核は，この中心付近を通過しようとすると強い反発力を受け，その進路は大きく曲げられる。中心付近以外の箇所では，影響を受けない。

ドリル No.98   Class   No.   Name

問題 98.1 1911年，ラザフォードは，ラジウム原子から出る高速の（ ア ）をきわめて薄い金箔に当てると，大部分の（ ア ）は金箔を素通りするが，ごくわずかの（ ア ）が大きな角度で散乱されることを知った。これは，原子の中心に（ イ ）電荷をもち，原子の（ ウ ）の大部分を占める小さな粒子があるためである。この粒子を（ エ ）という。原子番号Zの原子の中心にある小粒子のもつ電荷は，電気素量をeとすれば（ オ ）である。

問題 98.2 1909年にガイガーとマースデンは，原子核の大きさを推定するために，金箔にα粒子のビームを当て，どのくらいの割合で跳ね返ってくるかを測定した。金の原子の直径をD，原子核の直径をdとすると，ビームに垂直な原子層は図のようになると考えられる。このとき，以下の問いに答えよ。

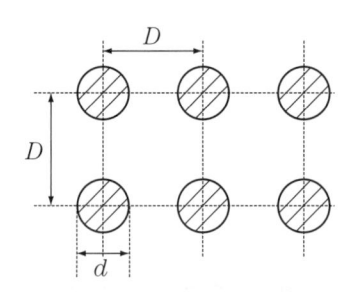

ただし，この金箔の原子層の数を2.3×10^3，金原子の直径を2.6×10^{-8} cmとする。

(1) 図の斜線部分に入ってきたα粒子はすべて跳ね返されると考え，1つの原子の層でα粒子が跳ね返される割合をD, dを用いて表せ。

(2) 実験では，厚さ$D = 6.0 \times 10^{-5}$ cmの金箔を用いた場合，α粒子は8000個に1個の割合で跳ね返されたという。原子は，他の層とは無関係に跳ね返しに寄与するとして，金の原子核の直径dを求めよ。

問題 98.3 ラザフォードはα粒子を10 MeV（10^7 eV）で，金の原子核に正面衝突させた。「金の原子核から距離r離れたところでは，α粒子の運動エネルギーと金の原子核からのクーロン斥力による位置エネルギーの和は，α粒子の入射エネルギーに等しい」として，α粒子が金の原子核に最も近づく距離をRとして，その値を求めよ。ただし，金の原子核の電荷は$+79e$，α粒子の電荷は$+2e$であり，真空の誘電率を$\varepsilon_0 = 8.8 \times 10^{-12}$ C/Vm，電気素量の値を$e = 1.6 \times 10^{-19}$ Cとする。

チェック項目

ラザフォードの有核原子模型の特徴と，原子核の大きさを求めることができたか。	月 日	月 日

5. 原子物理学　5.3　原　子　（2）水素原子のスペクトル

> 水素原子から出てくる光（輝線スペクトル）には規則性があることを理解しよう。

1855年，バルマーは水素原子から出るスペクトル（輝線スペクトルという）の間に規則性があることを見い出した。この一群のスペクトルをバルマー系列という。その後，紫外線や赤外線の中にも同様の系列が見つかった。これらは，それぞれライマン系列，パッシェン系列と呼ばれている。

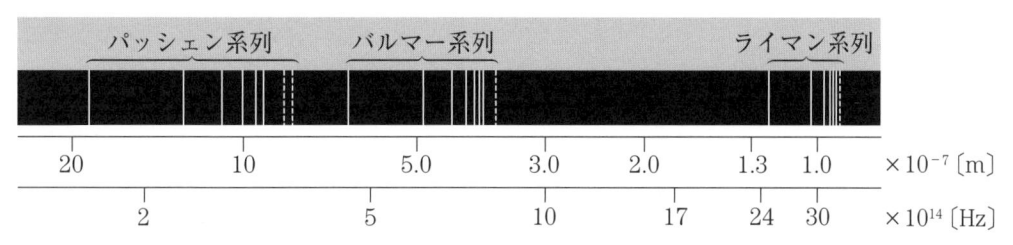

[水素原子スペクトルの規則性]

1890年，リュードベリは水素原子から出てくる光の波長 λ は，各系列とも

$$\frac{1}{\lambda} = R\left(\frac{1}{n^2} - \frac{1}{m^2}\right)$$

の形に整理できることを示した。ここで，R はリュードベリ定数と呼ばれ，$R = 1.097 \times 10^7$ 1/m である。この式で，

① $n=1$, $m=2, 3, 4, \ldots$ のとき，紫外線部にできるライマン系列
② $n=2$, $m=3, 4, 5, \ldots$ のとき，可視光線部にできるバルマー系列
③ $n=3$, $m=4, 5, 6, \ldots$ のとき，赤外線部にできるパッシェン系列

このように，n, m の値で各系列が再現できた。しかし，この式は実験式（経験式）であり，なぜこのような式になるかはわからなかった。この式の意味，すなわち水素原子の構造とどう結びつくのかは，その後，ニールス・ボーアによって解明されたのである。

例題 99 水素原子から出てくるスペクトルについて，以下の問いに答えよ。

(1) バルマー系列，ライマン系列，パッシェン系列の各系列について，最も長い波長をそれぞれの系列について求めよ。ただし，リュードベリ定数を $R = 1.1 \times 10^7$ 1/m とする。

(2) 可視光線の領域の波長は $4 \times 10^{-7} \sim 7 \times 10^{-7}$ m である。(1)の3つの系列は赤外部，可視光部，紫外線部のどの領域に属するかを求めよ。

解答　(1) バルマー系列について求めてみよう。波長が最大となるのは $m=3$ のときであるから，$\frac{1}{\lambda} = 1.1 \times 10^7 \times \left(\frac{1}{2^2} - \frac{1}{3^2}\right) = 1.1 \times 10^7 \times \frac{5}{36} = 1.5 \times 10^6$ から，$\lambda = 6.6 \times 10^{-7}$ m。同様に，ライマン系列では $\lambda = 1.2 \times 10^{-7}$ m，パッシェン系列では，$\lambda = 1.9 \times 10^{-6}$ m。

(2) 右図から，バルマー系列は可視光部，ライマン系列は紫外部，パッシェン系列は赤外部にできる。

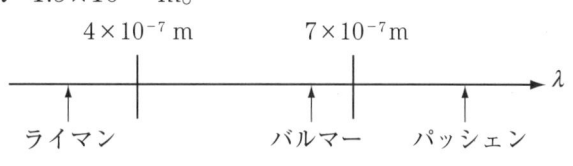

ドリル No.99　　Class　　　No.　　　Name

問題 99.1 下図は水素原子のスペクトルである。このスペクトルを見ると，そこには規則性があるように思われる。1885年，バルマーは，この4本の光の波長についてその規則性を見いだした。

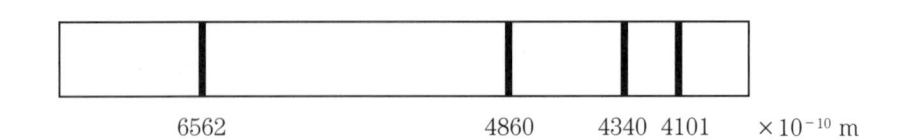

6562　　　4860　4340 4101　　×10⁻¹⁰ m

(1) この4本の光の波長は，$\lambda_0 = 3645.62 \times 10^{-10}$ m とすると，$\frac{9}{5}\lambda_0$，$\frac{4}{3}\lambda_0$，$\frac{25}{21}\lambda_0$，$\frac{9}{8}\lambda_0$ と表されることを示せ。

(2) これら4本の光の波長は，$\frac{1}{\lambda} = 1.1 \times 10^7 \times \left(\frac{1}{2^2} - \frac{1}{n^2}\right)$ $(n = 3, 4, 5, 6)$ にまとめられることを示せ。

問題 99.2 水素原子から得られる放射スペクトルには，ライマン系列，バルマー系列，パッシェン系列など，いくつかのスペクトル系列がある。これらは，「水素原子内の電子が軌道間を移動する際に発する光だ」ということがわかっているものとして，3つの系列は，電子のどのような遷移に対応しているかを求めよ。ただし，n 番目の軌道にいる電子のエネルギーは $-\frac{13.6}{n^2}$ eV とする。

チェック項目

	月 日	月 日
バルマー系列をはじめとした水素原子スペクトルの特徴的な性質を理解できたか。		

5. 原子物理学　5.3　原　子　(3) ボーア理論

水素原子のスペクトルから，水素原子の電子軌道について明らかにしたボーア理論が理解できる。

1913年，ボーアは「正電荷を持つ原子核に負電荷を持つ電子が静電気力で引かれ，その周りを円運動している」という古典的なイメージに，独自の量子論的なアイデアを導入して水素原子のスペクトルの規則性を説明した。

[ボーアの2つのアイデア]

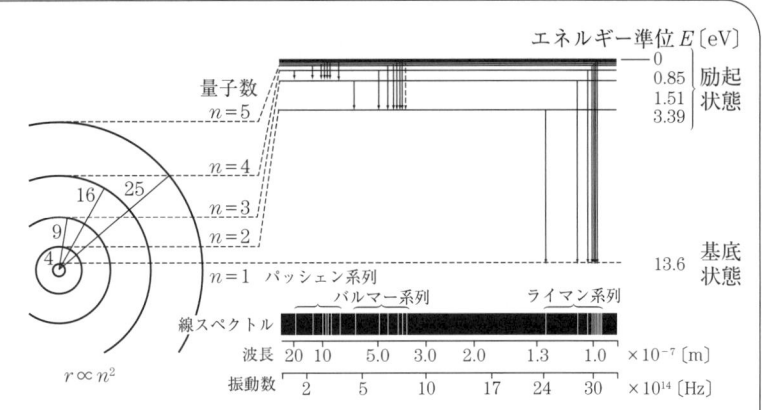

量子条件：電子は，安定な円軌道だけを運動する。電子の質量を m，速さを v とすると，その安定な軌道の半径 r は，

$$2\pi r(=n\lambda)=n\frac{h}{mv} \quad (n=1, 2, 3, \cdots\cdots)$$

を満たす。ここで，h はプランク定数，また n は自然数で量子数とよばれる。

振動数条件：安定な軌道から他の安定な軌道に電子が移るとき，この2つの軌道のエネルギー差 ($\Delta E = E_1 - E_2$) に等しいエネルギーの光を放出したり吸収したりする。放出，または吸収される光の振動数 ν は，次式を満たす。

$$h\nu = \Delta E = E_1 - E_2$$

電子が第3軌道以上の軌道から第2軌道に遷移する際に，そのエネルギー差に等しい光を放出するのが，バルマー系列である。

[ボーアの水素原子モデル]

ボーアの水素原子モデルを表す2つの基本式を以下に示す。

○基本式（電子の運動方程式）　　　　○エネルギー準位（力学的エネルギー）

$$m\frac{v^2}{r}=\frac{1}{4\pi\varepsilon_0}\frac{e^2}{r^2} \qquad E=\frac{1}{2}mv^2+\left(-\frac{1}{4\pi\varepsilon_0}\frac{e^2}{r}\right)$$

例題 100 水素原子について，電子（質量 m，電荷 $-e$）は原子核（電荷 $+e$）の周りを速度 v で等速円運動しているものとする。原子核の質量は電子の質量より十分大きいとして，以下の問いに答えよ。

(1) 電子の軌道半径 r と速さ v の関係を求めよ。
(2) ボーアの量子条件から，電子のエネルギーは n^2 に反比例することを示せ。

解答　(1) 電子は，原子核からのクーロン力を受けて，半径 r の軌道上を等速円運動するから，

$m\dfrac{v^2}{r}=k_0\dfrac{e^2}{r^2}$ より，$mv^2 = k_0\dfrac{e^2}{r}$。ただし，$k_0 = \dfrac{1}{4\pi\varepsilon_0}$

(2) ボーアの量子条件 ($mv \times 2\pi r = nh$) および(1)の結果式から v を消去すると，

$r = \dfrac{h^2}{4\pi^2 k_0 me^2} n^2$ となる。電子の力学的エネルギー E は，$E = \dfrac{1}{2}mv^2 + \left(-k_0\dfrac{e^2}{r}\right) = -\dfrac{k_0 e^2}{2r}$ となるので

半径 r に前式を代入して整理すると，$E = -\dfrac{k_0 e^2}{2} \times \dfrac{4\pi^2 k_0 me^2}{h^2} \times \dfrac{1}{n^2} = -\dfrac{2\pi^2 k_0^2 me^4}{h^2} \times \dfrac{1}{n^2}$。これより電子のエネルギーは n^2 に反比例する。この結果と振動数条件とから，バルマー系列等の特徴が再現できる。

ドリル No.100　Class　　No.　　Name

問題 100.1 水素原子は，原子核（質量 M，電荷 $+e$）のまわりを1個の電子（質量 m，電荷 $-e$）が半径 r の軌道上を速さ v で等速円運動していると考えられる。このとき，向心力は（　ア　）で表されるが，これは原子核と電子の間で電気的引力 $k_0\times$（　イ　）がはたらいているからである。

この電子の軌道は勝手なものは許されず，ボーアによれば，円軌道の円周が電子波の波長の整数倍である軌道のみが許される。これを（　ウ　）条件といい，プランク定数を h，n を自然数とすると，$2\pi r=$（　エ　）$(n=1, 2, 3, \ldots)$ で表される。この式と，等速円運動の運動方程式（　オ　）とから v を消去すると半径 r について $r=$（　カ　）が得られる。

電子の位置エネルギー（　キ　）と運動エネルギーとの和 E_n は，v，r 以外の文字で表すと，$E_n=$（　ク　）$(n=1, 2, 3, \ldots)$ となる。ここで，n は電子が取り得る状態を指定し（　ケ　），またこのとびとびのエネルギー E_n は（　コ　）と呼ばれる。

問題 100.2 ボーアの水素原子モデルでは，n 番目の定常状態の電子の全エネルギーは $E_n=-13.6\dfrac{1}{n^2}$ [eV] で表されることを示せ。また，電子が第3番目以上の軌道から第2番目に移る際に放出される光の波長は，どの系列に属するか。ただし，電気素量を $e=1.6\times 10^{-19}$ C，電子の質量を $m=9.1\times 10^{-31}$ kg，クーロンの法則の比例定数を $k_0=9.0\times 10^9$ Nm^2/C^2，真空中の光速 $c=3.0\times 10^8$ m/s，プランク定数を $h=6.6\times 10^{-34}$ J·s とする。

チェック項目

量子条件，振動数条件などが使いこなせ，各系列について水素原子の原子構造と関連づけられたか。	月　日	月　日

5．原子物理学　　5.4　原子核　　（1）原子核の構造

原子核はプラス電荷をもつ陽子と電荷をもたない中性子からできていることを理解しよう。

[原子核の構造] ラザフォードの有核原子模型の成功によって，原子の中心には質量の大半が集まった原子核の存在が確認された。その大きさは原子の大きさの1万分の1であり，原子は全体として中性であるから原子核には電子の数に等しい正電荷が集中している。陽子の質量は電子の質量の約2000倍である。

その後，1932年，チャドウィックによって電荷を持たない中性子が発見されると，原子核は正電荷をもつ陽子と中性子とが核力によって強く結合したものであることが判明した。

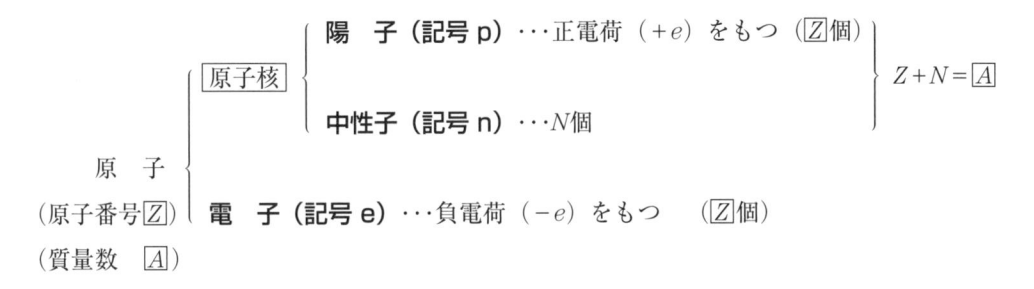

原子（原子番号 Z）（質量数 A）
- 原子核
  - 陽子（記号 p）…正電荷（$+e$）をもつ（Z個）
  - 中性子（記号 n）…N個
  $Z+N=\boxed{A}$
- 電子（記号 e）…負電荷（$-e$）をもつ（$\boxed{Z}$個）

陽子と中性子の数の和が原子の質量数（$A = Z + N$）であり，また陽子の数（$= Z$）が原子番号である。特に，原子が中性の場合，原子番号は電子の数に等しい。陽子と中性子は，電荷のみが異なっており，質量やその他の性質はほぼ同じで核子と総称される。

[同位体] 原子番号 Z は同じだが，質量数 A の異なる原子核をもつ原子を，互いに同位体（アイソトープ）という。同位体は，その化学的性質はほとんど同じである。同位体には，例えば，$^{235}_{92}\text{U}$，$^{238}_{92}\text{U}$ などがある。

例題 101.1 原子力発電所の燃料である $^{235}_{92}\text{U}$ の原子番号，また質量数を求めよ。また，この原子の原子核には何個の陽子，中性子があるか。さらに，原子核の回りには何個の電子があるか。

解答 $^{A}_{Z}\text{X}$ では，Z が原子番号（陽子の数），A が原子の質量数（陽子数＋中性子数）を表す。中性子数 N は，$A = Z + N$ より $N = A - Z$ となる。特に，中性の原子では，陽子の数は電子の数に等しいから，原子核の周りには Z 個の電子がある。したがって，$^{235}_{92}\text{U}$ では，原子番号92，質量数235，陽子数92，中性子数143，電子数92である。

例題 101.2 水素 $^{1}_{1}\text{H}$ と重水素 $^{2}_{1}\text{D}$ は，お互いに同位体の関係にある。同位体の性質から原子の化学的性質を決めるものは何か。以下の(a)～(d)から理由をつけて選べ。
(a) 原子核内の陽子の数　(b) 原子核内の中性子の数　(c) 原子核の回りにある電子の数
(d) 原子核内の陽子と中性子の数の和

解答 $^{1}_{1}\text{H}$（陽子数1，中性子数0，電子数1），$^{2}_{1}\text{D}$（陽子数1，中性子数1，電子数1）から，原子の化学的性質を決めるものは(a)と(c)である。(a)原子番号が同じで質量数の異なる（陽子数が同じで中性子数が異なる）核種を同位体という。(c)特に，中性の原子では，陽子の数と電子の数は同じ。

ドリル No.101　Class　　No.　　Name

問題 101.1 高電圧で加速した原子核を他の原子核にぶつけると，衝突によって新しい原子核ができるときがある。この現象を核反応という。原子核を壊して，その構造を探るのが核反応を研究する目的の1つである。いま，

$$^{14}_{7}N + ^{4}_{2}He \rightarrow ^{1}_{1}H + ^{17}_{8}O \cdots\cdots① \qquad ^{9}_{4}Be + ^{4}_{2}He \rightarrow ^{1}_{0}n + ^{(\ )}_{(\ )}(\ ) \cdots\cdots②$$

という核反応を考えてみよう。反応①で，$^{1}_{1}H$ は質量数（　ア　）の水素原子核で（　イ　）と呼ばれる。また，反応②で $^{1}_{0}n$ は（　イ　）とほぼ同じ質量をもつ電荷（　ウ　）の粒子で（　エ　）と呼ばれる。

(1) 核反応①から，反応の前後で原子番号の和と質量数の和が等しいことを示せ。このことは，反応の前後で何と何の数が保存していると考えられるか。

(2) (1)の結果が核反応②にも成り立っているとすると，核反応②の右辺において $^{1}_{0}n$ 以外にできる原子核は何か。

問題 101.2 (1) 銅の原子核 $^{63}_{29}Cu$ は何個の陽子と中性子からできているか。

(2) 銅には $^{63}_{29}Cu$ と $^{65}_{29}Cu$ の2種類の同位体がある。銅の原子量は63.6であるとしたとき，この2種類の同位体の存在比を求めよ。

チェック項目	月　日	月　日
原子核は陽子と中性子からできていることが理解できたか。		

5. 原子物理学　5.4　原子核　（2）質量欠損と結合エネルギー

> 核分裂や核融合の際，結合エネルギーに相当する質量が減少することを理解しよう。

1919年，ラザフォードは，α線を窒素の原子核$^{14}_{7}$Nにぶつけると，この窒素の原子核から陽子が飛び出すことを発見した。これは，窒素の原子核を他の原子核に変える人類初の原子核の人工変換であった。原子力発電所では，ウラン$^{235}_{92}$Uに中性子を1個ぶつけて，他の原子核$^{144}_{56}$Baや$^{89}_{36}$Krに変え，その際，中性子が3個程度飛び出してくる反応を利用している。

$$^{235}_{92}U + ^{1}_{0}n \rightarrow {}^{144}_{56}Ba + {}^{89}_{36}Kr + 3{}^{1}_{0}n$$

その際，出てくる膨大なエネルギーが原子力エネルギーである。

[質量欠損]

ウラン$^{235}_{92}$Uが分裂して，他の2つの原子核$^{144}_{56}$Ba，$^{89}_{36}$Krに変わった際，以下のようになる。

$$\Delta m = M\left(^{235}_{92}U\right) - M\left(^{144}_{56}Ba + ^{89}_{36}Kr\right) \geqq 0$$

質量はごくわずかであるが減少する。これを**質量欠損**という。この質量欠損に相当する質量Δmが，アインシュタインの関係式$E = mc^2$によってエネルギー（原子力エネルギー）に変化する。

[結合エネルギー]

ウラン$^{235}_{92}$Uは，235個の核子，92個の陽子と143個の中性子からできているが，235個の核子の質量はウラン$^{235}_{92}$Uの原子核の質量よりも大きい。この質量欠損分が，結合エネルギーに変わってウラン$^{235}_{92}$Uの原子核を形作っている。逆に，この結合エネルギーに等しいエネルギーを与えると，ウラン$^{235}_{92}$Uの原子核は，核子のばらばらの状態になる。

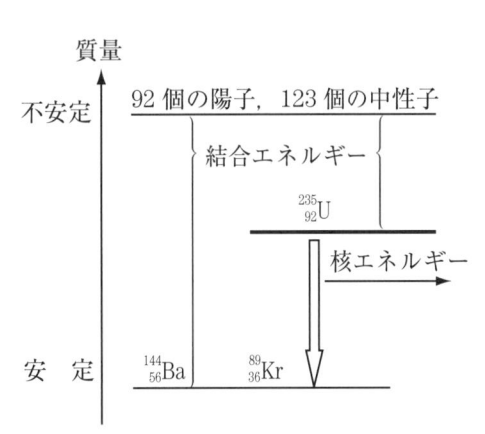

[原子質量単位]

原子物理（ミクロの世界）では，質量の単位として，kgではなく原子質量単位（atomic mass unit：記号u）が用いられる。これは，質量数12の炭素原子$^{12}_{6}$Cの原子量を12.000000と定め，この$\frac{1}{12}$の質量を1uと定めた単位である。

$$1u = \frac{12 \times 10^{-3} kg}{アボガドロ数} \times \frac{1}{12} = 1.66 \times 10^{-27} kg$$

例題 102　原子核を陽子と中性子に分解するためには，外からエネルギーを与えなければならない。そのエネルギーを原子核の（ア）という。重水素の原子核$^{2}_{1}$Hは1個の（イ）と2個の（ウ）からできており，その質量欠損は（エ）となる。したがって，重水素の原子核の（ア）は（オ）となる。ただし，陽子の質量は1.673×10^{-27}kg，中性子の質量は1.675×10^{-27}kg，重水素の原子核の質量は3.344×10^{-27}kg，真空中の光速は3.00×10^{8} m/sとする。

解答　①結合エネルギー，②陽子，③中性子
④ $\Delta m = (1.673 + 1.675 - 3.344) \times 10^{-27}$ kg $= 4.000 \times 10^{-30}$ kg
⑤ $\Delta mc^2 = 4000 \times 10^{-30} \times (3.00 \times 10^{8})^{2} = 3.60 \times 10^{-13}$ J

ドリル No.102　Class　　No.　　Name

問題 102.1 ウラン $^{235}_{92}$U の核子1個当たりの結合エネルギーは，約 7.6 MeV（1 MeV は 10^6 eV）である。質量数 120 程度の原子核の結合エネルギーを約 8.5 MeV とすると，ウラン $^{235}_{92}$U の原子核1個が核分裂したときに放出されるエネルギーを求めよ。

問題 102.2 (1) 原子番号 Z，質量数 A の原子核の質量を M，陽子の質量を m_p 中性子の質量を m_n とする。このとき，この原子核の質量欠損，および結合エネルギーを求めよ。

(2) 核子1個当たりの結合エネルギーは原子核によって異なる。その様子を表したものが，下の図である。これより，水素は核融合がおこりやすく，ウランでは核分裂がおこりやすいことを説明せよ。

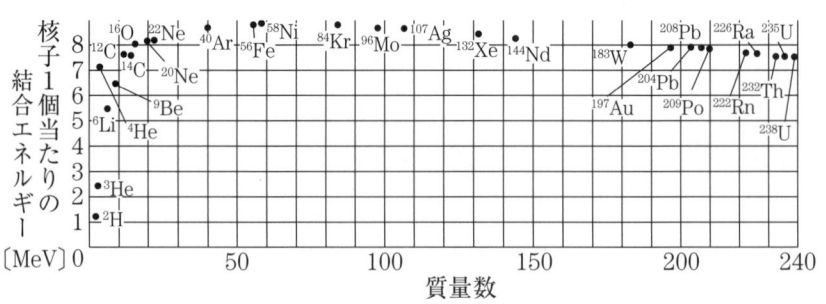

問題 102.3 2個の重陽子が図のように互いに等しい運動エネルギー 0.35 MeV で正面衝突した。その結果，中性子とヘリウム原子核ができるとして，この反応で発生するエネルギーは何 MeV か。ただし，重陽子の質量を 2.0136 u，ヘリウムの原子核の質量を 3.0150 u，中性子の質量を 1.0087 u とする

チェック項目

	月　日	月　日
核分裂や核融合の際，結合エネルギーに相当する質量が減少することが理解できたか。		

5．原子物理学　5.4　原子核　（3）放射線

> 放射線にはα線（ヘリウム原子核），β線（電子），そしてγ線（光）の3種類があることを理解しよう。

ウランやラジウムのように，原子核のなかには自ら放射線を出して他の原子核に変わるものがある。これを放射性原子核と呼んでいる。この放射線には，次の3種類がある。

[放射線の種類]

α線・・・高速のヘリウム原子核である。α線を1個出すことで，もとの原子核は質量数が4，原子番号が2だけ小さい原子核に変化する。α線を出して他の原子核に変わることをα崩壊という。α線は，物質を透過する作用は最も弱く，空気中なら数cmで止まる。しかし，電離作用は最も強い。

β線・・・高速の電子の流れで，原子核内の中性子が陽子と電子（および反電子の数ニュートリノ）に変化する際に放出される。β線を出すと，陽子の数が1個増加し，中性子が1個減少するから，原子番号は1増え，質量数は変わらない。β線を出して他の原子核に変わることをβ崩壊という。透過力はα線よりも強く，数mmの金属板で止められる。しかし，電離作用はα線より弱い。

γ線・・・X線よりもさらに波長の短い電磁波である。電荷を持たないので，電場や磁場で曲がらない。透過力は最も強く，数cm位なら金属板も通り抜ける。電離作用は最も弱い。

[半減期]

原子核の変換には，非常に早いものや遅いものがある。放射性原子核の数が元の数の半分に減るまでの時間を半減期という。半減期 T は，はじめの原子核の数を N_0，時間 t 経過後の原子核の数を N とすると，両者には $N = N_0 \times \left(\frac{1}{2}\right)^{\frac{t}{T}}$ が成り立つ。

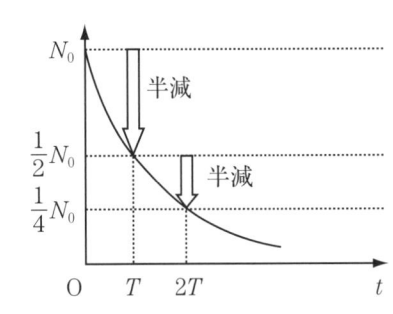

補足 放射線の単位

① 線源の強さ（ベクレル〔Bq〕）原子核が毎秒1個の割合で崩壊するときの強さを1 Bqという。また，ラジウム1g当たりの放射能の強さを1キュリー〔Ci〕という。

② 吸収線量（グレイ〔Gy〕）α線などの電離作用の大きな放射線が物質に吸収され，その吸収されるエネルギーが物質1kg当たり1Jのときの吸収線量を1Gyという。

③ 放射線被曝線量（シーベルト〔Sv〕）人体への影響を定量的に表すための単位。γ線などが人体1kg当たり1Jのエネルギーを与える量を1Svという。

例題 103 天然の放射性元素 $^{238}_{92}\text{U}$ は，（ ア ）回のα崩壊，（ イ ）回のβ崩壊をくり返した後，原子番号82，質量数（ウ 206, 207, 208 より選べ）の鉛（ エ ）になる。

解答 m 回のα崩壊で原子番号は $2m$ 減少し，質量数は $4m$ 減少する。n 回のβ崩壊で原子番号は n 増加する。$92 - 2m + n = 82$ ……①，$238 - 4m =$（ア 206, イ 207, ウ 208）……②
②から，自然数 m を与える質量数としては206が残る。$m = 8$，および①から $n = 6$。したがって，ア 8　イ 6　ウ 206　エ $^{206}_{82}\text{Pb}$

ドリル No.103　Class　　No.　　Name

問題 103.1 原子核の自然崩壊について，以下の問いに答えよ。

(1) $^{210}_{84}\text{Po}$ は，ある放射性元素が，α 崩壊 m 回と，β 崩壊 n 回をくり返してできたものである。$^{210}_{84}\text{Po}$ の祖先の原子核を，$^{238}_{92}\text{U}$, $^{235}_{92}\text{U}$, $^{232}_{90}\text{Th}$ の中から選べ。

(2) $^{226}_{88}\text{Ra}$ の半減期は 1.6×10^3 年である。$^{226}_{88}\text{Ra}$ の 1g は，3.2×10^3 年後には何 g になるか。

(3) $^{238}_{92}\text{U}$（半減期 4.5×10^9 年）と $^{235}_{92}\text{U}$（半減期 7.5×10^8 年）の現在の存在比（原子数の比）は 140：1 である。4.5×10^9 年前における，この両元素の存在比はどれだけであったか。

問題 103.2 右図は，ある放射性元素の原子核の数がどのように変化していくかを表したものである。ただし，図中の N は崩壊せずに残っている原子核の数，N_0 ははじめの原子核の数を表している。

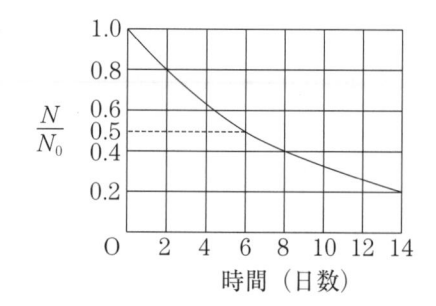

(1) この放射線元素の半減期はいくらか。

(2) 24 日後まで崩壊せずに残っている原子核の数は，はじめの何分の 1 か。また，はじめの原子核の数の $\frac{1}{128}$ 倍になるのは何日後か。

問題 103.3 植物は光合成によって二酸化炭素を取り込むとき，$^{14}_{6}\text{C}$ と $^{12}_{6}\text{C}$ とを大気中から同じ割合で体内に取り入れている。樹木内の，炭素の取り込みが止まった箇所では，$^{12}_{6}\text{C}$ の数は変わらないが，$^{14}_{6}\text{C}$ は β 崩壊をし，その数は減少していく。古い木片の一部を調べたところ，その部分の $^{14}_{6}\text{C}$ と $^{12}_{6}\text{C}$ の数の比 $\frac{^{14}_{6}\text{C}}{^{12}_{6}\text{C}}$ は，大気中での $\frac{1}{3}$ であった。古い木片の，この部分で炭素の取り込みが止まったのは，今からおよそ何年前か。ただし，$^{14}_{6}\text{C}$ の半減期は 5.7×10^3 年であり，大気中の $^{14}_{6}\text{C}$ と $^{12}_{6}\text{C}$ との割合は一定に保たれているとする。また，必要であれば，$\log_{10}2 = 0.30$，$\log_{10}3 = 0.48$ を用いよ。

チェック項目

放射線の種類とその性質，および半減期の計算ができたか。	月 日	月 日

5. 原子物理学　5.4　原子核　（4）核反応

原子核は陽子や中性子など吸収したり，また放出したりして他の原子核に変わることを理解しよう。

1919 年，ラザフォードはビスマス $^{214}_{83}\mathrm{Bi}$ から放出される強力な α 線を用い，窒素の原子核 $^{14}_{7}\mathrm{N}$ から陽子が飛び出すことを発見した。このときの原子核の反応式は，

$$^{14}_{7}\mathrm{N} + ^{4}_{2}\mathrm{He}\ (\alpha\text{線}) \to ^{17}_{8}\mathrm{O} + ^{1}_{1}\mathrm{H}\ (\text{陽子})$$

と書ける。ラザフォードのこの実験は，人類初の原子核変換であった。このように，原子核反応（核反応）では，原子核を構成している核子（陽子や中性子）の組み合わせが変わる。

[核反応の前後で保存される物理量]

① エネルギー……核反応では新しい原子核ができ，核子の結合状態が変化する。このとき，エネルギーが放出，または吸収されるから，反応の前後で原子核の質量（の和）は保存しない。したがって，運動エネルギーと位置エネルギー（力学的エネルギー）に加えて，$E = \Delta M c^2$ で表される質量エネルギーまで考慮すると，反応の前後でエネルギーは保存する。

② 核子数，その種類……核反応では，反応の前後で核子数，その種類は変わらない。以上の①，②以外に，反応の前後で，③電荷や④運動量も保存する。

例題 104.1　1 原子質量単位 (u) に対するエネルギーは MeV (10^6eV) 単位でいくらか。ただし，$1\mathrm{u} = 1.66043 \times 10^{-27}$ kg，光速 $c = 2.997925 \times 10^8$ m/s，電気素量 $e = 1.60210 \times 10^{-19}$ C とする。

解答　質量 m に対するエネルギー（静止エネルギー）は，mc^2 であり，V [eV] に対するエネルギーは eV であるから，$mc^2 = eV$ ……① が成り立つ。$1\mathrm{u} = 1.6604 \times 10^{-27}$ kg に対する V [eV] の値は，①から $V = \dfrac{mc^2}{e} = \dfrac{1.66043 \times 10^{-27} \times (2.997925 \times 10^8)^2}{1.60210 \times 10^{-19}} = 931.478 \times 10^6 \mathrm{eV} = 931.478$ MeV

例題 104.2　$^{7}_{3}\mathrm{Li} \to ^{4}_{2}\mathrm{He} + ^{3}_{1}\mathrm{H}$ という反応は自然におこるだろうか。ただし，$^{7}_{3}\mathrm{Li}$，$^{4}_{2}\mathrm{He}$，および $^{3}_{1}\mathrm{H}$ の質量を，それぞれ 7.016004 u，4.002603 u，3.016050 u とする。

解答　反応後の質量 $^{4}_{2}\mathrm{He} + ^{3}_{1}\mathrm{H} = 4.002603 + 3.016050 = 7.018653$ u は，反応前の $^{7}_{3}\mathrm{Li} = 7.016004$ u より大きいから，外部からエネルギーを加えない限り，自然に反応は進まない。

例題 104.3　$^{10}_{5}\mathrm{B} + ^{1}_{0}\mathrm{n} \to ^{7}_{3}\mathrm{Li} + ^{4}_{2}\mathrm{He}$ という核反応で得られるエネルギー Q（反応熱）を求めよ。中性子の速さをほとんど 0 とすると，反応の結果出てくる $^{7}_{3}\mathrm{Li}$ のエネルギーはいくらか。ただし，$^{7}_{3}\mathrm{Li}$，$^{4}_{2}\mathrm{He}$，$^{10}_{5}\mathrm{B}$，および $^{1}_{0}\mathrm{n}$ の質量を 7.016004 u，4.002603 u，10.012939 u，1.008665 u とする。

解答　反応の前後での質量の減少 ΔM は，$\Delta M = 10.012939 + 1.008665 - (7.016004 + 4.002603) = 0.002997$ u。したがって，エネルギー Q は，$Q = 0.002997$ [u] $\times 931$ [MeV/u] $= 2.79$ MeV，また反応前の重心は静止しているから，反応後の $^{7}_{3}\mathrm{Li}$ と $^{4}_{2}\mathrm{He}$ の運動量は逆向きで大きさが等しい。$\dfrac{m}{M} = \dfrac{V}{v}$ から $\dfrac{m}{M} = \dfrac{MV^2}{mv^2}$，運動エネルギーの比は質量の逆比だから，$^{7}_{3}\mathrm{Li}$ は $2.79 \times \dfrac{4}{11} = 1.01$ MeV

ドリル No.104　Class　　No.　　Name

問題　104.1　ウラン $^{235}_{92}\mathrm{U}$ に中性子 $^{1}_{0}\mathrm{n}$ を衝突させると，バリウム $^{141}_{56}\mathrm{Ba}$ とクリプトン $^{92}_{36}\mathrm{Kr}$，および3個の中性子に分裂した。このとき，$^{235}_{92}\mathrm{U}$，$^{141}_{56}\mathrm{Ba}$，$^{92}_{36}\mathrm{Kr}$，および中性子の質量を 235.0439u，140.9139u，91.8973u，1.0087u，光速を $3.00\times10^{8}\,\mathrm{m/s}$，$1\mathrm{u}=1.66\times10^{-27}\,\mathrm{kg}$ とする。このとき，以下の問いに答えよ。

(1) この核分裂の核反応を式で表せ。

(2) この核反応で質量の減少はいくらか。

(3) この反応がおこったときに発生するエネルギーは何Jか。また，それは何MeVか。

問題　104.2　1gの $^{235}_{92}\mathrm{U}$ の原子核がすべて核分裂をおこすときに発生するエネルギーを求めよ。また，広島に落とされた原子爆弾は，TNT火薬20,000トン（約 2×10^{13} cal）に相当するエネルギーを持っていたといわれている。何個の $^{235}_{92}\mathrm{U}$ の原子核が分裂したことになるか。また，その原子爆弾の質量は最低何kgであったか。$1\mathrm{u}=1.66\times10^{-27}\,\mathrm{kg}$，また1個の $^{235}_{92}\mathrm{U}$ の核分裂で200MeVのエネルギーが発生することを用いよ。

問題　104.3　2個の $^{1}_{1}\mathrm{H}$ と2個の中性子が結合して，ヘリウム原子核 $^{4}_{2}\mathrm{He}$ ができた。このとき，以下の問いに答えよ。ただし，$^{4}_{2}\mathrm{He}$，$^{1}_{1}\mathrm{H}$ および中性子の質量を，それぞれ 4.0026 u, 1.0073 u, 1.0087 u とし，また光速 c を $3.00\times10^{8}\,\mathrm{m/s}$，電気素量 e を $1.60\times10^{-19}\,\mathrm{C}$，$1\mathrm{u}=1.66\times10^{-27}\,\mathrm{kg}$ とする。

(1) この核反応式を書け。

(2) この核反応式で質量の減少は何uか。また，それは何kgか。

(3) 核子1個当たりの結合エネルギーは何Jか。またそれは，何MeVか。

チェック項目

	月　日	月　日
原子核は陽子や中性子など吸収したり，また放出したりして他の原子核に変わることが理解できたか。		

5．原子物理学　5.5　素粒子　（1）素粒子

陽子や中性子等をつくる，さらに基本的な粒子が素粒子であることを理解しよう。

かつては，陽子や中性子は構造を持たないと考えられてきたが，さらに基本的な要素から成り立っていることが明らかになってきた。

[より基本的な構造を求めて]

基本的な構造を探るには，対象とする粒子を壊さなければならない。当初は，宇宙から降り注ぐ高エネルギーの放射線（宇宙線という）が用いられたが，1950年代以降は粒子加速器が用いられるようになり，数多くの新しい粒子が見つかるようになった。

これら加速器の進歩とともに発見された粒子は，その性質（相互作用の仕方）によって，大きく2つのグループに分けられる。電子やニュートリノのグループであるレプトンと，陽子や中性子，また中間子からなるハドロンである。ハドロンは，さらにバリオン（陽子や中性子などのグループ）と中間子のグループに分けられる。

[ハドロン，レプトンの反応を規定する保存則]

表中のバリオン数は，核子の反応や崩壊の際，この数の和が反応の前後で保存する。バリオンはすべて +1 の値をとり，その反粒子は -1 の値をとる。その他の素粒子のバリオン数は 0 である。また，レプトン数については，電子やニュートリノが関わる反応では，この数（電子に関するレプトン数，μ 粒子に関するレプトン数）の和が，反応の前後で保存する。すべてのレプトンは +1 をとり，その反粒子は -1 の値をとる。ハドロン，またレプトンは，バリオン数，レプトン数が保存する反応のみが許されることになる。

分類		記号	名前	質量〔MeV〕	レプトン数	バリオン数	寿命〔秒〕
レプトン		ν_e ν_μ ν_τ	ニュートリノ	0?	1	0	∞?
		e^- μ^- τ	電子 ミューオン タウ	0.511 105.7 1784			∞ 2.2×10^{-6} $\sim 3\times10^{-13}$
ハドロン	中間子（メソン）	π^+ π^0 π^-	パイ中間子	139.6 135.0 139.6	0	0	2.6×10^{-8} 0.83×10^{-16} 2.6×10^{-8}
		K^+ K^0 $\bar{K}^0$ K^-	K中間子	493.7 497.7 493.7			1.24×10^{-8} $K_S 0.89\times10^{-10}$ $K_L 5.18\times10^{-8}$ 1.24×10^{-8}
		η	エータ中間子	548.8			7.7×10^{-10}
	核子	p n	陽子 中性子	938.3 939.6			∞ 917
	ハイペロン	Λ^0	ラムダ	1115.6	0	1	2.6×10^{-10}
		Σ^+ Σ^0 Σ^-	シグマ	1189.4 1192.5 1197.3			0.8×10^{-10} 5.8×10^{-20} 1.48×10^{-10}
		Ξ^0 Ξ^-	グザイ	1314.9 1321.3			2.9×10^{-10} 1.64×10^{-10}
		Ω^-	オメガ	1672.2	0	1	0.82×10^{-10}
		$\Xi^{*0} \Xi^{*-}$	グザイ 1530	1531.8 1535.0			7.2×10^{-23}
		$\Sigma^{*+} \Sigma^{*0} \Sigma^{*-}$	シグマ 1385	1382.3 1382.0 1387.5			6.5×10^{-23} 1.9×10^{-23} ?
		$\Delta^{++} \Delta^+ \Delta^0 \Delta^-$	デルタ 1232	1232			1.6×10^{-23} 5.7×10^{-24}

例題 105 次の4つの反応のうち，許されるものはどれか。

(1) $p+n \rightarrow p+p+n+\bar{p}$
(2) $p+n \rightarrow p+p+\bar{p}$
(3) $\mu^- \rightarrow e^- + \bar{\nu}_e + \nu$
(4) $\pi^+ \rightarrow \mu^+ + \nu_e + \nu_\mu$

解答　(1)，(2)については，バリオンはすべて +1 の値をとり，その反粒子は -1 の値をとる。
(1) 1+1=1+1+1-1 で保存し，(2) は左辺が 2，右辺が 1+1-1=1 となって保存しない。
レプトン数について　(3) 1=+1-1+1 より保存し，(4)は 0=-1+1+1 で保存しない。したがって，(1)，(3)の反応が許される。

ドリル No.105　Class　　No.　　Name

問題 105.1 電荷の保存だけなら，$p^+ \to e^+ + \gamma$ という陽子の崩壊反応はおこりそうだが，現実にはおこらない。その理由を説明せよ。

問題 105.2 次の反応は，どれも許されないものである。その許されない根拠を示せ。

(1) $p + \bar{p} \to \mu^+ + e^-$　　(2) $\pi^- + p \to p + \pi^+$　　(3) $p + p \to p + \pi^+$

(4) $p + p \to p + p + n$　　(5) $\gamma + p \to n + \pi^0$

問題 105.3 次の反応で，（　）の入るべき粒子（ニュートリノ）を決定せよ。

(1) （　　）$+ p \to n + \mu^+$　　(2) $\pi^- \to \mu^- + ($　　$)$　　(3) $K^+ \to \mu^+ + ($　　$)$

(4) （　　）$+ p \to n + e^+$　　(5) （　　）$+ n \to p + e^-$　　(6) $\mu^- \to e^- + ($　　$) + ($　　$)$

チェック項目

素粒子はハドロン，レプトン，フォトンなどに分類される。バリオン数やレプトン数が保存する反応が実際におこることが理解できたか。	月　日	月　日

5. 原子物理学　5.5　素粒子　（2）クォーク模型

> クォークは陽子や中性子などハドロンをつくる基本的な粒子であることを理解しよう。

ハドロンは，「バリオン数が $\frac{1}{3}$ で，電荷が電気素量の整数倍でない $\frac{2}{3}e$ か $-\frac{1}{3}e$ という半端な値をもつ3種類の粒子と，その反粒子から作られる」，1964年ゲルマンとツヴァイクは大胆な仮説を発表した。この奇妙な粒子がクォークである。

[素粒子の分類]

電子はこれまで，その内部構造が見つかっておらず，それ自身，基本的な素粒子（それ以上分解できない基本的な粒子をいう）と考えられている。

原子 { 核　子（陽子，中性子）　→　ハドロン［3個の クォーク で構成される］
　　　 電　子　　　　　　　　　→　 レプトン ［それ自身が素粒子］

現時点で確認されている素粒子の種類とその性質を示したものが下の表である。ハドロンを構成する**クォーク**（6種類），**レプトン**と呼ばれる**電子族**（3種類）や**ニュートリノ族**（3種類）。そして，これらを結びつける「糊」の役目をする**ゲージ粒子**，これが現在，私たちがたどり着いた物質の根源となる基本粒子である。

質量小 ↑ ↓ 質量大

世代	レプトン 基本粒子	電荷[e]	クォーク 基本粒子	電荷[e]
1	ν_e 電子ニュートリノ	0	u アップクォーク	+2/3
	e 電子	−1	d ダウンクォーク	−1/3
2	ν_μ ミューニュートリノ	0	c チャームクォーク	+2/3
	μ^- ミュー粒子	−1	s ストレンジクォーク	−1/3
3	ν_τ タウニュートリノ	0	t トップクォーク	+2/3
	τ^- タウ粒子	−1	b ボトムクォーク	−1/3

例題 106　陽子や中性子は，アップクォークuとダウンクォークdとの組み合わせで構成されており，そのクォークの数の和は3個である。陽子や中性子に含まれているアップクォークとダウンクォークの数はいくらか。アップクォーク，ダウンクォーク，また陽子，中性子の電荷は，それぞれ $+\frac{2}{3}$, $-\frac{1}{3}$, 1, 0 である。ただし，電荷は電気素量 e を単位としている。

解答　陽子や中性子は3個のクォークからできている。また，その電荷は，陽子や中性子を構成するクォークの電荷の和になっている。いま，陽子を構成しているアップクォークの数を N とすると，$\frac{2}{3} \times N + \left(-\frac{1}{3}\right) \times (3-N) = 1$ から $N=2$。陽子は2個のアップクォーク，1個ダウンクォークで構成されている。同様に，中性子は1個のアップクォーク，2個ダウンクォークで構成されている。

ドリル No.106　Class　　　No.　　　Name

問題 106.1 陽子や中性子，また中間子はハドロンと総称される。ハドロンは，より基本的な粒子であるクォークから構成される。次のクォークで構成される粒子の電荷は，それぞれ電気素量の何倍か。ここで，$\bar{s}$ は s と反対の電荷をもったクォークで，s の反クォークと呼ばれている。

① uud　② u$\bar{s}$　③ ddu　④ d$\bar{u}$　⑤ $\bar{u}\bar{u}\bar{d}$

問題 106.2 陽子は uud という3つのクォークの組み合わせ，また中性子は ddu という組み合わせで構成されている。陽子，また中性子の電荷，またバリオン数が，その構成要素であるクォークの電荷，またバリオン数の和で表されることを示せ。

問題 106.3 湯川の中間子理論では，$p+\pi^- \to n$ のように，核子がパイ中間子を交換することで核力を得ているとしたが，これをクォークレベルから説明せよ。また，次の2つの反応をクォークレベルから説明せよ。

(1) $\pi^- + p \to K^0 + \Lambda^0$

(2) $\pi^+ + p \to K^+ + \Sigma^+$

チェック項目	月　日	月　日
ハドロンの反応が，その構成要素であるクォークを用いて理解できたか。		

5．原子物理学　　5.5　素粒子　　（3）自然の階層性

> 物質は，はたらく力の性質，またその力の封じ込めによって階層に分かれることを理解しよう。

　私たちを取り巻く様々な物質は，その大きさによって，またそれらを支配する力の性質によって次のように区分することができる。

<重力・万有引力>

(大)……← 宇宙－銀河－銀河団－銀河－恒星系－地球（惑星）マクロ物質－【人間】－分子・原子－素粒子－クォーク……→ (小)

<電磁気力>　　<弱い力・強い力>

　この流れを見ると，クォークが集まって素粒子となり，また素粒子が集まって原子を作る，分子は原子からでき，マクロな物質は分子，原子からできている・・・という印象を受ける。では宇宙は，クォークの単純な寄せ集めかというとそうではなく，それぞれのレベル（階層）に応じた固有の性質と法則性を持っている。このように，小は素粒子から大は宇宙に至るまで，それぞれ質的に異なった階層が互いに関連し，また依存しあって，私たちを取り巻く調和のとれた自然界を形作っている。

[相互作用と力の封じ込め]

　これら物質の階層構造を生み出し，その性質を決めるものは，それぞれの階層ではたらく相互作用と力の封じ込めの機構である。現在，力には，強い力，電磁気力，弱い力，そして重力の4種類がある。これらは，宇宙の誕生時には区別はなく，ただ1つの力であったと考えられている。

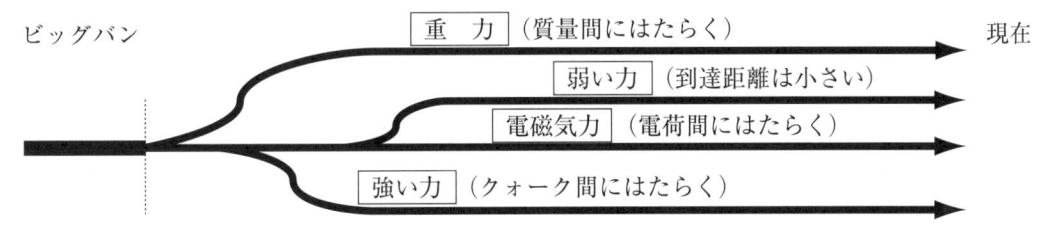

　これらの力の強さと，その到達距離は表の通りである。強い力はクォーク同士を結びつける力で非常に強く，またその到達距離も長いが，素粒子の内部でしかはたらかない。電磁気力は電荷の間ではたらくが，物質中に正電荷と負電荷が同量にあれば，全体として中性になり電気力ははたらかない。これに対して，このような封じ込めがないのが重力である。重力の大きさは極めて小さいが，大きな質量に対しては莫大な大きさを発揮する。宇宙的なスケールでは，この重力が重要な役目を担うのである。

種　類	強　さ	到達距離
強い力	1	無限遠
電磁気力	10^{-2}	無限遠
弱い力	10^{-5}	近距離
重　力	10^{-39}	無限遠

例題 107　強い力も電磁気力も，力の到達距離は無限遠であるにもかかわらず，宇宙では重力が支配的である。宇宙空間では強い力や電磁気力が支配的ではない理由を説明せよ。

解答　強い力は素粒子の内部でしかはたらかない。また，電磁気力は，その到達距離が無限遠であっても，物質の中で正電荷と負電荷が同量にあれば，互いに打ち消しあって，物質の外部でははたらかない（これを，スクリーニング効果という）。しかし，重力には，負の質量が存在しないため打ち消しあうことがなく，巨大な質量である恒星間では莫大な力を及ぼす。

| ドリル No.107 | Class | No. | Name |

問題　107.1　電気力と重力との力の違いは何か。もし，負電荷と正電荷が同量でなければどのような事態が生じると予想されるか。

問題　107.2　「物質はすべてクォークからできているのだから，このクォークの振る舞いが分かれば化学結合のことも，さらには人体に関する様々な現象のことも全て分かるはずだ」という主張は正しいか。

チェック項目	月　日	月　日
力は遮蔽効果や，そのはたらく到達距離によって階層構造をなしていることが理解できたか。		

6. 物理学基礎の発展的内容　　6.1　微分と積分を用いた質点の力学
（1）速度と加速度と変位の微分・積分

> 速度や加速度は，変位や速度を時間で微分したもの（＝短い時間での変化）であり，変位や速度は，速度や加速度を時間で積分したもの（＝短い時間での変化の総和）であることを理解しよう。

時刻 t_1 に $\vec{r}_1$ にあった質点が，時刻 t_2 に $\vec{r}_2$ に移動していた。この間の質点の移動の平均の速度は $\vec{v}=\dfrac{\vec{r}_2-\vec{r}_1}{t_2-t_1}$ で与えられる。この時間間隔 $\Delta t=t_2-t_1$ が非常に小さくなり，$\Delta t \to 0$ になったときが質点の瞬間の速度 $\vec{v}=\lim_{\Delta t \to 0}\dfrac{\vec{r}_2-\vec{r}_1}{\Delta t}=\dfrac{d\vec{r}}{dt}$ である。ここで，$\vec{r}=\vec{r}_2-\vec{r}_1$ は変位である。また，質点が，速度 $\vec{v}$ で微小時間 dt の間だけ動いたとすると，その間の微小変位 $d\vec{r}$ は $d\vec{r}=\vec{v}dt$ で表される。この式の両辺を積分すると，$\int d\vec{r}=\int \vec{v}dt$ となり，質点の変位は，$\vec{r}=\int \vec{v}dt$ で表すことができる。

同様に，時刻 t_1 に速度 $\vec{v}_1$ で運動していた質点が，時刻 t_2 にはその速度が $\vec{v}_2$ になっていた。この間の平均の加速度は $\vec{a}=\dfrac{\vec{v}_2-\vec{v}_1}{t_2-t_1}$ で与えられ，瞬間の加速度は $\vec{a}=\lim_{\Delta t \to 0}\dfrac{\vec{v}_2-\vec{v}_1}{\Delta t}=\dfrac{d\vec{v}}{dt}$ である。また，質点が加速度 $\vec{a}$ で微小時間 dt の間だけ加速したとすると，速度の増加分 $d\vec{v}$ は $d\vec{v}=\vec{a}dt$ で表される。この式の両辺を積分すると，$\int d\vec{v}=\int \vec{a}dt$ となり，質点の速度は，$\vec{v}=\int \vec{a}dt$ で表すことができる。

$$\text{変位と速度の関係}\quad：\vec{v}=\dfrac{d\vec{r}}{dt}, \quad \vec{r}=\int \vec{v}dt$$

$$\text{速度と加速度の関係}：\vec{a}=\dfrac{d\vec{v}}{dt}, \quad \vec{v}=\int \vec{a}dt$$

例題 108　一定の加速度 $\vec{a}$ で運動する質点の t 秒後の速度と変位をそれぞれ求めよ。ただし，初期条件として，$t=0$ のときの速度は $\vec{v}_0$（初速度），そのときの位置は $\vec{x}=\vec{0}$ であったとする。

解答　$\vec{v}=\int \vec{a}dt=\vec{a}t+\vec{C}$　初期条件より，$\vec{v}_0=\vec{a}\times 0+\vec{C}$ となる。よって，$\vec{C}=\vec{v}_0$ であり，$\vec{v}=\vec{a}t+\vec{v}_0$ となる。

また，$\vec{x}=\int \vec{v}dt=\int (\vec{a}t+\vec{v}_0 dt)=\dfrac{1}{2}\vec{a}t^2+\vec{v}_0 t+\vec{C}'$　初期条件より $\vec{C}'=\vec{0}$ となり，$\vec{x}=\dfrac{1}{2}\vec{a}t^2+\vec{v}_0 t$ となる。

※　鉛直方向（x 方向）の落下運動では，加速度は g で一定であり，初期条件が異なる。

自由落下：$t=0$ で $v=0$，$x=0$ なので，$v=gt$，$x=\dfrac{1}{2}gt^2$

鉛直投げ上げ：$t=0$ で $v=v_0$（上向き），$x=0$ なので，$v=v_0-gt$，$x=v_0 t-\dfrac{1}{2}gt^2$（上向きを正）

鉛直投げ下げ：$t=0$ で $v=v_0$（下向き），$x=0$ なので，$v=v_0+gt$，$x=v_0 t+\dfrac{1}{2}gt^2$（下向きを正）

ドリル No.108　Class　　No.　　Name

問題　108.1　等速円運動している質点の運動を解析する。ある時刻の質点の座標は $x = r\cos\theta$, $y = r\sin\theta$ で与えられる。この質点の速度と加速度を求めよ。

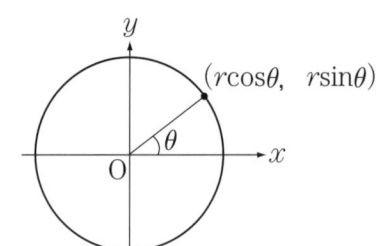

問題　108.2　$x = A\sin(\omega t)$ で x 軸上を単振動している質点がある。この質点の速度と加速度を求めよ。また，x–t, v–t, a–t のグラフの概形を描け。ここで，v, a はそれぞれ速度，加速度である。

チェック項目　　　　　　　　　　　　　　　　　　　　　　月　日　　月　日

質点の運動を解析するときに，微分や積分を活用して，変位から速度を，速度から加速度を，また加速度から速度を，速度から変位を求めることが理解できたか。		

6. 物理学基礎の発展的内容　6.1　微分と積分を用いた質点の力学

（2）運動方程式と微分方程式

物体にはたらく力を見つけ出して微分形式で表現し，それを解くことによって物体の運動を説明できるようにしよう。

ある物体に，力 $\vec{F}$ が微小時間 Δt だけはたらいたとすると，その間の運動量の変化 $\Delta \vec{p}$ は，物体が受けた力積に等しいので，$\vec{F}\Delta t = \Delta \vec{p}$ となる。この式を変形すると，$\vec{F} = \frac{\Delta \vec{p}}{\Delta t}$ となる。Δt が非常に小さい極限（$\Delta t \to 0$）では，この式は，微分の式として表現することができ，$\vec{F} = \frac{d\vec{p}}{dt}$ となる。これが微分形式で表現した運動方程式である。

私たちが考えている物体の質量は，m のまま時間とともに変化しないと考えているので，この運動方程式は，次のように書き換えることができる。すなわち，$\vec{F} = \frac{d\vec{p}}{dt} = \frac{d(m\vec{v})}{dt} = m\frac{d\vec{v}}{dt} = m\frac{d^2\vec{r}}{dt^2}$ であり，右辺は質量と変位を時間で2階微分したものとの積なので，$\vec{F} = m\vec{a}$ と同じ式を表している。

ある物体にはたらく力 $\vec{F}$ が与えられれば，その力によってその物体がどのような運動をするか，つまり，時間とともに物体の変位と速度がどう変わるかを求めることができ，それが「運動方程式を解く」ということの意味である。数学的には，微分方程式を解くことにより，その物体の運動を求めることができる。

[例題] 109.1　質量 m の物体にはたらく重力は mg で一定であると考えてよい。物体を自由落下させたときの，物体の速度と物体の落下距離を求める式を導出せよ。

[解答]　手を離した位置を原点とし落下方向を x 軸とする。運動方程式は，$mg = m\frac{d^2x}{dt^2}$ となる。これは $\frac{dx}{dt} = v$ と置き換えると，$\frac{dv}{dt} = g$ となり，$\int dv = \int g\, dt$ より $v = gt + C_1$ である。ここで，初期条件より，$C_1 = 0$ となり $v = gt$ が得られる。また，$\frac{dx}{dt} = v = gt$ なので，$\int dx = \int (gt)\, dt$ より，$x = \frac{1}{2}gt^2 + C_2$ である。ここで，初期条件より $C_2 = 0$ となり，$x = \frac{1}{2}gt^2$ が得られる。

[例題] 109.2　上空から降ってくる質量 m の雨粒にはたらく力は，重力 mg の他に雨粒の速度に比例した空気抵抗 kv （k は比例定数，$k > 0$）がはたらくことが知られている。この関係を微分形式の運動方程式で表せ。

[解答]　例題 109.1 と同様に雨粒が落下し始めた位置を原点とし，落下方向を x 軸とする。運動方程式は，$mg - kv = m\frac{d^2x}{dt^2}$ で表すことができる。また，$\frac{dx}{dt} = v$ と置き換えると，$mg - kv = m\frac{dv}{dt}$ となる。

ドリル No.109　Class　　No.　　Name

問題　109.1　例題109.2の運動方程式を解き，終端速度を求めよ。

問題　109.2　ばね定数 k のばねに質量 m のおもりを下げ，平衡点を中心に単振動させた。平衡点を原点として x 軸を決めて運動方程式を立て，おもりの位置を決める式を求めよ。

チェック項目　　　　　　　　　　　　　　　　　　　　月　日　　月　日

物体にはたらく力を微分形式で表した運動方程式として表すことができたか。また，その微分方程式を解くことで，物体の運動を求めることが理解できたか。		

6. 物理学基礎の発展的内容　　6.1　微分と積分を用いた質点の力学
（3）振動の微分方程式　(a)　単振動

> ばねの振動は往復運動をし，その運動を特徴づける物理量である周期は，$T=2\pi\sqrt{\dfrac{m}{k}}$ となることを理解しよう。

　ばねの一端が壁に固定され，他端に質量 m のおもりをつけて振動させたときの運動を**単振動**という。ばねが伸び縮みしていない位置（つりあいの位置）から水平方向に x 軸をとり，x 座標でおもりの位置を表す。つりあいの位置は $x=0$ で，おもりがつりあいの位置より右側にあれば $x>0$，左側にあれば $x<0$ である。ばね定数は $k>0$ であり，おもりと床との摩擦力は無視できるとする。おもりにはたらく力はばねの復元力（弾性力）だけで，フックの法則に従うものとすれば $-kx$ である。おもりの運動に関するニュートンの運動方程式は，

$$m\frac{d^2x}{dt^2}=-kx \cdots\cdots ①$$

となる。この方程式の一般解は，$\sin\omega t$ と $\cos\omega t$ の線形結合（定数を付けて足し合わせたもの）となる。ただし $\omega=\sqrt{\dfrac{k}{m}}$ で，これを角振動数と呼ぶ。$t=0$ のとき $x=B$（B は振幅），かつ $\dfrac{dx}{dt}=0$（初速度 0）という初期条件なら，①の解は，

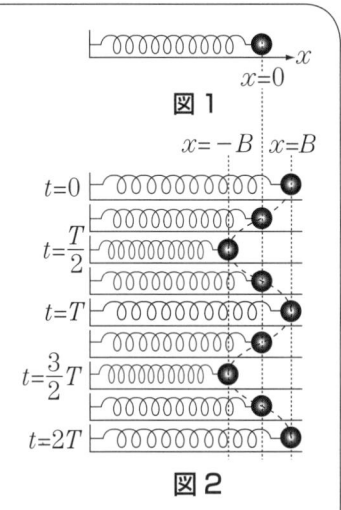

$$x(t)=B\cos\omega t \cdots\cdots ②$$

となる。往復運動を特徴づける物理量は周期（1往復に要する時間）で，その値は，

$$T=2\pi\sqrt{\frac{m}{k}} \cdots\cdots ③$$

となる。

図1

図2

例題 110　上記の単振動で，ニュートンの運動方程式から振動の周期を求める過程について，以下の問いに答えよ。

(1)　①式の一般解を求めよ。
(2)　①の一般解から②式を導け。
(3)　②式から③式を導け。

解答　(1)　一般解は $x(t)=A_1\sin\omega t+A_2\cos\omega t$ である。ただし A_1, A_2 は積分定数で，初期条件から決める。①式で，x を2階微分した関数（左辺の $\dfrac{d^2x}{dt^2}$）が自分自身（右辺の x）に比例し，しかも比例定数が負となるような関数 $x(t)$ は，$\sin\omega t$ または $\cos\omega t$ だけがあてはまるからである。両者を線形結合したものが一般解である。また，一般解を $x(t)=A\cos(\omega t+\delta)$（$A$, δ：積分定数）と書いても同等である（この形は（3.(d)節で用いる））。

(2)　$x(t)=A_1\sin\omega t+A_2\cos\omega t$ で，$t=0$ のとき $x=B$，および $\dfrac{dx}{dt}=0$ の初期条件を使うと，$B=A_2$，$\omega A_1=0$ が得られる。$\omega\neq 0$ だから $A_1=0$。したがって，②式の $x(t)=B\cos\omega t$ を得る。

(3)　時間 T だけ経過すればおもりは1往復する（そのとき角度は 2π 回る）から，$\omega T=2\pi$。したがって，③式を得る。

ドリル No.110　　Class　　　No.　　　Name

問題 110.1　ばねの振動の周期は $T = 2\pi\sqrt{\dfrac{m}{k}}$ で表せる。この式を見ると，おもりの質量が大きいと周期は長くなり，ばね定数が大きなばねでは周期が短くなるが，このことは直観的にはどのように考えたら説明できるだろうか。

問題 110.2　以下の問いに答えよ。

(1) 初期条件を $t=0$ のとき，$x=0$（つりあいの位置），$v = \dfrac{dx}{dt} = v_0$（定数）とすると，p.219 のわく内の運動方程式(1)式の解はどうなるか。

(2) 周期を T として，$\dfrac{1}{4}T$ だけ時間が経過したときのおもりの位置と速さを求めよ。

チェック項目

	月　日	月　日
単振動を表す2階の微分方程式を立てることができ、さらにそれを解くことが理解できたか。		

6. 物理学基礎の発展的内容　6.1　微分と積分を用いた質点の力学

（3）振動の微分方程式　(b) 単振り子

単振り子を表す2階の微分方程式を立てることができ，それを解くことができる。

天井から長さ L の糸をつるし，糸の下端に質量 m のおもりをつり下げて重力のもとで振らせたものを**単振り子**という。最下点Mから円周に沿って測った弧の長さ s によりおもりの位置を表す。s は，Mからみて反時計回りに測ったとき，$s>0$ とする。鉛直からのおもりの振れの角度を θ（単位はラジアン）とし，おもりがMよりも右にあるときは $\theta>0$ とする。おもりの運動に関するニュートンの運動方程式は，

$$m\frac{d^2s}{dt^2} = -mg\sin\theta \cdots\cdots ①$$

となる。単振り子の振れの角度が十分小さい場合だけを考えると，$\sin\theta \fallingdotseq \theta$ と近似することができる。$s=L\theta$ であることも使うと，①式は次のように書き直せる。

$$\frac{d^2\theta}{dt^2} = -\frac{g}{L}\theta \cdots\cdots ②$$

上の微分方程式は，前節の単振動の(1)式と同様，θ に関して振動運動を記述している。その周期は，前節の単振動の式をまねて，

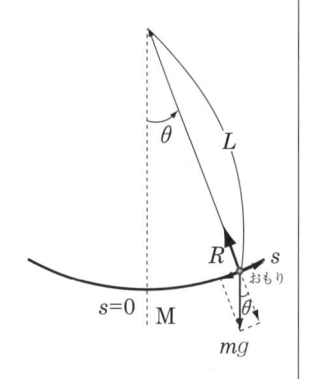

$$T = 2\pi\sqrt{\frac{L}{g}} \cdots\cdots ③$$

となる。θ が小さい範囲では，周期はおもりの質量や振幅の大きさに依存せず，糸の長さだけで決まる。このことを振り子の等時性という。

[例題] 111　上記の単振り子の振動で，ニュートンの運動方程式から振動の周期を求める過程について，以下の問いに答えよ。

(1) ①式を導け。
(2) ①式から②式を導け。
(3) ②式から③式を導け。

[解答]　(1) おもりに作用する力は重力 mg と糸の張力 R である。重力 mg の軌道円の接線方向の成分は，$-mg\sin\theta$ となる。負号が付くのは θ が減少する向きを向いているからである。これが(1)式の右辺である。一方，左辺は運動の第2法則に基づき，質量（m）と加速度（おもりが動く軌道の位置 s の2階微分）の積で表せる。したがって，①式が得られる。

(2) $s=L\theta$（弧の長さ＝半径×角度）なので，①式の左辺は $\dfrac{ds}{dt} = L\dfrac{d\theta}{dt}$，$\dfrac{d^2s}{dt^2} = L\dfrac{d^2\theta}{dt^2}$ である。右辺に $\sin\theta \fallingdotseq \theta$ を入れて，L は定数であることに注意すれば②式が得られる。

(3) ②式の左辺は変数 θ の2階微分，右辺はこの θ に比例し，比例定数が負であるから，単振動を表している。前節同様に，角振動数 ω を求めると，$\omega = \sqrt{\dfrac{g}{L}}$ となり，$T = \dfrac{2\pi}{\omega} = 2\pi\sqrt{\dfrac{L}{g}}$ を得る。

ドリル No.111　　Class　　　No.　　　Name

問題 111　図のようにばねの一端を天井の一点に固定し，他端におもりをつけて鉛直面内で振らせた。ばねのばね定数を k，おもりの質量を m，ばねの伸縮していないときの長さを L とする。鉛直方向から測った振り子の角度を θ とする。この系の運動方程式を書きなさい。また，角度 θ およびばねの伸び x は小さいとして，運動方程式の一般解を求めよ。ただし，振り子振動はゆっくりなので，遠心力は考えなくてもよいとする。

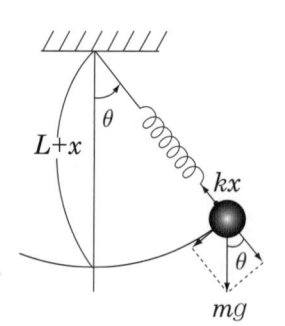

チェック項目　　　　　　　　　　　　　　　　　　月　日　　月　日

単振り子を表す2階の微分方程式を立てることができ，それを解くことが理解できたか。

6. 物理学基礎の発展的内容　6.1　微分と積分を用いた質点の力学

（3）　振動の微分方程式　(c)　減衰振動

> 摩擦力を伴う振動を表す2階微分方程式を立てることができ，それを摩擦力の強さに応じて解けるようになろう。

(3.(a)) 節で考察した単振動では，おもりと床との間の摩擦力を考慮しなかったが，本節では考慮する。摩擦力の大きさはおもりの速さ $v = \dfrac{dx}{dt}$ に比例し，その向きはおもりの進行を妨げる向きである。位置 x の定義は (3.(a)) 節と同様である。おもりにはたらく力は，ばねの復元力 $-kx$（ばね定数 $k > 0$）と，摩擦力 $-b\dfrac{dx}{dt}$（$b > 0$ は摩擦力の強さを表す比例定数）の2つである。おもりの運動に関するニュートンの運動方程式は，

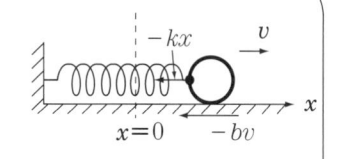

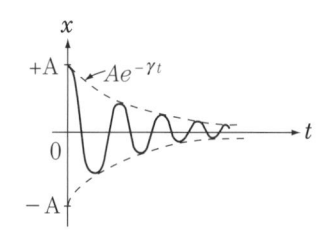

$$m\frac{d^2x}{dt^2} = -kx - b\frac{dx}{dt} \cdots\cdots(1)$$

である。$\omega_0 = \sqrt{\dfrac{k}{m}}$，$\gamma = \dfrac{b}{2m}$ とおくと，(1)式は，

$$\frac{d^2x}{dt^2} + 2\gamma\frac{dx}{dt} + \omega_0^2 x = 0 \cdots\cdots(2)$$

と書き直せる。摩擦力があまり強くなければ（$\gamma < \omega_0$），(2)式の一般解は，

$$x(t) = Ae^{-\gamma t}\cos(\omega_1 t + \delta) \cdots\cdots(3)$$

である。A は初期振幅，δ は初期位相で，どちらも初期条件から決める積分定数である。振幅 $Ae^{-\gamma t}$ は図のように時間とともに減少する。また，$\omega_1 = \sqrt{\omega_0^2 - \gamma^2}$ で，$\sqrt{}$ の中は正であることに注意しよう。

[例題] 112　上記の摩擦力のある単振動で，(2)式から(3)式を導け。

[解答]　$x = e^{pt}$ とおいて(2)式に代入すると，$p^2 e^{pt} + 2\gamma p e^{pt} + \omega_0^2 e^{pt} = 0$ を得る。両辺を e^{pt} で割ると，$p^2 + 2\gamma p + \omega_0^2 = 0$ を得る。これは p についての2次方程式である。判別式 $\gamma^2 - \omega_0^2 < 0$ のときとは，物理的には摩擦力があまり強くない場合（$\gamma < \omega_0$）に対応している。この場合のこの2次方程式の解は $p = -\gamma \pm \sqrt{\gamma^2 - \omega_0^2} = -\gamma \pm i\omega_1$ である（i は虚数単位）。よって，(2)式の一般解は，$\exp[(-\gamma + i\omega_1)t]$ と $\exp[(-\gamma - i\omega_1)t]$ の線形結合となり $A_1 \exp[(-\gamma + i\omega_1)t] + A_2 \exp[(-\gamma - i\omega_1)t]$ と書ける（A_1 と A_2 は積分定数）。このままでは一般解は複素数であるが，A_1 と A_2 をうまく選べば，一般解は実数になる。ここでは，$A_1 = \dfrac{A}{2}e^{i\delta}$，$A_2 = \dfrac{A}{2}e^{-i\delta}$（$A$ と δ を新たな積分定数として）と選ぶ。すると一般解は，$\dfrac{A}{2}\exp(-\gamma t)\exp[i(\omega_1 t + \delta)] + \dfrac{A}{2}\exp(-\gamma t)\exp[-i(\omega_1 t + \delta)]$ となる。オイラーの公式 $\exp(\pm i\theta) = \cos\theta \pm i\sin\theta$ を使えば，これは(3)式に帰着する。

ドリル No.112   Class   No.   Name

問題 112.1 p.223 では，摩擦力があまり強くない場合（$\gamma<\omega_0$）を考えた。(1) 摩擦力が強い場合（$\gamma>\omega_0$）はどうなるか，(2) また，両者の境界（$\gamma=\omega_0$）ではどうなるか，論ぜよ。

問題 112.2 上記問題 112.1 の摩擦力が強い場合（$\gamma>\omega_0$）で，初速度 v_0，初期位置 $x_0>0$ となるように，一般解の中に現れる積分定数 A, B を定めよ。また，おもりはつりあいの位置 $x=0$ を通過することがあるか。

チェック項目	月 日	月 日
摩擦力を伴う振動を表す2階微分方程式を立てることができ，それを摩擦力の強さに応じて解くことが理解できたか。		

6. 物理学基礎の発展的内容　　6.1　微分と積分を用いた質点の力学

（3）振動の微分方程式　(d)　強制振動と共振

強制力を伴う振動を表す2階の微分方程式を立てることができ，それを解くことができる。共振が現れる理由を理解しよう。

(3.(a)) 節で考察した単振動では，左端の壁Qが動くことはなかったが，本節ではQが，$x_0(t) = A_0 \cos\omega t$（$A_0$：振幅，$\omega$：角振動数）で振動している場合を考える。おもりPの位置を$x(t)$で表し，Qのつりあいの位置からのずれを$x_0(t)$とする。またPと床との摩擦力を無視する。PはQによる強制力を受けていて，ばねの正味の伸びは$x - x_0$となるので，その運動に関するニュートンの運動方程式は，

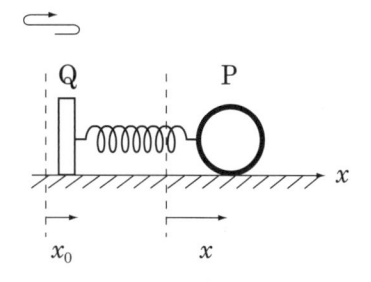

$$m\frac{d^2x}{dt^2} = -k(x - x_0) \quad \cdots\cdots(1)$$

である。$\omega_0 = \sqrt{\dfrac{k}{m}}$ とおいて（このω_0を固有振動数という），(1)式を書き直すと，

$$\frac{d^2x}{dt^2} + \omega_0^2 x = \omega_0^2 A_0 \cos\omega t \quad \cdots\cdots(2)$$

となる。Pは，Qに引きずられてQと同じ角振動数ωで振動するだろうと推測して，Pの運動を$x(t) = A\cos\omega t$とおく（A：振幅）。(2)式に代入して両辺の$\cos\omega t$の係数を比較すればAの値が決まる。$x(t)$を書き改めて，

$$x(t) = \left(\frac{\omega_0^2}{\omega_0^2 - \omega^2}\right) A_0 \cos\omega t = x_\text{I}(t) \quad \cdots\cdots(3)$$

となる。ところが，これには積分定数が含まれていないから特解（特別解）である。一般解は，線形結合により，

$$x(t) = \left(\frac{\omega_0^2}{\omega_0^2 - \omega^2}\right) A_0 \cos\omega t + A\cos(\omega_0 t + \delta) \quad \cdots\cdots(4)$$

である。ここで，Aとδは積分定数である（導き方は下の例題113を参照）。

例題 113 上記の振動運動で，(2)式から(4)式を導きなさい。また，$A_0 = 0$ならPはどういう運動をするか。

解答　方程式(2)は，非斉次（非同次）線形微分方程式（右辺が0ではない線形微分方程式）である。この場合に一般解を求めるには，方程式(2)に対応する斉次（同次）線形微分方程式 $\dfrac{d^2x}{dt^2} + \omega_0^2 x = 0$（これは既にp.219で解かれている）の一般解 $x_\text{II} = A\cos(\omega_0 t + \delta)$ を x_I（(3)式のこと）に加えればよい（$x = x_\text{I} + x_\text{II}$を(2)式の左辺に入れれば，右辺に等しくなることを自分で確かめてみよ）。これにより確かに(4)式を得る。$A_0 = 0$ならQが振動していない場合に対応する。実際，$A_0 = 0$なら(2)式は単振動（p.219の）の微分方程式とまったく同じになるので，解も単振動の場合の一般解と同じになるはずである。実際，(4)式は，$A_0 = 0$であれば確かに単振動の一般解 $A\cos(\omega_0 t + \delta)$ に帰着する。

ドリル No.113　　Class　　　No.　　　Name

問題 113 以下の問いに答えよ。

(1) 強制力を伴う振動において，初期条件を，$t=0$ のとき P はつりあいの位置にあって速さ 0 であると設定すれば，p.225 の(4)式はどのようになるか。

(2) (1)で強制力の角振動数を ω_0 になるように選んだとすると，どういう現象がおこるか。特に，時間とともに振幅がどのように変化するかに着目して，その様子をグラフに描け。

チェック項目

	月　日	月　日
強制力を伴う振動を表す 2 階の微分方程式を立て，それを解くことができ，共振が現れる理由が理解できたか。		

6. 物理学基礎の発展的内容　　6.1　微分と積分を用いた質点の力学

（4）エネルギーの積分表現

> 保存力に伴ってポテンシャル・エネルギーが定義できることを理解しよう。

物体に作用している力学的な力 $\boldsymbol{F}$（ベクトル）を打ち消すように，外部から逆向きの力 $-\boldsymbol{F}$ を物体に加えるとする。物体はこの $-\boldsymbol{F}$ により移動し，移動することで仕事をされる。つまり物体はエネルギーを受け取る。物体が移動する間に受け取ったエネルギーの総量は，その物体に蓄積される。つまり同じだけのエネルギーを吐き出す潜在的（ポテンシャル）能力を持つことになる。これを**ポテンシャル・エネルギー**と呼ぶ。数式で表現すると，

$$U(r)=\int_A^B (-\boldsymbol{F})\cdot d\boldsymbol{r} \cdots\cdots(1)$$

と書くことができる。B点まで移動された物体が，始点つまり基準点Aに対して保有するポテンシャル・エネルギーを表している。ポテンシャル・エネルギー(1)式は，基準点AからB点に至るまでの経路に依らず，一意に決まる。つまり，(1)式は始点と終点の位置だけで決まってしまう。このような力 $\boldsymbol{F}$ を**保存力**といい，保存力に対してだけポテンシャル・エネルギーは定義される。物理学で出てくる力はほぼすべて保存力である。保存力でない力は摩擦力だけであると思ってよい。以下の表に，おもな保存力とそれに伴うポテンシャル・エネルギーをまとめる。

保存力	状況	ポテンシャル・エネルギー
重力	質量 m の物体が高さ h に置かれているとき	mgh
ばねの弾性力（復元力）	ばね定数 k のばねが長さ x だけ伸縮しているとき	$\dfrac{1}{2}kx^2$
万有引力	質量 m, M の2つの物体が距離 r だけ離れて置かれているとき（G：万有引力定数）	$-\dfrac{GMm}{r}$
電気力（クーロン力）	電気量 q, Q の2つの電荷が距離 r だけ離れて置かれているとき（ε_0：真空中の誘電率）	$\dfrac{1}{4\pi\varepsilon_0}\dfrac{qQ}{r}$

[例題] 114　上記の表で，ばねの弾性力に伴うポテンシャル・エネルギーは，$\dfrac{1}{2}kx^2$ となることを示しなさい。

[解答]　おもりがつりあいの位置Oから距離 x'（符号は，おもりがつりあいの位置より右にあるときは正，左にあるときは負とする。p.219を参照）にあるとき，ばねの復元力は $-kx'$ である。この復元力を打ち消すように外部から力 $+kx'$ を加える。この外部からの力で微小距離 dx' だけおもりを移動させると，この力が行なった仕事（あるいはおもりが受け取ったエネルギー）は $+kx'\cdot dx'$ である。おもりをつりあいの位置から距離 x まで移動するのに加えなければならないエネルギーの総量は，

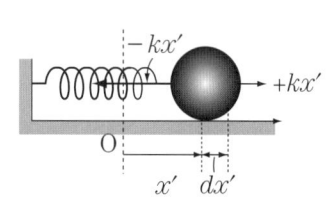

$$\int_0^x kx'\,dx' = \frac{1}{2}kx^2$$

となる。これが，おもりが蓄えている潜在的能力，つまりポテンシャル・エネルギーである。

| ドリル No.114 | Class | No. | Name |

問題 114.1 物理学で扱われる大部分の力は保存力である。そうでないと不合理となってしまう。なぜ大部分の力が保存力でないと不合理が生じるのか，文章で説明せよ。

問題 114.2 p.227 の表で，万有引力に伴うポテンシャル・エネルギーは，$-\dfrac{GMm}{r}$ となることを示せ。

チェック項目　　　　　　　　　　　　　　　　　　　　　　　月　日　　月　日

| 保存力に伴ってポテンシャル・エネルギーが存在し，その意味を理解することができたか。また，ポテンシャル・エネルギーを計算することが理解できたか。 | | |

6. 物理学基礎の発展的内容　　6.2　剛体の力学

（1）力のモーメントとトルク

> 剛体を回転させる際に必要となる物理量，力のモーメント，トルクの定義と概念について理解しよう。

剛体（大きさを持ち変形しない物体）をある点（支点）の周りに回転させるためには，力が必要だが，加える力の大きさだけではなく，力の作用する位置（作用点）と支点との距離も重要である。図のようなてこを考える。力 F_1 は棒を反時計回りに回転させようとし，力 F_2 は時計回りに回転させようとしている。力の作用点が支点Oから遠いほど効率よく回転できるから，回転の能率は，反時計回り，時計回りについてそれぞれ aF_1，bF_2 で表すことができる。通常，反時計まわりを正の方向の回転，時計回りを負の方向の回転と定義して，$+aF_1-bF_2$ が棒全体に作用する回転の能率となる。これを**力のモーメント**，または**トルク**という。ここでは，$F_1 \perp \overrightarrow{OA}$，$F_2 \perp \overrightarrow{OB}$ であるが，いつでもそうとは限らない。

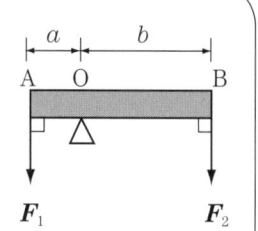

一般の場合は，支点（原点O）から作用点を結ぶベクトルを r，力を表すベクトルを F とすれば，力のモーメントは，

$$N = r \times F \quad \cdots\cdots (1)$$

で定義され，これによって回転の能率を記述できる。ベクトル N の向きは，r と F を含む平面に対して垂直で，r から F へ向かって右ねじを回したときに右ねじが進む向きである。N の方向は回転軸を表している。力のモーメント（トルク）の大きさは，(1)式より，

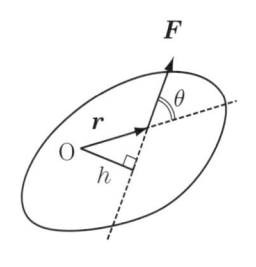

$$N = rF\sin\theta = Fh$$

となる。

[例題] 115 長さ3mの一様な棒ABがあり，その一端Aを支点として棒が紙面を含む平面内で自由に回転できるように置かれている。2つの力 F_1 と F_2 を図のように作用させたとき，棒は静止したとする。F_1 の大きさを20Nとする。

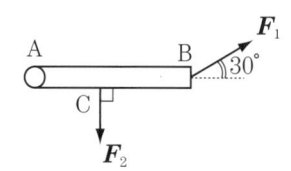

(1) A端の周りの F_1 による力のモーメントの大きさはいくらか。

(2) 力 F_2 は棒に対して垂直方向に，A端から1mの位置Cに作用している。F_2 の大きさはいくらか。

[解答] (1) (1)式を用いて，$|N_1| = N_1 = |\overrightarrow{AB} \times F_1| = |\overrightarrow{AB}| \times |F_1| \times \sin 30° = 3 \times 20 \times \dfrac{1}{2} = 30$ N·m

(2) N_1 は棒を反時計回りに回転させようとする力のモーメントであり，一方，F_2 による力のモーメント N_2 は棒を時計回りに回転させようとする力のモーメントである。棒は静止しているので，N_1 の大きさと N_2 の大きさは等しい。よって，

$|\overrightarrow{AC} \times F_2| = |\overrightarrow{AC}| \times |F_2| \times \sin 90° = 1 \times F_2 \times 1 = F_2$

∴ $|F_2| = 30$ N

ドリル No.115　Class　　No.　　Name

問題 115.1　以下の問いに答えよ。

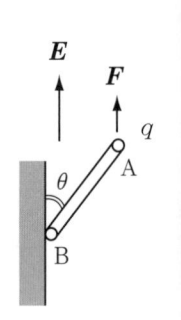

(1) 電荷量 $q = 1.60 \times 10^{-19}$ C の陽子 1 個が長さ L の質量の無視できる棒の一端 A に固定され，この棒の他端 B は壁に固定されている。この棒が電場 $\boldsymbol{E}$（大きさ E）の中に置かれている。電場の向きと棒とのなす角は θ である。この棒は，B 端を中心として紙面を含む面内で回転できるとする。この棒の受ける力のモーメントの大きさ N はいくらか。

(2) (1)で $L = 1$ cm, $E = 100$ N/C, $\theta = 30°$ とすると，N はいくらか。

問題 115.2　以下の問いに答えよ。

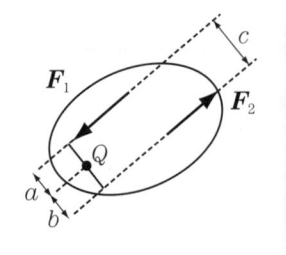

(1) 1 つの剛体に，大きさが等しく向きが逆で互いに平行な 2 つの力 $\boldsymbol{F}_1$ と $\boldsymbol{F}_2$ が作用するとき，この 2 つの力の和は 0（並進運動に対しては，つりあっている）であるが，剛体は回転してしまう（回転運動に対しては，つりあっていない）。これらの 2 力を偶力といい，他の場合の力と区別している。剛体にはたらく偶力のモーメントの大きさは，$N = cF$ で表されることを証明せよ。ただし，$\boldsymbol{F}_1$ と $\boldsymbol{F}_2$ の作用線の間隔を c，$F = |\boldsymbol{F}_1| = |\boldsymbol{F}_2|$ とする。

(2) 1 本の棒磁石がある。電気との対応が明白になるように，N 極，S 極のことをそれぞれ磁荷 $+m$, $-m$ の磁極と呼ぶことがある。両磁極間の距離を L とする。S 極から N 極に向かい大きさ mL のベクトルを $\boldsymbol{M}$ と表記して磁気モーメントという。磁石を磁場方向と角度 θ だけ傾けて一様な磁場 $\boldsymbol{H}$ の中に置くと回転する（磁針を思い出そう）が，それは $\boldsymbol{M}$ が磁場から偶力のモーメント（トルク）を受けているからである。その偶力のモーメントは $\boldsymbol{N} = \boldsymbol{M} \times \boldsymbol{H}$ となることを証明せよ。

チェック項目

	月　日	月　日
力のモーメント（トルク）を受けて回転する剛体の力のモーメントを計算できたか。		

6. 物理学基礎の発展的内容　　6.2　剛体の力学

（2）質点系のつりあい

剛体の重心を表す式，力とモーメントのつりあいの式について理解しよう。

位置 r_1 に質量 m_1 があり，位置 r_2 に質量 m_2 があり，……，位置 r_n に質量 m_n があるとする。剛体（全質量 M）がそのような質点の集合体とみなせる場合には，剛体の重心（質量中心）の位置 r_G は次式により計算できる。

$$r_G = \frac{m_1 r_1 + m_2 r_2 + \cdots + m_n r_n}{M} \cdots\cdots(1)$$

1 次元の（x 軸上に質点が分布している）場合なら，(1)式で r_i を x_i（$i = 1, 2, \cdots, n$）に，r_G を重心 x_G に置き換えればよい。

剛体に複数の力が作用すると，それは1つの合力や偶力に還元できる。この合力が，もし剛体の重心を通るなら，剛体は重心とともに直線運動をし，質点の運動に還元される。もし重心を通らないなら，剛体は重心とともに直線運動を行い，かつ剛体中の1点の周りの回転運動を行う。また，偶力はその剛体に回転運動だけを与える。

剛体に作用する合力が 0 なら，その剛体の重心の運動は変化しない。また，剛体に作用する力のモーメントが 0 ならその剛体の回転運動は変化しない。剛体に複数の力 $F_1, F_2, \cdots, F_n$ が作用するとき，その剛体が静止するための条件は，

$$\sum_{i=1}^{n} F_i = 0 , \quad \sum_{i=1}^{n} N_i = 0 \cdots\cdots(2)$$

である。$\sum_{i=1}^{n} N_i$ は，任意の軸の周りの力 F_i のモーメントの総和である。

例題 116　1辺の長さが a，質量が M である正方形が3枚，図のように置かれている。この3枚の正方形はどれも同じで，一様な密度である。この図形の重心の座標 (x_G, y_G) を求めよ。

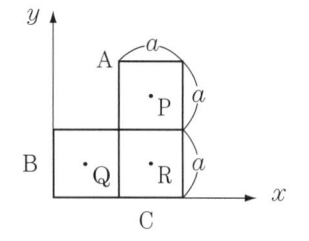

解答　3枚の正方形 A，B，C の重心の位置 P，Q，R は，それぞれ次のようになるのは明らかである。

$$P\left(\frac{3}{2}a, \frac{3}{2}a\right), \quad Q\left(\frac{1}{2}a, \frac{1}{2}a\right), \quad R\left(\frac{3}{2}a, \frac{1}{2}a\right)$$

P，Q，R のそれぞれに質量 M があると考えてよいので，(1)式より，

$$x_G = \frac{M \times \frac{3}{2}a + M \times \frac{1}{2}a + M \times \frac{3}{2}a}{3M} = \frac{7}{6}a, \quad y_G = \frac{M \times \frac{3}{2}a + M \times \frac{1}{2}a + M \times \frac{1}{2}a}{3M} = \frac{5}{6}a$$

となる。

ドリル No.116　　Class　　No.　　Name

問題 116.1 垂直な壁に質量 m のまっすぐで一様な棒（長さ L）が立てかけてある。棒と床とのなす角を θ とする。壁は滑らかであるが，床と棒との間には摩擦力が作用するものとする。壁と棒の接点，床と棒の接点をそれぞれ A，B とする。棒に作用する力にはどのようなものがあるか。棒が静止しているとすると，それぞれの力の大きさを m と g（重力加速度）と θ を用いて表しなさい。また，特に $\theta=90°$ のときはそれぞれの力はどうなるか。

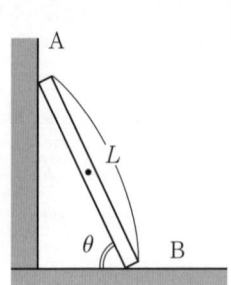

問題 116.2 長さ L，質量 M の一様なまっすぐな棒がある。この棒の重心はこの棒の幾何学的な中心と一致していることを示せ。

チェック項目　　　　　　　　　　　　　　　　　　　月　日　　月　日

剛体の重心を求めることができたか。また，力のつりあい，力のモーメントのつりあいから力の大きさを論じることが理解できたか。

6. 物理学基礎の発展的内容　　6.2　剛体の力学

（3）角運動量保存の法則

物体の持つ角運動量の定義，角運動量保存の法則について理解しよう。

質点が点Oの周りを回る運動（等速円運動でなくてもよい）をしているとき，点Oに関するその質点の運動量のモーメントのことを**角運動量**という。位置 r にある質量 m の質点が速度 v（大きさ v）で運動しているとき，その質点の運動量は $\boldsymbol{p}=m\boldsymbol{v}$ なので，運動量のモーメント，すなわち角運動量は，

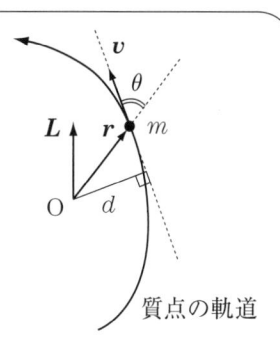

$$\boldsymbol{L} = \boldsymbol{r} \times \boldsymbol{p} = m\boldsymbol{r} \times \boldsymbol{v}$$

で表される。角運動量の大きさ L は，図より，$L = pd = mvd = rp\sin\theta$ で表せる。また，角運動量 $\boldsymbol{L}$ の向きは，$\boldsymbol{r}$ と $\boldsymbol{v}$ とを含む平面に垂直で，$\boldsymbol{r}$ から $\boldsymbol{v}$ に向かって右ねじを回すときに右ねじの進む方向である。

特に等速円運動をしている場合は，点Oに関するその物体の角運動量の大きさは，

$$L = rmv = mr^2\omega \quad \cdots\cdots (1)$$

である。ここで，ω は質点の角速度の大きさである。

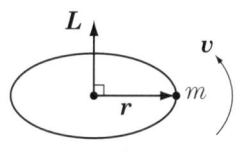

また，角運動量の時間変化を求めると，

$$\frac{d\boldsymbol{L}}{dt} = m\frac{d}{dt}(\boldsymbol{r}\times\boldsymbol{v}) = m\frac{d\boldsymbol{r}}{dt}\times\boldsymbol{v} + m\boldsymbol{r}\times\frac{d\boldsymbol{v}}{dt} = m\boldsymbol{v}\times\boldsymbol{v} + m\boldsymbol{r}\times\frac{d\boldsymbol{v}}{dt} = 0 + \boldsymbol{r}\times\boldsymbol{F} = \boldsymbol{N}$$

となり，力のモーメントに等しいことがわかる。すなわち，質点に外力による力のモーメント $\boldsymbol{N}$ が加わると，その質点の角運動量は変化する。逆に，外力によるモーメントが0であれば，角運動量は保存される。これを**角運動量保存の法則**という。

例題 117 以下の問いに答えよ。

(1) 野球で，ピッチャーが投げた時速 144 km の直球がバッターから距離 50 cm のところを通過した。このときバッターの周りに関するボールの角運動量の大きさを求めよ。ただし，ボールの質量を 0.15 kg とする。

(2) 太陽の周りを地球が等速円運動をしているとして，太陽の周りに関する地球の角運動量の大きさを求めよ。地球の質量は $M = 5.97\times10^{24}$ kg，公転半径は $R = 1.50\times10^8$ km である。

解答 (1) ここでは，バッターの体の中心からボールの軌跡に下ろした垂線の長さは 50 cm と考えてよい。$L = mvr = 0.15\times40\times0.5 = 3$ kg m²/s となる。

(2) 地球の公転周期を T，とすれば，地球の速さは，

$$v = \frac{2\pi R}{T} = \frac{2\pi \times 1.50\times10^{11}}{365\times24\times60\times60} = 2.99\times10^4 \text{ m/s}$$

（これは，秒速約 30 km というものすごい速さである！）。等速円運動とみなしてよいから，角運動量の大きさ L は，

$$L = mvR = 5.97\times10^{24}\times2.99\times10^4\times1.50\times10^{11} = 2.7\times10^{40} \text{ kg m}^2\text{/s}$$

となる。

ドリル No.117　Class　　No.　　Name

問題 117.1 伸び縮みしないひもに取りつけた小物体（質量 m）を，小孔をあけた水平な台の滑らかな面上で，その小孔を中心として等速円運動をさせた。小物体が半径 R，角速度 ω で円運動しているとき，小孔の下にでているひもを引っ張り，小物体の等速円運動の半径を R_0 （$<R$）に変えた。このときの小物体の速度の大きさ v_0，角速度 ω_0 を求めよ。

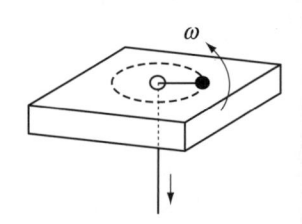

問題 117.2 問題 117.1 において，ひもを引張って等速円運動の半径を小さくするために要した仕事量はいくらか。m, R, ω, ω_0 を用いて表せ。

チェック項目	月　日	月　日
角運動量の定義が理解でき，角運動量保存の法則を使って問題を解くことができたか。		

6. 物理学基礎の発展的内容　　6.2　剛体の力学

（4）回転運動の運動方程式

> 剛体の回転運動の運動方程式が解けるようになろう。

剛体がある固定された回転軸（z軸）の周りを回転運動している状況を考える。図のように，剛体を多数の微小部分 $1, 2, \cdots, i, \cdots$ に分割する。各微小部分の質量を $m_1, m_2, \cdots, m_i, \cdots$；$z$軸と各微小部分までの距離を $r_1, r_2, \cdots, r_i, \cdots$ とする。どの微小部分も z 軸の周りを同じ角速度 ω で回転している。各微小部分の z 軸に関する角運動量の大きさを $L_1, L_2, \cdots, L_i, \cdots$ とする。この剛体の全角運動量の大きさ L は，

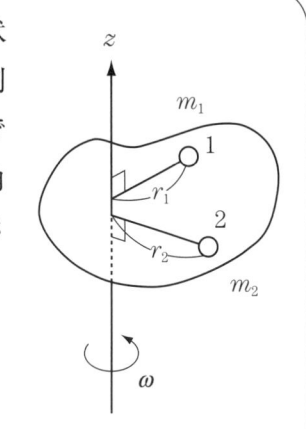

$$L = L_1 + L_2 + \cdots = m_1 r_1^2 \omega + m_2 r_2^2 \omega + \cdots$$
$$= (m_1 r_1^2 + m_2 r_2^2 + \cdots)\omega = \left(\sum_{i=1}^{n} m_i r_i^2\right)\omega = I\omega$$

ここで，$I = \sum_{i=1}^{n} m_i r_i^2$ を**慣性モーメント**という。剛体の質量分布，回転軸が決まれば I は定数である。角運動量の時間微分は力のモーメントに等しいから，

$$\frac{dL}{dt} = I\frac{d\omega}{dt} = I\frac{d^2\theta}{dt^2} = \sum_{i=1}^{n} N_i$$

ここで，$\dfrac{d\omega}{dt} = \dfrac{d^2\theta}{dt^2} = \beta$ を**角加速度**という。外力がただ1つなら $I\beta = N$ となり，これを**回転運動の運動方程式**という。

［例題］118　半径 R，質量 M の円柱が，中心軸の周りに自由に回転できるように設置されている。その円柱に軽くて伸び縮みしないひもを巻きつけた。はじめに円柱を静止させてから，ひもの一端を力 F で引っ張り，円柱を回転させた。ひもを引く方向は，円柱の接線方向とする。円柱の角加速度 β はいくらか。ひもを引っ張り始めてから時刻 t だけ経過したときの円柱の瞬間的回転数（単位時間当たりの回転数）はいくらか。ただし，この円柱の慣性モーメントは，$I = \dfrac{1}{2}MR^2$ とする（こうなる理由は 6.2.(6) 節で学ぶ）。

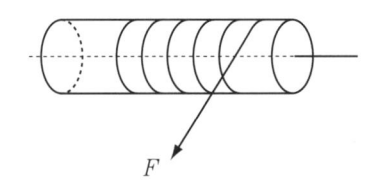

［解答］　接線方向に力 F を加えているので，力のモーメント N は，$N = FR$ である。回転運動の運動方程式は，

$$\left(\frac{1}{2}MR^2\right)\beta = FR$$

となる。よって，$\beta = \dfrac{2F}{MR}$ である。時間 t 経過後の角速度は $\omega = \beta t$ だから，回転数 n は，

$$n = \frac{\omega}{2\pi} = \frac{2Ft}{2\pi MR} = \frac{Ft}{\pi MR}$$

となる。

ドリル No.118　Class　　No.　　Name

問題 118.1 フランスパン形の剛体を点Oを通る固定軸（紙面に垂直）の周りに自由に回転できるようにして，重力のもとで振り子運動をさせた。剛体の質量，慣性モーメントをそれぞれ M, I とする。固定軸から重心Gまでの距離 OG を h とする。この振り子（**物理振り子**または**実体振り子**という）の周期 T を求めよ。

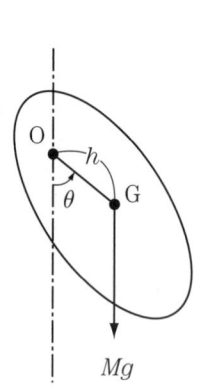

問題 118.2 長さ L，質量 M の一様な真っ直ぐな棒がある。この棒があらい水平面上で，一端Aを固定点としてその周りに自由に回転できるようになっている。この棒のはじめの角速度を ω_0 とする。水平面と棒の間に作用する摩擦力（動摩擦係数 μ'）によって棒が停止するまでの時間を求めよ。ただし，この棒の慣性モーメントは $I = \left(\dfrac{1}{3}\right)ML^2$ である。重力加速度の大きさを g とする。

チェック項目

	月　日	月　日
回転運動の運動方程式が解くことができたか。		

6. 物理学基礎の発展的内容　　6.2　剛体の力学

（5）剛体の回転運動のエネルギー

> 回転運動をしている剛体の運動エネルギーについて理解できるようになろう。

剛体が z 軸の周りを角速度 ω で回転している状況を考える。剛体を多数の微小部分 1, 2, $\cdots$, i, $\cdots$ に分割し，各微小部分の質量を $m_1, m_2, \cdots, m_i, \cdots$；$z$ 軸と各微小部分までの距離を $r_1, r_2, \cdots, r_i, \cdots$；各微小部分の z 軸回りの円運動の速度を $v_1, v_2, \cdots, v_i, \cdots$ とする。どの微小部分も z 軸の周りを同じ角速度 ω で回転しているから，$v_i = r_i \omega$ の関係がある。各微小部分の運動エネルギーを足し合わせるとこの剛体の運動エネルギー K になるから，

$$K = \frac{1}{2}\left(\sum_{i=1}^{n} m_i r_i^2\right)\omega^2 = \frac{1}{2}I\omega^2$$

となる。ここで I は慣性モーメント（p.235 参照）である。

回転運動，直線運動における対応関係をまとめると，次表のようになる。

	回転運動		直線運動	
回転角	θ	位置（座標）	x
力のモーメント	N	力	F
慣性モーメント	I	質量	m
角速度	$\omega = \dfrac{d\theta}{dt}$	速度	$v = \dfrac{dx}{dt}$
角加速度	$\beta = \dfrac{d\omega}{dt}$	加速度	$a = \dfrac{dv}{dt}$
回転運動の運動方程式	$N = I\beta$	運動方程式	$F = ma$
角運動量	$L = I\omega$	運動量	$p = mv$
運動エネルギー	$\dfrac{1}{2}I\omega^2$	運動エネルギー	$\dfrac{1}{2}mv^2$

例題 119 回転軸から距離 R にある質量 m の質点が，この回転軸の周りを角速度 ω で等速円運動をしている。この質点の回転の運動エネルギー E_K はいくらか。

解答 等速円運動をしているので，速度は $v = R\omega$。したがって，運動エネルギー E_K は，

$$E_K = \frac{1}{2}mv^2 = \frac{1}{2}m(R\omega)^2 = \frac{1}{2}mR^2\omega^2$$

である。

〈別解〉慣性モーメント I の定義は，$I = \sum m_i r_i^2$ で，この系に適用すれば $I = mR^2$。上の対応表の運動エネルギーの欄を見て，$E_K = \dfrac{1}{2}I\omega^2 = \dfrac{1}{2}mR^2\omega^2$ となる。

ドリル No.119　　Class　　　No.　　　Name

問題 119.1　半径 R，質量 M の一様な円板がその中心を通り円板に垂直な軸を回転軸として角速度 ω で回転している。この円板の回転の運動エネルギーを求めよ。本問では慣性モーメント I は与えられていないものとして考えよ。

問題 119.2　水平に置かれた半径 r，質量 M の円柱がある。この円柱には糸が巻きつけてあり，その糸の他端には質量 m の小物体がつるしてある。ある瞬間にこの円柱はその軸の周りを角速度 ω で回転していた。このとき小物体が引き上げられて停止するまでどれだけの高さを上昇することができるか。ただし，この場合の円柱の慣性モーメントは $I=\frac{1}{2}Mr^2$ である。また，重力加速度の大きさは g とする。

チェック項目　　　　　　　　　　　　　　　　　　　　　　　月　日　　月　日

剛体の回転運動の運動エネルギーを計算することが理解できたか。

6. 物理学基礎の発展的内容　　6．2　剛体の力学

（6）慣性モーメントの計算

剛体の慣性モーメントの計算方法について理解しよう。

慣性モーメントは，剛体の質量分布，回転軸の位置に依存して決まる量である。剛体の形状が簡単な場合には計算で求めることができる。さまざまな形状の剛体の慣性モーメントを以下の表にまとめる。

		慣性モーメント
一様な棒 　中心を通り， 　棒に垂直な回転軸	長さL，質量M	$\frac{1}{12}ML^2$
円板 　中心を通り， 　円板に垂直な回転軸	半径R，質量M	$\frac{1}{2}MR^2$
円板 　中心を通り， 　円板面に平行な回転軸	半径R，質量M	$\frac{1}{4}MR^2$
円柱 　中心軸が回転軸	半径R，質量M	$\frac{1}{2}MR^2$
球 　球の中心を通る直線が 　回転軸	半径R，質量M	$\frac{2}{5}MR^2$
長方形の薄い板 　中心を通り， 　板に垂直な回転軸	2辺の長さa, b，質量M	$\frac{1}{12}M(a^2+b^2)$

例題 120　上記2番目の円板において，回転軸が円板の中心を通り，円板面に垂直な場合の慣性モーメントは$I = \frac{1}{2}MR^2$であることを導け。

解答　円板の中心から距離rにある微小部分を考える。この微小部分の面積は$rdrd\theta$だから，円板の面密度をρとすれば，その質量は$\rho(rdrd\theta)$である。ここで$\rho = \frac{M}{\pi R^2}$であるので，この微小部分だけの慣性モーメントは，$\left(\frac{M}{\pi R^2}\right)rdrd\theta \cdot r^2$である。したがって，この円板全体の慣性モーメントは，すべての微小部分を寄せ集めて，

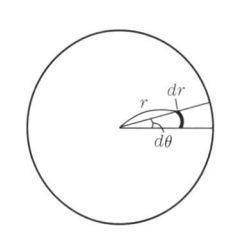

$$I = \sum m_i r_i^2 = \int_0^{2\pi}\int_0^a \left(\frac{M}{\pi R^2}\right)rdrd\theta \cdot r^2$$

となる。これを計算して，

$$I = \int_0^{2\pi}\int_0^R \left(\frac{M}{\pi R^2}\right)rdrd\theta \cdot r^2 = \left(\frac{M}{\pi R^2}\right) \cdot 2\pi \int_0^R r^3 dr = \frac{2M}{R^2} \cdot \frac{R^4}{4} = \frac{1}{2}MR^2$$

となる。

ドリル No.120　　Class　　　No.　　　Name

問題　120.1　一様な薄い平板上に原点 O をとり，面内に xy 座標軸をとる。またこの平板に対して垂直な方向に z 軸をとり，xyz 直交座標系をつくる。それぞれの軸の周りの慣性モーメントを I_x, I_y, I_z とする。I_x, I_y, I_z の間には，次の関係:$I_z = I_x + I_y$ が成り立つことを証明しなさい。

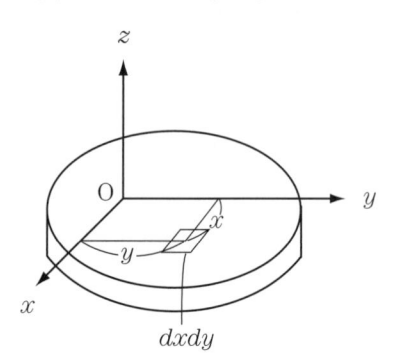

問題　120.2　質量 M の剛体の重心を通る軸 G の周りの慣性モーメントを I_G，これに平行な任意の軸 A の周りの慣性モーメントを I_A とする。軸 A と軸 G との距離を h とすれば，2つの慣性モーメントの間には次の関係：$I_A = I_G + h^2 M$ が成り立つことが知られている。長さ L，質量 M の一様な真っ直ぐな棒について，軸 A を棒の端にとる場合，この関係が成り立っていることを示しなさい。

チェック項目

慣性モーメントの定義を理解し，その大きさを求めることができたか。

7. 物理学実験基礎論　　7.1　物理学基礎論　　（1）有効数字

> 有効数字の定義・表記法を理解しよう。

有効数字とは意味ある数字のことで，最初の誤差の入ってくる桁までとった数字である。例えば長さ L〔m〕を測定して 0.0246 m という測定値を得たとすれば，その長さが 0.02455 m $\leq L <$ 0.02465 m であることを意味する。また，0.0 は位取りを表す 0 なので有効数字の桁数としては数えない。したがってこの有効数字は 3 桁であり，科学表記では，2.46×10^{-2} m のように書く。測定値どうしの加法・減法の計算では，最後の位取りの最も高いものにそろえ，乗法・除法の計算では，有効数字の桁数の最も少ないものの桁数に合わせる。

誤差を伴った測定値の科学表記は，以下のように書く。

$$L = (2.0345 \pm 0.0003) \times 10^2 \text{ m}$$

ここで，(a)先頭は 0 でない数字を第 1 位に記す　(b)最後の桁を一致させる　(c)単位を忘れないこと，に注意する。

例題 121.1　12.7, 0.0117, 1.20 の有効数字はそれぞれ何桁か。

解答　小数点の位置には無関係で左方の 0 はこれに加えないので，すべて 3 桁である。

例題 121.2　長方形の縦と横の長さをはかって，それぞれ 26.8 cm と 3.2 cm を得たとする。長方形の面積を有効数字を考えて求めよ。

解答　縦と横の長さの測定値には ± 0.05 cm 以内の誤差があると考えられるから，長方形の真の面積 S〔cm^2〕は，

$$26.75 \times 3.15 \leq S < 26.85 \times 3.25 \cdots\cdots(1)$$

ゆえに　$84.2625 \leq S < 87.2625$

の範囲内にある。したがって，長方形の面積を，

$$26.8 \text{ cm} \times 3.2 \text{ cm} = 85.76 \text{ cm}^2 \cdots\cdots(2)$$

と計算したとき，(1)式と比べてみると，85.76 の 8 は正しく，5 は多少の誤差を含んではいるが意味のある数字である。しかし，3 桁目の 7 や 4 桁目の 6 はまったく信頼性がない値である。そこで，長方形の面積は(2)式で小数第 1 位を四捨五入して 86 cm^2 とする。このように，測定値どうしの乗除計算では，有効数字の桁数の最も少ないものより 1 桁多く計算し，四捨五入によって最も小さい有効数字の桁数で答える。

例題 121.3　2 本の棒の長さをはかって，それぞれ 36.7 mm と 18.62 mm を得た。この 2 本の棒をつないだときの長さを有効数字を考えて求めよ。

解答　36.7 mm + 18.62 mm = 55.32 mm であるが，36.7 の小数第 1 位は誤差を含むために，結果の小数第 1 位も誤差を含み，小数第 2 位は有効数字ではない。通常は，36.7 mm + 18.62 mm = 55.3 mm のように，最後の位取りの最も高いものにそろえる。

ドリル No.121　Class　　No.　　Name

問題 121.1 半径 5.63 cm の円の面積を求めよ。

問題 121.2 誤差を1桁とし，次の値を科学表記で表せ。

(a) $v = 8.123456 \pm 0.0312$ m/s

(b) $x = 3.1234 \times 10^4 \pm 2$ m

(c) $m = 5.6789 \times 10^{-7} \pm 3 \times 10^{-9}$ kg

問題 121.3 図はノギスで測定した結果である。有効数字3桁で答えよ。

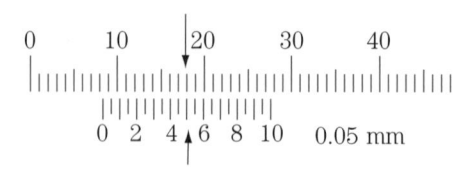

問題 121.4 図はマイクロメータで測定した結果である。有効数字4桁で答えよ。

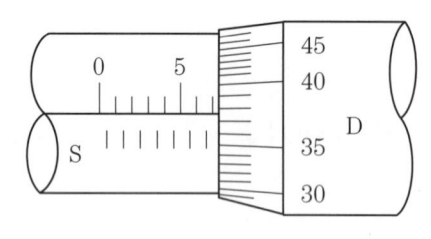

チェック項目	月 日	月 日
正しく有効数字を表記できたか。		

7. 物理学実験基礎論　　7.1 物理学基礎論　　（2）誤　差

> 誤差の定義・求め方を理解しよう。

測定には必ず誤差がともなう。どんなに精密な測定を行っても計測しようとする物理量の真の値を知ることはできない。測定値 (x) から真の値 (X) を差し引いた値を**誤差**または**絶対誤差** ($\varepsilon \equiv x-X$) という。誤差と真の値の比、または誤差と測定値の比を**相対誤差** $\left(\dfrac{|x-X|}{X} \fallingdotseq \dfrac{|x-X|}{x}\right)$ という。

誤差には、測定者の未熟練または不注意から生じる過失誤差、測定の方法・装置の調整の不備などから生じる系統誤差と偶発（偶然）誤差がある。過失誤差は測定を繰り返し、結果を検査することで取り除くことができる。系統誤差は基準となるものと比較し補正を行えば良い。偶発誤差は避けることのできない誤差であるが、複数回測定を行うことにより、統計処理により誤差の大きさを評価することができる。

ある物理量を n 回測定して、測定値 $x_1, x_2, \ldots, x_n$ を得たとする。この時、算術平均値は

$$\bar{x} = \frac{1}{n}(x_1 + x_2 + \cdots + x_n) = \frac{1}{n}\sum_{i=1}^{n} x_i \quad \cdots (1)$$

で与えられる。測定値から平均値を引いた値 $\delta_i = x_i - \bar{x}$ を**残差**という。個々の測定値の**標準偏差** σ は、

$$\sigma = \sqrt{\frac{1}{n-1}\sum_{i=1}^{n} \delta_i^2} \quad \cdots (2)$$

となることが証明される。σ は測定値のばらつきの度合いを表し、σ が小さいほどばらつきは小さい。ここで**平均誤差** $\bar{\mu}$ を次式で定義する。

$$\bar{\mu} = t\frac{\sigma}{\sqrt{n}} = t\sqrt{\frac{\sum \delta_i^2}{n(n-1)}} \quad \cdots (3)$$

t は補正係数で、真の値の推定の信頼度 p% と測定回数 n とに依存して決まる。測定結果は $\bar{x} \pm \bar{\mu}$ の形で表す。ここで、真の値の推定の信頼度とは、例えば $p=68.3$% とすると、真の値は 68.3% の確率で $-\sigma$ から $+\sigma$ の範囲に入ることを意味する。

また $p=50$% のときの $\bar{\mu}$ を**確率誤差**といい、算術平均値を中心に真の値が 50% の確率で $\bar{\mu}$ の範囲内に入ることを意味する。測定回数に応じて下表に示すような補正係数 t を用いる。

補正係数 t の値

n	2	3	4	5	6	7	8	9	10	∞
$p=50\%$	1	0.816	0.765	0.741	0.727	0.718	0.711	0.706	0.703	0.674
$p=68\%$	1.819	1.312	1.189	1.134	1.104	1.084	1.07	1.06	1.053	1

例題 122 ある物体の長さを 5 回測定した。その結果は、3.938 cm, 3.931 cm, 3.930 cm, 3.925 cm, 3.926 cm であった。平均値、標準偏差、$p=68$% での平均誤差を求めよ。これより、長さ x は誤差を含めてどのように表現したらよいだろうか。

解答 x の平均値は $\bar{x}=3.930$ cm。標準偏差は $\sigma=0.005$ cm。$p=68$%, $n=5$ の場合、上表より $t=1.134$ だから、$\bar{\mu}_x = 1.134 \times \dfrac{0.005}{\sqrt{5}} = 0.003$ cm。以上より、$x=(3.930 \pm 0.003)$ cm

ドリル No.122　　Class　　　No.　　　Name

問題　122.1　ある物体の密度〔g/cm³〕を等しい精度で10回測定し，下表の第2列のような結果を得た。有効数字を考慮し，物体の密度の平均値とその確率誤差を求めよ。

測定番号(i)	測定値(x_i)	残差($\delta_i = x_i - \bar{x}$)	δ_i^2
1	8.66		
2	8.66		
3	8.68		
4	8.67		
5	8.65		
6	8.65		
7	8.67		
8	8.66		
9	8.68		
10	8.65		
合　計	86.63		

問題　122.2　ある物理量 y がいくつかの要素 $x_1, x_2, \cdots\cdots, x_n$ を用いて
$$y = f(x_1, x_2, \cdots\cdots, x_n)$$
の形で求められる場合，y の誤差を ε_y，x_i の誤差を ε_i とすると，
$$\varepsilon_y^2 = \left(\frac{\partial f}{\partial x_1}\right)^2 \varepsilon_1^2 + \left(\frac{\partial f}{\partial x_2}\right)^2 \varepsilon_2^2 + \cdots + \left(\frac{\partial f}{\partial x_n}\right)^2 \varepsilon_n^2$$
と表される。これを**誤差の伝播**という。

　直円柱の長さ L〔mm〕と直径 D〔mm〕を測定したら，以下の結果を得た．これから直円柱の体積 V〔mm³〕の最確値とその誤差 ε_V を求めよ．　$L = 56.2 \pm 0.7$ mm，$D = 15.7 \pm 0.1$ mm

チェック項目　　　　　　　　　　　　　　　　　　　　　月　日　　月　日

誤差の計算が理解できたか。

7. 物理学実験基礎論　　7.1　物理学基礎論　　（3）単位と次元

単位を正しく利用でき次元を理解し，次元解析ができるようにしよう。

物理量を測定するには単位が必要である。国際単位系（SI）は，メートル〔m〕（長さの単位），キログラム〔kg〕（質量の単位），秒〔s〕（時間の単位），アンペア〔A〕（電流の単位），ケルビン〔K〕（温度の単位），モル〔mol〕（物質の量の単位），カンデラ〔cd〕（光度の単位）を基本単位としたものである。また，補助単位は，ラジアン〔rad〕（角度の単位）とステラジアン〔sr〕（立体角の単位）である。これらの7つの基本単位を組み立てて得られる組立単位として，面積〔m^2〕，密度〔kg/m^3〕，加速度〔m/s^2〕，磁界〔A/m〕などがある。頻繁に使われる組立単位の中には，固有の名前が付けられているものがある。

ある物理量の単位が基本単位からどのように組み立てられているかを示すのが次元（ディメンジョン）である。次元は，長さ（length）を [L]，質量（mass）を [M]，時間（time）を [T] で表す。これを用いると，例えば，速さ（= 距離÷時間）の次元は $[LT^{-1}]$ $(=[L]\div[T])$，加速度の次元は $[LT^{-2}]$ $(=[LT^{-1}]\div[T])$ となる。次元の異なる量の和や差をとることは決してなく，また，式の両辺の次元は必ず等しくなっている。

例題 123.1　平面角ラジアンと立体角ステラジアンの次元を示しなさい。

解答　1 rad とは，半径1の円において長さ1の弧を切り取るとき2つの半径にはさまれた中心角 θ のことである。すなわち，ラジアンは円弧と半径との比であるから次元は無次元である。点Pに微小な面要素 δS があり，原点をOとして，$\overrightarrow{OP}=\vec{r}$ と，この面要素の法線とのなす角度を θ とすると，

$$\delta\Omega = \frac{\delta S\cos\theta}{r^2}$$

を，Oからその面要素を見込む立体角という。立体角 1 sr（ステラジアン）とは，上式で，$\delta\Omega=1$ となるときの立体角である。つまり，原点Oを中心とする半径 r の球に適用すれば（$\theta=0$），球の表面上の微小な面要素 δS が $\delta S=r^2$ となるときの立体角である。$\delta\Omega$ の次元は無次元である。

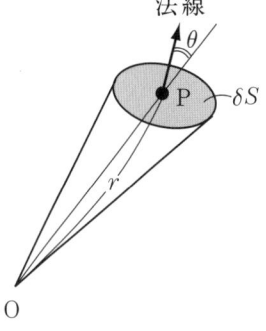

例題 123.2　弦を伝わる波の速さ v が，弦の長さ l，張力 S，弦の線密度 ρ で決まると考え，波の速さを求めよ。

解答　$v=kl^x S^y \rho^z$ とおく（k は無次元の定数）。各量の次元は，

$[l^x]=[L^x]$，$[S^y]=[(LMT^{-2})^y]=[L^y M^y T^{-2y}]$，$[\rho^z]=[(L^{-1}M)^z]$，となり，

$[l^x S^y \rho^z]=[L^{x+y-z}M^{y+z}T^{-2y}]$

これが速さ v の次元と一致するためには，

$x+y-z=1$，$y+z=0$，$-2y=-1$　よって，$x=0$，$y=\frac{1}{2}$，$z=-\frac{1}{2}$

ゆえに，

$$v=kS^{1/2}\rho^{-1/2}=k\sqrt{\frac{S}{\rho}}$$

このような方法を**次元解析**という。なお，比例定数の値は次元解析では決められない。

ドリル No.123　　Class　　　No.　　　Name

問題　123.1　次の単位を SI 単位で表せ。

(1) 水の密度 1 g·cm^{-3} は何 kg·m^{-3} か。

(2) 度数法で表された角度 45° は何ラジアンか。

(3) 1 kW·h は何 J か。

問題　123.2　次の組立単位を基本単位で表せ。ニュートン〔N〕,パスカル〔Pa〕,ジュール〔J〕,ワット〔W〕,ボルト〔V〕,クーロン〔C〕,ファラッド〔F〕,オーム〔Ω〕

問題　123.3　単振り子の周期 T が,振り子の糸の長さ l,おもりの質量 m,重力加速度 g で決まると考え,周期を求めよ。

チェック項目	月 日	月 日
単位と次元を理解し,次元解析ができるようになったか。		

1章 力　学　解　答

(1) $a = \dfrac{18-0}{6.0-0} = 3.0$　　3.0 m/s^2

(2) v-t グラフの傾きがゼロなので，加速度は0。
0 m/s^2

(3) $a = \dfrac{0-18}{19-10} = -2.0$　　-2.0 m/s^2

(4) $x = (2.0+8.0) \times 18 \times \dfrac{1}{2} = 90$　　90 m

(5) $t = 19$　　19 s

$x = (4.0+19) \times 18 \times \dfrac{1}{2} = 207 ≒ 2.1 \times 10^2$　　$2.1 \times 10^2 \text{ m}$

2.1

速度ベクトルが2つの成分を持っていることに注意する。i, j を x, y 方向の単位ベクトルとすると，
$\vec{v} = v_x i + v_y j = (25+5t)i - 18j \text{ [m/s]}$

2.2

問題2.1の結果を用いて，
$v = (25+35)i - 18j = 60i - 18j$

これより，$t=7.0$ s のとき，$v_x = 60$ m/s，$v_y = -18$ m/s となる。速さは v の大きさとして定義されるので，
$v = |v| = \sqrt{v_x^2 + v_y^2} = \sqrt{(60)^2 + (-18)^2} = 6\sqrt{109} ≒ 63 \text{ m/s}$

2.3

$t=0$ のとき，$x_0 = y_0 = 0$ なので，x 座標，y 座標は以下のようになる。

$x = v_{0x}t + \dfrac{1}{2}a_x t^2 = 25t + \dfrac{5}{2}t^2 = t\left(25 + \dfrac{5}{2}t\right) \text{ [m]}$

$y = v_{0y}t = -18t$

よって，任意の時刻の変位ベクトルは，i, j を x, y 方向の単位ベクトルとすると，
$\vec{r} = xi + yj = \left(25t + \dfrac{5}{2}t^2\right)i - 18t j$

3

(1) 東方向の速度を正の向きとすると，
$v_P = -60$ m/s，$v_R = -45$ m/s となるので，
$v_{PR} = v_R - v_P = -45 - (-60) = 15 \text{ m/s}$
よって，東向きに 15 m/s

(2) 東方向の速度を正の向きとすると，
$v_R = -45$ m/s，$v_Q = 35$ m/s となるので，
$v_{RQ} = v_Q - v_R = 35 - (-45) = 80 \text{ m/s}$
よって，東向きに 80 m/s

(3) 東方向の速度を正の向きとすると，
$v_Q = 35$ m/s，$v_P = -60$ m/s となるので，
$v_{QP} = v_P - v_Q = -60 - 35 = -95 \text{ m/s}$

よって，西向きに 95m/s

4.1

(1) $y = \dfrac{1}{2}gt^2$ より，

$313.6 = \dfrac{1}{2} \times 9.8 \times t^2$

$313.6 = 4.9t^2$　　$64 = t^2$

$t > 0$ より，$t = 8.0$ s

(2) $v^2 = gt = 9.8 \times 8 = 78.4 ≒ 78 \text{ m/s}$

4.2

(1) $y = \dfrac{1}{2}gt^2 = \dfrac{1}{2} \times 9.8 \times (3.0)^2 = 44.1 ≒ 44 \text{ m}$

(2) $v^2 = 2ag = 2 \times 9.8 \times 2.5 = 49$
$v = 0$ なので，
$v = 7.0 \text{ m/s}$

5.1

$y = \dfrac{1}{2}gt^2 = \dfrac{1}{2} \times 9.8 \times (2.0)^2 = 19.6 ≒ 20 \text{ m}$

よって，校舎の高さは 20 m である。

$v_{0x} = \dfrac{41.2}{2} = 20.6 ≒ 21 \text{ m/s}$

到達する直前のそれぞれの速さは，水平方向は等速直線運動なので，$v_x = v_{0x} = 20.6 ≒ 21$ m/s，鉛直方向は，
$v_y = gt = 9.8 \times 2 = 19.6 ≒ 20 \text{ m/s}$

5.2

まずは水平方向，鉛直方向の初速度を考える。
角度30°で飛び出しているので，鉛直方向の初速度 v_{0y} は，$v_{0y} = 14\sin 30° = 7.0$ m/s
同じく，水平方向の初速度 v_{0x} は，
$v_{0x} = 14\cos 30° = 7\sqrt{3}$ m/s $(≒ 12 \text{ m/s})$
次に地面に到達するまでの時間を求める。

$y = v_{0y}t - \dfrac{1}{2}gt^2$ より，地面に到達したときの変位は $y=0$ なので，$0 = 7t - 4.9t^2 = 7t(1-0.7t)$。よって，地面に到達する時間 $t = \dfrac{10}{7}$s $(=1.4 \text{ s})$ となる。

最後に水平方向の変位 x は等速直線運動になるので，
$x = v_{0x}t = 7\sqrt{3} \times \dfrac{10}{7} = 10\sqrt{3} ≒ 17 \text{ m}$

よって，ボールは 17 m 飛ぶ。

6.1

物体を離した真下に落ちる。
〈解説〉等速度運動している電車では，中にある物体も

— 247 —

電車と同じように等速度運動している。物体には慣性があり、物体は電車と同じ向きに同じ速さで進みながら落下運動するため、物体が真下に落ちる。

6.2
推進力と抵抗力を等しくする。
飛行機は等速度で運動しているのであり、慣性の法則より、飛行機にはたらく力はつり合った状態になっていなければならない。(もし、この図のように力がはたらいていれば、飛行機は加速度運動することになる。)

6.3
かんなの上端をげんのうでたたくと、かんな台は下端に向かって急に動き出す。一方、かんな身(刃)は、慣性の法則により、それまでの静止した状態を保とうとするため、抜くことができる。

7.1

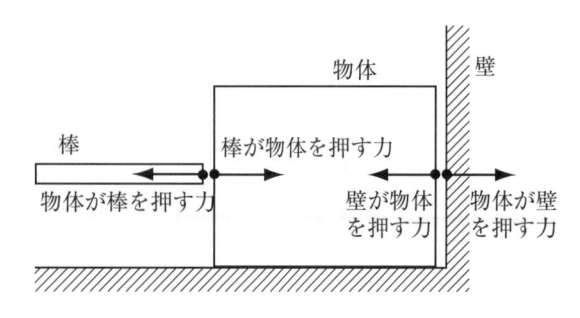

作用・反作用の関係にある力は、
「棒が物体を押す力」と「物体が棒を押す力」
「物体が壁を押す力」と「壁が物体を押す力」
※ 留意点：この場合、矢印の長さは、4本とも等しくなる。

7.2
AさんとBさんは、互いに反対向きに動き出す。このとき、質量の小さいBさんの方が動きやすいので、加速度はBさんの方が大きい。

7.3
燃焼ガスを噴射する際、ロケットはガスを押し、ガスはロケットを押し返している。つまり、ロケットがガスを押し出すという作用に対し、ガスがロケットを押し返すという反作用が生じる。ロケットは、ガスからの反作用を受け推進力を得ている。真空中でも推進力を得ることができるのは、ロケット内部の燃焼ガスをロケット外部へ噴出するからである。飛行機のジェットエンジンやプロペラの場合は、吸い込んだ空気を後方へ放出しており、その反作用が推進力となる。

8.1
おもりにはたらく重力 mg は $1.0\ \text{kg} \times 9.8\ \text{m/s}^2 = 9.8\ \text{N}$ である。(1), (2)それぞれについて、おもりにはたらく糸の張力 T_1, T_2 の合力と重力がつり合うように作図し、力の大きさを求めると次のようになる。

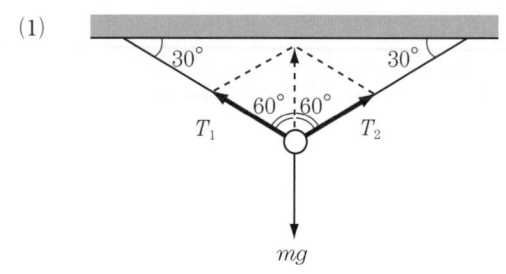

(1)

$mg - T_1\cos60° - T_2\cos60° = 0$

$T_1 = T_2$ より、$mg - 2T_1 \times \dfrac{1}{2} = mg - T_1 = 0$

よって、$T_1 = T_2 = mg = 9.8\ \text{N}$

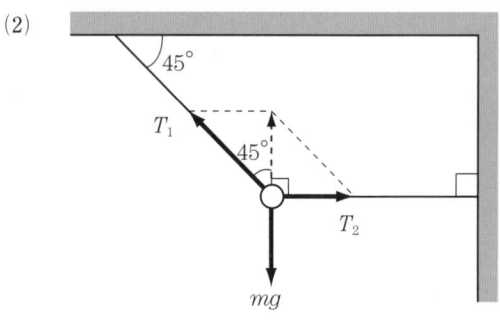

(2)

$mg - T_1\cos45° = 0$, $T_1\sin45° - T_2 = 0$
よって、$T_1 = \sqrt{2}mg = 13.8\ \text{N} ≒ 14\ \text{N}$, $T_2 = mg = 9.8\ \text{N}$

8.2

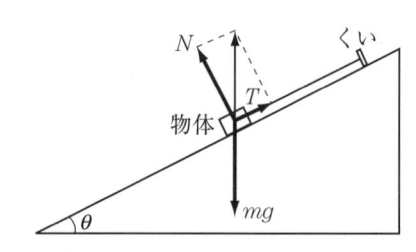

物体には、重力 mg、斜面からの垂直抗力 N、糸の張力 T の3力がはたらき、つりあっている。図は、垂直抗力 N と糸の張力 T の合力が重力とつりあうようにしている。このとき、つりあいの式は、$mg\sin\theta - T = 0$, $mg\cos\theta - N = 0$ となる。
したがって、$T = mg\sin\theta$, $N = mg\cos\theta$

9.1
力のモーメントの和は、反時計回りを正として、
$+50 \times 0.20 + 100 \times 0.40 \times \sin30° - 60 \times 0.20 = 18\ \text{N·m}$

9.2
(1) 水平方向及び鉛直方向の力のつり合いより、
$N = T\sin60° = 0$ ……①
$F + T\cos60° - Mg = 0$ ……②
回転しないためには、点Pの周りの力のモーメントの和が0。
$TL\cos60° - Mg\dfrac{L}{2} = 0$ ……③
③より $T = Mg$、これを①、②にそれぞれ代入して、

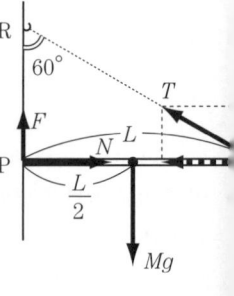

— 248 —

$N = \frac{\sqrt{3}}{2}Mg$, $F = \frac{1}{2}Mg$

) 点Pから物体までの距離
をx、糸の張力をT'とすると、
が張った状態では点Pの周
の力のモーメントの和は0
であるから、

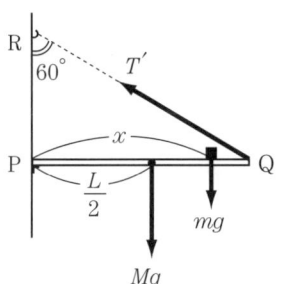

$T'L\cos 60° - Mg\frac{L}{2} - mgx = 0$

$T' = Mg + 2mg\frac{x}{L}$

ここで、$x=L$のときT'が最大であり、$Mg + 2mg$以上
の張力に耐えられる規格の糸が必要である。

1

速度の大きさをa〔m/s²〕とすると、

$2.0 \times a = 22 - 2.0 \times 9.8$

よって $a = 1.2$ m/s²

2

じる加速度の大きさをa〔m/s²〕、糸の張力の大きさを
〔N〕として、台車A、台車Bそれぞれの運動方程式を
てると、

$1.5 \times a = T$ ……①
$1.0 \times a = 7.5 - T$ ……②

①と②の両辺を加え $(1.5 + 1.0) \times a = 7.5$
って、$a = 3.0$ m/s²。これを式①に代入し $T = 4.5$ N

3

動の向きを正とし、物体A、物体Bのそれぞれについ
運動方程式を立てると、

$Ma = Mg - T$ ……①
$ma = T - mg$ ……②

①と②の両辺を加え、
$(M+m)a = (M-m)g$

って、$a = \frac{M-m}{M+m}g$ となる。

れを式②に代入して、

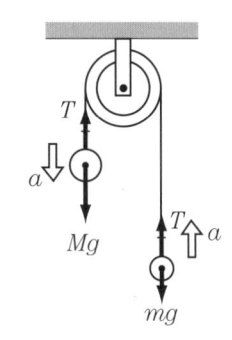

$= \frac{2Mm}{M+m}g$ となる。

重力の大きさ:$0.10 \times 9.8 = 0.98$ N

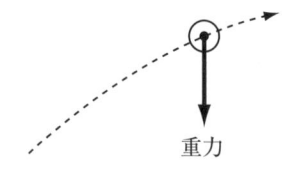

重力の大きさ:$5.0 \times 9.8 = 49$ N
水平に加えた力の大きさ:$5.0 \times 3.0 = 15$ N

(3) 月の重力の大きさ:$5.0 \times \frac{9.8}{6} = 8.16$ N $\fallingdotseq 8.2$ N

水平に加えた力の大きさ:$5.0 \times 3.0 = 15$ N
(なめらかな水平上で水平に物体を動かす場合、地上で
も月でも同じ力が必要である。)

12.1

グラフの傾きが、ばね定数なので、

$k = \frac{3.0}{0.40} = 7.5$ N/m

12.2

ばねの自然の長さをx_0〔m〕、ばね定数をk〔N/m〕とす
ると、

$0.50 \times 9.8 = k \times (0.30 - x_0)$ ……①
$1.0 \times 9.8 = k \times (0.40 - x_0)$ ……②

これらの式を連立することで、$x_0 = 0.20$ m と $k = 49$
N/m を求めることができる。

12.3

(1) ばねにはたらく力の大きさは 0.50 N であり、$F=kx$
より、

$0.50 = 10 \times x$、よって、$x = \frac{0.50}{10} = 0.050$ m

(2) ばねを2本並列に接続しているので、1本のばねに
は0.50 Nの半分の力が加わる。よってばねの伸びはい
ずれも0.025 mである。

13.1

$F = \rho Vg$ より、

水中で物体にはたらく浮力の大きさ:
1.0×10^3 kg/m³ $\times 5.0 \times 10^{-3}$ m³ $\times 9.8$ m/s² $= 49$ N

食塩水中で物体にはたらく浮力の大きさ:
1.1×10^3 kg/m³ $\times 5.0 \times 10^{-3}$ m³ $\times 9.8$ m/s² $= 53.9$ N
$\fallingdotseq 54$ N

13.2

氷の体積をV_1、密度ρ_1、水中にある氷の体積をV、水
の密度をρとすると、氷にはたらく重力の大きさと水に
よる浮力は等しく、

$\rho_1 V_1 g = \rho V g$ ……①

である。求める氷が水面より上に出ている部分の体積の

割合は、$\frac{V_1 - V}{V_1}$ であり、①を用いて変形して、

$\frac{V_1 - V}{V_1} = 1 - \frac{\rho_1}{\rho} = 1 - \frac{0.92 \times 10^3 \text{ kg/m}^3}{1.0 \times 10^3 \text{ kg/m}^3} = 0.08$

つまり、氷の体積の8%だけが水面より上に出る。

13.3

容積V〔m³〕の気球にはたらく浮力の大きさは、$\rho_0 Vg$〔N〕
である。また、気球内に密度ρ〔kg/m³〕の気体を入れた
とき、この気球にはたらく重力の大きさは、$(M + \rho V)g$
〔N〕である。気球が浮くためには、気球にはたらく重

力よりも浮力の方が大きくなる必要がある。よって，$\rho_0 Vg > (M + \rho V)g$ であり，よって，
$$\rho < \rho_0 - \frac{M}{V}$$

14.1
(1) 物体にはたらく垂直抗力の大きさ N_1 は，$10\,\mathrm{kg} \times 9.8\,\mathrm{m/s^2} = 98\,\mathrm{N}$ であり，静止摩擦係数 μ は，
$$\mu = \frac{f_{m_1}}{N_1} = \frac{49\,\mathrm{N}}{98\,\mathrm{N}} = 0.50$$

(2) 物体がすべりだすときの力の大きさを F とすると，そのときに物体にはたらく垂直抗力の大きさ N_2 は，
$$N_2 = mg - F\sin 30° = mg - \frac{1}{2}F \quad \cdots\cdots ①$$

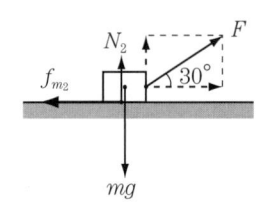

ここで，物体にはたらく重力は $mg = 98\,\mathrm{N}$ である。また，最大摩擦力の大きさ f_{m_2} は，F を用いて，
$$f_{m_2} = F\cos 30° = \frac{\sqrt{3}}{2}F \quad \cdots\cdots ②$$

と表される。静止摩擦係数は(1)で求めたと同じ値であるから $\dfrac{f_{m_2}}{N_2} = 0.50$ であり，ここに①，②を代入して，
$$\frac{f_{m_2}}{N_2} = \frac{\frac{\sqrt{3}}{2}F}{mg - \frac{1}{2}F} = 0.50$$

よって，$F = 43.9 ≒ 44\,\mathrm{N}$

14.2
物体の質量を m，物体の加速度の大きさを a，重力加速度の大きさを g とすると，$ma = \mu' mg$，よって，
$$a = \mu' g = 0.20 \times 9.8\,\mathrm{m/s^2} = 1.96\,\mathrm{m/s^2} ≒ 2.0\,\mathrm{m/s^2}$$

15.1
等速度運動の状態であれば，重力と空気抵抗はつりあった状態になっており，空気抵抗の大きさは重力の大きさに等しい。したがって，空気抵抗の大きさは，
$$50\,\mathrm{kg} \times 9.8\,\mathrm{m/s^2} = 4.9 \times 10^2\,\mathrm{N}$$

15.2
質量 m の物体の加速度を a，重力加速度の大きさを g とし，鉛直下向きを正として運動方程式を立てると，
$$ma = mg - kv \quad \text{よって，} \quad a = g - \frac{kv}{m} \text{ となる。}$$

落下し始めた段階では v は小さく加速度は g であり，ほぼ自由落下となる。しだいに v が大きくなると，加速度は徐々に小さくなっていく。やがて重力と抵抗力がつりあい $mg = kv$ となる。このとき，加速度は $a = 0$ であり，終端速度 v_∞ は，
$$v_\infty = \frac{mg}{k}$$

となり，等速度運動を行う。

15.3
水 (water) 終端速度を $v_{\mathrm{W}\infty}$，油 (oil) の終端速度を $v_{\mathrm{O}\infty}$ とすると，$v_{\mathrm{O}\infty} < v_{\mathrm{W}\infty}$ である。

終端速度は，それぞれ $v_{\mathrm{W}\infty} = \dfrac{mg}{k_{\mathrm{W}}}$，$v_{\mathrm{O}\infty} = \dfrac{mg}{k_{\mathrm{O}}}$ なので $\dfrac{mg}{k_{\mathrm{O}}} < \dfrac{mg}{k_{\mathrm{W}}}$ となる。よって，$k_{\mathrm{W}} < k_{\mathrm{O}}$ である。

16.1
3.0 秒後のエレベータの加速度 a_1 は上向きに
$$a_1 = \frac{6.0\,\mathrm{m/s}}{5.0\,\mathrm{s}} = 1.2\,\mathrm{m/s^2} \text{ である。}$$

慣性力は下向きに ma_1 なので，はかりの示す値 $T_1 = mg + ma_1 = m(g + a_1) = 55\,\mathrm{N}$。7.0 秒後のエレベータの加速度 a_2 は 0 であり慣性力は生じないから，$T_2 = 49$ 12 秒後のエレベータの加速度 a_3 は，
$$a_3 = \frac{-6.0\,\mathrm{m/s}}{4.0\,\mathrm{s}} = -1.5\,\mathrm{m/s^2}$$

なので下向きである。よって，はかりの示す値は，
$$T_3 = mg + ma_3 = m(g + a_3) = 41.5\,\mathrm{N} ≒ 42\,\mathrm{N}$$

16.2
重力と慣性力の合力と糸の張力がつりあうから，
$$\tan\theta = \frac{ma}{mg} = \frac{a}{g}$$

また，糸を切断すると鉛直線となす角が θ の向きに速度 $\sqrt{g^2 + a^2}$ でまっすぐ落下する。

17.1
(1) $mgH = 0.50\,\mathrm{kg} \times 9.8\,\mathrm{m/s^2} \times 1.0\,\mathrm{m} = 4.9\,\mathrm{J}$

(2) 変位の方向は水平で，重力の方向とは直角である。よって，重力のする仕事は 0 である。

(3) $W = Fs\cos\theta = mgs\cos\theta$
$$= -0.50\,\mathrm{kg} \times 9.8\,\mathrm{m/s^2} \times 1.0\,\mathrm{m} \times \cos 60°$$
$$= -2.45\,\mathrm{J} ≒ -2.5\,\mathrm{J}$$

〈別解〉重力の斜面に沿う成分は，下向きに，$\sin 30° = 4.9\,\mathrm{N} \times 0.50 = 2.45\,\mathrm{N}$

変位は上向きに $1.0\,\mathrm{m}$ であるので，仕事は負であり，よって，$-2.45\,\mathrm{N} \times 1.0\,\mathrm{m} = -2.45\,\mathrm{J} ≒ -2.5\,\mathrm{J}$

17.2
抵抗力 $F\,[\mathrm{N}]$ に逆らって $s\,[\mathrm{m}]$ 進む自動車の仕事は $Fs\,[\mathrm{J}]$ である。

その仕事に使われるエネルギーは，$E \times \dfrac{k}{100}\,[\mathrm{J}]$ る。

よって，$Fs = E \times \dfrac{k}{100}$，$F = \dfrac{Ek}{100s}$ である。

$$\therefore \quad P = Fv = \frac{Ekv}{100s} \text{〔W〕}$$

18.1

運動エネルギーの変化量は，
$$\Delta E_K = \frac{1}{2}mv_2^2 - \frac{1}{2}mv_1^2 = \frac{1}{2} \times 4.0 \times 5.0^2 - \frac{1}{2} \times 4.0 \times 10^2$$
$$= -1.5 \times 10^2 \text{ J}$$

18.2

(1) 銃弾が板の抵抗に逆らってした仕事 Fs は，銃弾の運動エネルギーの減少量に等しい。よって，板の平均抵抗力を F，板の厚さを s，通過前と後の銃弾の速さを v_1, v_2 とすれば，

仕事 $W = Fs = -\left(\frac{1}{2}mv_2^2 - \frac{1}{2}mv_1^2\right)$
$$= \frac{1}{2} \times 0.040 \times (300^2 - 200^2) = 1000 \text{ J} = 1.0 \times 10^3 \text{ J}$$

(2) 板の平均抵抗力は，
$$F = \frac{W}{s} = \frac{1000}{0.10} = 10000 \text{ N} = 1.0 \times 10^4 \text{ N}$$

(3) 通過しないための最小の厚さを S とすると，最初にもっていた銃弾の運動エネルギーがすべて仕事に転換される場合を考えればよい。

$$\therefore \quad FS = \frac{1}{2}mv^2$$

よって，$S = \frac{\frac{1}{2}mv^2}{F} = \frac{\frac{1}{2} \times 0.040 \times (300)^2}{10000} = 0.18 \text{ m}$

19

(1) 求める重力による位置エネルギーを E_{p50} とすれば，
$E_{p50} = 0.10 \times 9.8 \times 50 = 49 \text{ J}$

(2) 地面から 30 m の高さでのボールの位置エネルギーを E_{p30} とすれば，自由落下により失われた重力による位置エネルギーは，
$E_{p50} - E_{p30} = 0.10 \times 9.8 \times (50 - 30) = 19.6 ≒ 20 \text{ J}$

(3) 高さ 50 m の位置にあったボールが持っていた重力による位置エネルギーが，すべて地面と衝突する直前の運動エネルギーに変換されたことにより，求める速さを v とすれば，$E_k = \frac{1}{2}mv^2 = mgh$ より，
$v = \sqrt{2gh} = \sqrt{2 \times 9.8 \times 50} = 31 \text{ m/s}$

(4) 高さ 20 m から見て，地面の高さは -20 m である。よって，求める重力による位置エネルギー E_{p-20} は，
$E_{p-20} = 0.10 \times 9.8 \times (-20) = -19.6 ≒ -20 \text{ J}$

20.1

ばねが自然の長さになったときに，物体はばねから離れる。それまでにばねが物体にする仕事は，ばねが失ったエネルギーに等しく，$\frac{1}{2}kx^2$ である。

一方，物体が得た運動エネルギーは $\frac{1}{2}mv^2$ に等しい。

よって，$\frac{1}{2}kx^2 = \frac{1}{2}mv^2$ となり，$v = \sqrt{\frac{k}{m}}x$ となる。

20.2

球 C は 2 本の糸から張力 T と重力 mg を受ける。鉛直方向のつりあいの式より，
$$2T\cos 30° = mg \text{ から } T = \frac{mg}{2\cos 30°} = \frac{mg}{\sqrt{3}}$$

球 A は，水平方向には，糸から右向きに $T\cos 60°$ で引かれておりばねの自然の長さからの縮みを x とすると，ばねから kx で左に押されてつりあっている。
水平方向のつりあいの式から，
$$T\cos 60° - kx = 0 \text{ より，} x = \frac{T}{2k} = \frac{mg}{2\sqrt{3}k}$$

以上より，弾性力による位置エネルギー E_p' は，
$$E_p' = \frac{1}{2}kx^2 = \frac{1}{2}k\left(\frac{mg}{2\sqrt{3}k}\right)^2 = \frac{m^2g^2}{24k}$$

21

(1) 重力，垂直抗力

(2) 重力：重力は保存力であり，経路によらず，その仕事は高さによってのみ決まるので，$W_{重力} = mgh$
垂直抗力：垂直抗力は，ジェットコースターの運動方向に対し，常に垂直であることから仕事をしない。よって，0 J

(3) 力学的エネルギー保存則より，$0 + mgh = \frac{1}{2}mv^2 + 0$
を得る。これより，$v = \sqrt{2gh}$

(4) 最高点でのジェットコースターの重力による位置エネルギー E_{ph} は，$E_{ph} = mgh$
一方，点 A でのジェットコースターの重力による位置エネルギー E_{pA} は，$E_{pA} = mgh_A$
よって，$E_{ph} - E_{pA} = mgh - mgh_A = mg(h - h_A)$
※この式からわかるように，重力による位置エネルギーは，その高さの差によってのみ決まる。

(5) 力学的エネルギー保存則より，
$$0 + mgh = \frac{1}{2}mv_A^2 + mgh_A$$
を得る。これより，$v_A = \sqrt{2g(h - h_A)}$

22

(1) フックの法則より，$F = kx$ に，$F = 2.0$ N $x = 0.40$ m を代入し k を求めれば，$k = 5.0$ N/m

(2) 弾性力による位置エネルギー E_p' は，$E_p' = \frac{1}{2}kx^2$ で表されることから，$k = 5.0$ N/m, $x = 0.40$ m を代入すると，
$E_p' = 0.40$ J

(3) 力学的エネルギー保存則より，

251

$0+\frac{1}{2}mv_B^2=\frac{1}{2}kx_A^2+0$ だから，$m=0.20$ kg, $k=5.0$ N/m, $x_A=0.40$ m を代入して，$v_B=2.0$ m/s となる。

(4) 弾性力による位置エネルギー E_p' は，$E_p'=\frac{1}{2}kx^2$ で表されることから，$k=5.0$ N/m, $x=0.20$ m を代入すれば，この位置を通過するときの物体が持つ弾性力による位置エネルギーは 0.10 J である。

一方，(2)より，この物体が持つ力学的エネルギーの総和は 0.40 J であるので，物体がこの点を通過するときに持つ運動エネルギーは $0.40\ \text{J}-0.10\ \text{J}=0.30\ \text{J}$

これより物体がこの点を通過するときの速度 v は，
$$v=\sqrt{\frac{2\times 0.30\ \text{J}}{m}}=\sqrt{3}≒1.7\ \text{m/s}\ \text{である。}$$

23

(1) フックの法則より，求めるばね定数を k とすれば，$mg-ka=0$ より，$k=\frac{mg}{a}$

(2) A点においてばねにたくわえられていた弾性エネルギーと，B点を基準面としたA点での物体の位置エネルギーとの和が外部からされた仕事 W に等しい。よって，$W=mga-\frac{1}{2}ka^2=mga-\frac{1}{2}\left(\frac{mg}{a}\right)a^2=\frac{1}{2}mga$ である。

(3) 物体にはたらく力が弾性力および重力の場合には力学的エネルギーは保存されるから，求める速さを v とすれば，
$$0+0+0=-mga+\frac{1}{2}ka^2+\frac{1}{2}mv^2$$
$$=-mga+\frac{1}{2}\frac{mg}{a}a^2+\frac{1}{2}mv^2$$
より，$v=\sqrt{ga}$

(4) 物体にはたらく力が弾性力および重力の場合には力学的エネルギーは保存されるから，C点において物体の持つ運動エネルギーが0であることを考慮して，求めるばねの伸びを x とすれば，
$$0+0+0=0+\frac{1}{2}kx^2-mgx=\frac{1}{2}\frac{mg}{a}x^2-mgx$$
より，$x=2a$ である。

24.1

$m\vec{v'}-m\vec{v}=\vec{F}\Delta t$ の関係が成り立つので，

(1) $mv'=mv+F\Delta t=0+5.0\times 10=50$ kg·m/s

(2) $F=\frac{mv'-mv}{\Delta t}=\frac{2.0\times 20-0}{5.0}=8.0$ N

24.2

運動量の変化と力積の関係の式 $mv'-mv=F\Delta t$ から，$mv'=mv+F\Delta t$, ここで $v=0$ なので，$mv'=F\Delta t$ となる。この式において，吹き矢の矢が同じで吹く勢いが同じで

あれば m と F は一定と考えられ，長さの長い吹き矢のほうが長い時間力を加えることができ，Δt を大きくきる。このため，長い吹き矢のほうが勢いよく矢を飛すことができる。

24.3

(1) 物体が受けた力積は，物体が進んできた向きをとすると，$F\Delta t=mv'-mv=0-2.0\times 15=-30$ N·s で壁が受けた力と物体が受けた力は作用・反作用の関ある。よって，壁は物体が進んできた向きに 30 N·力積を受ける。

(2) 物体が受けた力積は，同様に $mv'-m$ $(-2.0\times 10)-2.0\times 15=-50$ N·s。よって，物体が進きた向きと反対向きに 50 N·s の力積を受ける。

(3) 物体が受ける平均の力は，
$$\bar{F}=\frac{F\Delta t}{\Delta t}=\frac{50}{0.010}=5.0\times 10^3\ \text{N}$$

25.1

矢の速さを v として，運動量保存の法則を適用する
$0.030v=(10+0.030)\times 0.15$
$\therefore v=\frac{(10+0.030)\times 0.15}{0.030}≒50$ m/s

25.2

(1) ボートの前方の向きを正，求めるボートの速度 v_1 として，運動量保存の法則を適用すると，
$0+50\times 6.0=(150+50)v_1$, $v_1=\frac{50\times 6.0}{150+50}=1.5$ m/s

よって，ボートの速度は前方に 1.5 m/s

(2) ボートの前方の向きを正，求めるボートの速度 v_2 として，運動量保存の法則を適用すると，
$0=(150+50-20)\times v_2+20\times(-3.6)$
$\therefore v_2=\frac{20\times 3.6}{150+50-20}=0.40$ m/s

よって，ボートの速度は前方に 0.40 m/s

(3) ボートの前方の向きを正，求めるボートの速度 v_3 として，運動量保存の法則を適用すると，
$(150+50)\times 2.2=(150+50-10)\times v_3+10\times 6.0$
$v_3=\frac{(150+50)\times 2.2-10\times 6.0}{150+50-10}=2.0$ m/s

よって，ボートの速度は前方に 2.0 m/s

26.1

(1) 一体となった物体の速度の大きさを v, その x を v_x, y 成分を v_y として x 軸方向と y 軸方向それに運動量保存の法則を適用すると，
(x軸方向) $2.0\times 2.0=(2.0+3.0)v_x$ $v_x=0.80$ m/s
(y軸方向) $3.0\times 1.0=(2.0+3.0)v_y$ $v_y=0.60$ m/
よって，$v=\sqrt{v_x^2+v_y^2}=1.0$ m/s

— 252 —

(2)

[グラフ: x軸方向にA, y軸負方向にB, 第1象限にA, B一体の矢印]

.2

物体A, 物体Bのそれぞれの速度の大きさをV_A, V_Bとして, x軸方向とy軸方向について, それぞれ運動量保存の法則を適用すると,

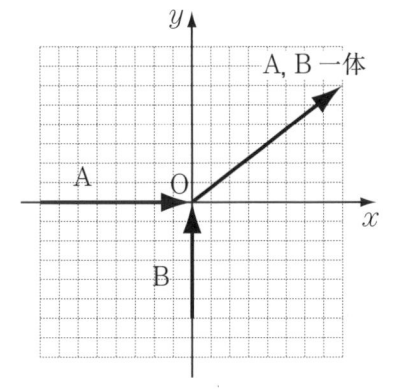

x軸方向) $3.0 \times 8.0 = 1.0 \times V_A \cos 60° + 2.0 \times V_B \cos 30°$ ……①

y軸方向) $0 = 1.0 \times V_A \sin 60° - 2.0 \times V_B \sin 30°$ ……②

①, ②より,
$V_A = 12$ m/s, $V_B = 6\sqrt{3}$ m/s $= 10.4$ m/s $\fallingdotseq 10$ m/s

.1

) 衝突前の物体Bの速度の向きを正とし, 衝突後の物体Aの速度をvとして, 運動量保存の法則を適用すると,
$4.0 \times 0 + 2.0 \times 2.5 = 4.0 \times v + 2.0 \times (-0.50)$
これより, 物体Aの速度は衝突前のBの運動の向きに1.5 m/sである。

) はね返り係数eは, $e = -\dfrac{v-(-0.50)}{0-2.5} = 0.80$

.2

) 衝突直前の物体の速さは, $v=gt$ および $h=\dfrac{1}{2}gt^2$ より, $v=\sqrt{2gh}$ である。

衝突後の物体の速さをv'とすると, $0=v'-gt$ および $h' = v't - \dfrac{1}{2}gt^2$ より, $v' = \sqrt{2gh'}$ である。

これらより, $e = \left|\dfrac{v'}{v}\right| = \left|\dfrac{\sqrt{2gh'}}{\sqrt{2gh}}\right| = \sqrt{\dfrac{h'}{h}}$

) (1)の結果より, $e^2 = \dfrac{h'}{h}$ が得られるので, 衝突後の高さh'は, $h' = e^2 h$ で与えられる。
よって, 3回目の衝突後の高さh''は,
$h'' = e^2 h' = \dfrac{h'}{h} \times h' = \dfrac{h'^2}{h}$ である。

1

) 小球にはたらく力を考える。糸の張力は$S=Mg$, 小球の鉛直方向はつりあっているので, $S\cos\theta - mg = 0$
また, 小球は半径$r = L\sin\theta$の等速円運動をしているので,
$mr\omega^2 = m(L\sin\theta)\omega^2 = S\sin\theta = Mg\sin\theta$

これより, $\omega = \sqrt{\dfrac{Mg}{mL}}$ となる。

よって, $T = \dfrac{2\pi}{\omega} = 2\pi \sqrt{\dfrac{mL}{Mg}}$。

(2) (1)の前半部分より, $S\cos\theta = Mg\cos\theta = 2mg\cos\theta = mg$ となるので, $\cos\theta = \dfrac{1}{2}$ である。よって, 中心の角度θは, $\dfrac{\pi}{3} = 60°$ となる。このとき小球の角速度は,

$\omega = \sqrt{\dfrac{2mg}{mL}} = \sqrt{\dfrac{2g}{L}}$ となり, 2つのおもりの質量比が決まれば, 糸の長さによって, 角速度が決まることを表している。速さは, $v = r\omega = \sqrt{\dfrac{3gL}{2}}$ で与えられる。

28.2

面からの垂直抗力をNとする。円錐面上にある小球は, 鉛直方向にはつりあっているが, 水平方向にはつりあっていない。よって小球にはたらく力は, $N\cos\theta - mg = 0$ (鉛直方向), と $N\sin\theta = \dfrac{mv^2}{r}$ (水平方向: rは円運動の半径) となる。これらより, $mg\dfrac{\sin\theta}{\cos\theta} = mg\tan\theta = \dfrac{mv^2}{r}$ となる。図より, $\tan\theta = \dfrac{h}{r}$ なのでこれを代入すると, $g\dfrac{h}{r} = \dfrac{v^2}{r}$ なので, 求める関係は $v = \sqrt{gh}$ である。

29.1

(1) 慣性系から見ると, 物体が円盤とともに等速円運動できるのは, 糸の張力の水平成分が向心力になっているから, と説明することができる。糸の張力をSとすると, 鉛直方向にはつりあっているから, $S\cos\theta - mg = 0$
水平方向には, 向心力になっているから,
$m(r + L\sin\theta)\omega^2 = S\sin\theta$

$S = \dfrac{mg}{\cos\theta}$ を代入することで, $\omega = \sqrt{\dfrac{g\tan\theta}{r + L\sin\theta}}$ が求められる。

(2) 非慣性系から見ると, 物体をつけた糸は傾いたまま静止しているように見える。これは, 鉛直方向には, 重力と張力がつりあっているから, $S\cos\theta - mg = 0$
水平方向には, 遠心力と張力の水平成分がつりあっているから, $S\sin\theta - m(r + L\sin\theta)\omega^2 = 0$

よって, $S = \dfrac{mg}{\cos\theta}$ を代入することで, $\omega = \sqrt{\dfrac{g\tan\theta}{r + L\sin\theta}}$ が求められる。

29.2

宇宙ステーション内にいる観測者にとっては, 宇宙ステーションが回転していても向心力を感じることはない。宇宙ステーションの床面では, 遠心力$mr\omega^2$と床か

らの抗力がつりあうので，$N-mr\omega^2=0$ である。
この垂直抗力が地上でのものと等しいと感じればよいので，$N=mg=mr\omega^2$ となる。

これを解くと，$\omega=\sqrt{\dfrac{g}{r}}=0.45$ rad/s となる。この結果は，約14秒で1回転することを意味する。直径100 mの宇宙ステーションが14秒に1回，回転する様子は，圧巻であろう。

30.1

(1) 584 日 = 584÷365 ≒ 1.6 年

この結果は，金星の満ち欠けの周期が，地球の1.6年ごとに観測できることを意味する。金星は，同じ期間にそれよりも1周多く公転するから，584日で2.6周する。よって，公転周期は，

584 日 ÷ 2.6 周 = 225 日 / 周 = 0.62 年

(2) ケプラーの第3法則 $T^2=ka^3$ より，

$$\frac{T^2_{金星}}{a^3_{金星}} = \frac{T^2_{地球}}{a^3_{地球}} \rightarrow a^3_{金星} = a^3_{地球} \times \frac{T^2_{金星}}{T^2_{地球}}$$

$$= (1.50 \times 10^8)^3 \times \frac{(0.62)^2}{(1.00)^2} = 1.30 \times 10^{24}$$

$$\rightarrow a_{金星} = 1.09 \times 10^8 \text{ km}$$

30.2

(1) ケプラーの第3法則 $T^2=ka^3$ より，

$$a^3_{ハレー彗星} = a^3_{地球} \times \frac{T^2_{ハレー彗星}}{T^2_{地球}} = (1.5 \times 10^8)^3 \times \frac{(76)^2}{(1.0)^2}$$

$$= 19.5 \times 10^{27} \rightarrow a_{ハレー彗星} = 2.7 \times 10^9 \text{ km}$$

$r_2 = 2a - r_1 = 2 \times 2.7 \times 10^9 - 0.88 \times 10^8 = 5.3 \times 10^9$ km

(2) $\dfrac{1}{2}r_1 v_{近日点} = \dfrac{1}{2}r_2 v_{遠日点}$ より，$v_{近日点} = \dfrac{r_2}{r_1} v_{遠日点}$

$$= \frac{5.3 \times 10^9}{0.88 \times 10^8} = 60 \text{ 倍}$$

31.1

図のように，中心に質量 m_2 の太陽があり，太陽と惑星の距離を r，惑星の質量を m_1，惑星の角速度を ω とすると，公転する惑星にはたらく向心力は万有引力であるので，

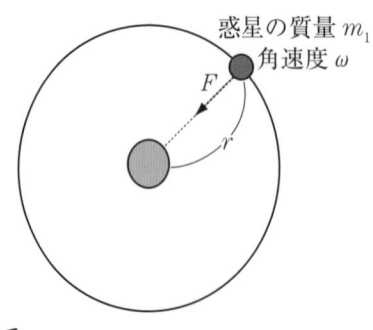

$$m_1 r \omega^2 = G\frac{m_1 m_2}{r^2}$$

$T = \dfrac{2\pi}{\omega}$ より，$r\left(\dfrac{2\pi}{T}\right)^2 = G\dfrac{m_2}{r^2}$

$T^2 = \dfrac{4\pi^2}{Gm_2} r^3$ となり，$\dfrac{4\pi^2}{Gm_2}$ を定数 k とおけば，$T^2 = ka^3$ が得られる。

31.2

(1) $F = 6.7 \times 10^{-11} \times \dfrac{2.0 \times 10^{30} \times 6.0 \times 10^{24}}{(1.5 \times 10^{11})^2} = 3.6 \times 10^{22}$ N

(2) 問題 31.1 より，

$$T^2 = \frac{4\pi^2}{Gm_2}r^3 = \frac{4 \times 3.14^2}{6.7 \times 10^{-11} \times 2.0 \times 10^{30}} \times (1.5 \times 10^{11})^3$$

$$= 9.93 \times 10^{14}$$

よって，$T = 3.15 \times 10^7$ s = 365 日

31.3

(1) $F = 6.7 \times 10^{-11} \times \dfrac{6.0 \times 10^{24} \times 50}{(6.4 \times 10^6)^2} = 4.9 \times 10^2$ N

(2) $\dfrac{F}{m} = \dfrac{4.9 \times 10^2 \text{ N}}{50 \text{ kg}} = 9.8$ m/s^2 となり，重力加速度が得られる。

32.1

第一宇宙速度を v とする。

$m\dfrac{v^2}{R} = mg$ よって，

$$v = \sqrt{gR} = \sqrt{9.8 \times 6.4 \times 10^6} = \sqrt{49 \times 2 \times 64 \times 10^4}$$

$$= \sqrt{2} \times 7 \times 8 \times 10^2 = 7.9 \text{ km/s}$$

32.2

(1) 人工衛星の質量を m，万有引力定数を G，地球の質量を M として，

$$m(R+h)\omega^2 = G\frac{Mm}{(R+h)^2}$$

$g = \dfrac{GM}{R^2}$，$T = \dfrac{2\pi}{\omega}$ より，

$$(R+h)\left(\frac{2\pi}{T}\right)^2 = \frac{gR^2}{(R+h)^2} \rightarrow (R+h)^3 = \frac{gR^2 T^2}{4\pi^2}$$

$$\rightarrow h = \sqrt[3]{\frac{gR^2 T^2}{4\pi^2}} - R$$

h が大きくなるほど，T も大きくなる。

(2) $mg' = G\dfrac{Mm}{(R+h)^2}$

$g = \dfrac{GM}{R^2}$ より，$g' = \dfrac{R^2}{(R+h)^2}g$

h が大きくなるほど，g' は小さくなる。

33.1

例題 33.1 より，

$$\frac{1}{2}mv_2^2 - G\frac{Mm}{R} = 0 \rightarrow v_2 = \sqrt{\frac{2GM}{R}}$$

また，$g = \dfrac{GM}{R^2}$ より，

$$v_0 = \sqrt{2gR} = \sqrt{2 \times 9.8 \times 6.4 \times 10^6}$$

$= \sqrt{2 \times 2 \times 49 \times 64 \times 10^4} = 1.1 \times 10^4 \text{ m/s} (= 11 \text{ km/s})$

$\dfrac{v_0}{V} = \dfrac{1.1 \times 10^4 \text{ m/s}}{340 \text{ m/s}} = 3.2$ 倍

.2

第二宇宙速度は，$v_0 = \sqrt{\dfrac{2GM}{R}} = \sqrt{2gR}$

よって，$\dfrac{v_0}{v} = \dfrac{\sqrt{2gR}}{\sqrt{gR}} = \sqrt{2}$ 倍

.3

万有引力による位置エネルギーは物体が距離 r_0 の点から，位置エネルギーの基準点である無限遠まで移動するときの，万有引力がする仕事と考えることができる。万有引力 $F = G\dfrac{Mm}{r^2}$ に逆らって，微小距離 dr だけ動かすのに必要な微小仕事 dW は，$dW = -\left(G\dfrac{Mm}{r^2}\right)dr$ である。物体を r_0 から ∞ まで動かすから，

$U = \int_{r_0}^{\infty} dW = \int_{r_0}^{\infty}\left(-G\dfrac{Mm}{r^2}\right)dr = \left[G\dfrac{Mm}{r}\right]_{r_0}^{\infty}$

$= 0 - G\dfrac{Mm}{r_0}$

$= -G\dfrac{Mm}{r_0}$

) 速さの最も大きい点は，点Oであり，加速度の最も大きい点は，点Aと点Bである。

$= A\omega\cos\omega t = A\omega\sin\left(\omega t + \dfrac{\pi}{2}\right)$ より，x が最大になるより位相が90度ずれたとき，速度が最大になり，また，$= -A\omega^2 x$ より，x が最大のときに加速度も最大となる。

) 点Cは原点Oより右側にあるから，質点にはたらく力は左向きになる。

って，$F = -1.6$ N となり，$F = -kx$ より，

$= -\dfrac{F}{x} = -\dfrac{-1.6}{0.20} = 8.0$ N/m。点Aにあるときは，$x = 50$

cm であるから，このときにはたらく力は，$F = -kx = $
$8.0 \times 0.50 = -4.0$ N。よって，大きさは 4.0 N であり，向きである。

$T = 2\pi\sqrt{\dfrac{m}{k}} = 2 \times 3.14 \times \sqrt{\dfrac{2.0}{8.0}} = 3.1$ 秒

$\omega = \sqrt{\dfrac{k}{m}} = \sqrt{\dfrac{8.0}{2.0}} = 2.0$ rad/s より，

度の最大値は，$v_{\max} = r\omega = 0.50 \times 2.0 = 1.0$ m/s

$\omega = \sqrt{\dfrac{k}{m}} = \sqrt{\dfrac{8.0}{2.0}} = 2.0$ rad/s より，

速度の最大値は，$a_{\max} = r\omega^2 = 0.50 \times 2.0^2 = 2.0$ m/s^2

35.1

(1) MKSA 単位系にそろえると，
$m = 2.0$ kg，$k = 0.1 \times 9.8 \times 100 = 98$ N/m。

$\omega = \sqrt{\dfrac{k}{m}} = \sqrt{\dfrac{98}{2}} = 7.0$ rad/s より，

$x = A\cos\omega t = A\cos(7.0t)$

(2) $T = 2\pi\sqrt{\dfrac{m}{k}} = 2 \times 3.14 \times \sqrt{\dfrac{2.0}{98}} ≒ 0.90$ 秒

(3) $T = 2\pi\sqrt{\dfrac{m}{k}}$ より，

$m = \dfrac{T^2 k}{4\pi^2} = \dfrac{1.0^2 \times 98}{4 \times 3.14^2} = 2.5$ kg

35.2

(1) $kx_0 = mg$ より，$\sqrt{\dfrac{m}{k}} = \sqrt{\dfrac{x_0}{g}} = \sqrt{\dfrac{0.20}{9.8}} = \dfrac{1}{7}$

よって，$T = 2\pi\sqrt{\dfrac{m}{k}} = 2 \times 3.14 \times \dfrac{1}{7} = 0.90$ 秒

(2) 振幅はつりあいの位置から，最大に伸びた（縮んだ）ところまでなので，$A = 10$ cm

(3) 手を離してからつりあいの位置まで通るまでの時間は，1周期の $\dfrac{1}{4}$ である。

よって，$\dfrac{T}{4} = \dfrac{0.90}{4} = 0.23$ 秒

36.1

月面上と地球上の周期をそれぞれ T，T_0 とし，重力加速度を g，g_0 とすれば，L は等しいので，

$\dfrac{T}{T_0} = \sqrt{\dfrac{g_0}{g}} = \sqrt{\dfrac{6}{1}} ≒ 2.4$ より，$T = 2.4 \times T_0 = 2.4 \times 1.0 = 2.4$ 秒

36.2

(1) 手を離した瞬間は，初速度 $v = 0$ なので，法線方向の加速度は，$a = 0$ である。運動方程式より，
$ma = 0 = S - mg\cos\theta$　よって，$S = mg\cos\theta$

(2) 点Cでは，張力 T が重力 mg より大きく，その合力 $T - mg$ が中心に向く加速度 $a = \dfrac{v_0^2}{L}$ を物体に与えて，円運動をさせる。運動方程式より，$m\dfrac{v_0^2}{L} = T - mg$　よって，$T = mg + m\dfrac{v_0^2}{L}$

36.3

エレベーター内では，$T = 2\pi\sqrt{\dfrac{L}{g+a}}$ であり，地上では，

$T_0 = 2\pi\sqrt{\dfrac{L}{g}}$ である。

よって，$\dfrac{T}{T_0} = \sqrt{\dfrac{g}{g+a}}$ であるから，$T = \sqrt{\dfrac{g}{g+a}}T_0$

2章 熱力学 解答

37

(1) 熱容量 = 比熱 × 質量である。よって，
$0.38 \times 200 = 76$ J/K

(2) 求める温度を t [℃] とすると，水が放出した熱量 Q_1 は，$Q_1 = 4.2 \times 150 \times (70 - 65)$
銅製容器が吸収した熱量 Q_2 は，
$Q_2 = 0.38 \times 200 \times (65 - t)$
熱量保存の法則から $Q_1 = Q_2$ であるから，
$4.2 \times 150 \times (70 - 65) = 0.38 \times 200 \times (65 - t)$
$t ≒ 24$ ℃

(3) 求める温度を t [℃] とすると，銅塊が放出した熱量 Q_1 は，
$Q_1 = 0.38 \times 100 \times (50 - t)$
銅製容器が吸収した熱量 Q_2 は，
$Q_2 = 0.38 \times 200 \times (t - 20)$
水が吸収した熱量 Q_3 は，$Q_3 = 4.2 \times 150 \times (t - 20)$
熱量保存の法則から $Q_1 = Q_2 + Q_3$ であるから，
$0.38 \times 100 \times (50 - t) = 0.38 \times 200 \times (t - 20)$
$\qquad\qquad\qquad\qquad + 4.2 \times 150 \times (t - 20)$
$t ≒ 22$ ℃

38.1

求める体積を V [cm³] とすると，ボイル・シャルルの法則より，$\dfrac{1.0 \times 2.0 \times 10^3}{300} = \dfrac{3.5 \times V}{350}$
したがって，$V ≒ 6.7 \times 10^2$ cm³

38.2

(1) 求める圧力は，水圧 + 大気圧であるから，
$1.02 \times \dfrac{10^{-3}}{10^{-6}} \times 10.0 \times 9.80 + 1.01 \times 10^5 = 2.01 \times 10^5$ Pa

(2) 海底での体積を V_1，水面での体積を V_2 とすると，ボイル・シャルルの法則から，
$\dfrac{2.01 \times 10^5 \times V_1}{290} = \dfrac{1.01 \times 10^5 \times V_2}{300}$
よって，$\dfrac{V_2}{V_1} = 2.06$ 倍

39.1

求める分子数を N とすると，$N = nN_A$ だから，理想気体の状態方程式から，
$pV = nRT = \dfrac{N}{N_A}RT$ より，
$N = \dfrac{N_A pV}{RT} = \dfrac{6.02 \times 10^{23} \times 2.00 \times 10^5 \times 10.0 \times 10^{-6}}{8.31 \times 300}$
$= 4.83 \times 10^{20}$ 個

39.2

求める体積を V [m³] とすると，理想気体の状態方程式から，$pV = nRT = \dfrac{m}{M \times 10^{-3}}RT$ より，
$V = \dfrac{mRT}{pM \times 10^{-3}} = \dfrac{1.00 \times 10^{-3} \times 8.31 \times 373}{1.01 \times 10^5 \times 18.0 \times 10^{-3}} = 1.70 \times 10^{-3}$
これは 1.70×10^3 cm³ だから，1700 倍。

39.3

開栓前の A，B の気体のモル数を n_A, n_B，開栓後のモル数をそれぞれ n_A', n_B' とし，求める気圧を p とする。
開栓前は，
　容器 A：$1.00 \times 5.00 = n_A R \times 300$
　容器 B：$5.00 \times 2.00 = n_B R \times 400$
開栓後は，
　容器 A：$p \times 5.00 = n_A' R \times 350$
　容器 B：$p \times 2.00 = n_B' R \times 350$
開栓前後で，気体のモル数の合計は変わらないから，
$n_A + n_B = n_A' + n_B'$
以上から，$p = 2.08$ 気圧

40

(1) 熱力学の第1法則 $Q = \Delta U + W' = \Delta U + p\Delta V$
において，$\Delta V = 0$ であるから，$Q = \Delta U$
つまり，気体に外部から熱量を与え，それが内部エネルギーの増加につながり圧力が増加したと考えられる。

(2) ABCD で囲まれた部分の面積が求める仕事の大きさである。よって，
$(4.0 - 2.0) \times 10^5 \times (6.0 - 1.0) = 1.0 \times 10^6$ J

(3) (2)と同様に，ABCD で囲まれた部分の面積が求める仕事の大きさであるが，気圧が高い C → B の変化（体積減少）で外部からなされた仕事の方が，A → D（体積増加）で外部にした仕事より大きい。よって，$-\ldots \times 10^6$ [J]

※面積で考えると以下のようになる。

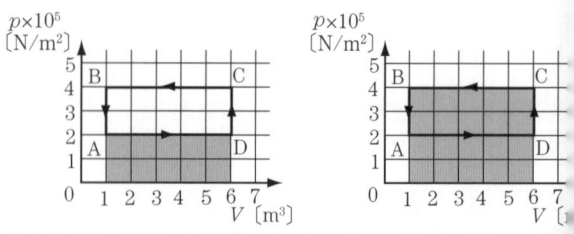

(ADと V 軸で囲まれた面積) - (BCと V 軸で囲まれた面積) = (負の…)

41.1

(1) 体積 1.0 m³ から 4.0 m³ までの膨張が定圧変化であるから，外部にした仕事は，
$4.0 \times 10^5 \times (4.0 - 1.0) = 1.2 \times 10^6$ [J]

体積 4.0 m³ から 7.0 m³ までの膨張が当該部分であるが，等温変化であればボイルの法則から，$pV=$ 一定でなければならない。体積 4.0 m³ のときと 7.0 m³ のとで pV の値は明らかに異なる。したがって，等温変化はない。

求める仕事は下図の面積に相当する。体積 4.0 m³ から 7.0 m³ までの膨張で気体が外部にした仕事は台形面積だから，

$(4.0+1.0)\times 10^5 \times (7.0-4.0) \times \dfrac{1}{2} = 7.5\times 10^5$ J

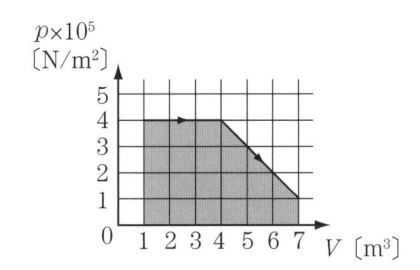

これに(1)の結果を加えて，
$1.2\times 10^6 + 0.75\times 10^6 = 1.95\times 10^6 \fallingdotseq 2.0\times 10^6$ J

圧の過程はやや時間がかかり，断熱圧縮による温度上昇は極端には大きくはない。それに対して，加圧した空気の開放は一気に起きるので断熱膨張である。これによりペットボトル内の気圧が急激に下がり，内部の温度も急激に下がるので，ボトル内の水蒸気は露点に達し，無数の水滴になった。

$=1-\dfrac{Q_2}{Q_1}$ より，$0.30=1-\dfrac{Q_2}{5.0\times 4.5\times 10^4}$

よって，$Q_2 = 1.6\times 10^5$ J

これは1秒間に出すエネルギーだから，1.6×10^5 W といってよい。つまり，160 kW である。

理想的な熱機関についての意見であるから，熱機関2をカルノー・サイクルとして考える。

熱機関1の熱効率は，$e=1-\dfrac{T_2}{T_1}=1-\dfrac{400}{500}=0.20$

熱機関2の熱効率は，$e=1-\dfrac{T_2}{T_1}=1-\dfrac{300}{400}=0.25$

熱源の温度が低い熱機関2の方が高効率である。よって，熱効率の面からはBの意見が正しい。

熱機関がする仕事を W，高温熱源から吸収する熱を Q_1，低温熱源に放出する熱量を Q_2 とすると，
$W=Q_1-Q_2$ より，$Q_2=Q_1-W=Q_1-5.0\times 10^5$
$e=1-\dfrac{Q_2}{Q_1}=\dfrac{Q_1-Q_2}{Q_1}=\dfrac{W}{Q_1}$ より，$Q_1=\dfrac{W}{e}=\dfrac{5.0\times 10^5}{e}$

上より，

熱機関1 ($e=0.20$) について，
$Q_1 = 2.5\times 10^6$ J, $Q_2 = 2.0\times 10^6$ J

熱機関2 ($e=0.25$) について，
$Q_1 = 2.0\times 10^6$ J, $Q_2 = 1.5\times 10^6$ J

高効率である熱機関2の方が，少ない熱量で作動し，廃熱も少ないのがわかる。

43.1

(1) $\sqrt{\overline{v^2}} = \sqrt{\dfrac{3RT}{M\times 10^{-3}}} = \sqrt{\dfrac{3\times 8.31\times (273+15)}{32\times 10^{-3}}}$
$= 4.74\times 10^2$ m/s

(2) $\dfrac{1}{2}m\overline{v^2} = \dfrac{3RT}{2N_A} = \dfrac{3\times 8.31\times (273+15)}{2\times 6.02\times 10^{23}} = 5.96\times 10^{-21}$ J

43.2

(1) $\rho = \dfrac{4.0\times 10^{-3}}{22.4\times 10^{-3}} = 1.8\times 10^{-1}$ kg/m³

(2) $\sqrt{\overline{v^2}} = \sqrt{\dfrac{3p}{\rho}} = \sqrt{\dfrac{3\times 1.0\times 10^5}{1.8\times 10^{-1}}} = 1.3\times 10^3$ m/s

44

(1) $U = \dfrac{3}{2}nRT = \dfrac{3}{2}\times \dfrac{11.2}{22.4}\times 8.31\times 273 = 1.70\times 10^3$ J

(2) $\Delta U = \dfrac{3}{2}nR\Delta T = \dfrac{3}{2}\times \dfrac{11.2}{22.4}\times 8.31\times 1 = 6.23$ J

(3) 温度が変化していないから内部エネルギーは変化しない。

(4) 水の温度上昇分を ΔT 〔K〕とする。水の比熱は 1 cal/g·K，熱の仕事量は 4.19 J/cal だから，

$4.19\times 1\times 10\times \Delta T = 1.70\times 10^3$

$\Delta T = \dfrac{1.70\times 10^3}{4.19\times 10} \fallingdotseq 41$ K

45.1

(1) 例題 45 より自由度は 5 である。したがって，

$U = nN_A \times 5\times \dfrac{1}{2}k_B T = \dfrac{5}{2}nN_A\times \dfrac{R}{N_A}T = \dfrac{5}{2}nRT$
$= \dfrac{5}{2}\times 8.31\times 273 = 5.67\times 10^3$ J

(2) 気体は高温になると，右図のように振動のエネルギーを持つようになる。この場合，運動エネルギーと位置エネルギーを持ち，それぞれにエネルギーが分配される。よって振動による自由度は2である。

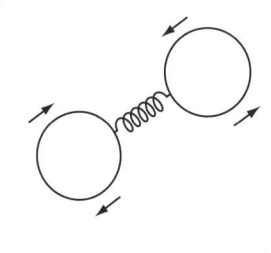

したがって，高温の2原子分子の気体の自由度は7となる。

45.2

H₂O 型の3原子分子では，2原子分子の自由度に加え，

— 257 —

H₂O 型　　　CO₂ 型

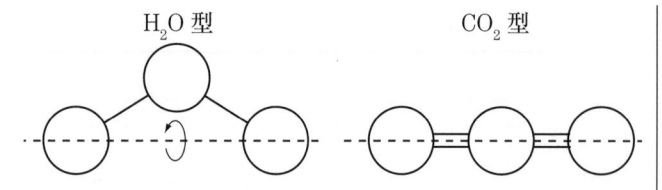

図のように回転運動にさらに1自由度加わる。したがって自由度は6となる。

CO₂型のように3原子が直線上に並ぶ3原子分子気体の自由度は5である。

46

(1) $Q = C_v(T_1 - T_0)$ 〔J〕

(2) 定積変化であるので気体は外部に仕事をしない。よって，0 J

(3) $Q = C_p(T_2 - T_1)$

(4) T_1, T_2 それぞれの温度での体積を V_1, V_2 とする。気体の状態方程式から，
$pV_1 = 1 \times RT_1$, $pV_2 = 1 \times RT_2$ である。
よって，
$W = p\Delta V = p(V_2 - V_1) = R(T_2 - T_1)$ 〔J〕

(5) $Q = \Delta U + W'$ より，
$\Delta U = Q - W' = C_p(T_2 - T_1) - R(T_2 - T_1)$
$= (C_p - R)(T_2 - T_1) = C_v(T_2 - T_1)$ 〔J〕

3章 波 動 解 答

0.5s間に右向きに波が1.0m移動していることから，
$v = \dfrac{1.0}{0.5} = 2.0$ m/s

グラフより波長λは4.0mである。$v = f\lambda$ を変形し数値を代入すると $f = \dfrac{v}{\lambda} = \dfrac{2.0}{4.0} = 0.50$ Hz

周期Tは $T = \dfrac{1}{f} = \dfrac{1}{0.50} = 2.0$ s（あるいは，0.5で$\dfrac{1}{4}$周期進んでいることから，1周期進むためには$\times 4 = 2.0$sかかるはず，と考えてもよい。）

グラフより，$\lambda = 8.0$ m となる。波の速度はx軸の向きに $v = 6.0$ m/s なので，$v = f\lambda$ より，
$f = \dfrac{v}{\lambda} = \dfrac{6.0}{8.0} = 0.75$ Hz

図参照

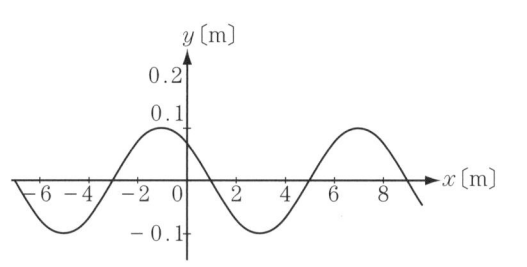

[グラフ: y[m], 値 0.2, 0.1, -0.1; x[m], 範囲 $-6, -4, -2, 0, 2, 4, 6, 8$]

周期は $T = \dfrac{\lambda}{v} = \dfrac{5}{60} = \dfrac{1}{12} \fallingdotseq 0.083$ s

振動数は $f = \dfrac{1}{T} = 12$ Hz

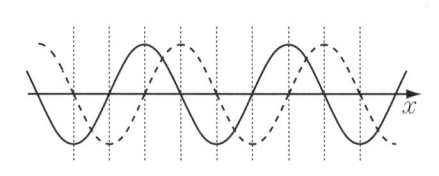

[図: 波形]

長さLの中に2波長ある。$L = 2\lambda$ となっているので，
$\lambda = \dfrac{L}{2}$

また，$f = \dfrac{v}{\lambda}$ より $f = \dfrac{2v}{L}$，$T = \dfrac{\lambda}{v}$ より $T = \dfrac{L}{2v}$ となる。

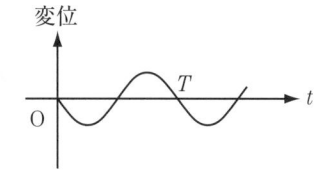

[図: 変位-tグラフ, T]

48.3

波長λだけ離れた場所は，すべて同じ変位を与える。複数個あるので，mを整数（$m = 0, \pm 1, \pm 2 \cdots$）とすれば，$x = x_1 + m\lambda$ である。正弦波の一般式
$y = A\sin\left(\dfrac{2\pi t}{T} - \dfrac{2\pi x}{\lambda}\right)$ と比較して，$\dfrac{2\pi}{\lambda} = \beta$

したがって，$x = x_1 + m\dfrac{2\pi}{\beta}$ となる。

49

(1) A点とI点

(2) E点

(3) C点とG点（C点は，右向き変位が増加から減少に移り変わる点を表しており，そこで瞬間速度は0となる。G点も，左向き変位が増加から減少に移り変わる点を表しており，同様である。微分したとき，微分係数が0になる場所，といってもよい。）

(4) A点とI点（A点は，右向き変位から左向き変位に移り変わる点を表しており，そこで左向き速度は最大となる（単振動でもそうであったことを思い出そう）。I点も同様である。微分係数が正でもっとも大きな傾きを持つ場所，といってもよい。）

(5) E点（E点は，左向き変位から右向き変位に移り変わる点を表しており，そこで右向き速度は最大となる。微分係数が負でもっとも大きな傾きを持つ場所，といってもよい。）

(6) F点

50.1

(1) 振幅はもとの入射波の2倍になるから，6 cm。

(2) 隣り合う腹と節との距離は，$\dfrac{1}{4}$波長分である。したがって，1.5 cm。

50.2

(1)式より，cosの引数に着目して，
$\dfrac{2\pi}{\lambda} \cdot \dfrac{L}{2} = m\pi$

であれば $y = \pm 2A$ となり，両端は腹となる。ただし，$m = 1, 2, 3, \cdots$ とする。よって求める関係は，
$L = m\lambda$

である。$m = 1, 2, 3, \cdots$ のとき，節の数はそれぞれ 1, 2, 3, …… となる。

50.3

円周の長さ $2\pi R$ が波長λの整数倍であればよい。したがって，

— 259 —

$2\pi R = m\lambda$ であればよい。ただし，$m=1, 2, 3, \cdots\cdots$ とする。

51.1

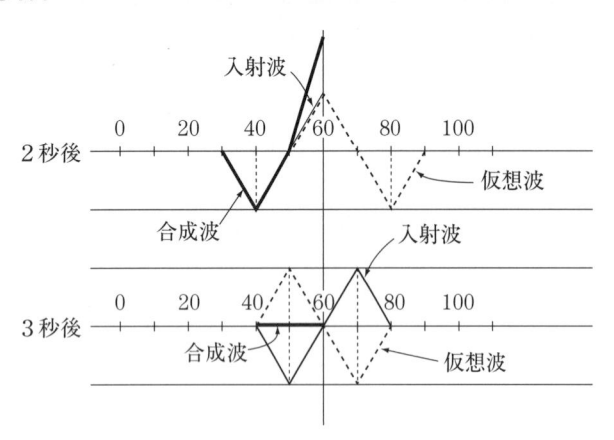

（図：2秒後・3秒後の入射波・仮想波・合成波のグラフ）

51.2

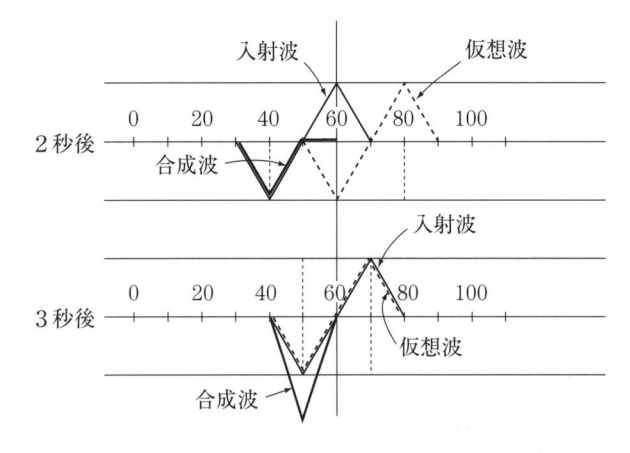

（図：2秒後・3秒後の入射波・仮想波・合成波のグラフ）

52.1

(1) 弱め合う位置なので，

$$|S_1Q - S_2Q| = \left(m + \frac{1}{2}\right)\lambda \quad m = 0, 1, 2, \cdots\cdots$$

が満たされればよい。$S_1Q = x$ だから，

$$|x - (9-x)| = \left(m + \frac{1}{2}\right)\lambda$$

つまり，$2x - 9 = \left(m + \frac{1}{2}\right)\lambda$ ……(1)

または，$-2x + 9 = \left(m + \frac{1}{2}\right)\lambda$ ……(2)

これを $0 < x < 9$ の条件のもとで解く。
(1)式より，$m=0$ のとき $x=5.5$ cm，$m=1$ のとき $x=7.5$ cm が得られる。さらに，
(2)式より，$m=0$ のとき $x=3.5$ cm，$m=1$ のとき $x=1.5$ cm が得られる。
弱め合う線は合計4本現れる。

52.2

光も回折する。しかし，光の波長は極めて短いので（可視光では 0.4～0.8 μm くらい），髪の毛の太さと同じ程度の幅のように狭いスリットの場合は，回折をみることができるが，一般には，スリット幅が光にとっては広すぎるため回折現象がみられない。その理由は，障害物の背後にわずかな距離入り込んだだけでも，干渉による打ち消しあいが生じて弱まってしまうからである。（スリットの干渉の実験では，干渉縞の明線は中央から離れるにつれて著しく弱まることを思い出そう）。それゆえ，回折していないようにみえる。他方，音波は波長が長いので回折現象はみやすい。干渉による打ち消しあいがあまり顕著ではないからである。

53.1

(1) 入射角 60°，反射角 60°，屈折角 30°

(2) $n = \dfrac{\sin 60°}{\sin 30°} = \dfrac{\sqrt{3}/2}{1/2} = \sqrt{3} \approx 1.73$

53.2

(1)

（図：媒質I・IIの境界における波面。45°, 30°, A, B, C）

(2) $n_{12} = \dfrac{\sin 45°}{\sin 30°} = \dfrac{\sqrt{2}/2}{1/2} = \sqrt{2} \approx 1.41$

(3) $\dfrac{v_1}{v_2} = \dfrac{\sin 45°}{\sin 30°} \approx 1.41$

(4) $v = f\lambda$ より，$v_1 = 200 \times 0.04 = 8$ m/s

$v_2 = \dfrac{v_1}{1.41} = \dfrac{8}{1.41} \approx 5.67$ m/s

54.1

メトロノームは1分間に160回振れるから，1回振れにかかる時間は，$\dfrac{60 \text{ s}}{160 \text{ 回}} = 0.375$ s である。メトロノームの音が交互に聞こえたのだから，音と音の間隔は半分 $\dfrac{0.375 \text{ s}}{2}$ となる。その間に音が進んだ距離が64 m なので，音速は，$\dfrac{64 \text{ m}}{\dfrac{0.375 \text{ s}}{2}} = 341$ m/s である。

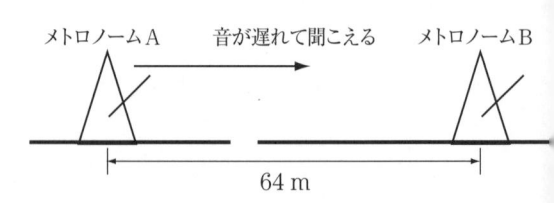

（図：メトロノームA／音が遅れて聞こえる／メトロノームB，64 m）

54.2

音の高さは振動数で決まり，振動数のもっとも高い音が高いので(1)の答えは(e)である。振動数の同じ

選べば，高さが等しい音となるので(3)の答えは(a)と(b)，および(c)と(d)である。音が小さいのは，振幅の小さいものであるから(2)の答えは(a)である（※）。

※実際には，音の大きさは音の高さによって異なる。音圧(dB(デシベル))は，空気の圧力の大きさ，つまり振幅の大きさを表したものだが，高さの異なる音では振幅が同じでも同じ大きさの音には聞こえないし，振幅が2倍でも音の大きさは2倍には感じられない。異なる高さの音でも，同じ大きさに聞こえる場合には，同じ数のphon（フォン）で表すことにしている。また，sone（ソーン）という単位は，基準の音の何倍に聞こえたかを表す数で，1 sone の2倍の大きさと感じられる音の大きさを 2 sone と表す。

音の大きさに関しては，感覚的，心理的な尺度に基づいて決められるので，注意が必要である。

振動数f_1の波は次の式で表すことができる。
$$y_1 = A\sin\omega_1 t = A\sin(2\pi f_1 t) \cdots ①$$
様にして，振動数f_2の波の式は，
$$y_2 = A\sin\omega_2 t = A\sin(2\pi f_2 t) \cdots ②$$
成波は，①と②式の和で表されるので，
$$y_1 + y_2 = A\sin(2\pi f_1 t) + A\sin(2\pi f_2 t)$$
$$= 2A\sin 2\pi t \frac{(f_1+f_2)}{2} \cos 2\pi t \frac{(f_1-f_2)}{2} \cdots ③$$

だし，三角関数の和積の公式
$$\sin\alpha + \sin\beta = 2\sin\frac{(\alpha+\beta)}{2}\cos\frac{(\alpha-\beta)}{2}$$ を用いた。

式を考察する。
$$2A\sin 2\pi t \frac{(f_1+f_2)}{2} \cos 2\pi t \frac{(f_1-f_2)}{2}$$

全体の振幅は$2A$であるので，合成波の最大振幅それぞれの振幅の2倍であることがわかる。また，$\sin 2\pi t \frac{(f_1+f_2)}{2}$の部分は，振動数が$\frac{(f_1+f_2)}{2}$の波動であ，$\cos 2\pi t \frac{(f_1-f_2)}{2}$の部分は，振動数が$\frac{(f_1-f_2)}{2}$の波動である。この2つの波動をグラフに描くと図(1)，図のようになる。両者を掛けて得られる合成波の振幅図(3)のようになる。これらのグラフより，合成波の幅の振動の様子は，$\cos 2\pi t \frac{(f_1-f_2)}{2}$によって決まるとがわかる。グラフより，1周期の中で，振幅が最になるのは2回 $\{\cos 2\pi t \frac{(f_1-f_2)}{2} = \pm 1$ のとき$\}$であ，振幅が0になるのも2回である。よって，1秒間に$\frac{f_1-f_2}{2} \times 2 = f_1 - f_2$ 回のうなりが聞こえることがわか

グラフ：
- (1) $\sin 2\pi t \frac{(f_1+f_2)}{2}$
- (2) $\cos 2\pi t \frac{(f_1-f_2)}{2}$
- (3) 合成波

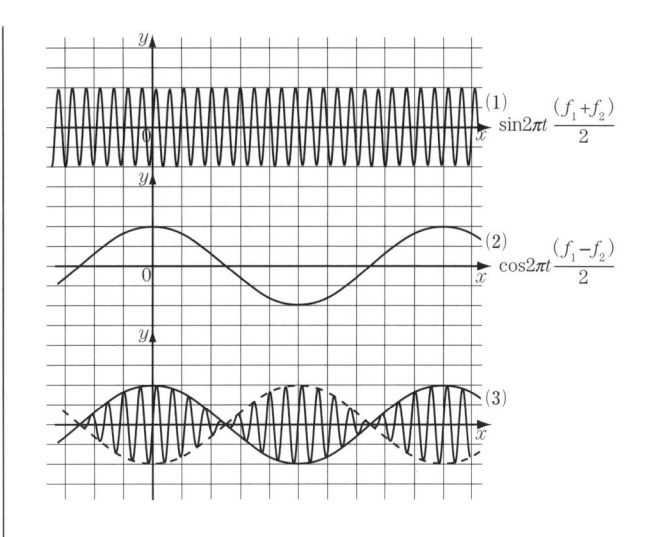

56.1

(1) パトカーの前方を同じ速さで走るので，その速度をv_0とすると，$f'' = \frac{V-v_0}{V-v_0}f_0 = f_0$ となる。

(2) 後方を同じ速さで追いかける場合は，その速度をv_0とすると，$f'' = \frac{V+v_0}{V+v_0}f_0 = f_0$ となる。

よって，音源と同じ速さで移動する観測者に聞こえる音は変化しない。

56.2

(1) 観測者に直接聞こえる音の振動数f_1は，$f_1 = \frac{V}{V+v}f_0$ である。一方，壁で反射して観測者に聞こえる音の振動数f_2は，$f_2 = \frac{V}{V-v}f_0$ である。よって，観測者が聞くうなりは，
$$f_2 - f_1 = \frac{V}{V-v}f_0 - \frac{V}{V+v}f_0$$
$$= \frac{V(V+v-V+v)}{(V-v)(V+v)}f_0$$
$$= \frac{2vV}{(V-v)(V+v)}f_0$$

(2) 観測者に直接聞こえる音の振動数f_3は，$f_3 = f_0$である。壁にぶつかる音の振動数f_4は$f_4 = \frac{V+v}{V}f_0$であるが，壁はその音を移動しながら反射するので，その振動数f_4'は，$f_4' = \frac{V}{V-v}f_4 = \frac{V}{V-v}\frac{V+v}{V}f_0 = \frac{V+v}{V-v}f_0$

よって，観測者が聞くうなりは，
$$f_4' - f_3 = \frac{V+v}{V-v}f_0 - f_0 = \frac{V+v-(V-v)}{V-v}f_0$$
$$= \frac{2v}{V-v}f_0$$

(3) (1)と(2)を比較すると，$f_2 - f_1 = \frac{V}{V+v} \times (f_4' - f_3)$ であることがわかる。$\frac{V}{V+v} < 1$なので，壁が動くよりも，音源が動く方がうなりの回数が少ないことがわかる。

57.1

次図のように、弦の一部（ΔL）に波の山が伝わってきたとする。この部分が受ける力fは、大きさが$2 \times S\sin\theta$で、図中のOを向くことがわかる。θが小さければ、$\sin\theta \fallingdotseq \theta$と近似できるので、$f = 2S\theta$となる。また弧度法により$\Delta L = 2 \times r\theta$なので、$f = 2S \cdot \dfrac{\Delta L}{2r}$ …①である。ここで、rは図中の半径である。

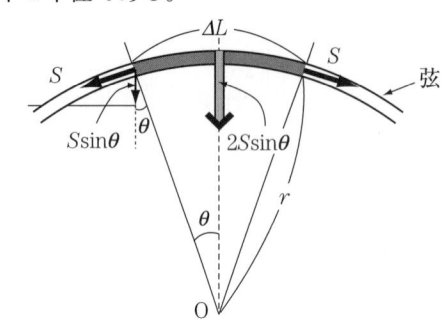

この部分ΔLが受ける力は、ほぼ円弧を描いているので向心力に等しいとしてよい。

一方、円運動における関係式より、

$$f = mr\omega^2 = m\dfrac{v^2}{r} = (\rho\Delta L)\dfrac{v^2}{r} \cdots ②$$

である。①、②より、$f = (\rho\Delta L)\dfrac{v^2}{r} = 2S\dfrac{\Delta L}{2r} = S\dfrac{\Delta L}{r}$となる。これを整理すると、$\rho v^2 = S$となり、$v = \sqrt{\dfrac{S}{\rho}}$を導出することができる。

57.2

図1のように接続すると、音さの1周期の振動で、1周期の定常波ができることがわかる。

一方、図2のように接続すると、音さの1周期の振動で定常波の半周期の振動となるので、音さの振動数の半分の振動数の定常波ができることがわかる。

よって、音さの接続の仕方（向き）によって、定常波の振動数は異なり、弦に対して直角に接続する（図2の場合）と、音さの振動数の半分の振動数を持つ定常波ができる。

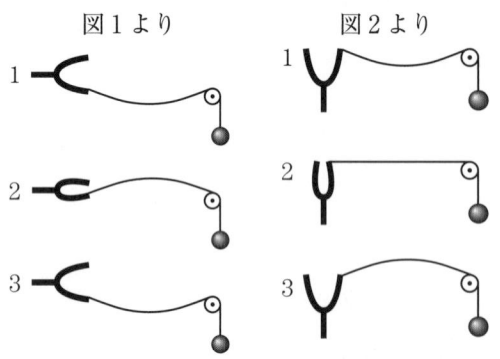

58.1

開管では、$f_1 = \dfrac{V}{2L}$であり、$f_2 = \dfrac{V}{L} = 2f_1$であるので、求める振動数は、$2f$（1オクターブ）である。

閉管では、$f_1 = \dfrac{V}{4L}$で、$f_3 = \dfrac{3V}{4L} = 3f_1$なので、求める振動数は$3f$となる。

58.2

(1) スピーカーから出る音波の波形が、気柱にできる定常波の波形と同じであったため、気柱にできている波に音の波が次々と重ね合わさるので、より大きな音になったと考えられる。このような現象を「音が共鳴し」という。波動でも同じような現象が起こるが、波動の場合には「共振」という。

(2) 気柱にできている音の波形は、図のようになっている。音の波長をλとすると、$\lambda = 2 \times (L_2 - L_1)$なので、$f = \dfrac{V}{\lambda} = \dfrac{V}{2(L_2 - L_1)}$である。

(3) 下図より、開口端の補正は、

$\dfrac{\lambda}{4} - L_1 = \dfrac{L_2 - L_1}{2} - L_1 = \dfrac{L_2 - 3L_1}{2}$である。

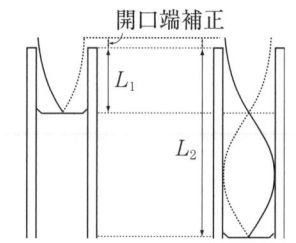

(4) 閉管なので、基本振動の次は3倍振動であるから$f' = 3f$であり、その波長は$\lambda' = \dfrac{V}{f'} = \dfrac{V}{3f} = \dfrac{1}{3}\lambda$である。$L_1 < L < L_2$の範囲では、5倍振動と7倍振動が可能で、$L_1 + \dfrac{1}{2}\lambda' = \dfrac{L_2 + 2L_1}{3}$と$L_1 + \lambda' = \dfrac{2L_2 + L_1}{3}$のときである。

（注）：9倍振動のときは$L_1 + \dfrac{3}{2}\lambda' = L_2$となってしまう。

59.1

図より、少なくとも$\dfrac{L}{2}$の長さの鏡が必要である。

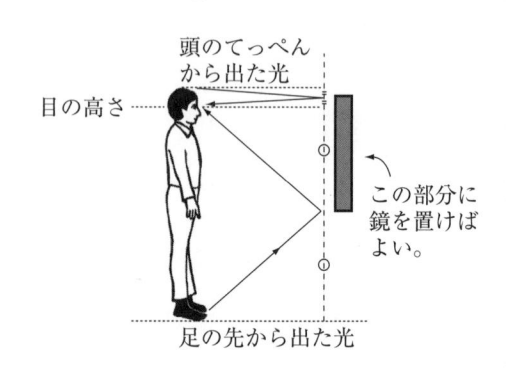

59.2

(1) 図より、$\sin i = \dfrac{4}{\sqrt{4^2 + 3^2}} = \dfrac{4}{5}$

) $n = \dfrac{\sin i}{\sin r}$ より，

$\dfrac{4}{3} = \dfrac{\sin i}{\sin r} = \dfrac{4}{5} \times \dfrac{1}{\sin r}$

よって，$\sin r = \dfrac{4}{5} \times \dfrac{3}{4} = \dfrac{3}{5}$

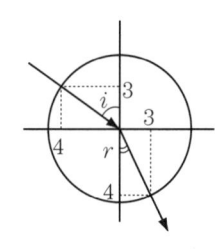

3

光源Pから発した光が，ちょうど円板の縁Qのところで水面をはうようにして出ていくから，入射角は臨界角 (θ_c) になっている。

このとき，$\sin \theta_c = \dfrac{1}{n}$

一方，図より $\sin \theta_c = \dfrac{r}{\sqrt{L^2 + r^2}}$ であるから，

$\dfrac{1}{n} = \dfrac{r}{\sqrt{L^2 + r^2}}$

したがって，円板の半径 r の満たすべき条件は，

$r = \dfrac{L}{\sqrt{n^2 - 1}}$

1

① 遠方から焦点距離の2倍までは，倒立の実像で像は物体よりも小さい。
② 焦点距離の2倍のところでは，物体と同じ大きさの倒立の実像。
③ 焦点距離までのところでは，拡大された倒立の実像。
④ 焦点距離よりも内側に入ると，拡大された正立の虚像。

2

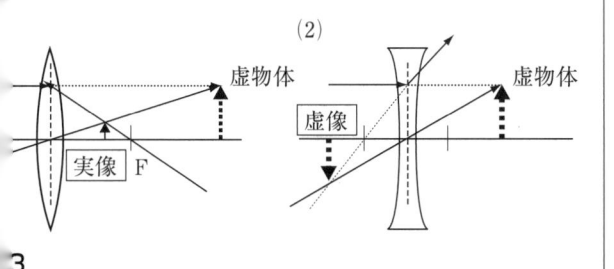

3

②と④

(理由)：虫めがねは小さな物体を拡大し，しかもはっきりと見えるようにすることが目的である。したがって，できるだけ目に近づけ，また見ようとする物体にできるだけ近づけて使う方がよい。
②のように虚像（正立）の場合は，像は物体よりも拡大される。また明視距離（健全な人の目で約24cm）内に虚像を置くためには，できるだけ目をレンズに近づける方がよい。

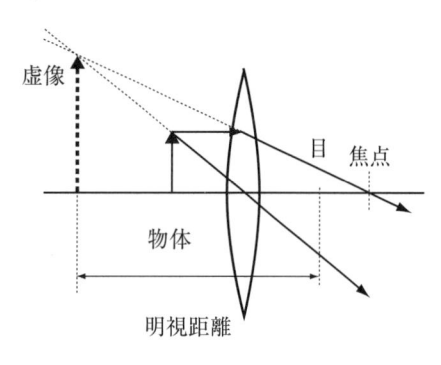

61.1

凸レンズを通過した光線は，凹レンズがなければ凸レンズの焦点に向かう。したがって，その点が凹レンズにとっての虚物体になる（そこに像があるのと同等である）。
レンズの公式を凹レンズに適用して，$a = -5$, $f = -15$ であるから，

$\dfrac{1}{-5} + \dfrac{1}{b} = \dfrac{1}{-15}$

よって，$b = 7.5\text{cm}$。レンズ通過後，凹レンズから7.5cmのところに集まる。

61.2

第2のレンズがなければ，軸に平行な光線はレンズ1を通過後，その焦点距離 f_1 にくる。したがって f_1 はレンズ2にとって虚物体となる。実際はレンズ2のため，2つのレンズ，すなわち合成されたレンズの焦点の位置に像はできる。レンズ2に対してレンズの公式にあてはめて，$a = -f_1$, $b = f$ とおくと，$\dfrac{1}{-f_1} + \dfrac{1}{f} = \dfrac{1}{f_2}$ から，

$\dfrac{1}{f_1} + \dfrac{1}{f_2} = \dfrac{1}{f}$ が成り立つ。

61.3

a：レンズ中心から物体までの距離
b：レンズ中心から像までの距離

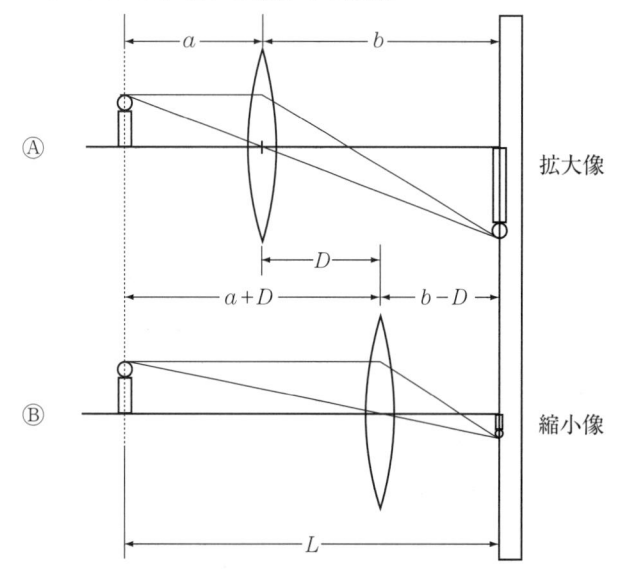

— 263 —

f：焦点距離
とする。

屈折光線は逆進しうるから、像の位置に物体を置くと、物体の位置に像ができる。このように物体と像は入れ換えが可能である。

実際、Ⓐの配置で、
$$\frac{1}{a}+\frac{1}{b}=\frac{1}{f}$$
が成り立っているなら、この式で a と b を入れ換えても $\frac{1}{b}+\frac{1}{a}=\frac{1}{f}$ となっている。後式に対応するのがⒷの配置で、$a+D=b$, $b-D=a$ となるはずである。

物体とスクリーンまでの距離が L（$=a+b$）で固定ならレンズを D だけ動かしてピントのあった像を得る配置は、Ⓐ、Ⓑの 2 通りしかない。

$a+D=b$, $b-D=a$ の両式から $a-b=-D$ を得る。これと $a+b=L$ とを連立させると、
$$a=\frac{L-D}{2}>0, \quad b=\frac{L+D}{2}>0$$
が得られる。

これを $\frac{1}{b}+\frac{1}{a}=\frac{1}{f}$ に入れて、
$$\frac{1}{f}=\frac{2}{L-D}+\frac{2}{L+D}$$
$$\therefore \quad f=\frac{L^2-D^2}{4L}$$

$0<f<L$ であることに注意しよう。

62.1

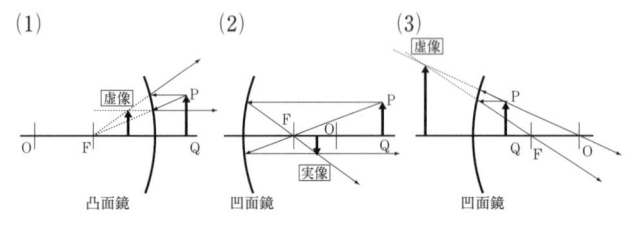

(1) 凸面鏡、(2) 凹面鏡、(3) 凹面鏡

〈注〉p.123 の表の a, b, f の正、負の関係が正しく成り立っていることを確かめよ。
$0<f<L$ であることに注意しよう。

62.2

運転者は、自動車のバックミラーという狭い範囲で、その周りの状況を正しく把握する必要がある。そのためには、「正立像で、より広い視野のものを映し出す」ことが条件になる。この条件に合うのが、焦点距離の短い凸面鏡である。

62.3

鏡の公式（結像公式）で、$a=20$cm, $f=7.5$cm とおくと、
$$\frac{1}{20}+\frac{1}{b}=\frac{1}{7.5}$$ から、$b=12$cm

光軸上で凹面鏡の前方 12cm のところに実像ができる。

62.4

求める物体までの距離を a, 像までの距離を b とする。倍率 m は $m=\left|\frac{b}{a}\right|$ とおけるから、実像の場合は $b=ma$ なる。鏡の公式（結像公式）に代入して、
$$\frac{1}{a}+\frac{1}{ma}=\frac{1}{f} \text{ より、} a=\frac{m+1}{m}f>f$$
一方、虚像の場合は $b=-ma$ であるから、
$$a=\frac{m-1}{m}f<f \text{ となる。}$$

63.1

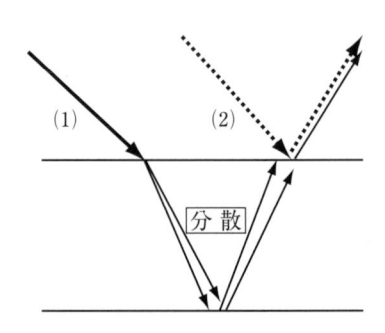

油膜に入射した白色光は、(1)一部は油膜中に入り、の下部で反射をし、その表面でさらに屈折して目に入(2)その他は、油膜表面で、そのまま反射して目に入油膜中に入る際、その屈折率の違いによって、白色分散し空気中に出るが、見る角度によって、この2波(1), (2)が干渉を起こし色づいて見える。（波の干ついては、3.3.(6)節を参照）

63.2

(1) ①、②の入射角、屈折角を、それぞれ α_1, β_1 た、②、③の入射角、屈折角をそれぞれ α_2, β_2 と、$\sin\alpha_1=n\sin\beta_1$, このとき、$\alpha_1$, β_1 が小さ $\alpha_1 \approx n\beta_1$ が成り立つ。また、$\sin\beta_2=n\sin\alpha_2$, このと α_2, β_2 が小さいと、$\beta_2 \approx n\alpha_2$ が成り立つ。
頂角 θ については、三角形の性質より $\theta=\beta_1+\alpha_2$, 求めるふれの角 δ は、$\delta=\alpha_1+\beta_2-\theta$ が成り立つ。がって、以上から、
$$\delta=\alpha_1+\beta_2-\theta=n(\beta_1+\alpha_2)-\theta$$
$$=n\theta-\theta=(n-1)\theta$$

(2) 等しい入射角 α_1 で入射した白色光が、
ふれの角 δ（小）← 赤色　橙色　黄色　緑色
　　　　　　　　　色　藍色　紫色　→（大）
のように分散する。(1)の結果から、各単色光の屈折赤に近づくほど小さい。また、屈折の法則より、屈と波長は反比例するから赤に近づくほど波長は長い

64.1

例題 64 を参照して、明線ができる条件は、m を整すると、

$_2P - S_1P = d\dfrac{x}{L} = m\lambda$ なので，$d\dfrac{x}{L} = 2\lambda$　∴　$\lambda = d\dfrac{x}{2L}$

また，$\lambda = \dfrac{0.5 \times 2}{2 \times 10^3} = 0.5 \times 10^{-3}$ mm
　　　　　　$= 0.5\,\mu\text{m} = 500\,\text{nm} = 5000\,\text{Å}$

.2

P と基準線 SO とのなす角度が θ なので，$\Delta L = S_2P - $
P は，図の直角三角形の 1 辺の長さで表される。よっ
，$\sin\theta = \dfrac{\Delta L}{d}$ より，$\Delta L = d\sin\theta$ となる。

た，点 O から明線までの距離を x とすると，θ が小さ
ときには $\sin\theta \fallingdotseq \tan\theta = \dfrac{x}{L}$ なので，$\Delta L = d\dfrac{x}{L}$ であり，
める条件は，

$$\Delta L = d\dfrac{x}{L} = \begin{cases} m\lambda & \cdots\cdots 明線 \\ \left(m+\dfrac{1}{2}\right)\lambda & \cdots\cdots 暗線 \end{cases}$$

1

射光線に対する回折角を θ とする。格子定数を d と
ると，$d\sin\theta = m\lambda$ なので，
　$d \times 0.14 = 2 \times 7.0 \times 10^{-7}$
　∴　$d = 1.0 \times 10^{-5}$ m

って求める本数は，
$\dfrac{1.0 \times 10^{-2}}{1.0 \times 10^{-5}} = 1000$ 本

2

折格子に入射する前の光路差と，入射した後の光路差
和が，光の波長の整数倍であればよい。図を参照して，
　$d\sin\theta + d\sin i = m\lambda$

$$d(\sin\theta + \sin i) = \begin{cases} m\lambda & \cdots\cdots 明線 \\ \left(m+\dfrac{1}{2}\right)\lambda & \cdots\cdots 暗線 \end{cases}$$
$$(m = 0, 1, 2, \cdots\cdots)$$

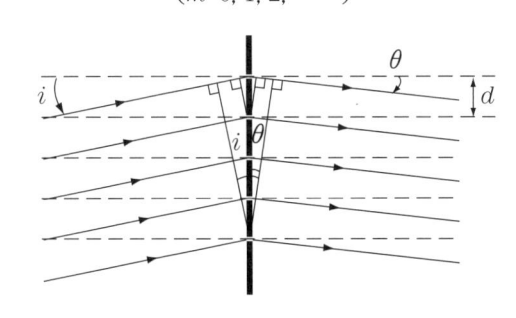

3

題 65.2 と同じく，回折格子に入射する前の光路差と，
射した後の光路差の和が，光の波長の整数倍であれば
い。図を参照して，$d\sin\varphi + d\sin(\theta-\varphi)$ である。

$$d\{\sin\varphi + \sin(\theta-\varphi)\} = \begin{cases} m\lambda & \cdots\cdots 明線 \\ \left(m+\dfrac{1}{2}\right)\lambda & \cdots\cdots 暗線 \end{cases}$$
$$(m = 0, 1, 2, \cdots\cdots)$$

〈注意〉回折格子を角度 φ だけ回転させることは，入射光が回折格子に対して，入射角 φ で入射するのと同じ状況である。よって，問題 65.2 で $i \to \varphi$，$\theta = \theta - \varphi$ の置き換えをすればよい。

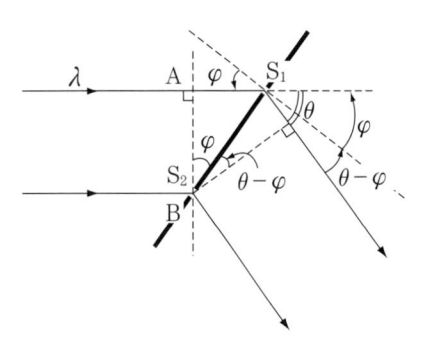

66.1
図で MM′ 面と NN′ 面とで反射する 2 本の光線は，どちらも反射のときに π だけ位相がずれる。2 回位相が反転し，元に戻るので，2 本の光線の間では位相のずれはなくなる。2 本の光線の光路差は，$2n_1 d\cos r$ なので，

$$\begin{cases} 2n_1 d\cos r = m\lambda & \cdots\cdots 明線 \\ 2n_1 d\cos r = \left(m+\dfrac{1}{2}\right)\lambda & \cdots\cdots 暗線 \end{cases} \quad (m = 0, 1, 2, \cdots\cdots)$$

ところで，レンズなどの表面につけられている反射防止膜では光線がレンズに垂直に入るので，$r \fallingdotseq 0$，つまり $\cos r \fallingdotseq 1$。つまり，

$2n_1 d = \left(m+\dfrac{1}{2}\right)\lambda$ のとき，反射光線は弱くなり透過光線が強くなる。m が小さいほど透過光線は強いので，$m = 0$ のとき反射率は最小である。

$m = 0$ より，　$d = \dfrac{\lambda}{4n_1} = \dfrac{1}{4}\left(\dfrac{\lambda}{n_1}\right)$

$\left(\dfrac{\lambda}{n_1}\right)$ は，薄膜中での波長であるから，レンズの表面に，$\dfrac{1}{4}$ 波長の厚さで，ガラスより屈折率の小さい薄膜をつけるとよい。

66.2
面 CD で反射するとき，位相が π だけずれるので，

$$2y = \begin{cases} \left(m+\dfrac{1}{2}\right)\lambda & \cdots\cdots 明線 \\ m\lambda & \cdots\cdots 暗線 \end{cases} \quad (m = 0, 1, 2, \cdots\cdots)$$

ここで，$y = x\tan\theta$ であるから，
∴　$y = d\dfrac{x}{L}$

よって，x 上の明線，暗線の現れる条件は，

$$x = \begin{cases} \dfrac{L}{2d}\left(m+\dfrac{1}{2}\right)\lambda & \cdots\cdots 明線 \\ \dfrac{L}{2d}m\lambda & \cdots\cdots 暗線 \end{cases} \quad (m = 0, 1, 2, \cdots\cdots)$$

67.1

p. 133 の枠内の記述で，暗環ができる条件は，
$$x = \sqrt{Rm\lambda}$$
$x = \dfrac{D_i}{2}$ （D_i は i 番目のリングの直径とする），$m = N$ とすると，
$$R = \dfrac{D_i^2}{4N\lambda} \quad \text{よって，} \quad N\lambda = \dfrac{D_i^2}{4R}$$
遊尺顕微鏡を用いて i 番目の暗環と k 番目の暗環との直径を測定し，両者の差を求める。
$$\dfrac{D_k^2}{4R} - \dfrac{D_i^2}{4R} = (k-i)\lambda$$
したがって，
$$R = \dfrac{D_k^2 - D_i^2}{4(k-i)\lambda}$$
したがって，光の波長 λ がわかっていれば，i 番目，k 番目の暗環の直径 D_i，D_k を測定することにより，レンズの曲率半径 R を知ることができる。

〈注〉 実際に測定するときは，一方向を 10 回測定し R を計算する。次に，それと直角の方向も 10 回測定し，両者の測定値を平均して曲率半径 R を求める。

67.2

ニュートンリングの隙間に水を入れ，遊尺顕微鏡の下で，i 番目の暗環と k 番目の暗環との直径を，問題と同じように測定して，曲率半径 R' を求める。
液体の屈折率を n とすれば，液体中での光の速さは $\dfrac{c}{n}$ となり，液体中の波長は，$\dfrac{\lambda}{n}$ となるので，上式より
$$R' = \dfrac{(D_k^2 - D_i^2)n}{4(k-i)\lambda}$$
となるので，この式から屈折率 n が求められる。

4章 電磁気学　解 答

.1

) 図のように，静電気力を F，
糸の張力を T とする。力のつり
いから，
$$\begin{cases} F = T\sin\theta \\ mg = T\cos\theta \end{cases}$$
∴ $F = mg\tan\theta$

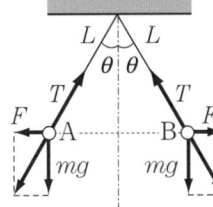

2) AB 間の距離は，$L\sin\theta \times 2$ なので，クーロンの法則
り，$F = k\dfrac{q^2}{(2L\sin\theta)^2}$

また，$F = mg\tan\theta$ なので，$q = 2L\sin\theta\sqrt{\dfrac{mg\tan\theta}{k}}$

2

) クーロンの法則より，
$F = 9.0\times 10^9 \times \dfrac{(6.0\times 10^{-8})\times(2.0\times 10^{-8})}{0.20^2} = 2.7\times 10^{-4}$ N

いに引きあう。

) $q = q' = \dfrac{1}{2}\times\{6.0\times 10^{-8}+(-2.0\times 10^{-8})\} = 2.0\times 10^{-8}$ C

$F = 9.0\times 10^9 \times \dfrac{(2.0\times 10^{-8})^2}{0.20^2} = 9.0\times 10^{-5}$ N

いに反発しあう。

1

$E = \dfrac{F}{q} = \dfrac{8.0\times 10^{-5}}{2.0\times 10^{-8}} = 4.0\times 10^3$ N/C ; 右向き

2

ず，電場の強さを求める。
$E = k\dfrac{Q}{r^2} = \dfrac{9.0\times 10^9 \times 4.0\times 10^{-9}}{0.60^2} = 1.0\times 10^2$ N/C

に求める静電気力を F とする。
$= qE = 2.0\times 10^{-9} \times 1.0\times 10^2 = 2.0\times 10^{-7}$ N

きは P から A の向きである。

3

積が S の平板の両面に，電荷 Q が一様に分布してい
と考えられるので，片面に分布する電荷は，$\dfrac{Q}{2}$ 〔C〕
ある。ガウスの法則より，1 m² 当たりを貫く電気力
の本数は電場の強さと等しいので，
$E = 4\pi k\dfrac{\frac{Q}{2}}{S} = \dfrac{4\pi kQ}{2S} = \dfrac{2\pi kQ}{S}$ N/C

1

AB ; 0 J, BC ; 10 J, CD ; −30 J, DE ; 20 J, EA ; 0 J

元の位置に戻るので，0 J

2

点 O の電荷によって作られる電場を $\vec{E_O}$，点 A_1 の

電荷によって作られる電場を $\vec{E_{A1}}$ とすると，点 B での
電場 $\vec{E}$ は，$\vec{E} = \vec{E_O} + \vec{E_{A1}}$

また，$|\vec{E_O}| = |\vec{E_{A1}}| = k\dfrac{Q}{r_1^2}$

以上から，
$|E| = |\vec{E_O}|\cos 60° + |\vec{E_{A1}}|\cos 60° = k\dfrac{Q}{r_1^2}$ （A_1 から O の向き）

(2) 求める仕事を W_{12} とすると，
$W_{12} = \dfrac{kQ^2}{\left(\dfrac{r_1+r_2}{2}\right)^2} \times (r_2-r_1) = \dfrac{kQ^2(r_2-r_1)}{r_1 r_2} = kQ^2\left(\dfrac{1}{r_1}-\dfrac{1}{r_2}\right)$

となる。

(3) $W_{1n} = W_{12} + W_{23} + \cdots + W_{(n-1)n}$
$= kQ^2\left\{\left(\dfrac{1}{r_1}-\dfrac{1}{r_2}\right)+\left(\dfrac{1}{r_2}-\dfrac{1}{r_3}\right)+\cdots+\left(\dfrac{1}{r_{n-1}}-\dfrac{1}{r_n}\right)\right\}$
$= kQ^2\left(\dfrac{1}{r_1}-\dfrac{1}{r_n}\right) = \dfrac{kQ^2}{2R}$

71.1

$V = E_1(L-d)$	$V = E_2(L-d) + \dfrac{E_2}{\varepsilon_r}d$
$E_1 = \dfrac{V}{L-d}$	$= E_2\left(L-d+\dfrac{d}{\varepsilon_r}\right)$
∴ $E_1 = \dfrac{L}{L-d}E$	$E_2 = \dfrac{V}{L-d+\dfrac{d}{\varepsilon_r}}$
$E_1 = \dfrac{Q_1}{\varepsilon_0 S}$	
$Q_1 = \varepsilon_0 S E_1 = \dfrac{L}{L-d}Q$	∴ $E_2 = \dfrac{L}{L-d+\dfrac{d}{\varepsilon_r}}E$
$C_1 = \dfrac{Q_1}{V} = \dfrac{1}{V}\cdot\dfrac{L}{L-d}Q$	$E_2 = \dfrac{Q_2}{\varepsilon_0 S}$
∴ $C_1 = \dfrac{L}{L-d}C$	$Q_2 = \varepsilon_0 S E_2$
	$= \dfrac{L}{L-d+\dfrac{d}{\varepsilon_r}}Q$
	$Q_2 = \dfrac{Q_2}{V} = \dfrac{1}{V}\cdot\dfrac{L}{L-d+\dfrac{d}{\varepsilon_r}}Q$
	∴ $C_2 = \dfrac{L}{L-d+\dfrac{d}{\varepsilon_r}}C$

72.1

(1) 任意の電荷 q が蓄えられたときの電位差を v とすると，$v = \dfrac{q}{C}$ である。このとき，さらに dq を負極板から正極板に運ぶのに要する仕事は $w = dq\cdot v = \left(\dfrac{q}{C}\right)dq$ であるから，これを $q=0$ から $q=Q$ まで積分すればよい。

― 267 ―

$$W = \int_0^Q \frac{q}{C}dq = \frac{1}{C}\left[\frac{1}{2}q^2\right]_0^Q = \frac{1}{2}\frac{Q^2}{C} = \frac{1}{2}QV = \frac{1}{2}CV^2$$

72.2

(1) スイッチS_1を閉じた後, C_1, C_2の極板間電圧は, それぞれV_1, V_2になったとする。求める電位差はV_2である。

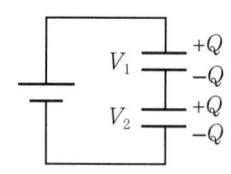

$V_1 + V_2 = E$

$-CV_1 + 2CV_2 = 0$ （電荷保存則）

∴ $V_1 = \frac{2}{3}E$, $V_2 = \frac{1}{3}E$

求める電位差は, $\frac{1}{3}E$である。

(2) スイッチS_2を入れた後, C_2, C_3の極板間電圧はともにVになったとする。電荷保存則より,

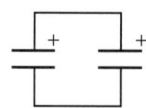

$2C\left(\frac{1}{3}\right)E + 0 = (2C + 3C)V$

∴ $V = \frac{2}{15}E$　求める電位差は$\frac{2}{15}E$である。

(3) スイッチS_1を入れる前, C_1の極板間電圧はV_1, C_2の極板間電圧はVである。

スイッチS_1を入れた後のC_1, C_2の極板間電圧をそれぞれV_1', V_2'とすると,

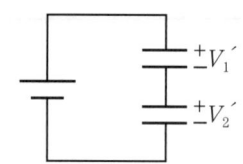

$V_1' + V_2' = E$

$-CV_1' + 2CV_2' = -C\left(\frac{2}{3}\right)E + 2C\left(\frac{2}{15}\right)E$

両式より, $V_1' = \frac{4}{5}E$, $V_2' = \frac{1}{5}E$

求める電位差は, $\frac{1}{5}E$である。

(4) スイッチS_2を入れる前, C_2の極板間電圧は$V_2' = \frac{1}{5}E$, C_3の極板間電圧は$V = \frac{2}{15}E$である。

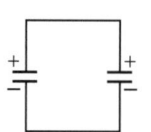

スイッチS_2を入れた後, C_2, C_3の極板間電圧はともにV'になったとする。

$2C\left(\frac{1}{5}\right)E + 3C\left(\frac{2}{15}\right)E = (2C + 3C)V'$

∴ $V' = \frac{4}{25}E$　求める電位差は$\frac{4}{25}E$である。

73.1

抵抗　$R = \frac{4}{0.5} = 8$ Ω

73.2

電圧　$V = 30 \times 10^3 \times 0.2 \times 10^{-3} = 6$ V

73.3

$R_1 = \frac{V}{I}$　　$R_2 = \frac{V}{8I} = \frac{1}{8}\frac{V}{I} = \frac{1}{8}R_1$

R_1は, R_2の抵抗値の$\frac{1}{8}$倍

73.4

(1) グラフより, $I = 12$ A

求める抵抗の値は, $R = \frac{40}{12} = 3.3$ Ω

(2) グラフより, $V = 20$ V

74.1

半径　$r = \left(\frac{20}{2} \times 10^{-3}\right) = 1 \times 10^{-2}$ m

断面積　$S = \pi r^2 = 3.14 \times 10^{-4}$ m^2

抵抗　$R = \rho\frac{L}{S} = 1.72 \times 10^{-8} \times \frac{1.0}{3.14 \times 10^{-4}} = 5.47 \times 10^{-5}$

74.2

導線の抵抗　$R = \frac{3.0}{0.15} = 20$ Ω

導線の抵抗率　$\rho = R\frac{S}{L} = 20 \times \frac{(0.2 \times 10^{-3})^2 \pi}{0.4}$

$= 6.28 \times 10^{-6}$ Ω·m

74.3

元の抵抗　$R = \rho\frac{L}{S}$

直径を$\frac{1}{4}$にし, 長さを8倍にしたとき,

$R' = \rho\frac{8L}{\left(\frac{1}{4}\right)^2 S} = \rho\frac{8L}{\frac{1}{16}S} = \rho\frac{128L}{S} = 128\rho\frac{L}{S} = 128R$

元の抵抗の128倍になる。

75.1

$R_0 = 4 + 5 + 3 = 12$ Ω

$I = \frac{V}{R_0} = \frac{12}{12} = 1$ A

$V_1 = R_1 \times I = 4 \times 1 = 4$ V

$V_2 = R_2 \times I = 5 \times 1 = 5$ V

$V_3 = R_3 \times I = 3 \times 1 = 3$ V

75.2

$R_0 = \frac{1}{\frac{1}{R_1} + \frac{1}{R_2}} = \frac{R_1 R_2}{R_1 + R_2} = \frac{20}{9}$ Ω

$V = R_0 I = \frac{20}{9} \times 9 = 20$ V

$I_1 = \frac{20}{4} = 5$ A, $I_2 = \frac{20}{5} = 4$ A

75.3

$R_0 = 20 + \frac{1}{\frac{1}{20} + \frac{1}{30} + \frac{1}{60}} = 30$ Ω

$I = \dfrac{30}{30} = 1$ A

.1

率 $m = \dfrac{100}{10} = 10$ 倍

率器の抵抗 $R = (m-1)r_V = 9 \times 10 \times 10^3 = 90$ kΩ

.2

率 $m = \dfrac{1}{10 \times 10^{-3}} = 100$ 倍

流器の抵抗 $R = \dfrac{10}{100-1} = \dfrac{10}{99} ≒ 0.10$ Ω

.3

V のとき $m = \dfrac{3}{10 \times 10^3 \times 100 \times 10^{-6}} = 3$ より,

$R = (m-1)r_V = (3-1) \times 10 \times 10^3 = 20$ kΩ

0V のとき $m = \dfrac{10}{10 \times 10^3 \times 100 \times 10^{-6}} = 10$ より,

$R = (m-1)r_V = (10-1) \times 10 \times 10^3 = 90$ kΩ

0V のとき $m = \dfrac{30}{10 \times 10^3 \times 100 \times 10^{-6}} = 30$ より,

$R = (m-1)r_V = (30-1) \times 10 \times 10^3 = 290$ kΩ

4

$I = \dfrac{20}{(10+5) \times 10^3} = \dfrac{20}{15} = \dfrac{4}{3}$ mA

圧計 V_1 $V_1 = 10 \times 10^3 \times \dfrac{4}{3} \times 10^{-3} = \dfrac{40}{3} = 13.3 ≒ 13$ V

圧計 V_2 $V_2 = 5 \times 10^3 \times \dfrac{4}{3} \times 10^{-3} = \dfrac{20}{3} = 6.7 ≒ 6.7$ V

1

A 点において,
$I_1 = I_2 + I_3$
$I_2 = I_1 - I_3 = 2 - 1.5 = 0.5$ A

閉回路 I において,
$0 = 1.5 \times 2 - I_2 \times 6$
$I_2 = 0.5$ A

2

$I_1 + I_2 + I_3 = 0$ ①
$2 \times 10^3 I_1 - 3 \times 10^3 I_2 = 6 - 1$ ②
$4 \times 10^3 I_3 - 3 \times 10^3 I_2 = 4 - 1$ ③

式を変形すると, $I_3 = -(I_1 + I_2)$ ①′

式を③式に代入すると,
$4 \times 10^3 \times \{-(I_1 + I_2)\} - 3 \times 10^3 I_2 = 3$
$-4 \times 10^3 I_1 - 7 \times 10^3 I_2 = 3$ ③′

× 2 + ③′ より,
$I_2 = -1$ mA
$I_1 = 1$ mA

, I_2 の値を①′式に代入する。

$I_3 = -(I_1 + I_2) = -(1-1) = 0$ mA

78.1

キルヒホッフの第2法則より,
$RI + rI = E$

両辺を I 倍すると,
$RI^2 + rI^2 = EI$
∴ $P = RI^2 = EI - rI^2 = I(E - rI)$

$P(I)$ は I についての2次関数なので, $I = \dfrac{E}{2r}$ のとき最大となる。このときの R は,

$R = \dfrac{E - rI}{I} = r$

よって, $R = r$ のとき, R における電力は最大となる。また, その最大値 $P_{\max}$ は,

$P_{\max} = P\left(\dfrac{E}{2r}\right) = \dfrac{E^2}{4r}$

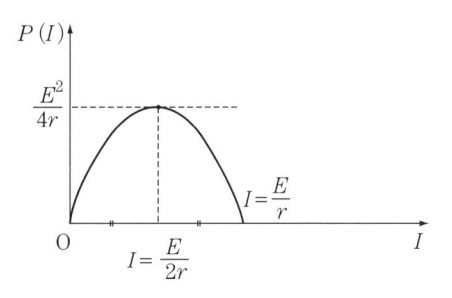

〈補足〉このとき, r における電力も最大値 $P_{\max}$ になり, 負荷抵抗 R で発生する熱と同じ量の熱が乾電池内部においても発生し, 電池は熱くなり破損してしまう場合もある。

78.2

(1) $I = \dfrac{E}{R+r} = \dfrac{1.5}{2.0+0.5} = 0.6$ A

(2) $W = IE \times 3600 = 0.6 \times 1.5 \times 3600 = 3240 ≒ 3200$ W·s

(3) $Q = RI^2 \times 3600 = 2.0 \times 0.6^2 \times 3600 = 2592 ≒ 2600$ J

79.1

点 P に $+1$ Wb の点磁極を置いたときに受ける磁気力に等しいと考えて,

$F_N = 6.33 \times 10^4 \times \dfrac{m_N}{r^2} = 6.33 \times 10^4 \times \dfrac{3 \times 10^{-4}}{(10\sqrt{2} \times 10^{-2})^2}$
$= 949.5 ≒ 950$ N/Wb

$F_S = 6.33 \times 10^4 \times \dfrac{m_S}{r^2} = 6.33 \times 10^4 \times \dfrac{-3 \times 10^{-4}}{(10\sqrt{2} \times 10^{-2})^2}$
$= -949.5 ≒ -950$ N/Wb

$F = 2F_N \cos 45° = 2 \times 949.5 \times \dfrac{1}{\sqrt{2}}$
$= 1.343 \times 10^3 ≒ 1.34 \times 10^3$ N/Wb

79.2

O 点における磁場の強さは, O 点から棒磁石の中心までの距離を r とすると,

$$H_N = mH = \frac{1}{4\pi\mu_0}\frac{m}{(r-L)^2}$$

$$H_s = mH_s = \frac{1}{4\pi\mu_0}\frac{m}{(r+L)^2}$$

$$H = H_N - H_s = \frac{m}{4\pi\mu_0}\left\{\frac{1}{(r-L)^2}-\frac{1}{(r+L)^2}\right\}$$

$$= \frac{m}{4\pi\mu_0}\cdot\frac{4rL}{(r^2-L^2)^2} = \frac{m}{4\pi\mu_0}\cdot\frac{4rL}{r^4\left(1-\frac{L^2}{r^2}\right)^2}$$

$L \ll r$ ならば，$\frac{L}{r} \fallingdotseq 0$ より，

$$H = \frac{4mLr}{4\pi\mu_0 r^4} = \frac{M}{2\pi\mu_0 r^3}$$

ここで，$M = 2mL$ とした。

80.1
磁力線を透磁率倍したものを磁束と定義して，1 Wb の強さの磁極からは，1 Wb の磁束が生じていると考える。よって，磁束の性質は，磁力線の性質と同じである。
よって，以下のような答えとなる。
　（ア）　N　　（イ）　S　　（ウ）　反発
　（エ）　引き合う　　（オ）　交差

80.2
磁束密度 $B = \mu_0 H = \mu_0 \frac{1}{4\pi\mu_0}\frac{m}{r^2} = \frac{m}{4\pi r^2} = \frac{3\times 10^{-4}}{4\pi\times(0.1)^2}$

$= 2.39\times 10^{-3}$ T $\fallingdotseq$ 2.4 mT

80.3
磁束 $\Phi = \mu_0 HS \cos 45°$
$= 4\pi\times 10^{-7}\times 4\times 3.14\times(4\times 10^{-2})^2/1.414$
$= 17.9\times 10^{-9}$ T

81.1
アンペールの周回路の法則より，H は一定であるから，

$$\sum_{i=1}^{n} H_i \Delta L_i = H\sum_{i=1}^{n}\Delta L_i = I$$

ここで，$\sum_{i=1}^{n}\Delta L_i = 2\pi r$ より，$H\times 2\pi r = I$

よって $H = \frac{I}{2\pi r}$ 〔A/m〕

81.2
ビオ・サバールの法則を用いて，

$$H = \sum_{i=1}^{n}\Delta H_i = \frac{I}{4\pi r^2}\sum_{i=1}^{n}\Delta L_i$$

$L = \sum_{i=1}^{n}\Delta L_i = 2\pi r$ であるから，

$$H = \frac{I}{4\pi r^2}\times 2\pi r = \frac{I}{2r}\ \text{〔A/m〕}$$

81.3
$H = \frac{I}{2r}n = \frac{I}{2\times 0.05}\times 20$ より，

$$I = \frac{2\times 0.05\times 10}{20} = \frac{1}{20} = 0.05 \text{ A}$$

81.4
導線を囲む閉路として，問題文にある図のような A という矩形（長方形の閉路）を考え，+1 Wb の磁荷を運ぶ仕事を考える。ソレノイド外部では，上，下の電流による磁場（H_1, H_2）が打ち消し合い，磁場は存在しない。また，AB，CD については磁場を垂直に横切るので，この間での仕事は 0 である。したがって，ソレノイドを流れる電流（矩形の内部にある電流）によって作られる磁場については，BC 部分についてのみ考えればよい。BC (= AD) = ΔL として，今 BC 間に N 本の電流が含まれているとすると，矩形 ABCD の周囲を 1 周するのに要する仕事 W_1 は，$W_1 = mNI\times 1 = NI = n\Delta LI$。ところで，ソレノイド内部の磁場を H とすると，1 Wb の磁荷が受ける力 F は，$F = mH = 1\times H$ であり，この磁荷を BC 間で運ぶ仕事 $W_{BC} = F\times\Delta L = H\Delta L$。
以上から，$W_1 = W_{BC}$ より，$H\Delta L = n\Delta LI$

∴ $H = nI$

よって，$H = 40\times 100\times 0.5 = 2000$ A/m

82.1
導体に働く力は，$F = BLI$ より，$B = \frac{F}{LI} = \frac{125}{5\times 5} = 5$

82.2

$$F = BLI\sin\theta = 0.5\times 0.5\times 8\times\frac{1}{2} = 1 \text{ N}$$

82.3
導線 A と B の距離を d とすると，導線 A に流れる I_A が導線 B 上に作る磁場の強さは，

$$H_{AB} = \frac{I_A}{2\pi d}\ \text{〔A/m〕}$$

導線 B の単位長さ当たりにはたらく電磁力の大きさ

$$F = I_B\times 1\times B = I_B\times 1\times\mu_0 H_{AB}\sin\frac{\pi}{2} = \frac{\mu_0 I_A I_B}{2\pi d}\ \text{〔N〕}$$

よって，$F = \frac{\mu_0 I_A I_B}{2\pi d} = \frac{4\times 10^{-7}\times 10\times 10}{2\pi\times 0.1} = 6.37\times 10^{-5}$

82.4
電線に加わっている力　$F = ma$
電流によって生じる電磁力 $F = BLI\sin\theta$
よって，$ma = BLI\sin\theta$

$$I = \frac{ma}{BL\sin\theta} = \frac{0.03\times 0.5}{0.4\times 0.2\times\sin\frac{\pi}{2}} = 0.188 \text{ A} \fallingdotseq 0.2 \text{ A}$$

83.1
ローレンツ力　$f = evB = 1.6\times 10^{-19}\times 8\times 10^5\times 0.3$
$= 3.84\times 10^{-14} \fallingdotseq 3.8\times 10^{-14}$ N

3.2

ローレンツ力 $f = evB\sin\theta$
$= 1.6\times 10^{-19} \times 5\times 10^6 \times 20 \times \sin 30°$
$= 8.0\times 10^{-12}$ N

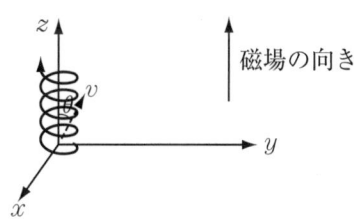

軸方向から（上から）見ると，電子の運動の様子は次のようになる。

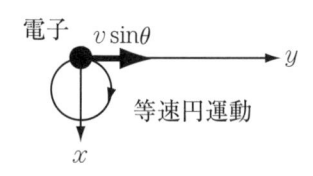

3

電場によるローレンツ力 $f = e\dfrac{V}{d}$

磁場によるローレンツ力 $f = ev_0 B$

（電場によりローレンツ力）＝（磁場によるローレンツ力）のとき，y 方向の力がつりあうので，電子は直進する。

よって，$e\dfrac{V}{d} = ev_0 B$ より，$B = \dfrac{V}{dv_0}$

1

コイルに生じる起電力 V は，
$V = N\dfrac{\Delta\Phi}{\Delta t} = 100 \times \dfrac{0.05 - 0.01}{0.1}$
$= 100 \times \dfrac{0.04}{0.1} = 100 \times 0.4 = 40$ V

その向きは，磁束の増加を妨げる向きにはたらく。

2

誘導電流は，コイルを貫く磁束が変化（時間的変化）したとき生じる。また，その流れる向きは，磁束の変化を妨げる向きに誘導電流による磁場がはたらくように流れる。

(1)の場合は，コイルを貫く磁束（表から裏へ向けての磁束：図の点線矢印）が増加する。その増加を妨げる向き（裏から表向き：図の実線矢印）に磁場が生じるようにCからDの向きに電流が流れる。

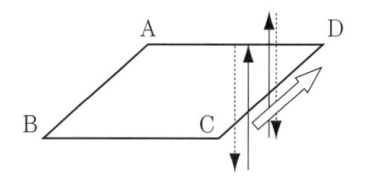

(2)の場合は，コイルを貫く磁束に変化はない。したがって，コイルには誘導電流は流れない。

(3)の場合は，(1)とは逆で，コイルを貫く磁束（表から裏へむけての磁束）が減少する。したがって，コイルには，その現象を食い止める向き（表から裏へ向けての磁束）に磁場が生じるようにAからBの向きに電流が流れる。

84.3

(1) Δt 秒間当たりのコイルを貫く磁束の変化量は，
$\Delta\Phi = (L\times v\times \Delta t) \times B$
したがって，回路に生じる誘導起電力は $V = BLv$ 〔V〕

(2) このとき，回路に流れる誘導電流は，
$I = \dfrac{V}{R} = \dfrac{BLv}{R}$ 〔A〕

(3) 磁場中の電流には電磁力がはたらく。
$F = BLI = BL\times \dfrac{BLv}{R} = \dfrac{(BL)^2}{R}v$ 〔N〕

(4) 仕事 W は，
$W = F\times v\times 1 = \dfrac{(BL)^2}{R}v\times v\times 1 = \dfrac{(BLv)^2}{R}$ 〔J〕

85.1

$V = L\dfrac{\Delta I}{\Delta t} = 0.3\times \dfrac{5}{0.1} = 15$ V

85.2

$V_2 = -N_2 \dfrac{\Delta\Phi_2}{\Delta t} = -M\dfrac{\Delta I_1}{\Delta t}$ より，

$V_2 = -M\dfrac{\Delta I_1}{\Delta t} = 2\times \dfrac{3}{0.2} = 30$ V

85.3

例題1の結果から，各自己インダクタンスは，
$L_1 = \dfrac{\mu N_1^2 S}{l}$ ……①，$L_2 = \dfrac{\mu N_2^2 S}{l}$ ……②

1次コイルに電流 I_1 を流したとき，2次コイルを貫く磁束 Φ_2 は鉄心に磁束の漏れがないので，1次コイルに生じた磁束と同じである。したがって，2次コイルを貫く磁束は $\Phi_2 = S\times B_1 = \mu n I_1 S = \dfrac{\mu N_1 S I_1}{l}$ となる。ここで，2次コイルに生じる誘導起電力は，

$V_2 = -N_2\dfrac{\Delta\Phi_2}{\Delta t} = -N_2\dfrac{\Delta\left(\mu\dfrac{N_1}{l}I_1 S\right)}{\Delta t}$

$= -\dfrac{N_1 N_2 \mu S}{l}\dfrac{\Delta I_1}{\Delta t} = -M\dfrac{\Delta I_1}{\Delta t}$

から相互インダクタンス M は，

$M = \dfrac{\mu N_1 N_2 S}{l}$ ……③

となる。
①〜③より，
$L_1 L_2 = \dfrac{\mu^2 N_1^2 N_2^2 S^2}{l^2} = \left(\dfrac{\mu N_1 N_2 S}{l}\right)^2 = M^2$

したがって，$M = \sqrt{L_1 \times L_2}$ が導ける。

86.1

最大値は，$V = 100\sqrt{2} = 141.4$ V

実効値 $V_{\text{eff}} = \dfrac{V_0}{\sqrt{2}} = \dfrac{100\sqrt{2}}{\sqrt{2}} = 100$ V

角速度 $\omega = 120\pi$ rad/s

周波数 $f = \dfrac{1}{T} = \dfrac{\omega}{2\pi} = \dfrac{120\pi}{2\pi} = 60$ Hz

86.2

(1) $V = V_0 \sin \dfrac{2\pi t}{T}$ を図示すると次図のようになる。

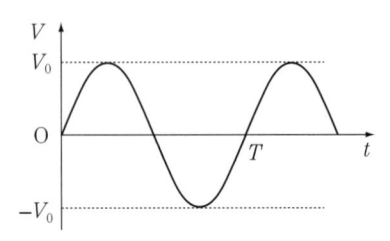

T が周期であるから，$t = T$ で V は 1 振動する。また，最大値（最小値）は V_0 ($-V_0$) である。

(2) 交流電圧計に現れる数値は実効値 V_{eff} である。

実効値 V_{eff} と最大電圧 V_0 とには，$V_{\text{eff}} = \dfrac{V_0}{\sqrt{2}}$ の関係がある。

(3) 交流電圧 V に抵抗 R を接続すると，各瞬間にはオームの法則が成り立つから，流れる電流 I は，

$$I = \dfrac{V_0}{R} \sin \dfrac{2\pi t}{T} = I_0 \sin \dfrac{2\pi t}{T}$$

の電流が流れる。したがって，各瞬間での抵抗で消費される電力 P は，

$$P = I \times V = I_0 V_0 \sin^2 \dfrac{2\pi t}{T}\ \text{となる。}$$

(4) 交流電圧計で測定される物理量は実効値 V_{eff} である。よって，$V_0 = \sqrt{2} V_{\text{eff}}$ から $V_0 = 141$ V。また，周期 T は周波数と逆の関係にあるから，$T = \dfrac{1}{50} = 0.02$ 秒

86.3

周波数 $f = \dfrac{1}{T} = \dfrac{1}{8 \times 10^{-3}} = 125$ Hz

角速度 $\omega = 2\pi f = 2\pi \times 125 = 250\pi$ rad/s

実効値 $V = \dfrac{V_0}{\sqrt{2}} = \dfrac{10}{\sqrt{2}} = 7.1$ V

瞬時式 $V = 10 \sin(250\pi t)$ 〔V〕

87.1

(1) (b) 容量リアクタンスは $X_c = \dfrac{1}{\omega C}$ であるから，$\omega = 100\pi$，$C = 3.2 \times 10^{-6}$ F を代入して，

$$X_c = \dfrac{1}{\omega C} = \dfrac{1}{100 \times 3.14 \times 3.2 \times 10^{-6}}$$

$$= \dfrac{10^4}{3.14 \times 3.2} \fallingdotseq 1.0 \times 10^3\ \Omega$$

(c) 誘導リアクタンスは $X_L = \omega L$ であるから，$\omega = 100\pi$，$L = 3.2$ H を代入して，

$$X_L = \omega L = 100 \times 3.14 \times 3.2 \fallingdotseq 1.0 \times 10^3\ \Omega$$

(2) (a) 抵抗 R を流れる電流 I は，位相の差は 0 であるから，

$$I = \dfrac{V_0}{R} \sin(\omega t) = \dfrac{141}{1.0 \times 10^3} \sin 100\pi t = 0.141 \sin 100\pi t$$

(b) コンデンサーに流れる電流 I は，位相は $\dfrac{\pi}{2}$ 〔r〕だけ進むから，

$$I = \omega C V_0 \sin\left(\omega t + \dfrac{\pi}{2}\right) = 1.0 \times 10^{-3} \times 141 \sin\left(100\pi t + \dfrac{\pi}{2}\right)$$

$$= 0.141 \sin\left(100\pi t + \dfrac{\pi}{2}\right)$$

(c) コイルに流れる電流 I は，位相は $\dfrac{\pi}{2}$ 〔rad〕だけれるから，

$$I = \dfrac{V_0}{\omega L} \sin\left(\omega t - \dfrac{\pi}{2}\right) = \dfrac{141}{1.0 \times 10^3} \sin\left(100\pi t - \dfrac{\pi}{2}\right)$$

$$= 0.141 \sin\left(100\pi t - \dfrac{\pi}{2}\right)$$

87.2

コンデンサー，またコイルに交流電圧 $V = V_0 \sin \omega t$ をかけると，流れる電流は，それぞれ

$$I_c = \omega C V_0 \cos \omega t = I_0 \sin\left(\omega t + \dfrac{\pi}{2}\right)$$

$$I_L = -\dfrac{V_0}{\omega L} \cos \omega t = I_0 \sin\left(\omega t - \dfrac{\pi}{2}\right)$$

となる。したがって，平均の電力を計算すると，いの場合も $\int_0^T \sin \omega t \cos \omega t\, dt$ の計算が入ってくる。ここ

$\int_0^T \sin \omega t \cos \omega t\, dt = \int_0^T \dfrac{\sin 2\omega t}{2} dt = 0$ であるから，コンサー，またコイルの消費電力の平均は常に 0 であ

87.3

50 Hz のとき，

$$X_c = \dfrac{1}{\omega C} = \dfrac{1}{2\pi \times 50 \times 0.05 \times 10^{-6}} = 63.7\ \text{k}\Omega \fallingdotseq 64\ \text{k}\Omega$$

1 kHz のとき，

$$X_c = \dfrac{1}{\omega C} = \dfrac{1}{2\pi \times 1 \times 10^3 \times 0.05 \times 10^{-6}} = 3.18\ \text{k}\Omega \fallingdotseq 3.2$$

10 kHz のとき，

$$X_c = \dfrac{1}{\omega C} = \dfrac{1}{2\pi \times 10 \times 10^3 \times 0.05 \times 10^{-6}} = 318\ \Omega \fallingdotseq 320$$

87.4

$$X_L = \omega L = 2\pi \times 50 \times 200 \times 10^{-3} = 62.8\ \Omega \fallingdotseq 63\ \Omega$$

88.1

(1) 抵抗 R，インダクタンス L のコイル，電気容のコンデンサーが直列につながれている回路のインダンス Z は，$R = 10\ \Omega$，$L = 0.1$ H，$C = 10^{-4}$ F，$\omega = 2\pi f = 2\pi \times 60$ であるから，

$$Z = \sqrt{R^2 + \left(\omega L - \frac{1}{\omega C}\right)^2}$$

$$= \sqrt{10^2 + \left\{2\pi \times 60 \times 0.1 - \frac{1}{2\pi \times 60 \times 10^{-4}}\right\}^2}$$

$$= 14.97 \fallingdotseq 15\ \Omega$$

電流の強さは、オームの法則より、

$$I = \frac{V}{Z} = \frac{200}{15} = 13.3\ \text{A}$$

注意：交流では、電圧や電流といえば、ふつう実効値をいう。実効値については、直流同様、オームの法則が成り立つ。

電流の電圧に対する位相差 θ は、

$$\tan\theta = \frac{\omega L - \frac{1}{\omega C}}{R} = \frac{(2\pi \times 60) \times 0.1 - \frac{1}{(2\pi \times 60) \times 10^{-4}}}{10}$$

$$= 1.114$$

三角表から、$\theta = 48°05'$

抵抗、コイル、またコンデンサーの両端にかかる交流電圧は、

抵抗：$V_R = RI = 10 \times 13.3 = 133\ \text{V}$

コイル：$V_L = \omega L I = (2\pi \times 60) \times 0.1 \times 13.3 = 501\ \text{V}$

コンデンサー：$V_C = \frac{I}{\omega C} = \frac{13.3}{(2\pi \times 60) \times 10^{-4}} = 353\ \text{V}$

抵抗 R、インダクタンス L のコイル、電気容量 C のコンデンサーを流れる電流を、それぞれ I_R, I_L, I_C とすると、電圧との位相の差に注意して（コイルは $\frac{\pi}{2}$ [rad] 遅れ、コンデンサーでは $\frac{\pi}{2}$ [rad] 進む）

$$I_R = \frac{V_0}{R}\sin\omega t \cdots\cdots ①$$

$$I_L = -\frac{V_0}{\omega L}\cos\omega t \cdots\cdots ②$$

$$I_C = \omega C V_0 \cos\omega t \cdots\cdots ③$$

したがって、回路を流れる全電流 I は、①、②、③ から

$$I = I_R + I_L + I_C = \frac{V_0}{R}\sin\omega t - \frac{V_0}{\omega L}\cos\omega t + \omega C V_0 \cos\omega t$$

$$= V_0\left\{\frac{1}{R}\sin\omega t - \left(\frac{1}{\omega L} - \omega C\right)\cos\omega t\right\}$$

$$f_0 = \frac{1}{2\pi\sqrt{LC}} = \frac{1}{2\pi\sqrt{50 \times 10^{-3} \times 1500 \times 10^{-9}}} = 581\ \text{Hz}$$

このとき、回路には抵抗 R のみがある状態と同じから、

$$I = \frac{V}{R} = \frac{100}{25} = 4\ \text{A}$$

交流電圧の周波数は、

$$f_0 = \frac{1}{2\pi\sqrt{LC}} = \frac{1}{2\pi\sqrt{50 \times 10^{-3} \times 100 \times 10^{-6}}}$$

$$= \frac{1}{2\pi\sqrt{5000 \times 10^{-9}}} = \frac{1}{2\pi\sqrt{5 \times 10^{-6}}}$$

$$= \frac{1}{2\pi\sqrt{5} \times 10^{-3}} = 71.2\ \text{Hz}$$

コンデンサに流れる電流は、

$$I = \frac{V}{\frac{1}{\omega C}} = \omega C V = (2\pi \times 71.2) \times 100 \times 10^{-6} \times 10 = 0.45\ \text{A}$$

89.3

(1) 直流電圧 $V_0 \sin\omega t$ のとき、交流電流は、

$\left(\omega C - \frac{1}{\omega L}\right)V_0 \cos\omega t$ となる。

したがって、交流電流を 0 とする電気容量 C は、

$\omega C - \frac{1}{\omega L} = 0$ から、

$$C = \frac{1}{\omega^2 L} = \frac{1}{(2\pi \times 50)^2 \times 100 \times 10^{-3}} = 101\ \mu\text{F}$$

(2) $f = \frac{1}{2\pi\sqrt{LC}} = \frac{1}{2\pi\sqrt{100 \times 10^{-3} \times 100 \times 10^{-6}}} = 50.3\ \text{Hz}$

90.1

①は正しい。電磁波では電場と磁場の方向は互いに垂直であり、また電場と磁場の振動方向は電磁波の進行方向とは直角の関係にある。すなわち、電磁波は横波である。

②は正しい。音速は、通常（日常の範囲）では、
$v = 331.5 + 0.6t$ [m/s] と表される。電波の伝搬速度は光の速度と同じであるから、真空中では $c = 3.0 \times 10^8$ m/s である。電波の伝わる速さの方が速い。

③は間違い。周波数 f と波長 λ の関係は、光速を c とすると、$c = f\lambda$ と反比例の関係にある。

④は正しい。電波は光と同じく波の性質を有しているから、反射や屈折をする。

90.2

電磁波を理論的に予言したマクスウェルによると、その速度は真空の誘電率 ε_0 [F/m]、また真空の透磁率 μ_0 [N/A²] を用いて、$c = \frac{1}{\sqrt{\varepsilon_0 \mu_0}}$ と求めることができる。

したがって、

$$c = \frac{1}{\sqrt{\varepsilon_0 \mu_0}} = \frac{1}{\sqrt{8.85 \times 10^{-12} \times 1.26 \times 10^{-6}}} = 2.99 \times 10^8\ \text{m/s}$$

90.3

0.5 秒の遅れとは、「電話器と人工衛星を 0.5 秒で往復する」ことだから、速度の定義から、求める光速 c は、

$$c = \frac{2 \times 75000 \times 10^3}{0.5} = 3 \times 10^8\ \text{m/s}$$

5章　原子物理学　解答

91.1
ア　Ge（ゲルマニウム）　イ　15　ウ　N
エ　電子　オ　P　カ　ホール（正孔）
キ　PN　ク　ダイオード　ケ　P

91.2
ダイオードは順方向（矢印の向き）にのみ電流が流れる。したがって，P，Qの2点を考えたとき，Pの電位がQの電位より高いときダイオードDには電流が流れない。以下，その条件を求めよう。

いま，回路にダイオードDがないとすると，図は2個の電池が直列に2つの抵抗に加わった回路であるから，回路に流れる電流Iは$\frac{V_1+V_2}{R_1+R_2}$となる。P点，Q点の電位を求めると，それぞれ，

$$V_P = V_1, \quad V_Q = V_1+V_2-R_2I = V_1+V_2-R_2\frac{V_1+V_2}{R_1+R_2}$$

となる。そこで，$V_P \geqq V_Q$ となる条件を求めると，

$$V_P - V_Q = -V_2 + R_2\frac{V_1+V_2}{R_1+R_2} = \frac{-R_1V_2+R_2V_1}{R_1+R_2} \geqq 0 \text{ から,}$$

$$-R_1V_2+R_2V_1 \geqq 0$$

よって，ダイオードに電流が流れない条件は，$\frac{V_1}{V_2} \geqq \frac{R_1}{R_2}$ である。

92.1
(1) 左から順番に，エミッタ（E），ベース（B），コレクタ（C）

(2) ベースのN型半導体とコレクタのP型半導体には，逆方向の電圧がかかっており，この間に電流は流れない。

(3) ②
（理由）N型半導体は過剰の電子（負電荷）があり，P型半導体は電子が不足しており，電子の移動がベース（B）とエミッタ（E）の間でのみ起こる。したがって，ベースの電位は，エミッタの電位より少し小さく，コレクタの電位より大きい。

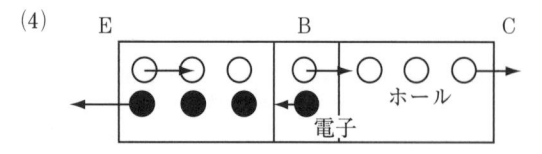

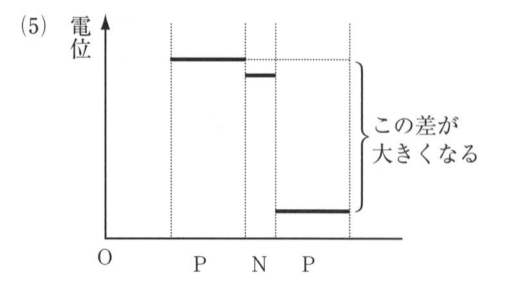

(4) [図：E, B, C の構造図、ホールと電子の移動]

(5) [電位グラフ：P, N, P]　この差が大きくなる

93.1
油滴の電荷の測定値の差を求めると，それぞれ，1.61, 3.23（≒2×1.61），1.58，1.59となる。このことから，これらは1.6×10^{-19} C（電気素量e）の整数倍と推定される。そこで，改めて，4.82（=3e），6.43（=4e），（=6e），11.24（=7e），12.83（=8e）とおくと，$3e+4e+6e+7e+8e = 4.82+6.43+9.66+11.24+12.83$（$\times10^{-19}$）から，$28e = 44.98\times10^{-19}$。よって，$e = 1.606\times10^{-19}$ C となる。

93.2
(1) ① 空気による抵抗は，運動の向きとは反対だから，$mg-kv$

② 速さが大きくなるにつれて，空気からの抵抗力が大きくなり，結局，重力と抵抗力とがつりあうから。

③ $mg-kv_0 = 0$ から，$v_0 = \frac{mg}{k}$

(2) ④ 重力と電場からの力がつりあう。$mg-QE = 0$ より $E = \frac{mg}{Q}$

⑤ $Q = \frac{kv_0}{E}$

(3) 電荷Qは終端速度に比例するから，各油滴は素量の $0.18:0.35:0.48 = 2:4:5$（<7）倍と推定される。したがって，⑤の結果から，

$$Q = \frac{1.7\times10^{-10}\times(0.18+0.35+0.46)\times10^{-3}\times5.0\times10^{-3}}{400\times(2+4+5)}$$
$$= 1.9\times10^{-19} \text{ C}$$

94.1
ア　光電効果　イ　振動数　ウ　光子　エ　振動数
オ　仕事関数　カ　≧　キ　$E-W$

94.2
飛び出してくる電子の運動エネルギーは，それぞれeV_1，eV_2であるから，$eV = h\nu - W$ の関係を用いて

$$eV_1 = \frac{hc}{\lambda_1} - W, \quad eV_2 = \frac{hc}{\lambda_2} - W \text{ が成り立つ。}$$

$$e(V_2-V_1) = hc\frac{\lambda_1-\lambda_2}{\lambda_1\lambda_2} \text{ から,}$$

$$h = \frac{e}{c}(V_2-V_1)\frac{\lambda_1\lambda_2}{\lambda_1-\lambda_2} = 5.8\times10^{-34} \text{ J·s}$$

$eV_1 = \frac{hc}{\lambda_1} - W$ から，

$$W = \frac{hc}{\lambda_1} - eV_1 = \frac{5.8\times10^{-34}\times3.0\times10^8}{5.8\times10^{-7}} - 1.6\times10^{-19}\times($$
$$= 2.8\times10^{-19} \text{ J}$$

94.3
電圧計Vの値がV_1のとき電流計Aの値が0になっ

だから，eV_1 が光電子の運動エネルギーである。したがって，仕事関数 W は $W = \dfrac{hc}{\lambda_1} - eV_1$ となる。

界の波長 λ_0 は，$\dfrac{hc}{\lambda_0} - W = 0$ より，$\lambda_0 = \dfrac{hc\lambda_1}{hc - eV_1\lambda_1}$

1

ア 波動　イ 粒子　ウ $\dfrac{h\nu}{c}$，エ kg·m/s

オ $\dfrac{h}{p}$　カ 物質波　キ $\dfrac{h}{mv}$

2

(1) $\dfrac{1}{2}mv^2 = eV$ から，$\lambda = \dfrac{h}{\sqrt{2meV}}$

(2) 電子に付随するド・ブロイ波長は $\sqrt{V}$ に反比例するから，加速電圧を4倍にすれば，ド・ブロイ波長は半分になる。

(3) $\lambda = \dfrac{6.6 \times 10^{-34}}{\sqrt{2 \times 9.1 \times 10^{-31} \times 1.6 \times 10^{-19} \times 100}} = 1.2 \times 10^{-10}$ m

3

属に入る前の波長 λ は，

$mv^2 = eV$ から，

$\lambda = \dfrac{h}{\sqrt{2meV}}$

属内部では，$\dfrac{1}{2}mv^2 = e(V + V_0)$

ら，電子線の波長 λ_0 は，

$\lambda_0 = \dfrac{h}{\sqrt{2me(V + V_0)}}$

のように，$\lambda > \lambda_0$ から $\theta > \theta_0$ という結果が得られる。

1

格子面の間隔を d とすると，最初に強い反射が生たのであるから，次数 n は1である。したがって，$\sin 20° = 2.0 \times 10^{-10}$ から，

$d = \dfrac{2.0 \times 10^{-10}}{2 \times 0.34} = 2.9 \times 10^{-10}$ m

次第に傾けていって，20°で3回目の強い反射がこったから，反射の次数は3である。したがって，$\sin 20° = 3\lambda$ より，

$\lambda = \dfrac{2 \times 2.9 \times 10^{-10} \times 0.34}{3} = 6.5 \times 10^{-11}$ m

2

電子の運動量を p とすると $\dfrac{p^2}{2m} = eV$ から，

$= \sqrt{2meV}$ となる。したがって，入射電子線の波長 λ は，

$\lambda = \dfrac{h}{p} = \dfrac{h}{\sqrt{2meV}} = \dfrac{h}{\sqrt{2me}} \cdot \dfrac{1}{\sqrt{V}}$

(2) $\lambda = k\dfrac{1}{\sqrt{V}}$（$k$ は比例定数）とおくと，題意より，

$1.0 = k \cdot \dfrac{1}{\sqrt{150}}$。よって，$k = \sqrt{150}$ から k の値は約 12.2

(3) 反射電子線の強度が最大になるときは，その波長はブラッグの条件を満足する。

そこで，$2d\sin\theta = n\lambda$ の λ に(2)の結果を代入して，

$2d\sin\theta = n\dfrac{\sqrt{150}}{\sqrt{V}}$

したがって，$V = \dfrac{75n^2}{2d^2\sin^2\theta}$

97.1

(1) $\lambda' = \lambda + \Delta\lambda$ であるから，

$\dfrac{\lambda'}{\lambda} + \dfrac{\lambda}{\lambda'} = \dfrac{\lambda + \Delta\lambda}{\lambda} + \dfrac{\lambda}{\lambda + \Delta\lambda} = 1 + \dfrac{\Delta\lambda}{\lambda} + \dfrac{\lambda}{\lambda\left(1 + \dfrac{\Delta\lambda}{\lambda}\right)}$

ここで，X が小さいとき，$\dfrac{1}{1+X} = 1 - X$ が成り立つことを用いると，

$1 + \dfrac{\Delta\lambda}{\lambda} + \dfrac{\lambda}{\lambda\left(1 + \dfrac{\Delta\lambda}{\lambda}\right)} = 1 + \dfrac{\Delta\lambda}{\lambda} + 1 - \dfrac{\Delta\lambda}{\lambda} = 2$

したがって，コンプトン効果には，散乱前後での波長の差は小さいことが仮定されている。

97.2

(1) 弾性散乱だから，散乱前の光子のエネルギーは，散乱後の光子のエネルギーと電子の運動エネルギーの和に等しい。

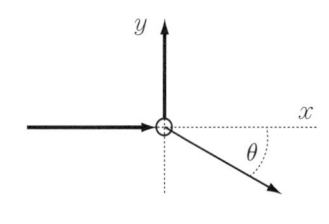

$h\nu = h\nu' + \dfrac{1}{2}mv^2$

(2) 散乱前後の光子の運動量は，それぞれ $\dfrac{h\nu}{c}$（x 成分のみ），$\dfrac{h\nu'}{c}$（y 成分のみ）であるから，

(x 成分) $\dfrac{h\nu}{c} = mv\cos\theta$

(y 成分) $\dfrac{h\nu'}{c} = -mv\sin\theta$

(3) 波長 λ と振動数 ν の関係は $\nu = \dfrac{c}{\lambda}$ であるから，(1)の結果より，

$v^2 = \dfrac{2hc}{m}\left(\dfrac{1}{\lambda} - \dfrac{1}{\lambda'}\right)$

$= \dfrac{2 \times 6.6 \times 10^{-34} \times 3.0 \times 10^8}{9.1 \times 10^{-31}} \times \left(\dfrac{1}{1.000 \times 10^{-10}} - \dfrac{1}{1.024 \times 10^{-10}}\right)$

$= 1.0 \times 10^{14}$

これより，電子の速度は $v = 1.0 \times 10^7$ m/s

98.1
ア α粒子　イ　正　ウ　質量
エ　原子核　オ Ze

98.2
(1) 金の原子を一辺Dの正方形（面積D^2）と考える。その中に占める金の原子核の面積は$\pi\left(\dfrac{d}{2}\right)^2$であるから，金の原子に入射した$\alpha$粒子が，その原子核で跳ね返される割合は$\dfrac{\pi\left(\dfrac{d}{2}\right)^2}{D^2}$より$\dfrac{\pi d^2}{4D^2}$である。

(2) 題意より，$2.3\times10^3\times\dfrac{\pi d^2}{4D^2}=\dfrac{1}{8000}$

$d=\dfrac{2.6\times10^{-8}}{\sqrt{2000\times2.3\times10^3\times\pi}}=6.8\times10^{-12}$ cm

98.3
金の原子核から距離r離れた箇所でのα粒子の速度をvとすると，力学的エネルギーの保存の法則から

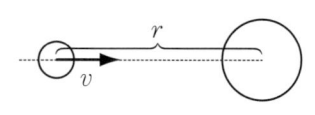

$1.6\times10^{-12}=\dfrac{1}{2}mv^2-\dfrac{(2e)\times(79e)}{4\pi\varepsilon_0 r}$

$v=0$のときα粒子は原子核の最も近づく。このときの距離をRとすると，$1.6\times10^{-12}=\dfrac{(2e)\times(79e)}{4\pi\varepsilon_0 R}$。よって，

$R=\dfrac{158\times(1.6\times10^{-19})^2}{4\times3.14\times8.8\times10^{-12}\times1.6\times10^{-12}}=2.2\times10^{-14}$ m

99.1
(1) $\dfrac{9}{5}\lambda_0=\dfrac{9}{5}\times3645.62\times10^{-8}=6562$，同様に$\dfrac{4}{3}\lambda_0=4860$，$\dfrac{25}{21}\lambda_0=4340$，$\dfrac{9}{8}\lambda_0=4101$（$\times10^{-10}$ m）。このように，可視光部に現れる4つのスペクトルを再現できた。

(2) 係数は，それぞれ$\dfrac{9}{5}=\dfrac{3^2}{5}=\dfrac{3^2}{3^2-2^2}$，$\dfrac{4}{3}=\dfrac{4^2}{12}=\dfrac{4^2}{4^2-2^2}$，$\dfrac{25}{21}=\dfrac{5^2}{21}=\dfrac{5^2}{5^2-2^2}$，$\dfrac{9}{8}=\dfrac{6^2}{32}=\dfrac{6^2}{6^2-2^2}$と変形できるから，可視光部の4つの波長$\lambda$は，

$\lambda=\dfrac{n^2}{n^2-2^2}\lambda_0$（$n=3, 4, 5, \cdots$）と表される。逆数をとって波数表現すると，

$\dfrac{1}{\lambda}=1.1\times10^7\times\left(\dfrac{1}{2^2}-\dfrac{1}{n^2}\right)$（$n=3, 4, 5, \cdots$）

ここで，$\dfrac{4}{\lambda_0}=\dfrac{4}{3645.62\times10^{-10}}\fallingdotseq1.1\times10^7$を用いた。

99.2
m番目の軌道からn番目の軌道に電子が移動する際，そのエネルギーの差（E_n-E_m）に等しい光が外部に放出されるから，$\nu\left(=\dfrac{c}{\lambda}\right)=\dfrac{E_n-E_m}{h}$（$n=m+1, m+2, \cdots$）という振動数の光になる。整理して，

$\dfrac{1}{\lambda}=\dfrac{13.6}{hc}\left(\dfrac{1}{m^2}-\dfrac{1}{n^2}\right)$（$n=m+1, m+2, \cdots$）

ここで，

$\dfrac{13.6}{hc}=\dfrac{13.6\times1.6\times10^{-19}}{6.6\times10^{-34}\times3.0\times10^8}\fallingdotseq1.1\times10^7$

はリュードベリ定数である。したがって，第3軌道以上の軌道から，第2軌道に電子が移動する際に放出される光のスペクトルがバルマー系列であり，ライマンやパッシェンもまた，第1軌道へ，第3軌道へ電子が移動する際に放出される光のスペクトルであることがわかる。

100.1
ア $m\dfrac{v^2}{r}$　イ $\dfrac{e^2}{r^2}$　ウ　量子　エ nh

オ $m\dfrac{v^2}{r}=k_0\dfrac{e^2}{r^2}$　カ $\dfrac{h^2}{4\pi^2 k_0 me^2}n^2$　キ $-k_0$

ク $-\dfrac{2\pi^2 k_0^2 me^4}{h^2}\cdot\dfrac{1}{n^2}$　ケ　量子数　コ　エネルギー準位

100.2
第n番目の軌道にある電子のエネルギーは，例題より $E_n=-\dfrac{2\pi^2 k_0^2 me^4}{h^2}\cdot\dfrac{1}{n^2}$ と表された。

$\dfrac{2\pi^2 k_0^2 me^4}{h^2}$
$=\dfrac{2\times3.14^2\times(9.0\times10^9)^2\times9.1\times10^{-31}\times(1.6\times10^{-19})^4}{(6.6\times10^{-34})^2}$
$=2.18\times10^{-18}$ J

であるから，これを〔eV〕単位で表すと，

$\dfrac{2.18\times10^{-18}}{1.6\times10^{-19}}=13.6$ より，$E_n=-13.6\dfrac{1}{n^2}$ が得られる。

電子が第n（$n\geq3$）軌道から第2軌道へ飛び移る際放出される光の波長は，ボーアの振動数条件より，

$\dfrac{1}{\lambda}=\dfrac{13.6}{hc}\left(\dfrac{1}{2^2}-\dfrac{1}{n^2}\right)$

であるから，その係数は，

$\dfrac{13.6}{hc}=\dfrac{2.18\times10^{-18}}{6.6\times10^{-34}\times3.0\times10^8}=1.1\times10^7$

これはリュードベリ定数Rである。したがって，

$\dfrac{1}{\lambda}=R\left(\dfrac{1}{2^2}-\dfrac{1}{n^2}\right)$（$n=3, 4, 5, \cdots$）

はバルマー系列を表す。

101.1
ア　1　イ　陽子　ウ　0　エ　中性子
(1) 原子番号：反応前（7＋2）→ 反応後（1＋
ともに9で等しい。

質量数：反応前（14 + 4）→ 反応後（1 + 17），とも に18で等しい。
これは，下表から，反応の前後で陽子数と中性子数の和 が保存しているからである。

	$^{14}_{7}\text{N}$	$^{4}_{2}\text{He}$	$^{1}_{1}\text{H}$	$^{17}_{8}\text{O}$
陽子数	7	2	1	8
中性子数	7	2	0	9

) 反応前の原子番号の和は 4 + 2 = 6，また質量数の は 9 + 4 = 13。求める原子核の原子番号，質量数を，それぞれ Z, A とすると，(1)から原子番号，また質量数 保存するから，
原子番号：$6 = 0 + Z$，質量数：$13 = 1 + A$
って，求める原子核の原子番号は 6，質量数は 12 で る。
の核反応は $^{9}_{4}\text{Be} + ^{4}_{2}\text{He} \rightarrow ^{1}_{0}\text{n} + ^{12}_{6}\text{C}$ となるから，求める 核は $^{12}_{6}\text{C}$ である。

1.2
) $^{63}_{29}\text{Cu}$ は，原子番号 29，質量数 63 である。陽子数，性子数を Z, N とすると，$Z = 29$, $Z + A = 63$ から，子数は 29，中性子数は 34 である。
) 同位体 $^{63}_{29}\text{Cu}$，$^{65}_{29}\text{Cu}$ の存在比を，それぞれ x, y% すると，
$+ y = 100$，$\frac{x}{100} \times 63 + \frac{y}{100} \times 65 = 63.6$
$= 70$，$y = 30$ から，$^{63}_{29}\text{Cu}$，$^{65}_{29}\text{Cu}$ の存在比は $7 : 3$ る。

2.1
ラン $^{235}_{92}\text{U}$ の原子核が，質量数 120 程度の 2 つの原子 に分裂したとすると，そのときの結合エネルギーの が原子力エネルギーとして放出される。ウラン $^{235}_{92}\text{U}$ 原子核当たりの全結合エネルギーは $7.6\,\text{MeV} \times 235$ $1786\,\text{MeV}$。また，質量数 120 程度の原子核では 8.5 eV $\times 235 = 1997.5\,\text{MeV}$ となる。
の差が求めるエネルギーであるから，1997.5 eV $- 1786\,\text{MeV} = 2.11 \times 10^2\,\text{MeV}$

2.2
質量欠損 ΔM は，$\Delta M = \{Z \times m_p + (A - Z) \times m_n - M\}$ ある。また，結合エネルギー E_B は，アインシュタイ の関係式より，
$E_B = \Delta M \times c^2 = \{Z \times m_p + (A - Z) \times m_n - M\} \times c^2$
核子当たりの結合エネルギーが小さな原子核（不安 な原子核）から，結合エネルギーの大きな原子核（安 な原子核）に変化する際，その差に等しいエネルギー 原子力エネルギーとして放出される。図から，ウラン 場合は，核分裂によって質量数の小さな原子核にな 方がより安定になる（結合エネルギーが大きくなる）。 れに対して，水素は融合することで質量数を増加させ，

結合エネルギーの大きな安定な原子核になる。

102.3
質量欠損 ΔM は，$2.0136 \times 2 - (3.0150 + 1.0087) = 0.0035\,\text{u}$
ここで，1 u 当たりのエネルギーは，
$1.66 \times 10^{-27} \times (3.00 \times 10^8)^2\,\text{J}$ より，
$$\frac{1.66 \times 9.00 \times 10^{-11}}{1.60 \times 10^{-19} \times 10^6} = 931\,\text{MeV}$$
であるから，求めるエネルギーは，
$3.5 \times 10^{-3}\,\text{u} \times 9.3 \times 10^2\,\text{MeV/u} = 3.3\,\text{MeV}$

103.1
(1) (232，235，または 238) $= 210 + 4m$ より，$^{238}_{92}\text{U}$ が $^{210}_{84}\text{Po}$ の祖先の原子核。
(2) 半減期だけ経過すると，元の半分が他の原子核に変わる。したがって，$1\,\text{g} \times (0.5 \times 0.5) = 0.25\,\text{g}$
(3) 4.5×10^9 年は $^{238}_{92}\text{U}$ の半減期と同じで，$^{235}_{92}\text{U}$ の半減期の 6 倍である。現在の存在量を N, N'，4.5×10^9 年前の存在量を N_0, N_0' とすると，$N_0 = 2N$，$N_0' = 64N'$ となる。したがって，
$N_0 : N_0' = 2N : 64N' = N : 32N' = 1 \times 140 : 32 \times 1 = 35 : 8$

103.2
(1) 放射性元素が半分になる時間が半減期であるから，グラフより 6 日。
(2) 24 日後には，$N = N_0 \times \left(\frac{1}{2}\right)^{\frac{24}{6}} = N_0 \times \left(\frac{1}{16}\right)$ より，16 分の 1。また $128 = 2^7$ であるから，$\left(\frac{1}{2}\right)^{\frac{t}{6}} = \left(\frac{1}{2}\right)^7$ より，求める日数は 42 日後。

103.3
はじめ同数であった 2 つの原子核が，$^{14}_{6}\text{C}$ のみが崩壊し その数がもとの $\frac{1}{3}$ になった。したがって，
$\left(\frac{1}{3}\right) N_0 = N_0 \times \left(\frac{1}{2}\right)^{\frac{t}{5.7 \times 10^3}}$ から，$\left(\frac{1}{3}\right) = \left(\frac{1}{2}\right)^{\frac{t}{5.7 \times 10^3}}$
両辺の対数をとって，
$\log 3 = \frac{t}{5.7 \times 10^3} \log 2$，$t = 5.7 \times 10^3 \times \frac{0.48}{0.30}$
よって，$t = 9.1 \times 10^3$ 年前。

104.1
(1) $^{235}_{92}\text{U} + ^{1}_{0}\text{n} \rightarrow ^{141}_{56}\text{Ba} + ^{92}_{36}\text{Kr} + 3\,^{1}_{0}\text{n}$
(2) $(140.9139 + 91.8973 + 3 \times 1.0087) - (235.0439 + 1.0087)$
$= 0.2153\,\text{u}$
したがって，$0.2153 \times 1.66 \times 10^{-27} = 3.57 \times 10^{-28}\,\text{kg}$
(3) $E = mc^2$ から，
$3.57 \times 10^{-28} \times (3.00 \times 10^8)^2 = 3.22 \times 10^{-11}\,\text{J}$
$3.22 \times 10^{-11} \div (1.60 \times 10^{-19}) \div 10^6 = $ 約 $200\,\text{MeV}$

104.2

1個の $^{235}_{92}$U の核分裂で 200MeV のエネルギーが発生する。200 MeV $= 3.22 \times 10^{-11}$J $= 0.766 \times 10^{-11}$cal であるから，2×10^{13} cal のエネルギーでは $\dfrac{2 \times 10^{13}}{0.766 \times 10^{-11}} = 2.6 \times 10^{24}$ 個の原子核が分裂したことになる。よって，

$$2.6 \times 10^{24} \times 235 \times 1.66 \times 10^{-27} = 1.0 \times 10^3 \text{ g} = 1 \text{ kg}$$

104.3

(1) $2\,^1_1\text{H} + 2\,^1_0\text{n} \to\, ^4_2\text{He}$

(2) $2 \times (1.0073 + 1.0087) - 4.0026 = 0.0294$ u
$= 4.88 \times 10^{-29}$ kg

(3) ^4_2He には 4 個の核子が存在するから，

$$\dfrac{4.88 \times 10^{-29} \times (3.00 \times 10^8)^2}{4} = 1.10 \times 10^{-12}\text{J}，これは，\text{MeV}$$

単位では，$\dfrac{1.10 \times 10^{-12}}{1.60 \times 10^{-19} \times 10^6} = 6.88$ MeV

105.1

この反応は，陽子(電荷 +1，バリオン数 +1)が，陽電子(電荷 +1，バリオン数 0) とガンマ線（光）に崩壊する反応だが，電荷だけに着目するなら，反応の前後でともに +1（電気素量単位）と保存している。しかし，バリオン数は保存されておらず，したがって，この種の崩壊反応は起こらない。また，電子に関するレプトン数についても，陽子は 0，陽電子は −1 と保存していない。

このような反応がなぜ実際にはおこらないのか。それを説明するために経験的に導入されたのが，バリオン数やレプトン数の保存である。

105.2

(1) 電荷保存は反応の前後でともに 0 と保存されている。しかし電子，また μ 粒子に関するレプトン数を見ると，

電子に関するレプトン数 $(0 \to +1)$，
μ 粒子に関するレプトン数 $(0 \to -1)$

このように保存していない。

同様に，(2)，(5)は電荷が保存していない。(3)，(4)はバリオン数が保存していない。

105.3

ニュートリノは電荷を持っていないので，電荷保存については(1)〜(6)の反応は成り立っている。したがって，電子に関するレプトン数，また μ 粒子に関するレプトン数，それぞれについて保存するような電子ニュートリノ (ν_e, $\bar{\nu}_e$)，また μ 粒子ニュートリノ (ν_μ, $\bar{\nu}_\mu$) を選ぶ。

(1) 右辺の μ 粒子に関するレプトン数は −1 だから，右辺には −1 である $\bar{\nu}_\mu$ が入る。

(2) 左辺の μ 粒子に関するレプトン数は 0 だから，右辺には μ^- (+1) とは逆の $\bar{\nu}_\mu$ が入る。

(3) 左辺の μ 粒子に関するレプトン数は 0 だから，右辺には μ^+ (−1) とは逆の ν_μ が入る。

(4) 右辺の電子に関するレプトン数は −1 だから，右辺には −1 である $\bar{\nu}_e$ が入る。

(5) 右辺の電子に関するレプトン数は +1 だから，右辺には +1 である ν_e が入る。

(6) 両辺で電子に関するレプトン数は 0，また μ 粒子に関するレプトン数は +1 にならなければならないから，$\bar{\nu}_e$（電子とは逆のレプトン数），および ν_μ（μ 粒子と同じレプトン数）が入る。

106.1

電荷については，u（アップ）が $+\dfrac{2}{3}e$，d（ダウン）が $-\dfrac{1}{3}e$，s（ストレンジ）が $-\dfrac{1}{3}e$ であるから，

① は $+\dfrac{2}{3}e + \dfrac{2}{3}e - \dfrac{1}{3}e = e$ 　② は $+\dfrac{2}{3}e + \dfrac{1}{3}e = e$

③ は $-\dfrac{1}{3}e - \dfrac{1}{3}e + \dfrac{2}{3}e = 0$ 　④ は $-\dfrac{1}{3}e - \dfrac{2}{3}e = -e$

⑤ は $-\dfrac{2}{3}e - \dfrac{2}{3}e + \dfrac{1}{3}e = -e$

これらのクォークから構成されている粒子は，① (uud)，② K中間子 K^+ ($u\bar{s}$)，③ 中性子 (ddu)，④ 中間子の反粒子 π^- ($d\bar{u}$)，⑤ 陽子の反粒子 ($\bar{u}\bar{u}\bar{d}$) である。このように，中間子はクォークと反クォークの複合（したがってバリオン数は 0 となる），またバリオンはクォーク 3 個の複合粒子である。

106.2

電荷に関しては，u（アップ）が $+\dfrac{2}{3}e$，d（ダウン）が $-\dfrac{1}{3}e$ で，バリオン数については，ともに $\dfrac{1}{3}$ である。したがって，

陽子（電荷 $+e$，バリオン数 $+1$）
$= \left(+\dfrac{2}{3}e + \dfrac{2}{3}e - \dfrac{1}{3}e = e,\ \dfrac{1}{3} + \dfrac{1}{3} + \dfrac{1}{3} = 1 \right)$

中性子（電荷 0，バリオン数 +1）
$= \left(-\dfrac{1}{3}e - \dfrac{1}{3}e + \dfrac{2}{3}e = 0,\ \dfrac{1}{3} + \dfrac{1}{3} + \dfrac{1}{3} = 1 \right)$

106.3

$p + \pi^- \to n$ をクォークモデルを用いて表すと，

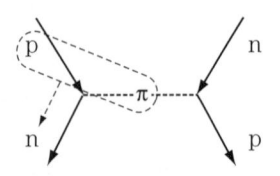

$\underbrace{\text{uud}}_{} + \underbrace{\text{d}\bar{\text{u}}}_{} \to \text{ddu}$
$u\bar{u}$ が対消滅

反応の前後で（1 アップ，2 ダウン）と全体のクォークの種類は変わらない。

) ⓓū + ⓤud → ⓓs̄ + ⓤds

ū の対消滅, ss̄ の対発生が生じた。反応の前後で(1 アッ
プ, 2 ダウン)と全体のクォークの種類は変わらない。

) ⓤd̄ + ⓤud → ⓤs̄ + ⓤus

d̄ の対消滅, ss̄ の対発生が生じた。反応の前後で(3 アッ
プ)と全体のクォークの種類は変わらない。

7.1

電気力を表すクーロンの法則も,また重力を表す万有引
力の法則も,式としては同じ形をしている。

$F = k\dfrac{Q \times q}{r^2}$ （クーロンの法則）

$F = G\dfrac{M \times m}{r^2}$ （万有引力の法則）

両者の違いは,①「比例定数 k, G の大きさ」と,②「負
電荷の存在（質量には負質量は存在しない）」である。
まず,①については,単位距離当たり,単位電荷,また
単位質量にはたらく力の大きさには 10^{40} 倍もの差があ
り,電気力が存在する下では重力の大きさはほとんど無
視できるといってもよい。原子の構造（原子核と核外電
子との結合）や原子同士の結合（イオン結合など）は,
この電気力が支配的である。しかし,②のように,電荷
には正・負の2種類がほぼ同量に存在しており,例えば,
原子の構造を決めるには原子核（正の電荷）と電子（負
電荷）による電気力は無視できないが,原子全体として
中性である場合,この電気力ははたらかないことになる。
宇宙のスケールでは,負質量の存在しない重力が最後ま
で生き残り,

　恒星系 → 銀河 → 銀河団 → 銀河 → 宇宙　（大）

という構造（階層構造）を形成している。
もし,正電荷と負電荷が同量に存在しなければ,宇宙的
スケールでも,重力に比べ, 10^{40} 倍もの大きさを持つ
電気力が支配的になり,恒星系の大きさも,したがって
宇宙の規模も,現在とは随分と違ったものになっていた
ことが予想される。

7.2

確かに強い力はクォーク同士を結びつけて陽子や中性子
などのハドロンを作り,またクォークと反クォークから
中間子を作っている。しかし,この強い力は素粒子の内
部でしかはたらかず,事実,陽子や中性子を結びつけて
いる核力は強い力そのものではなく,これらから導ける,
いわば二次的な力である。同様に,化学的な結合力（イ
オン結合や共有結合など）,また分子間力も,原子核と
核外電子を結びつけている電気力そのものではなく,二
次的,三次的な力だと言える。

クォーク間　原子核を構　分子を構成す　分子間に働
の結合　→成する力　→る力　→く力……
（強い力）　（核力）　（化学的結合力）　（分子間力）

このように,各階層ではたらく力も,基本的な力を基礎
としながらも,より複雑な二次,三次……と階層構造を
なしているのである。さらにまた,人体で生じる様々な
現象には,物理的,また化学的な法則では律しきれない
生物特有の性質や法則性が関わっている。クォーク間で
はたらく強い力ですべてが分かるという主張は,これら
階層独自の特徴を無視した考え方であり,正しいとはい
えない。

6章　物理学基礎の発展的内容　解　答

108.1

等速円運動なので, r は一定である。よって,

$$v_x = \frac{d}{dt}(r\cos\theta) = \frac{dr}{dt}\cos\theta + r\frac{d\cos\theta}{dt} = 0 + r\frac{d\cos\theta}{dt}(-\sin\theta)$$
$$= -r\dot{\theta}\sin\theta$$

であり, 同様に,

$$v_y = \frac{d}{dt}(r\sin\theta) = \frac{dr}{dt}\sin\theta + r\frac{d\sin\theta}{dt} = 0 + r\frac{d\theta}{dt}(\cos\theta)$$
$$= r\dot{\theta}\cos\theta$$

となる。

ここで, $\frac{d\theta}{dt} = \dot{\theta} = \omega$ （角速度, 一定）とすると, $v_x = -r\omega\sin\theta$, $v_y = r\omega\cos\theta$ である。このとき,

$$v = \sqrt{v_x^2 + v_y^2} = \sqrt{(-r\omega\sin\theta)^2 + (r\omega\cos\theta)^2} = r\omega$$

であることがわかる。また, その向きは,

$$v_x = -r\omega\sin\theta = r\omega\cos\left(\theta + \frac{\pi}{2}\right)$$
$$v_y = r\omega\cos\theta = r\omega\sin\left(\theta + \frac{\pi}{2}\right)$$

であるから, それぞれの向きが位置ベクトルから 90 度傾いていることがわかる。また,

$$a_x = \frac{d}{dt}(-r\omega\sin\theta) = \frac{d(-r\omega)}{dt}\sin\theta - r\omega\frac{d\sin\theta}{dt}$$
$$= 0 - r\omega\frac{d\theta}{dt}(\cos\theta) = -r\omega^2\cos\theta$$

であり, 同様に,

$$a_y = \frac{d}{dt}(r\omega\cos\theta) = \frac{d(r\omega)}{dt}\cos\theta + r\omega\frac{d\cos\theta}{dt}$$
$$= 0 + r\omega\frac{d\theta}{dt}(-\sin\theta) = -r\omega^2\sin\theta$$

となる。このとき,

$$a = \sqrt{a_x^2 + a_y^2} = \sqrt{(-r\omega^2\cos\theta)^2 + (-r\omega^2\sin\theta)^2} = r\omega^2$$

である。

108.2

$$v = \frac{d}{dt}\{A\sin(\omega t)\} = A\omega\cos(\omega t)$$

である。また, 加速度は,

$$a = \frac{dv}{dt}$$
$$= \frac{d}{dt}\{A\omega\cos(\omega t)\}$$
$$= -A\omega^2\sin(\omega t)$$

である。
それぞれを表したのが, 右図である。

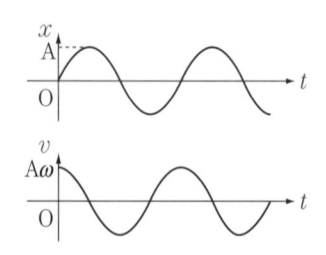

109.1

$mg - kv = m\dfrac{dv}{dt}$ を解けばよい。

この式は, v についての微分方程式だから,

$$m\frac{dv}{dt} = mg - kv, \quad \frac{dv}{dt} = g - \frac{k}{m}v$$

よって, $\dfrac{1}{g - \frac{k}{m}v}\dfrac{dv}{dt} = 1$, $\displaystyle\int\frac{1}{g - \frac{k}{m}v}dv = \int dt$,

$$-\frac{m}{k}\log\left(g - \frac{k}{m}v\right) = t + C \quad (C：積分定数)$$

これは, $g - \dfrac{k}{m}v = A\exp\left(-\dfrac{k}{m}t\right)$ となり,

$$\left\{A = \exp\left(-\frac{k}{m}C\right)：積分定数\right\}$$

$$v = -\frac{m}{k}\left\{-g + A\exp\left(-\frac{k}{m}t\right)\right\} = \frac{mg}{k}\left\{1 - A'\exp\left(-\frac{k}{m}t\right)\right\}$$

となる $\left(A' = \dfrac{A}{g}：積分定数\right)$。ここで, 初期条件は $t=$ とき $v=0$ だから, $A'=1$ である。よって,

$$v = \frac{mg}{k}\left\{1 - \exp\left(-\frac{k}{m}t\right)\right\}$$ が雨粒の鉛直方向の速度

る。ここで, t が十分大きければ, $\exp\left(-\dfrac{k}{m}t\right) \to 0$

り, $v = \dfrac{mg}{k} = \text{const.}$ となる。この速度を終端速度

んでいる。

109.2

鉛直下向きを正とする。平衡点でのばねのの L とすると, $kL - mg = 0$ である。おもりが, 衡点から x だけ下にあるとき, おもりにはた 力は $f = mg - k(L+x) = -kx$ である。運動方程

$-kx = m\dfrac{d^2x}{dt^2}$ となる。ω を $\omega = \sqrt{\dfrac{k}{m}}$ とし, A と 分定数として, 運動方程式を解くと, $x = A\cos(\omega t$ という解を得ることができる。（他の解とし $x = B\sin(\omega t + \beta)$ や $x = A\cos(\omega t) + B\sin(\omega t)$ を考え 良い。）はじめ平衡点より x_0 だけ伸ばしてから手 かに離したとすると, 初期条件は, $t=0$ のとき, x_0, $v = \dfrac{dx}{dt} = 0$ となる。これらの条件を代入して積 数を決める。$v = -A\omega\sin(\omega \times 0 + \alpha) = -A\omega\sin(\alpha) =$ あり, $A\omega \neq 0$ であるから $\sin(\alpha) = 0$, つまり α 得られる。また, $x = A\cos(\omega \times 0) = A = x_0$ より, 解 $x = x_0\cos(\omega t)$ となる。

110.1

おもりが重くなると動きにくくなるので、おもりが1往復するのに時間がかかることが予想される。したがって周期は長くなるので、質量が大きいときには周期も長くなる。また、ばね定数が大きくなるとばねが元に戻ろうとする力が強くなるので、おもりはすばやくつりあいの位置に戻っていくであろう。つまり1往復するのに短時間ですむことが予想される。したがって周期は短くなるので、ばね定数が大きいと周期は短くなる。

110.2

(1) 一般解の式 $x(t)=A_1\sin\omega t+A_2\cos\omega t$ において、与えられた初期条件を入れると、$A_2=0$, $A_1\omega=v_0$ となる。

これより、求める解は、$x(t)=\dfrac{v_0}{\omega}\sin\omega t$ となる。

(2) $T=2\pi\sqrt{\dfrac{m}{k}}$, $\omega=\sqrt{\dfrac{k}{m}}$ を用いると、

$x(t)=\dfrac{v_0}{\omega}\sin\left(\omega\dfrac{T}{4}\right)=\dfrac{v_0}{\omega}\sin\left(\sqrt{\dfrac{k}{m}}\cdot\dfrac{2\pi}{4}\sqrt{\dfrac{m}{k}}\right)$ より、

$x(t)=\dfrac{v_0}{\omega}$ を得る。$\dfrac{1}{4}$ 周期進んだ位置とは、右端の位置であり、まさに振幅に相当する長さ分、進んだ位置である。また、ここは折り返し点なので速さは0になることが予想される。実際、$v=\dfrac{dx}{dt}=v_0\cos\omega t$ に、$t=\dfrac{T}{4}$, $\omega=\sqrt{\dfrac{k}{m}}$ を入れてみると、確かに $v=0$ が得られる。

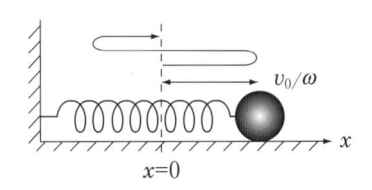

111

おもりに作用する力は、重力 mg とばねの弾性力 kx の2つである。接線方向、および半径方向の運動方程式は、それぞれ、

$m\dfrac{d^2s}{dt^2}=-mg\sin\theta$ ……(1)

$m\dfrac{d^2x}{dt^2}=mg\cos\theta-kx$ ……(2)

である。ここで、s はおもりが描く弧の長さである。次の近似:$\sin\theta\fallingdotseq\theta$, および $s=(L+x)\theta\fallingdotseq L\theta$ を用いると、(1)式は、

$mL\dfrac{d^2\theta}{dt^2}=-mg\theta$ ……(1)′

と書き直せる。(1)′式は単振動の式であるから、その一般解は、$\theta=a\cos\left(\sqrt{\dfrac{g}{L}}t+\alpha\right)$ となるのは明らかである。ここで、振幅 a、初期位相 α は初期条件から決まる積分定数である。

また(2)式において、$X=x-\dfrac{mg}{k}\cos\theta$ とおくと、

$x=X+\dfrac{mg}{k}\cos\theta\fallingdotseq X+\dfrac{mg}{k}$ より、次のように書き直せる。

$m\dfrac{d^2X}{dt^2}=-kX$ ……(2)′

これも単振動の式だから、その一般解は、

$X=b\cos\left(\sqrt{\dfrac{k}{m}}t+\beta\right)$ となるのは明らかである。したがって、

$x=\dfrac{mg}{k}\cos\theta+b\cos\left(\sqrt{\dfrac{k}{m}}t+\beta\right)\fallingdotseq\dfrac{mg}{k}+b\cos\left(\sqrt{\dfrac{k}{m}}t+\beta\right)$

となる。ここで、振幅 b、初期位相 β は初期条件から決める積分定数である。

この単振り子は、半径方向に上下振動をしながら、θ について往復運動を行なっている。

112.1

(1) 例題112と同様に、$x=e^{pt}$ とおいて、p.223の(1)式に代入し、$p^2e^{pt}+2\gamma pe^{pt}+\omega_0^2e^{pt}=0$ を得てから $p^2+2\gamma p+\omega_0^2=0$ を得るところまでは同じである。この2次方程式は2つの実数解:$-p_1\equiv-\gamma+\omega_2\equiv-\gamma+\sqrt{\gamma^2-\omega_0^2}$、および $-p_2\equiv-\gamma-\omega_2\equiv-\gamma-\sqrt{\gamma^2-\omega_0^2}$ を持つ。よって、$x=\exp(-p_1t)$ および $x=\exp(-p_2t)$ がニュートンの運動方程式(2)式の2つの解となる(ここで、$p_2>p_1>0$ であることに注意)。一般解は、A および B を積分定数として、$x=A\exp(-p_1t)+B\exp(-p_2t)$ となる。この場合は非周期的な振動となり、十分長い時間が経過すると($t\to\infty$)、$\exp(-p_1t)\to0$, $\exp(-p_2t)\to0$ となるので、おもりは静止する。この運動を**過減衰**という。

(2) 摩擦力の強さがちょうど $\gamma=\omega_0$ を満たす場合には、2次方程式 $p^2+2\gamma p+\omega_0^2=0$ の解は $p=-\gamma$ の2重解となる。よって、(2)式の2つの解のうちの1つは、$x=\exp(-\gamma t)$ である。もう一つの解は、$x=t\exp(-\gamma t)$ である(実際、これが(2)式の解になっていることは(2)式に代入すればわかる)。したがって、(2)式の一般解は両者の線形結合であるので、$x=(A+Bt)\exp(-\gamma t)$ となる。ここで、A および B は積分定数。この場合も十分長い時間が経つと $x\to0$ となり減衰することがわかる。この運動を**臨界減衰**(または**臨界制動**)という。

112.2

$x=A\exp(-p_1t)+B\exp(-p_2t)$ で、$t=0$ のとき $x=x_0$ より $x_0=A+B$。$\dfrac{dx}{dt}=v_0$ より $v_0=-(Ap_1+Bp_2)$。この2式から、

$x=\left(\dfrac{p_2x_0+v_0}{p_2-p_1}\right)\exp(-p_1t)-\left(\dfrac{p_1x_0+v_0}{p_2-p_1}\right)\exp(-p_2t)$ となる。$x=0$ となるとすれば、$\exp\{-(p_2-p_1)t\}=\dfrac{p_2x_0+v_0}{p_1x_0+v_0}$

のときである。$p_2>p_1>0$ であることに注意すると、左

281

辺は単調減少関数でいつでも≦1である。もし $v_0 \geq 0$ なら右辺>1となってしまい，左辺と等しくなりようがない。もし $v_0<0$ ならその絶対値によっては右辺<1となり，左辺と等しくなる可能性がある。これは，$v_0<0$ なら左に向かっておもりを投げ出すことに相当し，そのときは $x=0$ の位置を行き過ぎる可能性が生じるからである。

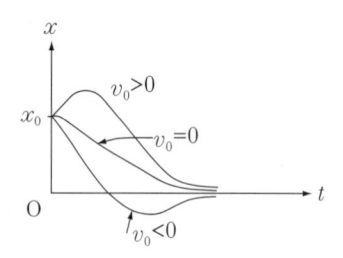

113

(1) $t=0$ のとき，$x=0$ だから，$\left(\dfrac{\omega_0^2}{\omega_0^2-\omega^2}\right)A_0 + A\cos\delta = 0$。

また，$t=0$ のとき，$v=\dfrac{dx}{dt}=0$ だから，$-A\omega_0\sin\delta=0$。

まず後者より，$A\neq 0$，$\omega_0\neq 0$ なので $\delta=0$ となる。これを用いると，$A=-\left(\dfrac{\omega_0^2}{\omega_0^2-\omega^2}\right)A_0$ と決まり，(4)式は，

$$x(t)=\left(\dfrac{\omega_0^2}{\omega_0^2-\omega^2}\right)A_0(\cos\omega t - \cos\omega_0 t)$$

となる。

(2) (1)で得られた結果：

$$x(t)=\left(\dfrac{\omega_0^2}{\omega_0^2-\omega^2}\right)A_0(\cos\omega t - \cos\omega_0 t)$$ が，$\omega\to\omega_0$ の極限でどうなるかを調べればよい。

$$\lim_{\omega\to\omega_0}\left\{\left(\dfrac{\omega_0^2 A_0}{\omega_0^2-\omega^2}\right)(\cos\omega t-\cos\omega_0 t)\right\}$$

$$=\lim_{\omega\to\omega_0}\left\{\left(\dfrac{\omega_0^2 A_0}{\omega_0+\omega}\right)\left(\dfrac{\cos\omega t-\cos\omega_0 t}{\omega_0-\omega}\right)\right\}$$

$$=-\lim_{\omega\to\omega_0}\left\{\left(\dfrac{\omega_0^2 A_0 t}{\omega_0+\omega}\right)\left(\dfrac{\cos\omega t-\cos\omega_0 t}{\omega t-\omega_0 t}\right)\right\}$$

$$=-\left(\dfrac{\omega_0^2 A_0 t}{2\omega_0}\right)\lim_{\omega t\to\omega_0 t}\left(\dfrac{\cos\omega t-\cos\omega_0 t}{\omega t-\omega_0 t}\right)$$

である。ここで，最後の式の $\lim_{\omega t\to\omega_0 t}\left(\dfrac{\cos\omega t-\cos\omega_0 t}{\omega t-\omega_0 t}\right)$ とは，$\theta=\theta_0$ での $\dfrac{d(\cos\theta)}{d\theta}$ の値のことである（ただし $\theta=\omega t$，$\theta_0=\omega_0 t$ 微分の定義 $\left(\dfrac{df(x)}{dx}\equiv\lim_{\Delta x\to 0}\dfrac{f(x+\Delta x)-f(x)}{\Delta x}\right)$ を思い出そう）。したがって，この部分は $-\sin\omega_0 t$ となるので，$\omega\to\omega_0$ の極限では，$x(t)=\left(\dfrac{\omega_0 A_0 t}{2}\right)\sin\omega_0 t$ となる。振幅は時間に比例して増大してゆくことがわかる。この現象を**共振**（共鳴）という。

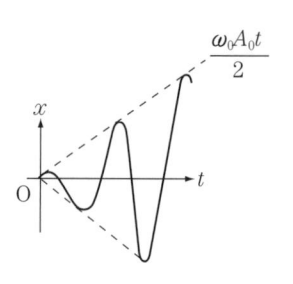

114.1

力学的な力 $\boldsymbol{F}$ を打ち消すために逆向きの外力 $-\boldsymbol{F}$ を体に加える。$\boldsymbol{F}$ が保存力でないとすると，始点Aから終点Bへ移動する際，物体に加えなければならないネルギーが経路によって異なることになる。すると，えなければならないエネルギーが最大 $E_{\max}$，最小となる経路が必ず存在するはずだから，それをそれれ経路K，K′とする。そこで，経路K′を通ってBへ行き，経路Kを通ってA点に戻ってくることを考え経路K′を通ると最小エネルギー $E_{\min}$ を物体に加えとになるが，経路Kを通って戻ってくると最大エギー $E_{\max}$ を物体が放出してくれることになる。つま空間の中をA点からB点に行き，またA点に戻ったというだけで，空間からエネルギーの差 $\Delta E=E_{\max}-E_{\min}>0$ を取り出すことができることになってしま空間の中を一回りしてきたというだけで空間からエギーを取り出せるというのは不合理である。したが経路によって物体に加えるエネルギーが異なることい。つまり，力は保存力である。

114.2

図のように，質量 M の物体の位置を原点Oとする。質量 m のもう1つの物体が距離 r' にあるとする。質量 m の物体に作用する万有引 $-\dfrac{GMm}{r'^2}$ である。逆向きの外力 $\dfrac{GMm}{r'^2}$ によって質量 m 物体を微小距離 dr' だけ移動させたとすると，外力なった仕事は，$\dfrac{GMm}{r'^2}dr'$ である。基準点を無限遠にとり，∞から距離 r のところまで運んだとすると，の外力の全仕事量は，

$$\int_\infty^r \dfrac{GMm}{r'^2}dr' = GMm\left[-\dfrac{1}{r'}\right]_\infty^r = -\dfrac{GMm}{r}$$

となる。これが，質量 m の物体に蓄えられた潜在的能つまりポテンシャル・エネルギーである。［基準点限遠（∞）にとる理由は次の通りである。2物体間離が無限大になると，事実上力ははたらいていないるいは無限小の力となってしまい，引力か斥力かのはできない。つまり，引力でも斥力でも同じエネル

値を与えるはずである。そこを0とすると都合がよいか
らである。]

5.1

p. 229 の(1)式より，力のモーメントは $N = r \times F$ で
ある。ここで，$r = \overrightarrow{BA}$，$F = qE$。したがって，N の大き
さを求めると，$N = LF\sin\theta = LqE\sin\theta$ となる。

$N = 1 \times 10^{-2} \times 1.60 \times 10^{-19} \times 10^2 \times \sin 30°$
$= 8.0 \times 10^{-20}$ J

5.2

剛体中に固定点 Q をとる。Q は F_1 の作用線と F_2
の作用線の間にとる。2つの力は Q の周りに剛体を反
時計まわりに回そうとするので，Q の周りの力のモー
メントは，

$+ aF_1 + bF_2 = (a+b)F = cF$

となる。Q の位置が F_1 の作用線と F_2 の作用線の間では
ない場合でも，同様に証明ができる。

M と H のなす角は θ である。N極(磁荷 $+m$)，S極(磁
荷 $-m$)が磁場から受ける力は $F = \pm mH$ で，ともに反
時計回りの回転を生じる。したがって，偶力のモーメン
トの大きさは，(1)の結果を用いて，

$N = F(L\sin\theta) = mHL\sin\theta = MH\sin\theta$

である。ベクトルの形で書けば，

$N = M \times H$

となる。

6.1

A端では，棒は壁から垂直抗力 R を受ける。B端では，
棒は床から垂直抗力 N_1，摩擦力 N_2 を受ける。また棒の
重心には，重力 mg が作用する。棒は静止しているので，
水平方向，垂直方向の力はつりあっている。したがって，

$R = N_2$, $N_1 = mg$

また，B端の周りの力のモーメントは0になるはずだか
ら，

$L \cdot R\sin\theta = \dfrac{L}{2} \cdot mg\cos\theta$

これらの式より，

$R = N_2 = \dfrac{mg}{2}\cot\theta$ ……(1) $N_1 = mg$

$\theta = 90°$ のときは，棒が床に対して垂直に立つわけだから，
R や N_2 はなくなり，N_1 だけが mg とつりあって残ると
予想できる。実際，(1)式で $\theta = 90°$ のときは，$R = N_2 = 0$
となっている。

6.2

棒の左端を原点とし，棒に沿って x 軸をとる。位置 x_i
にある微小部分 dx_i が質量 ρdx_i (ρ は線密度)を持って
いるとすると，p. 231 の(1)式より，

$x_G = \dfrac{1}{M}\sum_{i=1}^{\infty} x_i(\rho dx_i) = \dfrac{1}{M}\int_0^L x\rho\, dx$

となる。ここで，上式の積分を計算し，線密度の定義式
$\rho = \dfrac{M}{L}$ を用いると，

$x_G = \dfrac{\rho}{M}\left[\dfrac{x^2}{2}\right]_0^L = \dfrac{\rho L^2}{2M} = \dfrac{M}{L} \times \dfrac{L^2}{2M} = \dfrac{L}{2}$

となり，確かに棒の幾何学的中心(棒の中心)と一致し
ていることがわかる。

117.1

この小物体が半径 R，角速度 ω で等速円運動している
ときの角運動量 L は $L = mR^2\omega$ である。小物体に作用する
ひもの張力 F は，小物体から円運動の中心に向かう力
であるので，F による力のモーメントは0である。した
がって角運動量は保存されるので，

$mR^2\omega = mR_0^2\omega_0$

が成り立つ。これより，

$\omega_0 = \left(\dfrac{R}{R_0}\right)^2 \omega$ ……(1)

となる。また，$\omega_0 > \omega$，つまり角速度は増加することに
注意しよう。続いて，v_0 は，

$v_0 = R_0\omega_0 = \left(\dfrac{R^2}{R_0}\right)\omega$

であり，半径が小さいほど速く回転する。

117.2

半径 R，角速度 ω で，また半径 R_0，角速度 ω_0 で等速円
運動しているときの小物体の運動エネルギーはそれぞれ

$E = \dfrac{1}{2}m(R\omega)^2$, $E_0 = \dfrac{1}{2}m(R_0\omega_0)^2$

である。問題 117.1 の(1)式の $R_0^2 = R^2\left(\dfrac{\omega}{\omega_0}\right)$ を用いると，
エネルギーの増加量 ΔE は，

$\Delta E \equiv E_0 - E = \dfrac{1}{2}m\left(R_0^2\omega_0^2 - R^2\omega^2\right) = \dfrac{1}{2}mR^2\omega(\omega_0 - \omega)$

これが求める仕事量である。($\Delta E > 0$，つまりエネルギー
を加えたことにより，小物体の運動エネルギーが増した
ことがわかる。)

118.1

固定軸に関する重力のモーメントは，$-Mgh\sin\theta$ である。
ここで，θ は鉛直線から反時計回りに測った OG の角度
である。(重力のモーメントに負号が付く理由は，θ の
増加する向きとは逆向きの回転が生じるからである。つ
まり，$\theta > 0$ なら時計回りの回転(負)が生じ，$\theta < 0$ なら
反時計回りの回転(正)が生じる。)回転運動の運動方
程式は，

$I\dfrac{d^2\theta}{dt^2} = -Mgh\sin\theta$

となる。上式で $\dfrac{1}{L} = \dfrac{Mh}{I}$ とおくと，$\dfrac{d^2\theta}{dt^2} = -\dfrac{g}{L}\sin\theta$ となり，

—— 283 ——

単振り子の方程式とまったく同じになる（p. 221の(2)式を参照）。よって周期は、p. 221の(3)式を利用して、

$$T = 2\pi\sqrt{\frac{L}{g}} = 2\pi\sqrt{\frac{I}{Mgh}}$$

となる。

118.2

この棒の線密度を $\rho = \dfrac{M}{L}$ とする。A端から距離 x にある微小部分に作用する摩擦力は $dF = \mu'\rho g(dx)$ である。A端からこの微小部分に向かうベクトルと dF は直交しているので、この力のモーメントは $-xdF = -x\mu'\rho g(dx) = -\left(\dfrac{\mu'Mg}{L}\right)xdx$ である。よって、回転運動の運動方程式は、

$$I\frac{d\omega}{dt} = -\int xdF = -\frac{\mu'Mg}{L}\int_0^L xdx = -\frac{\mu'MgL}{2}$$

与えられた I の値を用いると、$\dfrac{d\omega}{dt} = -\dfrac{3\mu'g}{2L}$ である。初期条件 $t=0$ のとき $\omega = \omega_0$ のもとで解くと、$\omega = \omega_0 - \dfrac{3\mu'g}{2L}t$ となる。したがって、かかる時間は、$t = \dfrac{2L\omega_0}{3\mu'g}$ である。

119.1

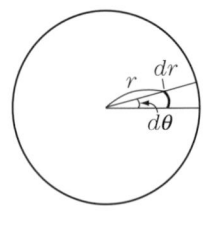

この円板の中心から距離 r の位置にある微小部分の面積は、$\rho r dr d\theta$ である（右図参照）。この円板の面密度を ρ とすれば、この微小部分の質量は $\rho r dr d\theta$ である。この微小部分の回転の運動エネルギーは、

$$dK = \frac{1}{2}(\rho r dr d\theta)(r\omega)^2 = \frac{1}{2}\rho r^3 \omega^2 dr d\theta$$

となる。したがって、円板全体の回転の運動エネルギーは、

$$K = \int_0^R\int_0^{2\pi}\frac{1}{2}\rho r^3\omega^2 dr d\theta = \frac{1}{2}\rho\omega^2\cdot 2\pi\int_0^R r^3 dr = \frac{\pi}{4}\rho\omega^2 R^4$$

ところで、ρ とは $\rho = \dfrac{M}{\pi R^2}$ であるから、

$$K = \frac{1}{4}MR^2\omega^2$$

となる。（この式と p. 237 の表中の $\dfrac{1}{2}I\omega^2$ とを比べると、慣性モーメントは $I = \dfrac{1}{2}MR^2$ であることがわかる。）

119.2

円柱の回転の運動エネルギー、小物体の運動エネルギーは、それぞれ $\dfrac{1}{2}I\omega^2$、$\dfrac{1}{2}mv^2 = \dfrac{1}{2}m(r\omega)^2 = \dfrac{1}{2}mr^2\omega^2$ である。また小物体が高さ h だけ上昇したとすると、増加した位置エネルギーは mgh である。力学的エネルギー保存の法則より、

$$\frac{1}{2}I\omega^2 + \frac{1}{2}mr^2\omega^2 = mgh$$

が成り立つ。$I = \dfrac{1}{2}Mr^2$ を用いて、上式より、

$$h = \frac{(M+2m)r^2\omega^2}{4mg}$$

となる。

120.1

平板上の任意の点 (x, y) にある微小部分を考える。の微小部分の面積は $dxdy$ であるので、平板の面密度を ρ とすれば、この微小部分の質量は $\rho dxdy$ である。また、この微小部分から x 軸、y 軸までの距離はそれぞれ y, x である。よって、この微小部分の慣性モーメントは x 軸の周り、y 軸の周りに関してそれぞれ $\Delta I_x = y^2\rho dxdy$、$\Delta I_y = x^2\rho dxdy$ となる。平板全体で分をすれば、x 軸、y 軸の周りに関する慣性モーメントを求めることができて、それぞれ、

$$I_x = \iint \rho y^2 dxdy, \quad I_y = \iint \rho x^2 dxdy$$

となる。両者を足し合わせると、

$$I_x + I_y = \iint \rho(x^2+y^2)dxdy = \iint \rho r^2 dxdy$$

となる。ただし、$r^2 = x^2 + y^2$ である。最後の式はほかならない。

120.2

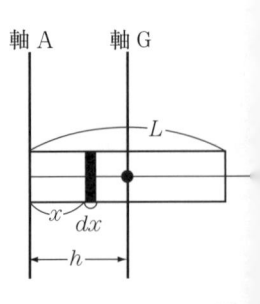

棒の左端を通り、棒に垂直な軸を軸Aとする。棒の左端から棒にそって x 軸をとる。棒の線密度は $\rho = \dfrac{M}{L}$ である。左端から位置 x にある微小部分の軸Aの周りの慣性モーメントは、$x^2\rho dx = \dfrac{M}{L}x^2 dx$ である。よって、

$$I_A = \int_0^L \frac{M}{L}x^2 dx = \frac{1}{3}ML^2$$

である。一方、同じ微小部分の軸Gの周りの慣性モーメントは、$(h-x)^2\rho dx = \dfrac{M}{L}(x-h)^2 dx$ である。よ

$$I_G = \int_0^L \frac{M}{L}(x-h)^2 dx = \frac{1}{3}M(L^2 - 3Lh + 3h^2)$$

となる。この棒の場合は $L = 2h$ だから、$I_G = \dfrac{1}{3}M$ ある。2つの慣性モーメントの差は、$L = 2h$ を用い形すると、$I_A = I_G + h^2 M$ が得られる。

… 7章 物理学実験基礎論 解答

1.1
円周率の値として、測定値の桁数より1桁多くとり、3.142を用いる。

円の面積 $= 3.142 \times 5.63^2$ cm^2 = 99.5916598 cm^2 ≒ 99.6 cm^2

1.2
(1) $v = 8.12 \pm 0.03$ m/s
(2) $x = (3.1234 \pm 0.0002) \times 10^4$ m
(3) $m = (5.68 \pm 0.03) \times 10^{-7}$ kg

1.3
主尺の読みは 8 mm、副尺の 5.0 の目盛りが主尺の目盛りと一致するので、読み取り値は 8.50 mm となる。

1.4
スケールSの読みは7 mm、ダイアルDの読みは0.37 mm、目分量が0.005 mmである。よって、読み取り値は7.375 mmとなる。

〈注〉 Dの読みは、0.87 の可能性もあるが、Sの読みが7 mmと8 mmの中間より7 mmに近いことから、ここではDの読みを0.37とする。

2.1

測定番号(i)	測定値 (x_i)	残差($\delta_i = x_i - \bar{x}$)	δ_i^2
1	8.66	-0.003	0.000009
2	8.66	-0.003	0.000009
3	8.68	0.017	0.000289
4	8.67	0.007	0.000049
5	8.65	-0.013	0.000169
6	8.65	-0.013	0.000169
7	8.67	0.007	0.000049
8	8.66	-0.003	0.000009
9	8.68	0.017	0.000289
10	8.65	-0.013	0.000169
合計	86.63	0.000	0.001210

算術平均: $\bar{x} = \dfrac{1}{10}\sum x_i = 8.663$ $\sum \delta_i^2 = 0.001210$

個々の測定の標準偏差:
$$\sigma = \sqrt{\dfrac{\sum \delta_i^2}{n-1}} = \sqrt{\dfrac{0.001210}{9}} = 0.011595$$

平均値の確率誤差:
$$\mu = t\dfrac{\sigma}{\sqrt{n}} = 0.703 \times \dfrac{0.011595}{\sqrt{10}} = 0.002578$$

よって,
$x = 8.663 \pm 0.003$ g/cm^3

上記の問題でデータが最初の5個の場合は,

算術平均: $\bar{x} = \dfrac{1}{5}\sum x_i = 8.664$ $\sum \delta_i^2 = 0.000520$

個々の測定の標準偏差:

$$\sigma = \sqrt{\dfrac{\sum \delta_i^2}{n-1}} = \sqrt{\dfrac{0.000520}{4}} = 0.011402$$

平均値の確率誤差:
$$\mu = t\dfrac{\sigma}{\sqrt{n}} = 0.741 \times \dfrac{0.011402}{\sqrt{5}} = 0.003778$$

よって $x = 8.664 \pm 0.004$ g/cm^3 となるが、データ数が少ないので有効数字3桁で表示する。その場合 $x = 8.664 \pm 0.004$ g/cm^3 となり誤差が0のように思えるが、実際誤差は0でないので、$x = 8.66 \pm 0.01$ g/cm^3 と切り上げて表すことがある。

122.2

$$V = \dfrac{\pi D^2 L}{4} = \dfrac{3.14 \times 15.7 \times 15.7 \times 56.2}{4} = 10874 \text{ mm}^3$$

$$\varepsilon_V = \sqrt{\left(\dfrac{\pi D L}{2}\right)^2 \varepsilon_D^2 + \left(\dfrac{\pi D^2}{4}\right)^2 \varepsilon_L^2} = V\sqrt{\left(\dfrac{2\varepsilon_D}{D}\right)^2 + \left(\dfrac{\varepsilon_L}{L}\right)^2}$$

$$= 10874 \times \sqrt{\left(\dfrac{2\times 0.1}{15.7}\right)^2 + \left(\dfrac{0.7}{56.2}\right)^2} = 193.7 \text{ mm}^3$$

よって、$V = (1.09 \pm 0.02) \times 10^4$ mm^3

123.1

(1) $1 \text{ g/cm}^3 = \dfrac{1 \text{ g}}{1 \text{ cm}^3} = \dfrac{10^{-3} \text{ kg}}{(10^{-2} \text{ m})^3} = \dfrac{10^{-3} \text{ kg}}{10^{-6} \text{ m}^3}$
$= 10^3$ kg/m^3

(2) $45° \times \dfrac{\pi}{180°} = \dfrac{\pi}{4}$

(3) 1時間は3600秒なので、1 W·h = 3.6×10^3 J、1 kW·h = 3.6×10^6 J となる。

123.2

[N]=[m·kg·s^{-2}]、[Pa]=[N·m^{-2}]=[m^{-1}·kg·s^{-2}]、
[J]=[N·m]=[m^2·kg·s^{-2}]、[W]=[J·s^{-1}]=[m^2·kg·s^{-3}]、
[V]=[W·A^{-1}]=[m^2·kg·s^{-3}·A^{-1}]、[C]=[s·A]、
[F]=[C·V^{-1}]=[s·A]×[m^2·kg·s^{-3}·A^{-1}]$^{-1}$
 =[m^{-2}·kg^{-1}·s^4·A^2]、
[Ω]=[V·A^{-1}]=[m^2·kg·s^{-3}·A^{-1}]×[A]$^{-1}$=[m^2·kg·s^{-3}·A^{-2}]

123.3

$T = k l^x m^y g^z$ とおく(kは無次元の定数)。各量の次元は、
$[l^x] = [L^x]$、$[m^y] = [M^y]$、$[g^z] = [(LT^{-2})^z]$ となり、
$[l^x m^y g^z] = [L^{x+z} M^y T^{-2z}]$

これが周期の次元と一致するためには、
$x + z = 0$、$y = 0$、$-2z = 1$

よって、$x = \dfrac{1}{2}$、$y = 0$、$z = -\dfrac{1}{2}$

ゆえに、$T = k l^{\frac{1}{2}} g^{-\frac{1}{2}} = k\sqrt{\dfrac{l}{g}}$

監修・編著者代表者
川村康文（かわむら　やすふみ）

編著者（アイウエオ順）
鳥塚　潔（とりつか　きよし）　　林　壮一（はやし　そういち）
船田智史（ふなだ　さとし）　　　山下芳樹（やました　よしき）

著　　者（アイウエオ順）

足利裕人（あしかが　ひろと）	井上徳也（いのうえ　とくや）	井上泰仁（いのうえ　やすひと）
海老崎功（えびさき　いさお）	長田亮介（おさだ　りょうすけ）	川村康文（かわむら　やすふみ）
清原洋一（きよはら　よういち）	斉藤隆薫（さいとう　たかしげ）	田代佑太（たしろ　ゆうた）
鳥塚　潔（とりつか　きよし）	林　壮一（はやし　そういち）	船田智史（ふなだ　さとし）
舩田　優（ふなだ　まさる）	三浦和彦（みうら　かずひこ）	山下芳樹（やました　よしき）

© Yasufumi Kawamura 2011

ドリルと演習シリーズ　基礎物理学

2011年　4月20日　第1版第1刷発行
2024年　3月　4日　第1版第6刷発行

監修・編著
者代表者　　川　村　康　文
発行者　　　田　中　　　聡

発　行　所
株式会社　電気書院
ホームページ　www.denkishoin.co.jp
（振替口座　00190-5-18837）
〒101-0051　東京都千代田区神田神保町1-3 ミヤタビル2F
電話（03)5259-9160／FAX（03)5259-9162

印刷　創栄図書印刷株式会社
Printed in Japan／ISBN978-4-485-30204-0

• 落丁・乱丁の際は，送料弊社負担にてお取り替えいたします．
• 正誤のお問合せにつきましては，書名・版刷を明記の上，編集部宛に郵送・FAX（03-5259-9162）いただくか，当社ホームページの「お問い合わせ」をご利用ください．電話での質問はお受けできません．また，正誤以外の詳細な解説・受験指導は行っておりません．

JCOPY〈出版者著作権管理機構　委託出版物〉
本書の無断複写（電子化含む）は著作権法上での例外を除き禁じられています．複写される場合は，そのつど事前に，出版者著作権管理機構（電話：03-5244-5088, FAX: 03-5244-5089, e-mail: info@jcopy.or.jp）の許諾を得てください．また本書を代行業者等の第三者に依頼してスキャンやデジタル化することは，たとえ個人や家庭内での利用であっても一切認められません．